现代钻采理论与技术

陈　晨等　著

科　学　出　版　社
北　京

内容简介

本书是在地下非常规能源、固体矿产、南极极端条件下钻采等相关理论与技术方面前沿的科技研究成果，遵循理论分析、物理模拟、数值模拟、室内试验与现场应用相结合的原则，阐述了目前天然气水合物、油页岩等非常规能源开发、固体矿产钻孔开采、极地科考冰钻取芯等方面的相关理论与技术以及面临的挑战，内容包括地下岩（矿）石原位裂化与碎石化、高压水射流开采技术在天然气水合物和油页岩开采中的应用、固体矿产的钻孔水力开采技术、非常规地下能源的储层改造技术、极地冰层孔壁稳定理论与技术等方面。

本书可供非常规地下能源开发、生产、设计、科研人员以及高等院校相关专业师生参考。

图书在版编目（CIP）数据

现代钻采理论与技术 / 陈晨等著. -- 北京 ：科学出版社, 2024. 11.

ISBN 978-7-03-079970-8

Ⅰ. TE2；TE3

中国国家版本馆 CIP 数据核字第 2024FB3104 号

责任编辑：狄源硕　韩海童 / 责任校对：何艳萍

责任印制：赵　博 / 封面设计：无极书装

科学出版社出版

北京东黄城根北街 16 号

邮政编码：100717

http://www.sciencep.com

固安县铭成印刷有限公司印刷

科学出版社发行　各地新华书店经销

*

2024 年 11 月第　一　版　开本：720×1000　1/16

2025 年 1 月第二次印刷　印张：23 1/4

字数：465 000

定价：199.00 元

（如有印装质量问题，我社负责调换）

前　　言

目前，能源资源的开发应用仍然是践行人类命运共同体和工业化进一步提升发展的重要支撑。

在《财富》发布的2020年世界500强企业排行榜中，前5名中有4家能源企业，前10名中有6家能源企业。在上榜的133家中国企业中，能源化工类企业共有26家，占比近20%。《财富》发布的2021年中国500强企业排行榜中，排前3名的均为能源企业。中国已是世界最大的能源消费国，随着传统油气资源的技术可采储量减少，能源问题已经成为我国经济持续发展的瓶颈。全球油页岩、天然气水合物等非常规能源储量巨大，被认为是21世纪重要的战略替代资源，其高效开发对于缓解当前能源供需矛盾、改善能源结构、减轻环境压力具有重要意义。但是，要想把非常规能源变为人类日常消费的能源，急需在钻采理论、方法和技术上实现突破。

随着近300年的全球工业化进程，地下浅部富矿日趋枯竭，开采深部矿产和浅部贫矿势必造成全球开采成本的增加。此外进入市场经济后，为增加企业的竞争力，更迫切需要新的技术含量高、安全性好、低耗、高效、采矿质量好的方法。诞生于2270多年前的钻孔采矿技术，正是我们的先人因无法进入地下深部而首创的采矿工法。针对深部采矿面临的问题，这种不需人进入地下的工法重新受到重视，并在相关学科成果协同作用下，该工法的不足不断被克服，并展现出强大的采矿能力和应用前景。

在“加快建设海洋强国”国家战略的号召下，拓展极地“战略新疆域”包含着潜在的重大国家利益。我国在南极的科考工作中，钻探取样技术与发达国家仍有较大差距，维持冰层钻孔孔壁的稳定是亟待解决的重要技术难题。

作者团队从20世纪80年代末开始从事钻采理论与技术研究。在教育部与财政部跃升项目、科技部国际合作项目、科技部863项目、国家自然科学基金仪器重大专项、国家自然科学基金面上项目、国土资源部公益性项目、吉林省科技厅重点项目以及外专局引智项目的资助下，针对岩（矿）石原位裂化与碎石化、高压水射流开采技术在天然气水合物和油页岩开采中的应用、固体矿产的钻孔水力开采技术、非常规地下能源的储层改造、极地科考冰层孔壁稳定理论与技术等方面持续开展研究，本书为上述研究成果的总结。

本书共分6章。第1章介绍我国的能源结构、矿产资源开发技术需求和极地科考的战略意义，总结了钻采理论与技术面临的挑战。第 2 章阐述地下岩（矿）石原位碎石化及其输送相关的岩石力学理论和多相流体力学理论。第 3 章阐述水射流开采技术在矿产开采中的应用研究。第 4 章阐述钻孔水力开采技术在矿产开采中应用，重点阐述作者团队自主设计的水力开采系列钻具。第 5 章阐述不同的储层改造技术包括水力压裂技术、酸化压裂技术、冻融循环技术和封闭技术在油页岩和水合物开采中的应用研究。第 6 章阐述极地冰层钻探孔壁稳定的理论与数值模拟研究。

本书由陈晨等撰写。陈晨撰写第 1 章，潘栋彬、陈晨撰写第 2 章，李曦桐、潘栋彬、温继伟、杨林撰写第 3 章，钟秀平、李刚撰写第 4 章，钟秀平、朱颖、翟粱皓、高帅、王维、刘昆岩撰写第 5 章，王亚斐、张晗撰写第 6 章。吉林大学博士后涂桂刚，以及吉林大学博士研究生付会龙、聂帅帅、马英瑞、刘昆岩、刘祥和硕士研究生孟奕龙、李子涵、侯星澜、张永田等负责大部分章节的资料收集、整理及绘图工作。

作者的一些同行和朋友先后提出许多建议，并给予多方面的支持，在此表示深深的谢意。

作者在本书撰写过程中引用多种参考文献，包括专著、论文、标准、会议资料中的内容和图表以及国内外相关网站上的内容和图表，在此谨向原作者表示感谢。

本书受“吉林大学省校共建项目-新能源专项”（项目编号：SXGJSF2017-5）资助出版。

限于水平，虽经努力，书中疏漏与不妥之处在所难免，诚恳欢迎读者提出批评和建议。

陈　晨

2023 年 10 月 27 日于吉林大学油页岩楼

目 录

第1章 绪　论

人类进入21世纪已二十余年，诞生于2270多年前的钻探（井）技术仍然在全球工业化进程中发挥着不可或缺的重要作用。

所有能源资源的勘探和开发都离不开钻探（井）技术。最早采用钻井开采地下资源（井盐、天然气）的技术始于中国四川自贡，自此开始，在中国、西欧国家、东欧国家都有利用钻井技术开采地下资源的相关文献记载。19世纪中叶，世界上第一口超千米的燊海井竣工，标志着中国古代钻采工艺是领先于世界的。受制于整体科学技术水平，钻探（井）技术在工业化革命之前，发展一直缓慢。

恩格斯曾经说过：“社会一旦有技术上的需要，则这种需要就会比十所大学更能把科学推向前进。”地下资源钻采理论与技术的发展验证了这句话。工业化时代对各种矿产资源爆发式的需求以及相关科学技术的跨越式进步大大促进了钻井开采地下资源技术的快速发展，用途也在不断拓宽，现在钻探（井）技术在各个领域中的主要用途见图1.1中的树状结构。

图1.1　钻探（井）的主要用途

随着世界经济局势的不断变化，我国经济发展战略的调整对地质工作提出了更高的要求，地质工作包括钻采技术要进一步服务于国家能源资源安全、服务于海洋强国建设等。

1.1　替代能源、新能源开发及减碳需求

能源是人类社会发展进步的物质基础，它与信息、材料一起构成了现代文明的三大支柱。人类对能源的需求逐年增加，但常规能源（如石油、天然气、煤炭等）是不可再生的，随着人类大量使用而日益减少直至枯竭，因此，能源短缺是当今世界全球性问题之一。

在目前的能源来源中，常规能源的使用量最大，见图1.2。这种能源会造成环境污染，因为使用这种能源会排放二氧化碳和其他有毒气体，如氮氧化物、硫化物和碳氢化合物。这些气体是造成酸雨的原因，酸雨会污染土壤和水。使用不可再生资源而排放到大气中的二氧化碳，是造成温室效应的主要原因之一，二氧化碳过度排放是当代主要的环境问题之一。

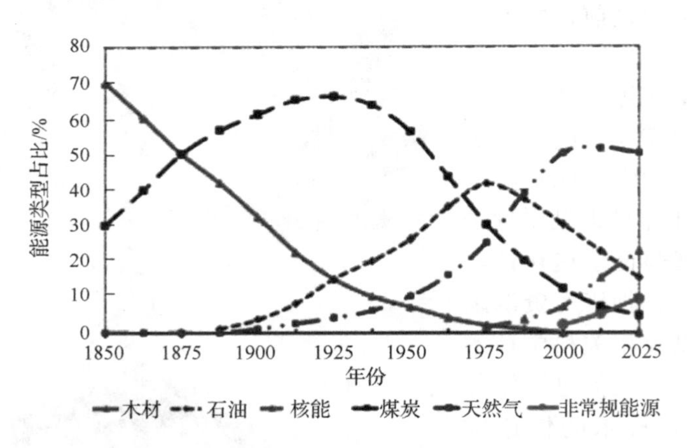

图1.2　世界燃料和能源资源的消费

据英国石油公司（BP）发布的《2020年世界能源统计回顾》，化石燃料仍占世界能源的84%，作为能源消费的总体占比，石油仍保持在全部能源消费的33%以上，稳居首位，全球能源消费的剩余部分来自煤炭（27%）、天然气（24%）、水电（6%）、可再生能源（5%）和核能（4%）。预测在2050年之前，我国一次能源的需求依然旺盛，煤、石油、天然气等化石能源仍将是提供动力的主要能量来源，如图1.3所示。英国石油公司对中国、美国、欧洲经济合作与发展组织（Organization for Economic Cooperation and Development，OECD）国家油气消费分析如图1.4所示。

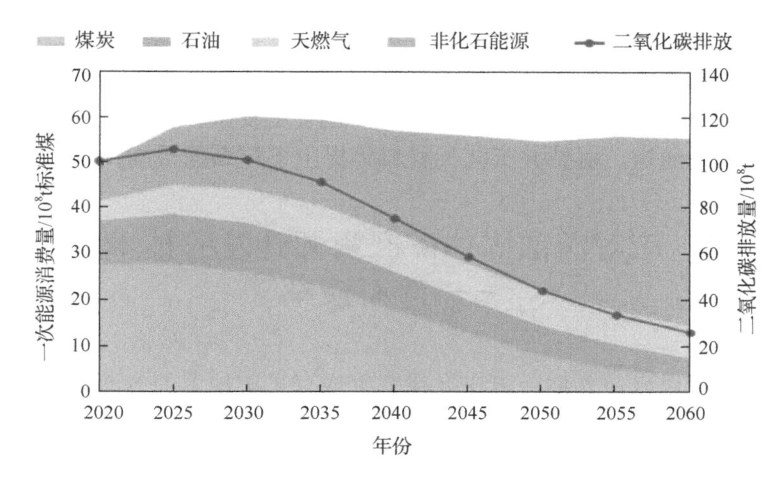

图 1.3 我国能源需求、能源消费结构及碳排放量预测
（扫封底二维码查看彩图）

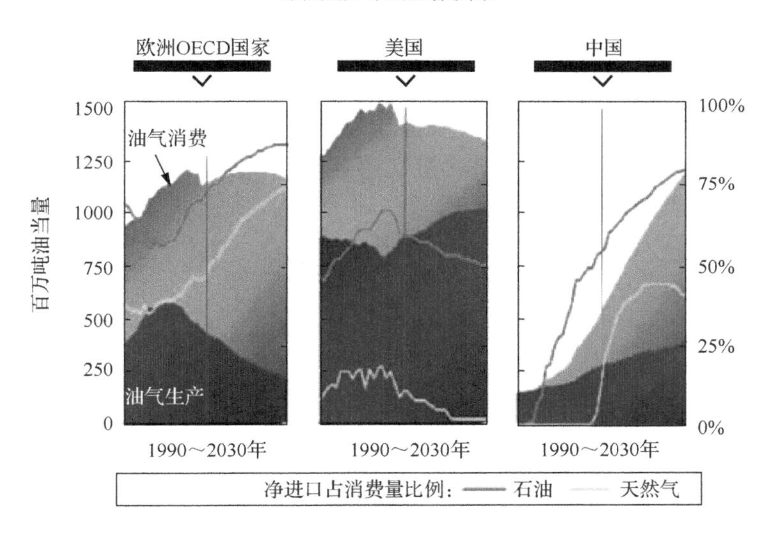

图 1.4 中国、美国、欧洲 OECD 国家油气消费分析
数据来源：《BP 2030 能源展望》

能源替代和节能是文明可持续发展的先决条件，即在提高人民生活水平的同时，也要将对环境的负面影响降低到安全范围。在这一背景下，世界各国以全球协约的方式减排温室气体。我国作为世界工厂，产业链日渐完善，国产制造加工能力与日俱增，同时碳排放量加速攀升。但我国油气资源相对匮乏，发展低碳经济，重塑能源体系具有重要安全意义。作为全球最大的发展中国家，我国提出减碳目标，既体现了我国在环境保护和应对气候变化问题上的责任和担当，也有利于我国推进生态文明建设、绿色低碳发展和提升国际影响力，是一项重大的战略

决策，影响巨大。

在替代能源和清洁能源开发研究过程中，钻探（井）技术起着重要的作用，除了常规的钻井技术外，还要在陆地或海洋地层更复杂、环境更极端的条件下利用钻井作为开采通道，对钻井工艺、材料等提出了更高的挑战。

1.2　应对深部固体矿产资源开发的技术创新——碎石液举

自有采矿史以来，人们一直在寻找完善现有采矿技术的方法和途径，努力开发符合现代社会持续发展要求的新技术和新工艺。随着经济的发展，各国普遍面临地下浅部富矿日趋枯竭的难题，开采深部矿产和浅部贫矿势必造成开采成本的增加。此外进入市场经济后，为增加企业的竞争力，更迫切需要新的技术含量高、低耗、高效、采矿质量好的方法。这既是企业生存发展的需要，又符合我国科技发展创新战略的要求。利用钻孔来采矿的技术早已有之，古代人曾利用钻孔来开采岩盐。而现代意义上的钻孔水力开采技术始于20世纪70年代，分别在东欧和北美进行了试验研究，取得了令人振奋的效果。其原理是将地下岩（矿）石在原位进行碎石化处置，利用热传递、质量交换及化学和水力学过程，以流动状态（液态或气态）输送到地表，如图1.5所示。

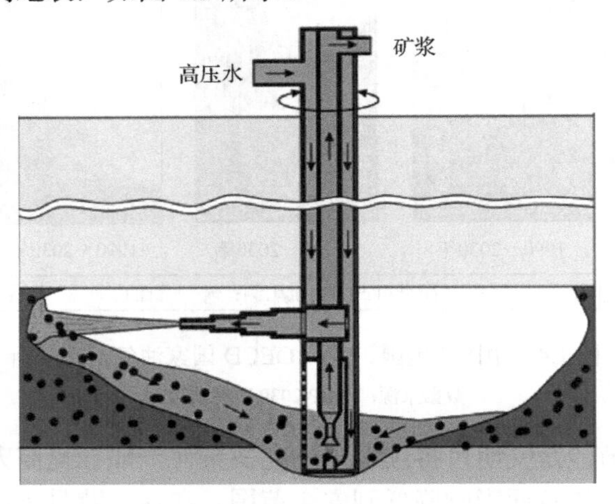

图1.5　钻孔水力开采固体矿产示意图

1.3 拓展极地“战略新疆域”的支撑——南极科考

极地资源勘探开发已成为当今世界重要的地缘政治考量，各国围绕利益和影响力的竞争也日益“白热化”。因此，在“加快建设海洋强国”的国家战略的号召下，拓展极地“战略新疆域”包含着潜在的重大国家利益。

南极地表地貌及冰下地貌、冰下湖示意图如图1.6所示。

图1.6 南极地表地貌及冰下地貌、冰下湖示意图

随着极地战略地位的提升，南北极的科学钻探与油气勘探研究的热度不断上升，得到了各国的重视。要了解极地冰川是如何运动、气候又是如何变化的，就需要获取大量的冰芯，来分析自然与生态环境的历史变迁，而获取冰芯的主要来源就是进行大规模的极地冰层钻进工作。随着极地冰层钻孔需求的骤增，冰孔稳定的安全保障工作及控制措施需高度重视。

在各国已完成的深部冰层钻孔工作中，与孔壁稳定性相关的事故仍时有发生。在这些事故中，钻孔经常穿过脆性行为明显的“脆冰区”，该区域由于钻孔快速打开后，冰层应力与钻孔内液柱压力不能平衡，过大的压力差使得孔壁周围一定区域内冰层的应变速率过大，甚至超过冰的韧脆转变应变速率范围（一般为$10^{-4}\sim10^{-3}s^{-1}$），此时孔壁表现为明显的脆性行为，孔壁损伤累积并发展产生裂纹。在钻孔内液柱压力与渗流场的作用下，裂纹在冰层中进一步扩展，钻井液进入裂纹中，引起了钻井液的漏失，进而导致孔内钻井液液柱压力降低，进一步加剧了孔壁的不稳定。上述孔壁损伤-破裂的失稳问题严重影响着钻探工程进展，乃至造成放弃钻孔的重大损失，同时钻井液漏失会对脆弱的极地环境产生不可修复的污染，因此冰孔内脆性区损伤-破裂行为对极地钻进安全稳定性有重大影响。要解决此问题，不仅仅要围绕着小尺度钻孔孔壁的结构场、应力场及渗流场展开研究，而且由于冰层钻孔位于大尺度的冰川中，冰川不同深度存在不均匀流动，使得研究区域（钻孔）随着时间而发生空间位置的改变（简称时空效应），该影响同样不能忽视。钻孔失稳是制约极地钻探工程安全性和经济性的关键，目前亟待开展脆性行为下冰孔孔壁失稳机理与控制方法的研究。

1.4　钻采理论与技术面临的挑战及应对方法

目前钻采理论与技术面临两方面的挑战。一是在各种复杂地质条件和极端环境中快速安全地完成钻井和完井工作；二是在已完成的钻井中对储层进行有效的改质或改造，以便于进行下一步开采。具体应对方法涉及以下 4 个方面。

（1）大力加强多学科协作，弥补现有研究方法、理论的不足。例如油页岩、天然气水合物的储层改造涉及多因素的共同作用以及因素间的相互作用，尤其在国家强势推进生态文明的大环境下，原位转化目标明确：低碳、低污染、高质量。该目标的实现是一个技术、经济、社会结合的综合性问题，应采用复杂科学观点、置于复杂科学系统中进行全面、精准的研究。

（2）利用钻井对资源能源的开发过程中，应对时空尺度进行再认识，空间和时间都要考虑加强，以应对钻井长期运行引发的技术问题。

（3）应集中力量攻克各种储层的碎石化原理及工艺。储层的碎石化可以从根本上解决岩（矿）层热膨胀、裂缝闭合等关键技术难点，不但有利于后续工序的高效进行，且还可利用钻孔水力开采技术提取矿石。

（4）基于人工智能手段进行精准储层改造。采用物理模拟、现场监测、数值仿真、机器学习“四位一体”手段，在透明地球体的基础上，实现定量、可知可视化的储层改造，有依据地调整工艺参数及开采位置。

第 2 章 地下岩（矿）石原位裂化与碎石化及其输送理论

2.1 岩（矿）石原位裂化与碎石化

2.1.1 岩石起裂、裂缝扩展机理

1. *岩石破坏准则*

判断地下复杂应力状态下的岩（矿）石破坏所需的条件，是地下岩（矿）石钻采过程中必不可缺的组成部分，对于解决钻井过程中的井壁稳定问题、压裂造缝过程中的压裂液控制问题等具有重要意义。表 2.1 中列出了常见的岩石破坏准则。本节对岩石破裂行为研究的常用破坏准则进行了详细介绍。

表 2.1 常见的岩石破坏准则

序列	岩石破坏准则	数学表达式	特点
1	最大正应力理论	$\left(\sigma_1^2-c^2\right)\left(\sigma_2^2-c^2\right)\left(\sigma_3^2-c^2\right)=0$	只适用于脆性材料，尤其是均质材料，对塑性材料效果不好，对于复杂应力状态适用性差
2	最大正应变理论	$\left(\varepsilon_1^2-\varepsilon_{\mathrm{u}}^2\right)\left(\varepsilon_2^2-\varepsilon_{\mathrm{u}}^2\right)\left(\varepsilon_3^2-\varepsilon_{\mathrm{u}}^2\right)=0$	不适用于塑性材料，对于脆性材料，尤其是均质材料适用性较好
3	八面体剪应力理论	$\tau_{\mathrm{oct}}=\frac{\sqrt{3}}{2}\sigma_{\mathrm{s}}$ $\tau_{\mathrm{oct}}=\frac{1}{3}\sqrt{\left(\sigma_1-\sigma_2\right)^2+\left(\sigma_1-\sigma_3\right)^2+\left(\sigma_3-\sigma_2\right)^2}$	只适用于研究塑性岩石的破坏
4	莫尔-库仑（Mohr-Coulomb）准则	$\lvert\tau\rvert=S_0+\mu_{\mathrm{i}}\sigma_{\mathrm{n}}$ $\mu_{\mathrm{i}}=\tan\varphi$	公式使用简单，参数易测，较好地反映了岩土类材料的抗压强度对岩石破坏的影响，是目前应用最多的一种强度理论。但一方面只在低围压下有较好的线性适用性，另一方面忽略了中间主应力对岩石破坏的影响
5	狭义霍克-布朗（Hoek-Brown）准则	$\sigma_1=\sigma_3+\sigma_{\mathrm{C}}\sqrt{m\frac{\sigma_3}{\sigma_{\mathrm{C}}}+s}$	经验公式，广义 Hoek-Brown 准则是 Hoek-Brown 准则常用的形式，适用于脆性破坏的研究。此准则不考虑中间主应力影响，但考虑了岩石结构、岩石完整度等因素的影响，能更好地反映岩石的非线性破坏特征
6	广义 Hoek-Brown 准则	$\sigma_1=\sigma_3+\sigma_{\mathrm{C}}\left(m_i\frac{\sigma_3}{\sigma_{\mathrm{C}}}+s_i\right)^a$ $m_i=m\exp\left[(\mathrm{GSI}-100)/(28-14D)\right]$ $s_i=\exp\left[(\mathrm{GSI}-100)/(9-3D)\right]$ $a=\frac{1}{2}+\frac{1}{6}\left(\mathrm{e}^{-\mathrm{GSI}/15}-\mathrm{e}^{-20/3}\right)$	

续表

序列	岩石破坏准则	数学表达式	特点
7	Mogi-Coulomb 准则	$\tau_{od}=a_i+b_i\sigma_{m,2}$ $\sigma_{m,2}=\dfrac{\sigma_1+\sigma_2}{2}$ $a_i=\dfrac{2\sqrt{2}}{3}S_0\cos\varphi$ ，$b_i=\dfrac{2\sqrt{2}}{3}\sin\varphi$	经验公式，Mogi-Coulomb 准则的表达式为 $\tau_{oct}=f(\sigma_{m,2})$ ，其中 f 为单调递增函数，线性和非线性均可[1,2]。表中所示为 Mogi-Coulomb 准则的线性表达式，通常被认为是 Mohr-Coulomb 准则在常规三轴下的推广[3]
8	德鲁克-普拉格（Drucker-Prager）准则	$J_2^{1/2}=k+\alpha I_1$ $I_1=\sigma_1+\sigma_2+\sigma_3$ $J_2=\dfrac{1}{6}\left[(\sigma_1-\sigma_2)^2+(\sigma_1-\sigma_3)^2+(\sigma_3-\sigma_2)^2\right]$	Drucker-Prager 准则是结合 Mohr-Coulomb 准则与米泽斯（Mises）准则的优点建立的考虑中间主应力影响的岩石破坏准则，但不能较好地反映中间主应力对强度参数的区间效应与放大效应[4]，极大地影响了预测值与试验结果之间的拟合性
9	三维 Hoek-Brown 准则	$\sigma_1=\sigma_3+\sigma_C\left[\dfrac{m_i(\sigma_2+n\sigma_3)}{2\sigma_C}+s\right]^a$	经验公式，将二维 Hoek-Brown 准则推广到三维空间，是一种既能考虑中间主应力影响，又能继承 Hoek-Brown 准则优势的一种岩石破坏准则的拓展应用[5]。表中所示为 Zhang 等[6]提出的一种修正形式，仍需进一步研究岩石破坏模型中的中间主应力权重

注：σ_1、σ_2、σ_3 分别为岩石所受的第一主应力、第二主应力、第三主应力；c 为岩石抗压强度或抗拉强度；ε_1、ε_2、ε_3 分别为岩石内发生的第一主应变、第二主应变、第三主应变；ε_u 为单向拉、压时极限应变值；τ_{oct} 为八面体剪应力；σ_s 为当岩石单向受力，只有一个主应力不为零时的八面体剪应力值；S_0 为岩石的抗剪强度或内聚力；σ_n、τ 分别为岩石破裂面上所受的正应力与剪应力；μ_i 为岩石的内摩擦系数；φ 为岩石的内摩擦角；σ_C 为岩石单轴抗压强度；m、s 为无量纲参数，取决于岩石性质和岩石完整度，m 在实际计算中通常根据完整岩石试样的三轴压缩数据来确定具体取值，对于完整岩石，$s=1$，对于粒状岩样或岩石骨料，$s=0$；m_i、s_i、a 均为与岩石性质有关的参数；GSI 为地质强度指标；D 为岩石弱化因子，取值 0～1，大小与岩石受到扰动的程度和扰动因素相关；a_i、b_i 为与岩石力学性质有关的材料参数；$\sigma_{m,2}$ 为有效中间主应力；I_1 为第一应力不变量；J_2 为应力偏张量第二不变量；k、α 为与岩石黏聚力和内摩擦角相关的材料常数；n 为中间主应力影响系数。

1）不考虑第二主应力作用的岩石破坏准则

Mohr-Coulomb 准则、Mogi-Coulomb 准则、狭义与广义 Hoek-Brown 准则是常用的不考虑第二主应力作用的岩石破坏准则[7, 8]。前两者由于参数易于测量，应用范围较广。根据前人的研究可知，对于受第二主应力作用较小的岩石，几种准则具有较好的拟合度。其中，对于页岩、砂岩等地层中的井壁稳定问题，

Mohr-Coulomb 准则计算所得的安全压力窗口总小于实际试验结果[7, 9, 10]，Mogi-Coulomb 准则与 Hoek-Brown 准则的计算值更贴合实际。

2）考虑第二主应力作用的岩石破坏准则

Drucker-Prager 准则与三维 Hoek-Brown 准则是较常见的考虑第二主应力作用的岩石破坏准则。其中，Drucker-Prager 准则在主应力坐标轴下的屈服面是一个正圆锥体，在 π 平面上表现为圆形。Mohr-Coulomb 准则在 π 平面上表现为不等角六边形，Drucker-Prager 准则常用形式为相对于该不等角六边形的外角外接圆、内角外接圆、内切圆、等面积圆、中折圆等对应的准则，通常是指内切圆对应的准则。而常见的三维 Hoek-Brown 准则表达式[6, 11-13]有：$\sigma_1=\sigma_3+\sigma_{\mathrm{C}}\left[\dfrac{m_i\left(\sigma_2+\sigma_3\right)}{2\sigma_{\mathrm{C}}}+s\right]^a$，$\dfrac{9}{2\sigma_{\mathrm{C}}}\tau_{\mathrm{oct}}^2+\dfrac{3}{2\sqrt{2}}m_i\tau_{\mathrm{oct}}-m_i\dfrac{I_1}{3}=s\sigma_{\mathrm{C}}$，$\dfrac{9}{2\sigma_{\mathrm{C}}}\tau_{\mathrm{oct}}^2+\dfrac{3}{2\sqrt{2}}m_i\tau_{\mathrm{oct}}-m_i\sigma_{\mathrm{m},2}=s\sigma_{\mathrm{C}}$，$\dfrac{1}{\sigma_{\mathrm{C}}^{1/(a-1)}}\left(\dfrac{3}{\sqrt{2}}\tau_{\mathrm{oct}}\right)^{1/a}+\dfrac{3}{2\sqrt{2}}m_i\tau_{\mathrm{oct}}-m_i\sigma_{\mathrm{m},2}=s\sigma_{\mathrm{C}}$。

研究可知，常用 Drucker-Prager 准则的参数表达式不能较好地反映中间主应力对强度参数的区间效应与放大效应[4]，极大地影响了预测值与试验结果之间的拟合性。在井壁稳定问题的相关研究中，常用 Drucker-Prager 准则的井壁稳定安全压力窗口预测值与试验结果常存在较大误差[14]，而已有的三维 Hoek-Brown 准则中，对主应力影响岩石强度的精度不够细化，仍需要进一步研究岩石破坏模型中的中间主应力权重。

2. 水力裂缝与天然裂缝的交汇准则

水力裂缝在地层中不断向前延伸，在单一地应力影响条件下，水力裂缝会沿着垂直最小主应力的方向延伸。但是对于油页岩来讲，地层本身可能含有天然裂缝，而且这些天然裂缝随机分布，无明显的规律性。水力裂缝向远场延伸的过程中，难免会与天然裂缝以一定的角度相交，而天然裂缝产状及所受应力情况均会影响水力裂缝是沿天然裂缝扩展还是直接穿过裂缝继续向前扩展。本节将采用弹性力学的最大周向应力理论，假设裂缝尖端周向应力为最大主应力，且裂缝沿该方向扩展，而且裂纹扩展形式为 I 型裂纹。

假设 σ_{v} 是原地应力系统中的最小主应力，此时裂缝会沿着平行层理扩展，形成平行裂缝，假定这是一条中等程度的水力裂缝，水力裂缝逼近角为 β，如图 2.1 所示。

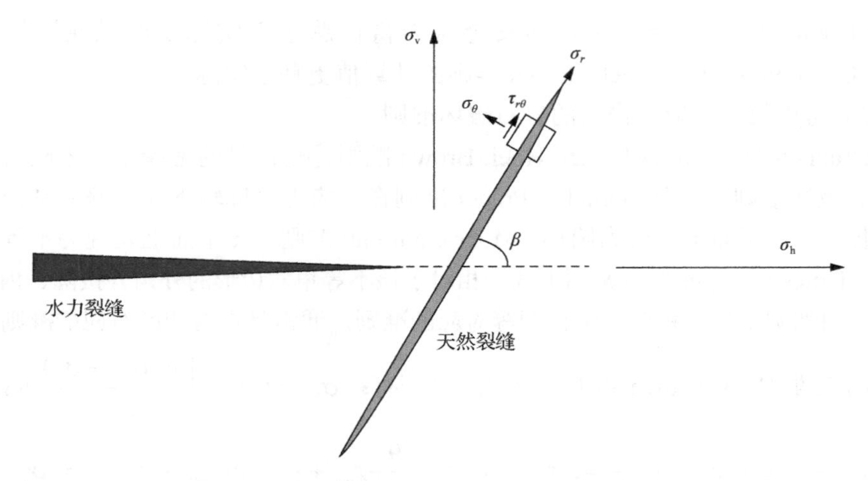

图 2.1　水力裂缝与天然裂缝位置关系

在原地应力和水力裂缝共同作用下，天然裂缝上的应力场为

$$\begin{cases}\sigma_r = \dfrac{K_{\mathrm{I}}}{2\sqrt{2\pi r}}\cos\dfrac{\theta}{2}(3-\cos\theta)+\dfrac{\sigma_{\mathrm{h}}+\sigma_{\mathrm{v}}}{2}+\dfrac{\sigma_{\mathrm{h}}-\sigma_{\mathrm{v}}}{2}\cos 2\beta \\ \sigma_\theta = \dfrac{K_{\mathrm{I}}}{2\sqrt{2\pi r}}\cos\dfrac{\theta}{2}(1+\cos\theta)+\dfrac{\sigma_{\mathrm{h}}+\sigma_{\mathrm{v}}}{2}-\dfrac{\sigma_{\mathrm{h}}-\sigma_{\mathrm{v}}}{2}\cos 2\beta \\ \tau_{r\theta} = \dfrac{K_{\mathrm{I}}}{2\sqrt{2\pi r}}\cos\dfrac{\theta}{2}\sin\theta-\dfrac{\sigma_{\mathrm{h}}-\sigma_{\mathrm{v}}}{2}\sin 2\beta\end{cases} \tag{2.1}$$

式中，K_{I} 为 I 型裂纹的应力强度因子，$\mathrm{MPa}\cdot\mathrm{m}^{\frac{1}{2}}$；$r$ 为与裂缝尖端的距离，m。

通过式（2.1）可以得到天然裂缝上的主应力大小为

$$\begin{cases}\sigma_{\mathrm{n1}} = \dfrac{\sigma_r+\sigma_\theta}{2}+\sqrt{\left(\dfrac{\sigma_r-\sigma_\theta}{2}\right)^2+\tau_{r\theta}^2} \\ \sigma_{\mathrm{n2}} = \dfrac{\sigma_r+\sigma_\theta}{2}-\sqrt{\left(\dfrac{\sigma_r-\sigma_\theta}{2}\right)^2+\tau_{r\theta}^2}\end{cases} \tag{2.2}$$

式中，σ_{n1} 和 σ_{n2} 分别为天然裂缝面上的最大主应力和最小主应力。

根据张性破坏准则，当天然裂缝上的最大拉应力大于等于岩石抗拉强度时，岩石发生破裂，水力裂缝会穿过天然裂缝向前扩展，可得到临界条件为

$$\sigma_{\mathrm{n1}} = \sigma_{\mathrm{t}}(\rho) \tag{2.3}$$

整理上式可得

$$mA^2+nA+j=0 \tag{2.4}$$

式中，

$$A=\frac{K_{\mathrm{I}}}{2\sqrt{2\pi r}}\cos\frac{\theta}{2}$$

$$m=2-2\cos\theta$$

$$n=(\sigma_{\mathrm{H}}-\sigma_{\mathrm{h}})\sin 2\beta(1-\cos\theta)-(\sigma_{\mathrm{h}}-\sigma_{\mathrm{v}})\cos 2\beta\sin\theta+4\left[\sigma_{\mathrm{t}}(\rho)-\frac{\sigma_{\mathrm{h}}+\sigma_{\mathrm{v}}}{2}\right]$$

$$j=\left(\frac{\sigma_{\mathrm{h}}-\sigma_{\mathrm{v}}}{2}\sin 2\beta\right)^2+\left(\frac{\sigma_{\mathrm{h}}-\sigma_{\mathrm{v}}}{2}s\cos 2\beta\right)^2-\left[\sigma_{\mathrm{t}}(\rho)-\frac{\sigma_{\mathrm{h}}+\sigma_{\mathrm{v}}}{2}\right]^2$$

式（2.4）有两个解，其中一个解对应最大主应力达到岩石最大抗拉强度，而另一个解对应最小主应力达到岩石抗拉强度。因为是假设天然裂缝张性破裂，则在该应力条件下天然裂缝不发生剪切破坏：

$$|\tau_{r\theta}|<\tau_0+\tan\varphi\sigma_\theta \tag{2.5}$$

式中，τ_0 为天然裂缝黏聚力，MPa；φ 为天然裂缝的内摩擦角。

若水力裂缝与天然裂缝满足式（2.3）与式（2.5）两个条件，则水力裂缝会穿过天然裂缝向前扩展，如果不满足式（2.3），裂缝会停滞或者沿天然裂缝方向扩展。

3. 水力裂缝扩展准则

水力压裂过程中，随着压裂液的持续注入，水力裂缝尖端在局部地应力作用下沿最大地应力方向扩展，水力裂缝在长、宽、高三个方向同时延伸，并在待压储层内部产生具有一定导流能力的油气通道。由于岩石是一种特殊的脆性材料，因此，常采用线弹性断裂力学理论来分析水力压裂裂缝扩展行为。采用线弹性断裂力学理论把材料断裂时的裂纹看成是位移向量的非连续面，根据裂纹位移的形态和方向将裂缝分为三种类型，即张开型（Ⅰ型）、剪切型（Ⅱ型）、撕开型（Ⅲ型），如图 2.2 所示。

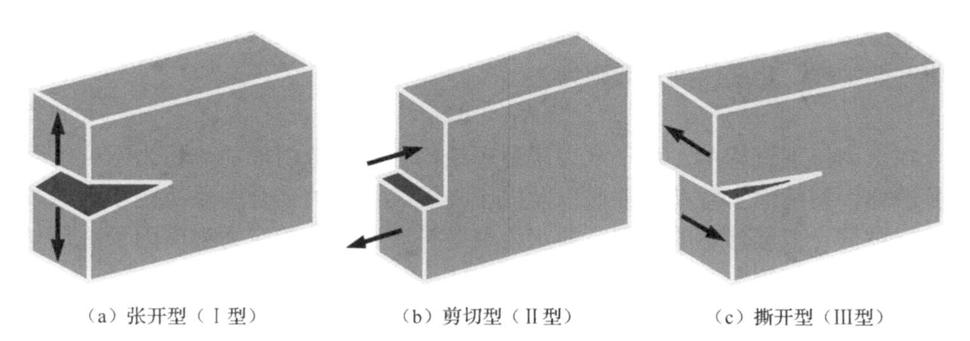

（a）张开型（Ⅰ型）　（b）剪切型（Ⅱ型）　（c）撕开型（Ⅲ型）

图 2.2　三种裂缝类型

1）基于应力强度因子的判别准则

任何一种裂纹变形状态均可由这三种基本形式叠加得到，经叠加得到的裂纹称为复合型裂纹或者混合型裂纹。伊尔文（Irwin）认为，裂缝尖端区域的应力与$\frac{1}{\sqrt{r}}$有关，其中 r 是与裂缝尖端的距离，可以看出靠近裂缝尖端，计算出的应力场区域无限大即存在奇异点。Irwin 采用应力强度因子来表征这种应力奇异性的强度，对于张开型裂纹，裂缝尖端的应力场可表述为

$$\sigma_{ij}=\frac{K_{\mathrm{I}}f_{ij}(\theta)}{\sqrt{2\pi r}} \tag{2.6}$$

式中，$f_{ij}(\theta)$为裂缝尖端坐标系中极角θ的函数。

裂缝应力强度因子的大小取决于裂缝与周围介质的维度尺寸与施加的荷载（包括使裂缝张开的裂缝流体压力和使裂缝闭合的闭合压力等）。

对于二维裂缝，张开型裂缝的应力强度因子表达式为

$$K_{\mathrm{I}}=P_{\mathrm{N}}\sqrt{\pi L}\left(\frac{2}{\pi}\arcsin\frac{a}{L}\right) \tag{2.7}$$

式中，P_{N}为裂缝内流体净压力，MPa；L 为裂缝的半长，m；a 为裂缝湿润区长度，m。

应力强度因子K_{I}是裂尖应力奇异性强度的度量，它是载荷参数和岩体参数的综合函数，是表征裂缝尖端应力场唯一需要确定的参量。不同样品中的裂纹，集合参数及受载情况可以完全不同，但是只要应力强度因子相同，则表明裂缝尖端应力场是完全相同的，该参量完全表征了裂缝尖端的物理状态。此外，利用试验手段可以测出某些材料中裂纹开始失稳扩展时的裂缝尖端应力场的临界值，称为材料的断裂韧性，即K_{IC}。根据 Irwin 的断裂力学理论，裂缝在扩展过程中，受周围岩石的断裂韧性K_{IC}控制，根据能量条件，水力裂缝内部流体压力或者其他因素在裂缝边缘某一点上诱发应力强度因子，当它大于此处岩石的断裂韧性时，裂缝将开始扩展，相应的判别准则为

$$K_{\mathrm{I}}\geqslant K_{\mathrm{IC}} \tag{2.8}$$

在水力压裂过程中，由于水力压裂理论均假设裂缝内部的流体为不可压缩的牛顿流体，裂缝面上载荷的性质以及内压与裂缝扩展的耦合关系决定了水力裂缝的扩展被假设成准静态的过程，即水力裂缝扩展过程中的应力强度因子总是与岩石的断裂韧性相等。

2）基于能量释放率的判别准则

能量释放率是基于格里菲斯（Griffith）的能量释放观点而定义的量，其定义为：裂纹由某一端点向前扩展一个单位长度时，平板每单位厚度所释放出来的能量。该变量描述了裂纹扩展单位面积系统能量的下降率，是系统内裂缝扩展的动力。

裂纹扩展过程中，当裂纹面积增长了 ΔA，体系能量的变化为

$$\mathrm{d}W = \mathrm{d}V_{\varepsilon} + \mathrm{d}\Lambda + \mathrm{d}\Gamma \tag{2.9}$$

式中，W 为外力功；V_{ε} 为弹性势能；Λ 为塑性功；Γ 为裂纹张开形成自由表面所需要的能量，即裂纹表面能。

裂纹扩展单位面积系统释放的能量，即能量释放率的表达式为

$$G = \frac{\partial W}{\partial A} - \frac{\partial V_{\varepsilon}}{\partial A} = -\lim_{\Delta A \to 0} \frac{\Delta \Omega}{\Delta A} \tag{2.10}$$

式中，A 为裂纹扩展的面积；Ω 为整个系统的势能。

按照线弹性断裂力学的能量观点，断裂发生的条件为当材料的能量释放率 G 等于或大于裂纹扩展单位面积所消耗的能量 G_{c} 时，裂纹将失稳扩展，该准则称为能量释放率准则，简称 G 准则。

$$G \geqslant G_{\mathrm{c}} \tag{2.11}$$

$$G_{\mathrm{c}} = \frac{\partial \Lambda}{\partial A} - \frac{\partial \Gamma}{\partial A} = \lim_{\Delta A \to 0} \frac{\Delta \Gamma}{\Delta A} \tag{2.12}$$

式中，G_{c} 也称为临界应变能释放率或裂纹扩展阻力，该参量与裂纹尺寸无关。

2.1.2　地下岩（矿）石破碎开采中的水力破岩理论

1. 高压水射流破岩机理的研究进展

高压水射流技术在众多领域都得到了广泛的应用，其高效性和环保性得到一致认可。在特种物料切割、水射流联合机械钻具破岩、潜水基础工程建设、矿产开采等方面发展迅速[15-17]。高压水射流破岩过程复杂，相比高压水射流技术在破岩工作上的广泛应用，其破岩机理仍处于探索阶段。

国内外学者为此开展了大量研究，形成了多个水射流破岩理论，如“密实核-劈拉”破岩理论、“拉伸-水楔”破岩理论、应力波破岩理论等，这些理论是对岩石破坏过程的宏观定性描述。此后高压水射流破岩机理的研究仍在不断深入。2000 年，胡寿根[18]模拟了 200m 以内水下环境射流性能的影响因素。2005 年，倪红坚等[15]建立了适用于水射流破岩全过程分析的岩石损伤模型以及宏细观损伤的耦合模式。2008 年，司鹄等[19]利用非线性有限元法，模拟了高压水射流冲击砂岩和煤时的应力波效应。2010 年，周玉军等[20]得到典型围压环境下适合深海作业的高压射流喷嘴内部及射流离开喷嘴后射流压力和速度的变化规律；高文爽等[21]模拟了射流裂解降压法与热激法相结合的复合式方法中高压热射流的温度场、压力场和速度场。2011 年，黄中华等[22]通过仿真获取了水射流系统参数与水射流切削海底钴结壳性能的作用规律；刘佳亮等[23]利用任意拉格朗日-欧拉（arbitrary Lagrange-Euler，ALE）算法建立了高压水射流冲击高围压岩石的数值模型。2012 年，

廖华林等[24]采用全解流固耦合数值分析方法，建立了岩石宏观断裂规律与微观破坏机制间的联系；王维等[25]采用光滑粒子流体动力学（smoothed particle hydrodynamics，SPH）方法对水射流破碎油页岩的三维非线性冲击动力学问题进行了模拟研究。2015 年，江红祥[26]建立了模拟射流破岩过程中岩石单元损伤程度随时间变化的数值模型。2017 年，李敬彬等[27]研究了高围压条件下，射流冲击压力随围压无因次增加的规律。2020 年，李根生等[28]提出利用空化射流在深海浅层水合物中钻径向水平井的新思路，并对空化射流的成孔过程进行了模拟。上述有关高压水射流破岩机理研究成果为高压水射流作用下海底水合物的破岩研究提供了依据，但以往的研究中破碎对象（岩石）本身不存在组分相变问题，而天然气水合物在环境条件改变下的自身分解也是影响水射流碎岩的重要因素（表 2.2）。

表 2.2　近年高压水射流破岩机理的研究进展

年份	代表研究
2000	200m 以内水下环境射流性能分析
2005	建立适用于水射流破岩全过程的岩石损伤模型
2008	采用全解流固耦合数值分析岩石宏观断裂规律与微观破坏机制间的联系； 利用非线性有限元法模拟高压水射流冲击砂岩和煤时的应力波效应
2010	得到适合深海作业的高压射流喷嘴射流压力和速度的变化规律； 分析射流裂解降压与热激复合式开采水合物方法中高压热射流的作用机理
2011	通过仿真获取水射流切削海底钴结壳性能的作用规律； 利用 ALE 算法分析高压水射流冲击高围压岩石的数值模型
2012	采用 SPH 算法对水射流破碎油页岩的三维非线性冲击动力学问题进行模拟研究
2015	建立射流过程中岩石单元损伤程度随时间变化的数值模型
2017	研究不同围压条件下轴线冲击压力及射流压力
2020	研究空化射流钻进海底浅层水平井的成孔过程

上述研究进一步揭示了射流作用下岩石微观破坏机制和力学作用机理，可以发现以往研究主要针对常规油气储层岩石（砂岩、碳酸盐岩、火成岩等），仍需针对射流开采非常规储层岩（矿）石（油页岩、水合物、页岩气储层等）继续开展水力破岩理论的研究。

1）拉伸-水楔破岩理论

拉伸-水楔破岩理论将高压水射流打击岩石表面产生的冲击力简化为作用在岩石表面的集中力，岩石表面在集中力作用下发生弹性变形，产生拉应力和剪应力，当应力值大于岩石的抗拉强度和抗剪强度时，开始出现裂缝，并在集中力的作用下逐渐扩展增多。同时，高压水射流进入裂缝，在水楔作用下，裂缝尖端产生拉应力集中，致使裂缝迅速发育，进而剥离表层岩石形成打击破碎坑[29]。图 2.3 为拉伸-水楔破岩理论示意图。

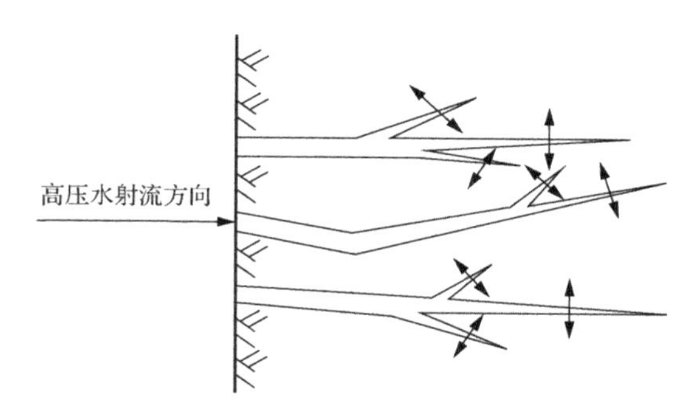

图 2.3　拉伸-水楔破岩理论示意图

2）密实核-劈拉破岩理论

密实核-劈拉破岩理论认为，高压水射流打击岩石过程中，可将水射流简化为具有一定速度的刚体，刚体与岩石表面接触并压入岩石，产生剪应力和拉应力，当应力值超过岩石的抗剪强度和抗拉强度时，岩石表面破坏并出现裂隙。随着刚体的压入，剪切裂隙迅速扩展，同时破碎的细岩粉聚集于刚体与岩石接触面形成球形密实核。密实核的能量随刚体的压入持续增加，当其能量达到极限时，开始膨胀并拉伸周围岩体，产生切向的拉应力。当切向拉应力值超过岩石的抗拉强度时，岩石表面产生径向裂隙。在密实核膨胀拉伸破坏岩体的同时，核中的岩粉以粉流的形式楔入裂缝内部，在裂缝中阻力较小的自由面产生拉应力集中，从而破碎岩石。图 2.4 为密实核-劈拉破岩理论示意图。

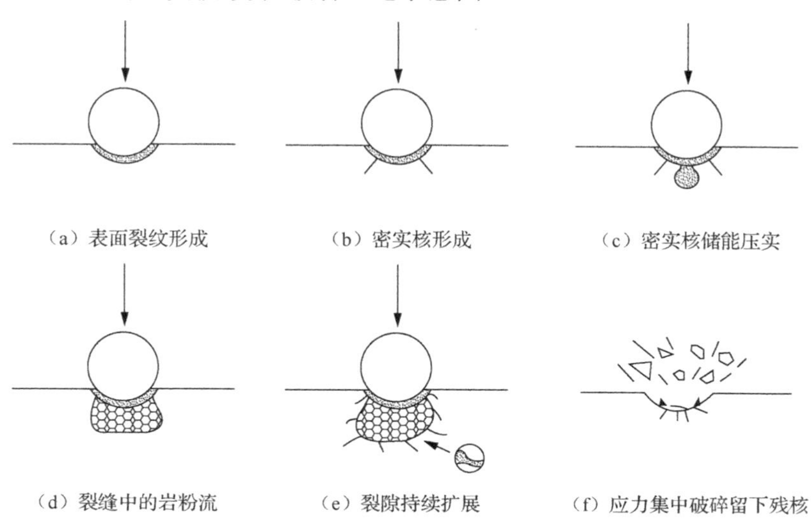

图 2.4　密实核-劈拉破岩理论示意图

3）应力波破岩理论

应力波破岩理论认为高压水射流打击岩石表面时产生应力波，应力波和持续的高压水射流应力场共同作用导致岩石破碎。主要表现为：高压水射流打击岩石时，在射流与岩石的接触面产生垂直于接触面的冲击波，在冲击波的反作用下，接触面附近的射流被压缩，被压缩的水流打击岩石表面，产生更强的冲击作用。对于岩石，冲击波以横向和竖向应力波的方式自接触面向岩石内部扩展。竖向应力波导致岩体产生拉应力，当拉应力大于岩石的抗拉强度时，岩石产生拉伸裂纹，进而破碎。横向应力波垂直于岩石的压缩方向，导致作用范围内岩体产生剪应力和周向的拉应力，当强度超过岩石的抗剪强度和抗拉强度时，岩石变形破坏。此外，冲击波还以瑞利波的形式作用于射流与岩石的接触面，瑞利波的传播使岩石表面受到拉应力和剪应力作用，加速碎岩过程[30]。图 2.5 为应力波破岩理论示意图。

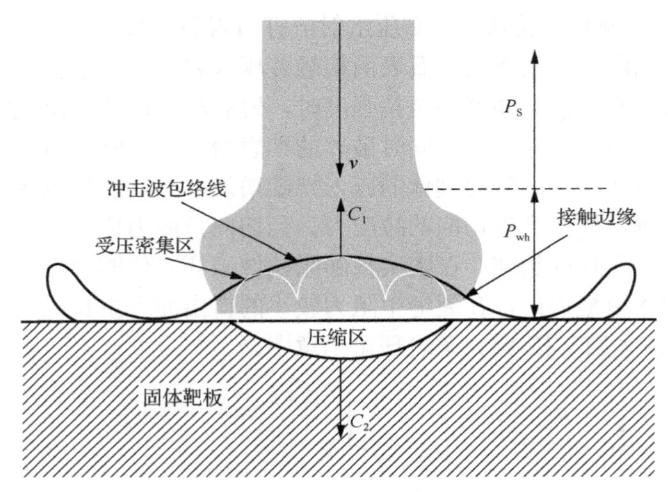

图 2.5　应力波破岩理论示意图

注：v 为射流速度，C_1 为冲击波向水中传播速度；C_2 为冲击波向固体传播速度，P_S 为射流初始压力段，P_{wh} 为撞击水锤压力段

拉伸-水楔破岩理论和密实核-劈拉破岩理论从各自的角度对高压水射流破岩过程进行了理论分析，能在一定程度上反映岩石的破碎过程，但仍存在一定的缺陷[31]。相比，应力波破岩理论更贴近实际岩石破碎效果。上述三种水射流破岩理论均属于拉伸-剪切破坏理论，此外，还有高压水射流的宏观破岩理论，即高压水射流冲击作用下，岩石的破碎是由于高压水射流进入岩石孔隙、楔入岩石裂缝后，产生拉应力导致岩石内部应力场发生变化而形成内应力，岩石在拉应力和内应力的共同作用下，发生宏观破坏。随着高压水射流破岩理论的发展，现有理论更接近真实地反映了高压水射流的破岩机理，但仍有诸多问题需要解决。

2. 射流作用下的砂土破坏模型

在河床疏浚、海底开沟以及水下地基处理等工程中，由于河床、海底多沉积有大量泥沙，因此，实际施工中常采用射流冲刷的方式对目标区域进行处理。由于河床和海底的砂土沉积物内聚力较小，固结程度较低，因此，高压水射流作用下，砂土沉积物的破坏机理与水射流破岩机理有较大区别[32]。

掌握砂土在高压水射流作用下的破坏模型是非常必要的。1977 年，Beltaos 等[33]进行了水射流冲刷土体试验，分析了不同射流参数对土体破碎效果的影响，并给出了水射流冲刷砂土的数学模型。在射流扩散区域，水射流打击土体时，由于射流的发散作用，射流半径增大，在射流与土体的接触面，垂直方向向上的射流速度可表示为

$$\frac{u_c}{U_0}=\frac{z/d}{1.1}\left(2-\frac{z/d}{1.1}\right) \tag{2.13}$$

式中，u_c 为射流的平均速度；U_0 为喷嘴处的射流速度；z 为平行于土体表面的射流高度；d 为喷嘴直径。

在射流打击区域，根据动量守恒方程和连续性方程，射流在接触面径向的速度分量 v_1 可表示为

$$\frac{v_1/U_0}{r_1/d}=\frac{0.294}{\sqrt{\frac{z}{d}-0.07}} \tag{2.14}$$

式中，r_1 为剪切层内边缘径向距离。

$$\frac{v}{v_1}=\frac{\lambda}{1.15}\left[1+0.15\lambda^2\left(2-\lambda^2\right)\right] \tag{2.15}$$

式中，v 为径向速度平均值；λ 为无量纲常数，$\lambda=r/r_1(0\leqslant r\leqslant r_1)$。

而射流在径向上的扩散距离 b_0 可表示为

$$\frac{b_0}{d}=0.087\left(\frac{H}{d}\right)+0.006 \tag{2.16}$$

式中，H 为喷嘴高度。

高压水射流打击土体后，在表面形成高速径向射流的边界层，根据伯努利方程，此时，土体表面在射流作用下的压力 p_w 与射流最大径向速度 v_m 的关系为

$$\frac{v_m}{U_0}=\sqrt{1-\frac{p_w}{QU_0^2/2}} \tag{2.17}$$

$$\frac{v_m}{U_0}=\frac{r}{d} \tag{2.18}$$

式中，Q 为流体密度。

考虑到冲击区域的剪应力，将壁面切应力τ_0与局部压力梯度$\partial p/\partial z$结合，可得

$$\tau_0 = \frac{1}{r}\int_0^r r\left(\partial p/\partial z\right)_{z=0}\mathrm{d}r \tag{2.19}$$

将式（2.18）和式（2.19）代入式（2.17）有

$$\frac{\tau_0}{QU_0^2/2} = h\left(\frac{r}{d}\right) \tag{2.20}$$

式中，h为射流喷距。

在射流与土体接触面，射流通常呈现壁面射流状态，射流具有较大的冲击距离，此时，射流与土体表面的相互作用力主要取决于射流流量，根据：

$$\delta = C_2 r \tag{2.21}$$

$$\frac{v_\mathrm{m}}{U_0} = \frac{C_\mathrm{u}}{r/d} \tag{2.22}$$

$$\tau_0 \propto \frac{1}{r^2} \tag{2.23}$$

以及

$$C_\mathrm{f} = \frac{\tau_0}{Qv_\mathrm{m}^2/2} \tag{2.24}$$

有

$$\frac{u_*}{U_0} = \frac{0.0794}{\dfrac{r}{d} - 0.3} \tag{2.25}$$

式中，δ为土体接触面的变形量；C_2、C_u为射流扩散系数；C_f为表面摩擦系数；u_*为射流剪切速率。

以上模型为水射流冲刷砂土等塑性材料的研究提供了理论基础，基于此学者将继续开展对含水合物沉积物这种复杂多相材料的水射流冲蚀破碎理论与模型研究。

2.1.3　岩石损伤机理

岩石作为一种天然材料，并不是绝对完整无缺的，其内部存在大量微裂隙、微孔洞等初始缺陷，这些天然质地的岩石类材料在外加载荷或者环境因素（温度、化学等）的影响下，将产生新的缺陷，并且与初始缺陷串联、扩展、聚合，使得其力学性质劣化。岩石损伤就是岩石材料内部微孔隙、裂纹发展扩张的过程。微观上表现为组成材料小分子结合键发生错位或者断裂；细观上表现为原始缺陷的扩展及新生缺陷的形成，即裂隙、孔洞的增长；而在宏观上则表现为岩石力学特性的劣化。损伤理论的研究方法建立在连续介质力学和热力学的基础上，已经应

用于岩石工程的各个方面，如高温、蠕变、冲击等。

目前已经有很多学者通过大量室内试验研究证明，岩石类材料受载荷作用至某一数值后其抵抗变形的能力会下降。结合声发射等试验对所受载荷作用的岩石进行观测，当岩石所受应力超过某一临界值（通常称为阈值）后，岩石材料的损伤会随着外加荷载的增加而迅速增大。

岩石裂纹的孔隙扩展分为四个阶段，分别是微裂纹的预存阶段、裂纹起裂阶段、裂纹稳定扩展阶段，最后就是裂纹的不稳定扩展阶段，在该阶段岩石会发生宏观变形。这四个阶段是岩石从原始阶段受载荷直至破坏裂纹扩展的过程。第一阶段，岩石在自然环境中形成，均含有不同程度的微裂纹、孔隙等，这些缺陷在岩石中是稳定存在的；第二阶段，岩石材料的应力-应变曲线为线性阶段，此时岩石受到较低的外加荷载作用，岩石内部就会形成“拉应力”集中，“拉应力”集中会使原始预存微裂纹孔隙发生扩展，原始孔隙的扩展会缓解“拉应力”集中的现象，停止增加载荷后部分微裂纹及扩展的裂缝就会发生恢复；第三阶段，若继续增加荷载，裂纹将继续扩展，此时岩石所受荷载为其最大荷载的70%～80%，会伴随着大量新裂纹的生成，并且很可能出现大裂纹，若此时停止增加荷载，裂纹的扩展将会停止，但是，裂纹将不会闭合，岩石的应力-应变曲线为非线性关系；第四阶段，荷载继续增加，裂纹继续增多且失稳扩展，而荷载值维持不变，岩石材料最终破坏。

实际材料中均存在初始损伤，在外界的各种作用下，材料性能逐渐劣化并最终达到破坏的过程也是损伤逐渐积累的过程。损伤力学主要是针对含有非连续分布微观缺陷的变形固体进行研究，确定研究材料中非连续性、非均质性的损伤演化规律，并结合平均化的处理方法使其更容易在力学中应用。

岩石类材料损伤的观察和测量是研究损伤理论的重要步骤，观察是指对岩石微观缺陷、微裂纹形态的准确把握，测量是采用专业设备对岩石内部孔隙度等参数进行测量，以此来表征岩石损伤情况。岩石损伤可以通过设备直接观察岩石内部孔洞、裂隙，也可以通过岩石材料的宏观力学性能与损伤的联系间接测得。直接测量法包括扫描电子显微镜、声发射技术、核磁共振技术等。间接测量法的原理是通过对岩石材料宏观力学性质（抗压强度、抗拉强度、弹性模量等）的测量，从而反映岩石损伤情况。通过对岩石材料物理参数机械性能的变化来表征岩石损伤，间接测量法对于岩石损伤的测量结果与直接测量法不同，更多的是宏观物理力学量和损伤值，优点是能与实际工程紧密结合，可直接应用于实际工程之中。

在对材料的损伤情况进行研究时，应首先选择合理的物理参数或机械性能参数作为损伤变量，然后通过试验、热力学及连续介质力学等技术手段，确定损伤演化方程及本构方程，明确初值问题、边值问题所对应的解析方程，最后利用数学方法对应力场、损伤场等进行求解。损伤力学的研究方法主要有金属物理学方法（细观方法）、唯象方法（宏观方法）及统计方法。随着相关领域技术水平的不断发展，又出现了宏观、细观、微观结合的研究方法。

岩石材料的损伤主要是指岩石内部微观孔隙、裂隙的产生、发展、增长直至贯通的过程，该过程中的损伤并非连续，在多数的岩石材料中，微观孔隙、裂隙被认为是随机分布在空间中的不同方向上。可引入损伤变量 D 来描述微观孔（裂）隙随机分布所引起的各向同性不连续状态，且参数 D 的大小由材料内部微观孔（裂）隙的密度决定。

通常将岩石材料内部微观裂隙、孔隙的产生、扩展、串联贯通的过程称为岩石损伤。岩石损伤过程不是连续的，岩石材料中微观裂隙、孔隙随机分布在岩石材料中的不同位置，损伤变量就是用来描述岩石中微观裂隙随机分布所形成的不连续的状态，通常用一个标量 D 表示，可用式（2.26）表示：

$$D=\frac{A_D}{A_0} \tag{2.26}$$

$$M=\frac{1}{1-D} \tag{2.27}$$

式中，D 为损伤变量；M 为损伤因子；A_D 为岩石材料已受损（缺陷）截面总面积；A_0 为岩石材料无损时截面总面积。

由上述公式可以知道，在岩石材料无损伤状态时，损伤变量 $D=0$，而当岩石材料受到破坏，受损面积达到极限时，损伤变量 $D=1$，而一般情况下 $D<1$ 时，岩石材料就已经发生破坏了。但是，损伤变量无法直接仅通过设备进行测量，而是通过宏观度量和微观监测的方法对岩石材料的损伤变量进行表征。宏观上可以通过如质量、密度、抗压强度、弹性模量等物理力学参数的变化来表征；微观上可以通过如孔隙度、孔径占比的微观孔隙结构变化来表征。通过宏观和微观度量方法来表征损伤变量 D，可以用以下公式表示：

$$D=\frac{A_D}{A_0}=1-\frac{A_b}{A_0} \tag{2.28}$$

$$D=-\frac{\Delta\rho}{\rho} \tag{2.29}$$

$$D=1-\frac{E_b}{E} \tag{2.30}$$

式中，A_b 为材料损伤后承载部分横截面积；ρ 为材料初始质量密度；$\Delta\rho$ 为材料损伤后质量密度的变化量；E 为材料初始弹性模量；E_b 为材料损伤后弹性模量。

1. 岩石主要损伤本构模型

1）Mazars 损伤模型

1986 年，Mazars[34]提出了混凝土本构的问题损伤模型。他认为，试件受载荷作用后，在其所能承受的最大抗压强度之前，即使试件有损伤，其应力-应变曲线的变化也是呈线性分布，所以可以得出：出现峰值之前，当材料应变$\varepsilon\leqslant$材料极限应变ε_{P}时，应变为材料初始应变，即$\varepsilon=\varepsilon_{\mathrm{c}}$，此时$D=0$；继续加载至峰值之后，试件的应变继续增加，而应变所对应的应力急剧下降，此时可以观察到试件裂缝急剧扩展，骨架失稳，试块的刚度大大降低，此时$\varepsilon>\varepsilon_{\mathrm{P}}$，$D>0$。所以损伤演化方程可以表示为

$$D=\begin{cases}0, & \varepsilon\leqslant\varepsilon_{\mathrm{c}}\\ 1-\dfrac{\sigma_{\mathrm{P}}(1-M_{\mathrm{c}})}{\varepsilon}-\dfrac{M_{\mathrm{c}}}{\exp\left[M_{\mathrm{c}}(\varepsilon-\varepsilon_{\mathrm{P}})\right]}, & \varepsilon>\varepsilon_{\mathrm{c}}\end{cases} \tag{2.31}$$

式中，M_{c}为材料常数（通过力学特性试验获得）；σ_{P}为材料所能承受的最大应力；ε_{P}为材料极限应变。

2）Loland 损伤模型

Loland[35]通过对岩石试块进行拉伸试验得到对应的应力-应变曲线，我们将该曲线中代表岩石损伤的阶段分成两部分：在第一部分中$\varepsilon<\varepsilon_{\mathrm{P}}$，此时岩石试块内部的微裂纹、裂隙的扩展仅仅发生在内部体元中，并且具有一定的限度，在这一阶段，主要产生内部微裂纹的扩展和劣化；在第二部分中$\varepsilon\geqslant\varepsilon_{\mathrm{P}}$，此时岩石试块内部微裂纹发生不稳定扩展直至材料发生宏观变形。定义岩石试块初始弹性模量为E_0，而$E_0=\dfrac{E}{1-D_0}$，此时得到使用初始弹性模量表示的岩石应力-应变曲线关系为

$$\tilde{\sigma}=\begin{cases}\dfrac{E}{1-D_0}\cdot\varepsilon, & 0\leqslant\varepsilon<\varepsilon_{\mathrm{c}}\\ \dfrac{E}{1-D_0}\cdot\varepsilon_{\mathrm{P}}, & \varepsilon_{\mathrm{c}}\leqslant\varepsilon\leqslant\varepsilon_{\mathrm{P}}\end{cases} \tag{2.32}$$

式中，E为岩石无损伤时的弹性模量；$\tilde{\sigma}$为有效应力；D_0为材料初始损伤；ε为材料应变；ε_{c}为材料峰值应变；ε_{P}为材料极限应变。

此时岩石材料损伤方程表达式为

$$D=\begin{cases}D_0+C_1\varepsilon^{\beta}, & 0\leqslant\varepsilon<\varepsilon_{\mathrm{c}}\\ D_{\mathrm{c}}+C_2(\varepsilon-\varepsilon_{\mathrm{c}}), & \varepsilon_{\mathrm{c}}\leqslant\varepsilon\leqslant\varepsilon_{\mathrm{P}}\end{cases} \tag{2.33}$$

式中，D_{c}为对应ε_{P}的损伤值；C_1、C_2、β为材料常数。

3）Krajcinovic 损伤模型

Krajcinovic 等[36]将损伤变量视作仅由岩石内部的微小缺陷所导致的矢量，即在对其进行计算的过程中无须考虑岩石内部孔隙形状对结果产生的影响，当将横截面的法向设置为 N，该截面的孔隙密度设置为 ω_{n} 时，在各个时刻损伤矢量则被定义为

$$D = \omega_{\mathrm{n}}^{\frac{1}{2}} N \tag{2.34}$$

在上式基础上，Krajcinovic 推导得出亥母霍兹（Helmholtz）自由能的计算方法为

$$\rho\varphi = \frac{1}{2}\lambda + 2\mu\varepsilon_{ii}\varepsilon_{jj} - \mu\varepsilon_{ii}\varepsilon_{jj} - \varepsilon_{ji} + C_1\omega_\rho\omega_\rho^{\frac{1}{2}}\varepsilon_{ij}\varepsilon_{kk}\omega_i\omega_j + C_2\omega_\rho\omega_\rho^{\frac{1}{2}}\varepsilon_{ij}\varepsilon_{jk}\omega_t\omega_k \tag{2.35}$$

式中，ρ 为质量密度；φ 为亥姆霍兹自由能；ω 为微孔隙演变水平参量；$\mu = \dfrac{E}{2(1+\nu)}$ 和 $\lambda = \dfrac{2\nu}{1-2\nu}\mu$ 是与温度相关的拉梅系数；C_1、C_2 为材料常数。

通过正交法则可得

$$\sigma_{ij} = \frac{\partial\varphi}{\partial\varepsilon_{ij}} K_{ij}\varepsilon_{kl} \tag{2.36}$$

$$Y_i = -\rho\frac{\partial\varphi}{\partial D_i} \tag{2.37}$$

式中，

$$K_{ij} = \lambda\delta_{ij}\delta_{kl} + 2\mu\delta_{ik}\delta_{jl} + C_1\omega_\rho\omega_\rho^{\frac{1}{2}}\delta_{ij}\omega_k\omega_l + \delta_{kl}\omega_i\omega_j + C_2\omega_\rho\omega_\rho^{\frac{1}{2}}\delta_{jk}\omega_i\omega_l + \delta_{jk}\omega_j\omega_k$$

其中，δ 表示塑性应变。

将位于应变空间中岩石产生损伤所在曲面设为 $\int \varepsilon, \omega, T = 0$，从而得出在岩石受到拉伸的条件下其损伤曲面方程 f 为

$$f = \varepsilon_{NN} - B_1 - B_2\omega_{\mathrm{n}} = 0, \quad \varepsilon_{NN}\mathrm{d}\varepsilon_{NN} > 0 \tag{2.38}$$

式中，B_1、B_2 为材料拉伸常数；ε_{NN} 表示任意曲面的应变。

若沿 x 轴加载，取 $\omega_1 = \omega$，$\omega_2 = \omega_3 = 0$，于是得到单轴拉伸时的本构关系为

$$\begin{cases} \dfrac{1}{E_k}\sigma_{11} = \dfrac{1-2\nu^2}{1-\nu}\sigma_{11} + \dfrac{1}{B_1 - B_3}\left(C_2 + 1 - 2\nu C_1\right)\sigma_{11}^2 - \dfrac{1-2\nu}{2}\dfrac{C_1^{\ 2}}{\left(B_1 - B_3\right)^2}\sigma_{11}^3 \\ \sigma_{22} = \sigma_{33} = -\left(1-\nu\right)\left[\dfrac{\nu}{1-\nu} + \dfrac{C_1}{2\left(B_1 - B_3\right)^2}\sigma_{11}\right]\sigma_{11} \\ \omega = -\dfrac{1}{B_1 - B_3}\sigma_{11}, \quad \sigma_{11} > 0 \end{cases} \tag{2.39}$$

式中，B_3 为材料拉伸常数；v 为泊松比；E_k 为弹性模量；σ_{11} 为 x 方向的应力；σ_{22} 为 y 方向的应力；σ_{33} 为 z 方向的应力。

当岩石处于 z 方向荷载的单轴压缩状态下，由于涉及岩石裂纹开裂走向，将 ω_3 取值为 0，而 $\omega_1=\omega_2=\omega$，从而得到此时岩石本构方程为

$$
\begin{cases}
\mathrm{d}\varepsilon_{11}=\mathrm{d}\varepsilon_{22} \\
\quad =-\left(\overline{v}+\dfrac{1}{2}C_1\omega\right)\times\left[\dfrac{1}{1-v}+\left(2C_1+C_2\right)\omega+\dfrac{C_1}{B_1-B_3}\left(\dfrac{1}{2}\varepsilon_{33}+2\varepsilon_{11}+\dfrac{C_2\varepsilon_{11}}{B_1-B_3}\right)\right]\cdot\mathrm{d}\varepsilon_{33} \\
\mathrm{d}\varepsilon_{33}=E_k\left[\mathrm{d}\varepsilon_{33}+\left(2\overline{v}+C_1\omega+\dfrac{C_1}{B_1-B_3}\varepsilon_{11}\right)\varepsilon_{11}\right] \\
\mathrm{d}\omega=\left(B_1-B_3\right)^{-1}\mathrm{d}\varepsilon_{11}, f=0, \dfrac{\partial f}{\partial\varepsilon_{11}}\mathrm{d}\varepsilon_{11}>0
\end{cases}
\tag{2.40}
$$

式中，ε_{11} 为 x 方向的应变；ε_{22} 为 y 方向的应变；ε_{33} 为 z 方向的应变。

实际的工程更加青睐形式简单、应用简便的各向同性损伤模型。各向异性损伤模型虽然形式复杂、计算烦琐，但更加符合材料的实际情况及特性，因而具有更为宽广的研究应用前景。岩石材料的损伤变形具有较为明显的尺寸效应、拉压异性、应力跌落等特点，使整个变形过程变得复杂。根据现有研究结果中的应力-应变关系可以发现，岩石材料的变形过程包含线弹性、非线性强化、应力跌落及应变硬（软）化等不同的阶段。根据岩石损伤变形的特点，许多学者提出了自己的损伤模型，其中比较常用的有：突然损伤模型、分段线性损伤模型、分段曲线损伤模型等。

4）突然损伤模型

在突然损伤模型中，材料的应力-应变曲线分为两个阶段（图 2.6）：线弹性阶段以及破坏阶段。在线弹性阶段，材料所承受的应力没有达到峰值，应力与应变呈线弹性关系，损伤变量的值为 0；在破坏阶段，材料所受应力达到峰值，材料在瞬间发生破坏，失去承载能力，承载能力下降到 0，此阶段中损伤变量的值为 1。在该模型中，损伤变量只取 0 和 1 两个数值，不能为其他数值。

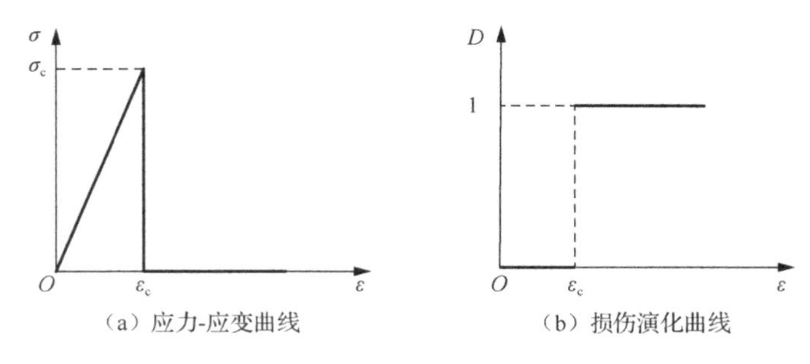

图 2.6 突然损伤模型曲线

突然损伤模型的应力-应变关系、损伤演化方程分别为

$$\sigma=\begin{cases}E\varepsilon, & 0\leqslant\varepsilon\leqslant\varepsilon_{\mathrm{c}}\\0, & \varepsilon>\varepsilon_{\mathrm{c}}\end{cases}\tag{2.41}$$

$$D=\begin{cases}0, & 0\leqslant\varepsilon\leqslant\varepsilon_{\mathrm{c}}\\1, & \varepsilon>\varepsilon_{\mathrm{c}}\end{cases}\tag{2.42}$$

5）分段线性损伤模型

分段线性损伤模型仍然将材料的应力-应变曲线划分成两个阶段（图 2.7）。在第一个阶段，应力未达到峰值，材料的应力与应变呈线弹性关系，此时材料中只有初始损伤，没有损伤演化；在第二个阶段，应力达到峰值，材料的应力-应变曲线表现出分段线性，材料损伤按分段线性进行演化。分段线性损伤模型的应力-应变关系如下：

$$\sigma=E\left(\varepsilon_{\mathrm{c}}-a_1\left\langle\varepsilon\Big|_{\mathrm{M}}^{\mathrm{F}}-\varepsilon_{\mathrm{c}}\right\rangle-a_2\left\langle\varepsilon\Big|_{\mathrm{M}}^{\mathrm{u}}-\varepsilon_{\mathrm{c}}\right\rangle\right)\tag{2.43}$$

式中，ε_{c} 为峰值应变；$\varepsilon\big|_{\mathrm{M}}^{\mathrm{F}}$ 为宏观裂纹开始形成时的应变 ε_{F}；$\varepsilon\big|_{\mathrm{M}}^{\mathrm{u}}$ 为应变最大值 ε_{u}（临近断裂时的应变值）；a_1、a_2 分别为材料常数。

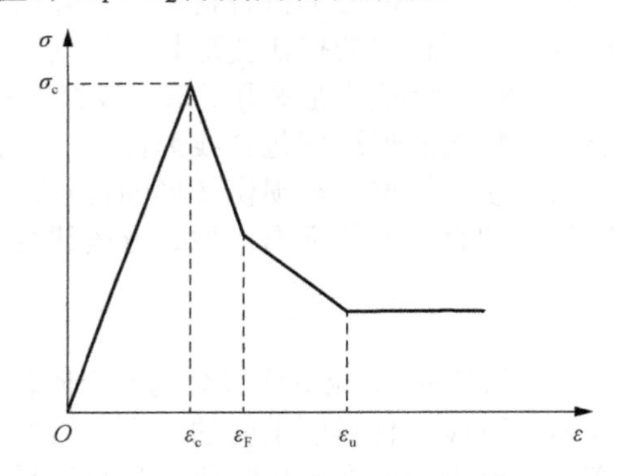

图 2.7　分段线性损伤模型曲线

该模型的主要特点及物理意义：当 $0\leqslant\varepsilon\leqslant\varepsilon_{\mathrm{c}}$ 时，材料不发生损伤演化；当 $\varepsilon_{\mathrm{c}}<\varepsilon\leqslant\varepsilon_{\mathrm{F}}$ 时，材料微裂纹开始发展；当 $\varepsilon_{\mathrm{F}}<\varepsilon\leqslant\varepsilon_{\mathrm{u}}$ 时，材料中局部微裂纹不断发展连接；当 $\varepsilon>\varepsilon_{\mathrm{u}}$ 时，不同微裂纹发生连接并逐渐贯通，形成宏观主裂纹。

6）分段曲线损伤模型

在分段曲线损伤模型中，材料的应力-应变曲线仍然被划分为两个阶段，两个阶段的分界点是应力恰好达到峰值（图 2.8）。在两个阶段内，材料都存在损伤演化，对两个阶段采用两条不同的曲线分别进行拟合。该模型的应力-应变关系及损伤演化方程为

$$\sigma=\begin{cases}E\varepsilon\left[1-A_1\left(\dfrac{\varepsilon}{\varepsilon_c}\right)^{B_1}\right], & 0\leqslant\varepsilon\leqslant\varepsilon_c\\[2ex] E\varepsilon\left[\dfrac{A_2}{C_1\left(\dfrac{\varepsilon}{\varepsilon_c}-1\right)^{B_2}+\dfrac{\varepsilon}{\varepsilon_c}}\right], & \varepsilon>\varepsilon_c\end{cases} \tag{2.44}$$

$$D=\begin{cases}A_1\left(\dfrac{\varepsilon}{\varepsilon_c}\right)^{B_1}, & 0\leqslant\varepsilon\leqslant\varepsilon_c\\[2ex] 1-\dfrac{A_2}{C_1\left(\dfrac{\varepsilon}{\varepsilon_c}-1\right)^{B_2}+\dfrac{\varepsilon}{\varepsilon_c}}, & \varepsilon>\varepsilon_c\end{cases} \tag{2.45}$$

式中，B_2、C_1 为曲线参数；A_1、A_2 及 B_1 为材料常数。

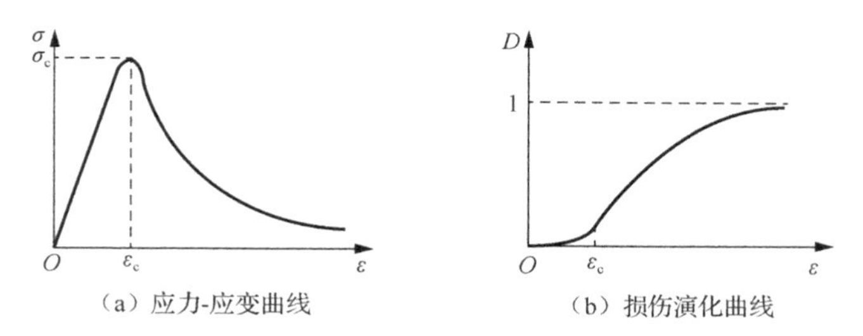

（a）应力-应变曲线　（b）损伤演化曲线

图 2.8　分段曲线损伤模型曲线

2. 水射流作用下岩石损伤模型

岩石在高压水射流作用下的破碎机理过于复杂，现有理论虽难以全面解释破碎现象，但也基本阐述了岩石在高压水射流作用下的破坏模式，增加了对破岩规律和破碎过程的认识。

众多学者对高压水射流破岩过程及机理进行了较为全面的研究，结果认为高压水射流破岩主要是应力波和滞止静态压力共同作用的结果，而岩石是否破坏取决于射流所能提供的水锤压力的大小。水锤压力是指射流打击岩石产生的冲击波作用于射流与岩石接触面中心的打击压力。根据能量守恒定理，在高压水射流打击岩石表面的瞬间，水锤压力可表示为

$$P_{sc}=\frac{c\rho_s v_s\rho_y v_y}{\rho_s v_s+\rho_y v_y} \tag{2.46}$$

式中，ρ_s、ρ_y 分别表示水的密度和岩石的密度；v_s、v_y 分别为冲击波在水和岩石中的传播速度；c 为高压水射流的速度。

其中，冲击波在水和岩石中传播速度的计算公式如下：

$$\begin{aligned} v_{\mathrm{s}} &= C_{\mathrm{s}} + \varphi_{\mathrm{s}} c \\ v_{\mathrm{y}} &= C_{\mathrm{y}} + \varphi_{\mathrm{y}} c \end{aligned} \tag{2.47}$$

式中，C_{s}、C_{y} 为声波在水和岩石中的传播速度；φ_{s}、φ_{y} 为声波介质系数。声波在水中传播时，φ_{s} 取值为 2；在岩石中传播时，φ_{y} 的计算式为

$$\varphi_{\mathrm{y}} = \frac{11.61}{C_{\mathrm{y}}^{0.239}} \tag{2.48}$$

将式（2.47）和式（2.48）代入式（2.46），水锤压力 P_{sc} 可表示为

$$P_{\mathrm{sc}} = \frac{c\rho_{\mathrm{s}}\rho_{\mathrm{y}}\left(C_{\mathrm{s}} + 2c\right)\left(C_{\mathrm{y}} + 11.61c / C_{\mathrm{y}}^{0.239}\right)}{\rho_{\mathrm{s}}\left(C_{\mathrm{s}} + 2c\right) + \rho_{\mathrm{y}}\left(C_{\mathrm{y}} + 11.61c / C_{\mathrm{y}}^{0.239}\right)} \tag{2.49}$$

由式（2.49）可求得不同射流速度的高压水射流作用于岩石表面的水锤压力。但是，水锤压力产生于射流打击岩石表面的瞬间，作用时间较短，形成持续射流后，水流转以滞止静态压力 P_{s} 作用于岩石，可表示为

$$P_{\mathrm{s}} = \frac{\rho_{\mathrm{s}} c^2}{2} \tag{2.50}$$

从式（2.50）可以看出，滞止静态压力 P_{s} 由射流介质和射流速度决定，当射流速度越高、射流介质密度越大时，岩石在持续射流时受到的滞止静态压力越大。

岩石在高压水射流应力波作用下破碎，主要是岩体受到应力波的拉伸和剪切作用，当其超过岩石的抗体强度、抗剪强度时，导致岩石破碎；而滞止静态压力破碎岩石的原理主要是岩石内部孔隙、裂隙在滞止静态压力的作用下逐渐发育、扩展，当众多孔隙和裂隙扩展连通后，导致岩石局部抗拉强度降低，进而发生宏观破坏。徐小荷[37]研究了射流持续时间与破碎坑深度的关系，结果表明：高压水射流打击岩石表面时，岩石在极短的时间内便发生破碎，而且，随着射流持续时间的增加，破碎效果也无明显变化。从该试验结论可以看出，在高压水射流破岩过程中，应力波对岩石破碎的影响要大于滞止静态压力，岩石损伤破碎主要是由应力波作用引起。

倪红坚等[38]通过分析高压水射流破岩模式和理论，建立了岩石在水射流作用下的损伤模型。高压水射流打击岩石表面时，岩石受到水射流引起的冲击波的拉伸作用，此时，岩石的损伤模式符合勒迈特（Lemaitre）连续损伤模型，根据体积应力准则和最大主应力准则，岩石损伤可表示为

$$\begin{cases} D = \dfrac{\sigma_{\mathrm{eq}}^2}{2ES} R_{\mu} p, & \sigma_{\mathrm{H}} > 0, \sigma_{\max} < \sigma_{\mathrm{f}} \\ D = 1, & \sigma_{\mathrm{H}} > 0, \sigma_{\max} \geqslant \sigma_{\mathrm{f}} \end{cases} \tag{2.51}$$

式中，R_{μ} 为 Lemaitre 损伤系数，即

$$R_{\mu}=\frac{2}{3}(1+\nu)+3(1-2\nu)\left(\frac{\sigma_{H}}{\sigma_{eq}}\right)^{2} \tag{2.52}$$

p 为围压；D 为岩石损伤量；σ_{eq} 为等效米塞斯应力；E 为弹性模量；S 为应变能释放率；σ_{H} 为体积应力；ν 为泊松比；σ_{f} 为抗拉强度。

当岩石处于压缩状态时，其损伤模式符合脆性材料冲击响应模型，利用该模型的应变率效应耦合理论，岩石的压缩损伤可表示为

$$\begin{cases} D=\dfrac{\lambda \dot{W}_{p}}{1-D}, & \sigma_{H}<0,\sigma_{max}<\sigma_{f} \\ D=1, & \sigma_{H}<0,\sigma_{max}\geqslant\sigma_{f} \end{cases} \tag{2.53}$$

式中，λ 为损伤系数；$\dot{W}_{p}$ 为压缩塑性功率。

将水射流应力波压缩作用下的岩石看作弹性体，根据莫尔-库仑准则，岩石损伤时的屈服强度 σ_{s} 可表示为

$$\sigma_{s}=\begin{cases} 0, & \sigma_{H}\geqslant 0,\sigma_{max}\geqslant\sigma_{f} \\ \left[\sigma_{0}\left(1+C_{1}\ln\dot{\varepsilon}_{p}\right)+C_{2}p\right](1-D), & \sigma_{H}<0,\sigma_{max}<\sigma_{f} \end{cases} \tag{2.54}$$

式中，σ_{0} 为静态屈服强度；C_{1} 为应变率参数；C_{2} 为围压常数；$\dot{\varepsilon}_{p}$ 为塑性应变率。

岩石在水射流应力波作用下出现损伤，损伤对岩石刚度的影响可由下式计算：

$$\sigma_{h}=3K(1-D)\varepsilon\delta_{h}+2G(1-D)e_{h} \tag{2.55}$$

则岩石的损伤量为

$$D=1-\frac{\sigma_{ij}}{3K\varepsilon\delta_{ij}+2Ge_{ij}} \tag{2.56}$$

式中，D 为岩石损伤量；σ_{ij} 为应力张量；ε 为塑性应变率；δ_{ij} 为体积应变偏量张量；σ_{h} 为岩石刚度；e_{h} 为应变偏量张量；δ_{h} 为单位张量；K 为岩石体积模量；G 为岩石剪切模量；e_{ij} 为剪切应变偏量张量。

在高压水射流打击岩石表面时，应力波作用时间极短，岩石大部分时间处于滞止静态压力作用下。当岩石内部孔隙和裂隙在滞止静态压力作用下发育扩展时，岩石损伤可表示为

$$\sigma=\sigma_{1}=K_{IC}\sqrt{\frac{\tau}{4l}} \tag{2.57}$$

式中，σ_{1} 为孔隙、裂隙二次发育扩展所需的临界应力；τ 为力矩；l 为射流打击前的裂隙长度；K_{IC} 为断裂韧度。

滞止静态压力作用下，岩石内部孔隙和裂隙扩展，取裂隙扩展距离为裂隙扩展距离的平均值 l_{0}，则裂隙的损伤长度为

$$\Delta l=L\gamma \tag{2.58}$$

式中，

$$\begin{cases} L = \Delta l + l_0 \\ \gamma = 1 - \cos\left(\dfrac{\pi\sigma_{\mathrm{H}}}{2\sigma_{\varphi}}\right) \end{cases} \tag{2.59}$$

其中，γ 为土体容重；σ_{φ} 为损伤材料的抗拉强度。

高压水射流的滞止静态压力破坏岩石结构过程中，岩石破碎前后孔隙度与损伤量的关系可表示为

$$D = 1 - \frac{1-\Phi}{1-\Phi_0} \tag{2.60}$$

式中，Φ_0 为岩石损伤前孔隙度；Φ 为岩石受压损伤后的孔隙度。

综上，岩石在高压水射流作用下的损伤量可表示为

$$D' = D + \frac{\theta - 1}{1-\Phi_0}\left[1-(1-D)(1-\Phi_0)\right] \tag{2.61}$$

式中，

$$\theta = \frac{1}{\cos^3[\pi\sigma_{\mathrm{H}}/(2\sigma_{\varphi})]} \tag{2.62}$$

2.1.4　碎石化技术

碎石化技术是通过物理化学技术，弱化地下原位岩石的物理力学性质，增多地下原位破碎体，使岩体破碎为大小不规则的岩块，从而提高储层中的传热面积和渗透能力的储层改造技术（图 2.9）。

图 2.9　碎石化技术原理

与其他储层改造技术相比，碎石化技术通过将大体积岩体破碎成小体积的岩块，极大程度增加了储层的受热面积与流通通道的流通能力，提高了低渗能源储层的可开采性与开采效率，具有良好的应用前景。实现碎石化的手段包括水射流碎岩技术、爆破碎岩技术、酸化技术、高压脉冲碎岩技术以及冷热交替碎岩技术等。其中水射流碎岩技术原理已在 2.1.3 节进行了详细的解释，本节不再赘述。

1. 爆破碎岩技术

利用炸药爆炸时的瞬间冲击能量，将大块岩体破碎为小岩块的碎岩技术称为爆破碎岩技术。传统的爆破碎岩技术将固体炸药填充在已有的钻孔中，进行爆破碎岩，由于炸药爆炸范围的限制，需要多个钻孔同时进行爆炸作业。随着炸药材料与钻井技术的发展，衍生出水平井技术与液体炸药技术相结合的水平井爆破碎岩技术，如图 2.10 所示。在目标储层钻取一口水平井，并进行水平井水力压裂施工，压裂完成后，将液体炸药灌注到水平井与压裂裂缝中，起爆液体炸药，利用液体炸药爆炸的能量进行爆破碎岩。

由于水平井延伸长度比较长，且爆破前先进行水力压裂的施工，炸药可以充分进入水力裂缝，因此爆破范围比较广且岩体破碎效果均匀，可以达到良好的储层改造效果。

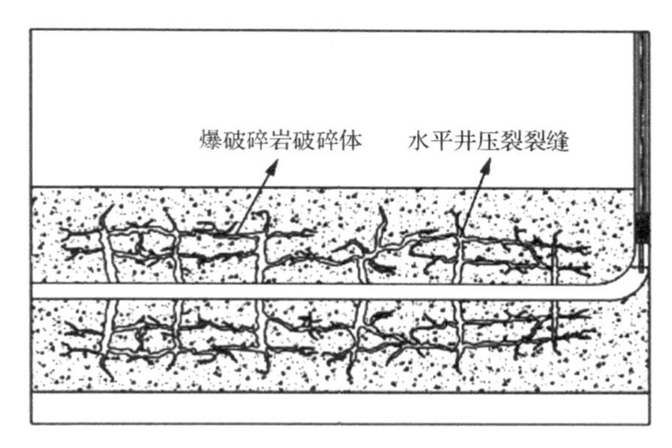

图 2.10　高压水平井爆破碎岩技术原理图

2. 酸化技术

岩石是由一种或多种矿物组成的固态集合体，酸液可以与岩石中的一些矿物（如碳酸盐、硅酸盐）发生化学反应，起到弱化岩石的作用，导致岩石更容易发生破裂。酸液注入储层岩体中，将可溶性矿物溶解，岩石中不可溶物质失去胶结性，结合其他碎岩技术如压裂等，使其从大块岩体上逐渐剥离，形成小的岩块。这种技术称为酸化技术。在传统的油气开采领域，酸液通过解除孔隙、裂缝中的堵塞物质，扩大并连通地层原有的孔隙、裂缝，提高地层的渗透性能，从而达到油气井增产的目的。

3. 高压脉冲碎岩技术

高压脉冲碎岩是一种比较新颖的非机械碎岩方法，相对于传统的方法具有碎岩率高、无环境污染、碎岩方式可控等优点，因此受到了较大的关注。高压脉冲碎岩的原理是高压强电场通过液体时会在液体电介质中产生等离子体通道，通道中的液体迅速汽化、膨胀，迅速膨胀的气腔在水介质中产生强大的冲击波，随着放电电流和放电时间的不同，冲击波以冲量或者冲击压力的方式作用于周围岩石，实现碎岩（图 2.11）。

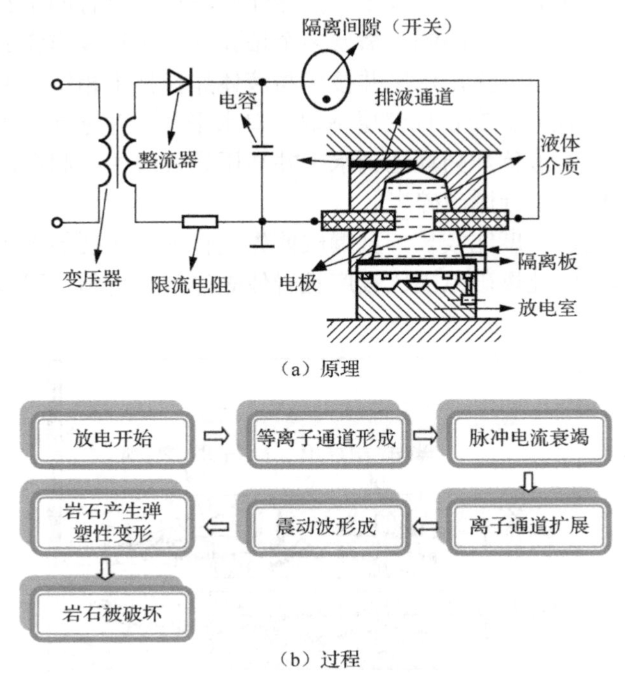

（a）原理

（b）过程

图 2.11　脉冲碎岩技术原理与过程

高压电场通电时，在液体介质中产生等离子通道，随着脉冲电流的衰竭，等离子通道进行扩展形成震动波，震动波作用在周围岩石，使岩石发生弹塑性变形直到岩石被破坏。

4. 冷热交替碎岩技术

1）冷热循环碎岩技术

根据热胀冷缩原理，岩石受热发生膨胀，遇冷体积收缩。由于岩石内部不同矿物的膨胀系数与收缩系数不同，导致岩石在膨胀与收缩时不同矿物的体积变化不同从而在岩石内部产生微裂纹，冷热多次循环处理岩石，岩石内部微裂纹不断扩展，相互连接，直至岩石发生破坏。

2）冻融循环碎岩技术

在负温条件下，岩土中的水结成冰，产生膨胀，冰对岩石裂隙两壁产生巨大的压力。当温度上升超过冰点，冰逐渐融化成水滴，水分将沿着结构表面的孔隙或毛细孔通路向结构内部渗透，且作用于两壁的压力骤减，两壁向中央推回。结构件表面和内部所含水分的冻结和融化的交替出现，称为冻融循环。在反复冻融循环过程中，岩石的裂隙就会扩大、增多，以致石块被分割出来。这种作用称为冻融循环碎岩作用。

岩石冻融损伤的本质是组成岩石的水、冰、岩等多相介质具有不同的热物理性质。温度降低时，矿物晶粒体积收缩，而孔隙水冻结成冰后发生体积膨胀，由于各种矿物颗粒缩胀率的不同以及不同结晶方位的热弹性不同，引起跨颗粒边界的缩胀不协调，在矿物晶粒及微孔隙间产生了巨大的冻胀力，这种内应力相对于某些胶结强度较弱的岩石颗粒具有破坏作用，造成岩石内部出现局部损伤。在温度下降至冰点的过程中，水由液态向固态转变同时将产生膨胀拉应力，对于某些强度较弱的岩石颗粒具有破坏作用，使岩石产生新的损伤。温度升高，岩石内孔隙水融化，出现冻结应力释放和水分迁移，造成局部损伤区域的裂隙相互贯通，进而加剧这种损伤。随着冻融循环次数的增加，内应力随外部温度循环交替地作用于岩体骨架上，导致岩体的物理力学性质发生不可逆劣化。

2.2　岩（矿）石的流体输送理论

2.2.1　井底流场及矿浆运移

1. 井底矿物颗粒受力及其分析

研究井底矿物颗粒从矿层分离出来的过程，首先要研究其在井底的受力情况。以单颗粒为研究对象，如图 2.12 所示，其上共作用两类力。

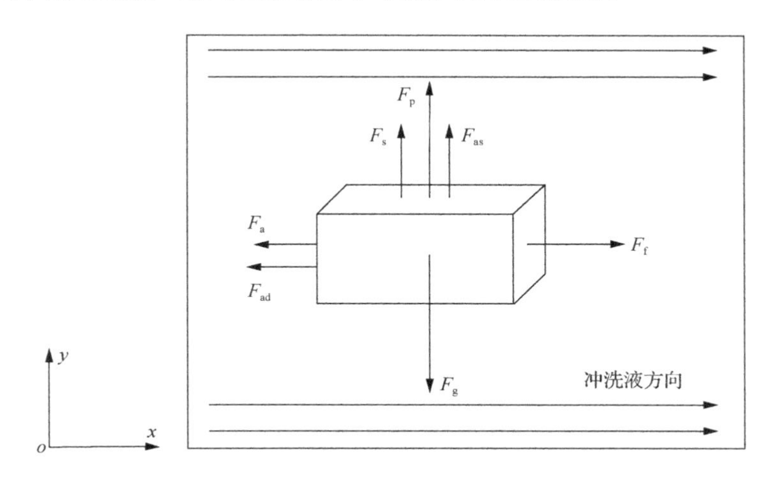

图 2.12　井底颗粒受力分析图

第一类力：使颗粒保持在井底。

（1）作用在颗粒上的重力 F_g。

（2）摩擦力 F_a 和黏滞力 F_{ad}。

（3）由冲洗液压力 P_n 和颗粒下部的孔隙压力 P_f 之差或 P_n 形成的压力 F_p。

第二类力：使颗粒离开井底表面。

（1）侧向力（若颗粒侧面脱离开井底）。

在紊流条件下

$$F_a = C \cdot \rho \frac{V^2}{2} S_1 \tag{2.63}$$

式中，C 为取决于颗粒和流态的阻力系数；ρ 为冲洗液密度；V 为冲洗液流速；S_1 为颗粒在液流流向面上的投影面积。

（2）流经颗粒的高速和低速液流差引起的上升力

$$F_{as} = \rho \frac{V^2}{2} S_2 \tag{2.64}$$

式中，S_2 为颗粒在井底面上的投影面积。

（3）由于流体的运动产生的黏滞力

$$F_f = \tau S_2 \tag{2.65}$$

τ 由下式确定：

$$\tau = \lambda \frac{V^2}{8} \rho = \frac{0.0225}{\sqrt[4]{\frac{V\delta\rho}{\eta}}} V^2 \rho \tag{2.66}$$

式中，λ 为动力黏滞系数；δ 为流速最大值；η 冲洗液黏度。

（4）颗粒处于流体中产生的上浮力

$$F_s = A \cdot \gamma_1 \tag{2.67}$$

式中，A 为处于冲洗液中的颗粒体积；γ_1 为冲洗液质量分数。

此外，还存在由于流速不均匀而引起的翻转扭矩。

若井底破碎过程已经完成，井底留有该颗粒。冲洗液的首要任务就是把这个颗粒从井底分离出来，然后将其输送到吸渣口。假设矿层为非渗透性地层，考虑 y 方向的受力：

$$\sum Y = -F_g - \psi P_n S_2 + F_{as} + F_s \tag{2.68}$$

式中，ψ 为系数，与颗粒的大小、形状有关，最大值为 1。

只有 $\sum Y > 0$，该颗粒才能离开井底，故

$$F_{as} + F_s \geqslant F_g + \psi P_n S_2$$

$$\rho\frac{V^2}{2}S_2 \geqslant A\gamma_2+\psi P_{\mathrm{n}}S_2-A\gamma_1$$

整理上式得到：

$$V\geqslant\sqrt{\frac{2A(\gamma_2-\gamma_1)}{\rho S_2}+\frac{2\psi P_{\mathrm{n}}}{\rho}} \tag{2.69}$$

式中，γ_2 为颗粒质量分数。

该速度即是使冲洗液能够离开井底的临界流速，它与颗粒在冲洗液中的体积、颗粒质量分数和冲洗液质量分数差、冲洗液柱压力成正比，与冲洗液密度 ρ 、颗粒在井底平面上的投影面积 S_2 成反比。如果矿层是渗透性地层，则必须建立冲洗液液柱压力和层间流体压力的比例关系，以确定是冲洗液向地层中渗入，还是相反，层间流体渗透到钻井中来。若压差 $\Delta P = P_{\mathrm{n}} - P_{\mathrm{f}} > 0$ ，则使颗粒离开井底的力只有 F_{as} ；若压差 $P_{\mathrm{n}} - P_{\mathrm{f}} < 0$ ，则使颗粒离开井底的力为 $F_{\mathrm{as}} + F_{\mathrm{s}} + |\Delta P| \cdot S_2$ 。

可根据临界流速确定破碎某一深度矿层时井底单位面积上所需最小流量，为工作平台泵排量的选定提供参考。

2. 井底流场物理特性

矿物颗粒从井底分离后，要被平移到集矿口，其平移过程，也是颗粒在井底流场中的运动过程，所以有必要研究井底流场的物理特性，建立物理模型。然而，由于多个集矿在井底存在相互干扰的情况，首先研究中心集矿口。建模前做出以下几点假设：

（1）集矿口底部为平面，排除井底形状及井底光滑程度等因素的影响；

（2）集矿口距井底有一定距离；

（3）集矿口连接的管柱转速较低（几十转每分），其对井底液流的影响不大，可以忽略回转的影响；

（4）流体没有黏性；

（5）流体的运动是无旋运动。

已有试验研究表明，冲洗液进入井底后，在 $3R/4 \sim R$ 范围内，液流流线是指向集矿口的，是径向流动，在 $0 \sim 2R/3$ 范围内液流呈螺旋式流动，轴线方向的流动几乎为零。可以看成是二维流动，即平面流动。

如图 2.13 所示，井底平面的流动可对称地分为两个区域：冲洗液进入井底后径向流动区（第 II 区）；井底冲洗液螺旋流动区（第 I 区）。

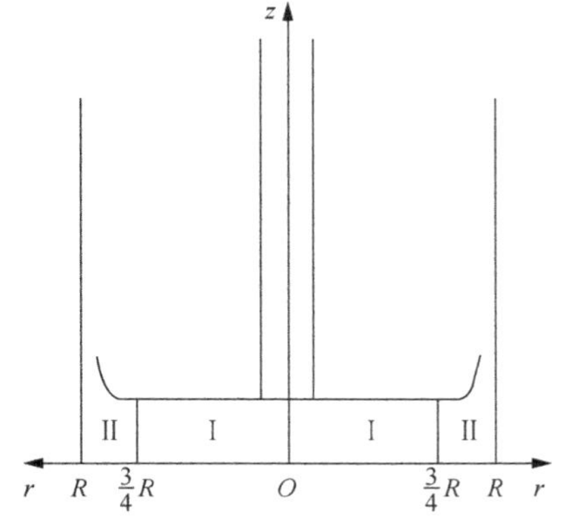

图 2.13 井底流场分布

1）第Ⅱ区的速度与压力分布模型建立

（1）井底平面流场的速度分布。

冲洗液一般不可压缩且为定常流动，对于井底平面流场，其运动微分方程为

$$\begin{cases} V_x \dfrac{\partial V_x}{\partial x} + V_y \dfrac{\partial V_x}{\partial y} = X - \dfrac{1}{\rho}\dfrac{\partial P}{\partial x} \\ V_x \dfrac{\partial V_y}{\partial x} + V_y \dfrac{\partial V_y}{\partial y} = Y - \dfrac{1}{\rho}\dfrac{\partial P}{\partial y} \end{cases} \tag{2.70}$$

式中，P为冲洗液的压力；V_x、V_y表示冲洗液在x、y方向上的速度。

连续性方程为

$$\frac{\partial V_x}{\partial x} + \frac{\partial V_y}{\partial y} = 0 \tag{2.71}$$

由简化条件可知，流动是对称的，流线都是指向中心，在与中心的距离相等处，速度的数值处处相等。

以中心为圆心，R为半径作一圆，并取以它为底边、以径向流厚度为高度的圆柱面为讨论对象。由于流体不可压缩，由连续性原理可知，冲洗液流量为

$$Q_l = \iint V \mathrm{d}\sigma = 2\pi R \int_0^h V \mathrm{d}z = 2\pi R h \overline{V_{径}} \tag{2.72}$$

式中，h为径向流厚度；R为钻孔半径（约等于钻头半径）；$\overline{V_{径}}$为$(0,h)$上的平均径向流流速$\overline{V_{径}} = \frac{1}{h}\int_0^h V \mathrm{d}z$，即

$$\overline{V_{径}} = \frac{Q_l}{2\pi R h} \tag{2.73}$$

已知：

$$Q = C_Q S_1 \left(\frac{2\Delta P}{\rho} - 2 g z_1 - 2g \sum h_{c-\mathrm{II}} \right)^{1/2} \tag{2.74}$$

式中，Q为进入集矿口流量；C_Q为集矿口流量系数；S_1为横截面积；z_1为水头高度；$h_{c-\mathrm{II}}$为液面高度差。

根据上面的分析，冲洗液的流量在整个循环系统中近似为一常数，把式（2.74）代入式（2.73），整理可得

$$\begin{cases} \overline{V_{径}} = \dfrac{C_Q S_1 \left(\dfrac{2\Delta P}{\rho} - 2 g z_1 - 2g \sum h_{c-\mathrm{II}} \right)^{1/2}}{2\pi R h} \\ V_\theta = 0 \end{cases} \tag{2.75}$$

式中，V_θ为周向流速。

上式即是在假设条件下，井底流场速度分布的近似解析式，显然满足连续性

方程。这表明，在其他条件一定的情况下，井底平面流速场Ⅱ区的流速与环空截面积 S_1 成正比，与到中心的距离 R 成反比，与径向流高度成反比。

（2）井底平面流场的压力分布。

将式（2.75）转换成直角坐标形式：

$$V_{径}=\frac{C_Q S_1\left(\dfrac{2\Delta P}{\rho}-2gz_1-2g\sum h_{c-\mathrm{II}}\right)^{1/2}}{2\pi Rh}\cdot\frac{1}{\sqrt{x^2+y^2}} \tag{2.76}$$

其在 x 轴和 y 轴上的投影分别为

$$\begin{cases} V_x=\dfrac{C_Q S_1\left(\dfrac{2\Delta P}{\rho}-2gz_1-2g\sum h_{c-\mathrm{II}}\right)^{1/2}}{2\pi Rh}\cdot\dfrac{x}{\sqrt{x^2+y^2}} \\ V_y=\dfrac{C_Q S_1\left(\dfrac{2\Delta P}{\rho}-2gz_1-2g\sum h_{c-\mathrm{II}}\right)^{1/2}}{2\pi Rh}\cdot\dfrac{y}{\sqrt{x^2+y^2}} \end{cases} \tag{2.77}$$

略去质量力并将式（2.77）代入式（2.70）可得

$$\begin{cases} \rho\left[\dfrac{C_Q S_1\left(\dfrac{2\Delta P}{\rho}-2gz_1-2g\sum h_{c-\mathrm{II}}\right)^{1/2}}{2\pi Rh}\right]^2\cdot\dfrac{x^3+y^2x}{(x^2+y^2)^3}=\dfrac{\partial P}{\partial x} \\ \rho\left[\dfrac{C_Q S_1\left(\dfrac{2\Delta P}{\rho}-2gz_1-2g\sum h_{c-\mathrm{II}}\right)^{1/2}}{2\pi Rh}\right]^2\cdot\dfrac{y^3+x^2y}{(x^2+y^2)^3}=\dfrac{\partial P}{\partial y} \end{cases} \tag{2.78}$$

$$\begin{aligned} \mathrm{d}P&=\frac{\partial P}{\partial x}\mathrm{d}x+\frac{\partial P}{\partial y}\mathrm{d}y \\ &=\rho\left[\frac{C_Q S_1\left(\dfrac{2\Delta P}{\rho}-2gz_1-2g\sum h_{c-\mathrm{II}}\right)^{1/2}}{2\pi Rh}\right]^2 \\ &\quad\cdot\left[\frac{x^3+y^2x}{(x^2+y^2)^3}\mathrm{d}x+\frac{y^3+x^2y}{(x^2+y^2)^3}\mathrm{d}y\right] \end{aligned} \tag{2.79}$$

积分上式得到：

$$P=-\frac{1}{2}\rho\left[\frac{C_Q S_1\left(\frac{2\Delta P}{\rho}-2gz_1-2g\sum h_{c-\mathrm{II}}\right)^{\frac{1}{2}}}{2\pi Rh}\right]^2\cdot\frac{1}{x^2+y^2}+C_0$$

式中，C_0 为积分常数，由试验确定。

在Ⅱ区：

$$P=C_0-\frac{1}{2}\rho\overline{V_{径}}^2 \tag{2.80}$$

可知 $R\to 3R/4$，速度不断增大，压力不断减小。

2）第Ⅰ区的速度与压力分布模型建立

冲洗液在该区内做绕 z 轴的螺旋线式运动，就平面来说，是近似于绕 z 轴做圆周运动，其中心点为一点涡，故可按流体力学中的点涡运动来处理，其特点是，若不考虑流体的黏性，则所有的质点都具有相同的能量。

（1）点涡速度场的速度分布。

对于同一平面上的流场，位能没有差别，则

$$\frac{p}{\gamma}+\frac{u^2}{2g}=H \tag{2.81}$$

式中，p 为某点的压力；γ 为冲洗液质量分数；u 为某点的流量；H 为常数。

点涡运动流场中，除点涡外必为无旋运动。有旋运动流场中，各点的能量是不相等的，取上式的全微分：

$$\frac{\mathrm{d}p}{\gamma_1}+\frac{u\mathrm{d}u}{g}=0 \tag{2.82}$$

$$\frac{\mathrm{d}p}{\gamma_1}+\frac{u\mathrm{d}u}{g}=\mathrm{d}H \tag{2.83}$$

式（2.82）和式（2.83）为无旋运动及有旋运动的微分方程。

如图 2.14 所示，在做圆周运动的流场中，取一微元体（图中阴影部分，垂直于纸面为单位厚度），其体积为 $r\mathrm{d}\theta\cdot\mathrm{d}r$，其速度为 u，设微元体内侧受有压力为 p，外侧因有 $\mathrm{d}r$ 位置改变，受有压力为 $p+\mathrm{d}p$，在径向上微元体所受表面力与离心惯性力相平衡，有

$$pr\mathrm{d}\theta-(p+\mathrm{d}p)\cdot r\mathrm{d}\theta+\frac{\gamma_1}{g}r\mathrm{d}\theta\cdot\mathrm{d}r\cdot\frac{u^2}{r}=0$$

即

$$\frac{\mathrm{d}p}{\gamma_1}=\frac{u^2}{g}\cdot\frac{\mathrm{d}r}{r} \tag{2.84}$$

式中，$\mathrm{d}p$ 为由圆周运动的离心力引起的压力增量。

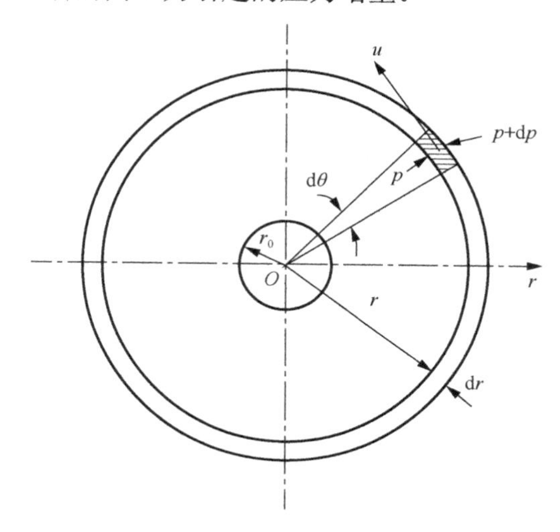

图 2.14　圆周运动压力与速度关系

点涡流场除点涡外其余为无旋流动，因此将式（2.84）代入式（2.82）中，则得

$$\frac{\mathrm{d}p}{u}+\frac{\mathrm{d}r}{r}=0$$

积分得到：

$$\ln u+\ln r=\ln k$$

式中，k 为常数，即有

$$u\cdot r=k \tag{2.85}$$

此式就是 I 区的流场速度分布规律的表达式。它表明，圆周速度 u 与半径 r 成反比，在半径上的速度分布是一等边双曲线。当 $r\to\infty$ 时，$u\to 0$；当 $r\to 0$ 时，$u\to\infty$。在这物理上是不可能的，故点涡为奇点，此奇点通常用半径为 r_0 的物理涡或称点涡核来代替。除涡核外，其余流场区域均无旋运动。

（2）压力分布。

A. 无旋流场的静压头及总水头。

在离中心无限远处，$r\to\infty$ 则 $u\to 0$，此处压力用 p_∞ 表示，若将 $u=k/r$ 和 r 代入式（2.81），并写成静压头公式，则

$$\frac{p}{\gamma_1}=\frac{p_\infty}{\gamma_1}-\frac{k^2}{2g}\frac{1}{r^2} \tag{2.86}$$

此式表明，静压随半径 r 的减少而降低，在涡核边界 $r = r_0$ 处，压力最小（$p = p_0$），而速度最大（$u = u_0$），即

$$\frac{p_0}{\gamma_1} = \frac{p_\infty}{\gamma_1} - \frac{u_0^2}{2g} = \frac{p_\infty}{\gamma_1} - \frac{k^2}{2g} \cdot \frac{1}{r_0} \tag{2.87}$$

总水头：

$$\frac{p}{\gamma_1} + \frac{u_0^2}{2g} = \frac{p_\infty}{\gamma_1} = H \tag{2.88}$$

H 为常数，表明无旋区各点的水头均相等。

B. 内部有旋区的静压头和总水头。

将式（2.84）代入式（2.83）中，并将物理涡 $u = \omega r$ 及 $\mathrm{d}u = \omega \mathrm{d}r$ 代入后得

$$\mathrm{d}H = 2\frac{\omega^2}{g} r\mathrm{d}r$$

积分得到

$$H = \frac{\omega^2}{g} r^2 + c = \frac{u^2}{g} + c$$

利用涡核中心点的条件，即 $r = 0, u = 0$ 时，$H = h_0$，则积分常数 $c = h_0$，故上式为

$$H = h_0 + \frac{u^2}{g} = h_0 + \frac{\omega^2}{g} r^2 \tag{2.89}$$

这表明，在有旋区中总水头随半径 r 的增大呈抛物线规律上升，在涡核边界处总水头最大，而在涡核中心最小。

上式总水头 H 用压力及速度头表示时，可得静压头表示式为

$$\frac{p}{\gamma_1} = h_0 + \frac{u^2}{2g} = h_0 + \frac{\omega^2 r^2}{g} \tag{2.90}$$

即静压头的压力分布服从抛物线规律。

结合Ⅰ、Ⅱ区可绘出反循环井底流场中心吸渣速度和压力分布（沿径向），如图 2.15 所示。

从图中可以看出，越靠近中心，流场中液流的速度越大，集矿效果越好，从压力分布来看，越靠近中心，压力越低，在涡核中心压力最小，且有很大的吸力，所以该流场具有较强的集矿能力。但靠近流场的外部由于压力高、速度低，对集矿不利，径向设置第二集矿口恰好能弥补该流场的不足，已有试验结果也证实了这一点。需要注意的是，上述公式的推导是在条件简化的情况下进行的，有些公式中的常数仍需做进一步的试验来确定。

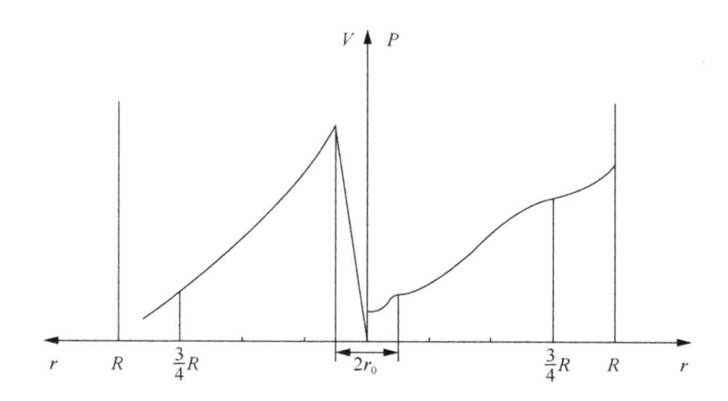

图 2.15　井底平面流场中心吸渣速度和压力分布曲线

3. 井底集矿口的集矿特性

众所周知，管式输送（反循环输送）时，井底破碎下来的矿物颗粒最终都要通过集矿口被冲洗液带走，而集矿口正是冲洗液从井底的平面流动变成垂直上升流动的唯一通道。故研究颗粒的举升过程，必先研究集矿口，揭示其集矿特性，这样才能正确理解井底的完整集矿过程，具有重要的实际意义。

管式输送过程中，以地面泵产生的负压为例进行分析（基于泵吸反循环原理，该负压能够为管道中的矿浆上返提供驱动力），即在压强差 $\Delta P = P_0 - P_{\text{II}}$ 作用下冲洗液进入集矿口，见图 2.16。由于流线不能折转，故冲洗液进入集矿口后形成一束流束，该流束有一个直径最小的收缩断面 c-c，收缩断面的面积 S_c 与吸渣口断面的面积 S 之比称为集矿口的收缩系数，用 C_c 表示：

$$C_c = \frac{S_c}{S} \tag{2.91}$$

可视管式输送系统为一个流体力学单元（只是被抽吸的液体中含有微细的黏土质成分和大颗粒的固相物质），故该力学单元符合伯努利方程。对 I - I 和 c-c 两个断面（两个断面重合）列伯努利方程：

$$\frac{P_{\text{I}}}{\gamma_1} + \frac{V_{\text{I}}^2}{2g} = \frac{P_c}{\gamma_1} + \frac{V_c^2}{2g} + \zeta_c \frac{V_c^2}{2g} \tag{2.92}$$

式中，P_{I} 为 I - I 断面的液流压；$P_{\text{I}} = P_0 + z_0 r$，$P_0$ 为大气压力；V_{I} 为 I - I 断面的液流速度；P_c 为 c-c 断面的液流压力；V_c 为 c-c 断面冲洗液速度；ζ_c 为 c-c 断面阻力系数。

对 c-c 断面和 II - II 断面列伯努利方程：

$$\frac{P_c}{\gamma_1} + \frac{V_c^2}{2g} = \frac{P_{\text{II}}}{\gamma_1} + z_0 + z_1 + \sum h_{c-\text{II}} \tag{2.93}$$

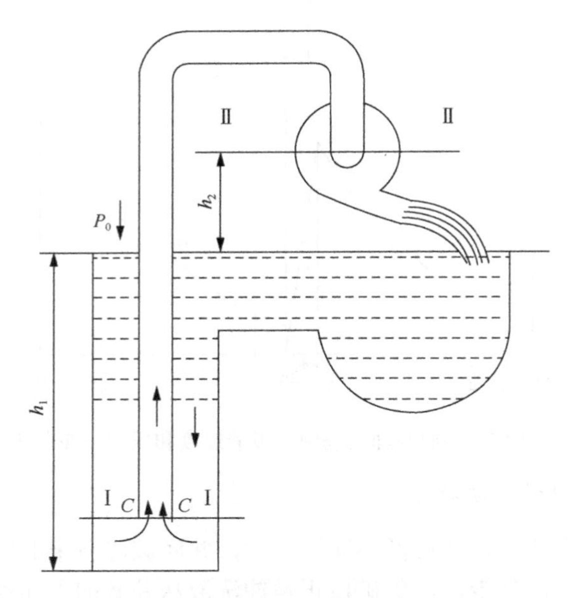

图 2.16　管式输送（反循环输送）原理示意图

必须指出，流体力学中的流体与携带大小不同、形状有异的坚硬固相物质的冲洗液性质上差别很大，其压力损失计算也有区别。为了分析方便起见，也因为水力学上没有一个公认的这种混合压力损失计算式，只能借用均质流体的压力损失计算式，其差别由系数 ζ_c 和 $\sum h_{c-\text{II}}$（沿程阻力损失）来调整。

假如冲洗液量无损失，则

$$V_{\text{I}} = V_c \frac{S_c}{S_{\text{II}}} = V_c \frac{\frac{\pi}{4} d^2 \cdot C_c}{\frac{\pi}{4}\left(D^2 - d^2\right)} = V_c \frac{C_c d^2}{D^2 - d^2} \tag{2.94}$$

把式（2.94）、式（2.93）代入式（2.92）并整理得

$$\frac{\Delta P}{\gamma_1} - z_1 - \sum h_{c-\text{II}} = \left[1 + \zeta_c - C_c^2 \frac{d^4}{(D^2 - d^2)^2}\right] \frac{V_c^2}{2g} \tag{2.95}$$

式中，$\Delta P = P_0 - P_{\text{II}}$；$z_1$ 为泵的安装高度；d 为管柱内径；D 为管柱直径。一般反循环输送时 $d \ll D$，则 $\frac{d^4}{(D^2 - d^2)^2} \approx 0$ 代入式（2.95）并整理得

$$V_c = \frac{1}{1 + \zeta_c^2}\left(\frac{2\Delta P}{\rho} - 2gz_1 - 2g\sum h_{c-\text{II}}\right)^{\frac{1}{2}} = C_\gamma \left(\frac{2\Delta P}{\rho} - 2gz_1 - 2g\sum h_{c-\text{II}}\right)^{\frac{1}{2}} \tag{2.96}$$

式中，$C_\gamma = \frac{1}{1 + \zeta_c^2}$ 称为集矿口的流速系数，决定于集矿口的大小、形状和位置，

而且与冲洗液的黏度、质量，以及含固相颗粒的大小、形状有关。

进入集矿口的流量为 $Q_c = V_c \cdot S_c$，即

$$Q_c = S_{\mathrm{I}} \cdot C_c \cdot C_\gamma \left(\frac{2\Delta P}{\rho} - 2gz_1 - 2g\sum h_{c-\mathrm{II}} \right)^{\frac{1}{2}} = C_Q S_{\mathrm{I}} \left(\frac{2\Delta P}{\rho} - 2gz_1 - 2g\sum h_{c-\mathrm{II}} \right)^{\frac{1}{2}} \quad (2.97)$$

式中，$C_Q = C_c \cdot C_\gamma$，C_Q 为集矿口流量系数。

正常反循环输送时，中心管柱的冲洗液流速在 2～2.8m/s，故其雷诺数 $Re > 10^5$，查表得 $C_c = 0.6 \sim 0.64$，$C_\gamma = 0.95 \sim 0.98$，$C_Q = 0.60 \sim 0.62$。若颗粒是在上述水力条件下被举升，基于集矿口高度与集矿量的关系试验可知，集矿口越高集矿量越小。但如果集矿口位置太低，如试验中集矿口和井底距离小于 50mm，集矿量反而下降，经分析认为颗粒在集矿口发生了“拥挤”。由于集矿口相当于流体力学中淹没的孔口出流，集矿口高度的小范围改变对进入集矿口的冲洗液流速影响不大，但对井底流场影响较大。当井深一定时，能量是个定值，故集矿口升高，点涡流场随之上移，作用在井底的压力梯度和冲洗液流速随之减小，所以集矿量也在减少，故集矿口应有一“适中”高度。试验时测得具有最大集矿量时的高度为 70mm 左右（集矿口底部为平面），考虑到现场使用的工作泵排量较大，并且需吸取较大颗粒，该值应当加大。这需要在实际钻进中进一步验证。此外，为了减少 ζ_c，应把集矿口设计为喇叭口形状。

2.2.2　提升管道中的矿浆输送理论

1. *矿浆中颗粒的受力*

颗粒与液体之间的相互作用力是液固两相流中最主要的动力学特征。做非恒定运动的固体颗粒在流场中受到的作用力包括两部分，即流体与颗粒间的相互作用力和颗粒间碰撞所产生的作用力，按照作用方式的不同可以分为几类：与流体和颗粒间的相对运动无关的力（即使相对运动的速度和加速度为零，此力也不消失），包括惯性力、压力梯度力和重力等；依赖于流体和颗粒间的相对运动，且与相对运动速度方向相同的力，即纵向力，这类力有阻力、虚拟质量力、巴塞特（Basset）力等；依赖于流体和颗粒间的相对运动，但与相对运动速度方向垂直的力，即侧向力，如升力、马格纳斯（Magnus）力、萨夫曼（Saffman）力等。一般，称阻力、虚拟质量力、Basset 力为广义阻力，升力、Magnus 力、Saffman 力为广义升力，而压力梯度力、广义阻力和广义升力都是来自流体的作用力，可统称为固液两相的相间作用力[39-43]。

1）颗粒在流体中的阻力

颗粒在流体中的阻力指的是颗粒在流体中流动时产生的相间阻力，假设当颗

粒直径足够小并且颗粒与流体之间的相对速度不太大时，以颗粒直径定义的颗粒雷诺数足够小，流体运动方程中的惯性项远小于黏性项，可忽略不计，则有著名的斯托克斯（Stokes）公式：

$$F_S = 3\pi\mu d_s u_r \tag{2.98}$$

式中，μ 为流体黏度；d_s 为球体直径；$u_r = u_f - u_s$ 为流体和球体的相对黏度，u_f 为流体黏度，u_s 为球体黏度。

Stokes 公式在基本方程中忽略了惯性项。研究表明，在 Re<1 的情况下，与黏滞力相比，惯性力相对较小，黏滞力是固液相间阻力的主要部分。由 Stokes 近似方程求得的球形颗粒阻力与试验结果吻合良好，但当 Re>1 的时候，惯性力增加，与黏滞力相比并非小量，成为固液相间阻力中不可忽略的一部分，此时由 Stokes 公式计算得到的相间阻力与试验结果相差较大。针对此问题，奥辛（Ossen）通过引入颗粒阻力系数 C_D 对 Stokes 近似方程进行了修正，修正后的 Stokes 公式表达式为

$$F_S = \frac{\pi}{8} C_D d_s^2 \rho_f u_r^2 \tag{2.99}$$

式中，ρ_f 为流体的密度。

2）虚拟质量力

当颗粒相对于流体做加速运动时，不但颗粒的速度越来越大，而且在颗粒周围的流体速度也会增大。推动颗粒运动的力不但使颗粒本身的动能增加，而且也使流体的动能增加，这个力将大于使颗粒加速的力，其效应等价于颗粒的质量增加，使这部分附加质量产生加速运动的力被称为虚拟质量力（或称表观质量力）。虚拟质量力实质上是由于颗粒做变速运动引起颗粒表面上压力分布不对称的结果，其表达式如下：

$$F_a = k m_f \left(\frac{\mathrm{d}u_f}{\mathrm{d}t} - \frac{\mathrm{d}u_s}{\mathrm{d}t} \right) \tag{2.100}$$

式中，$m_f = \frac{1}{6}\pi d^3 \rho_f$；$k$ 与颗粒形状有关，对于球体 k=0.5。当 $\rho_f \ll \rho_p$（ρ_p 为颗粒密度）的时候，虚拟质量力和颗粒惯性力之比是很小的，特别是当运动加速度不大时，虚拟质量力可不予考虑。

3）Basset 力

当颗粒在静止黏性流体中做任意直线运动时，颗粒不但受黏性阻力和虚拟质量力的作用，而且还受到一个瞬时流动阻力，它计及了颗粒的加速过程。在这个加速过程中，Basset 力对颗粒运动有着较大的影响，Basset 力只发生在黏性流体中，并且是与流动的不稳定性有关的。例如，放在静止流体中的平板，给它一个脉冲式启动，那么，随着平板处动量的扩散，边界层就会发展，边界层产生的剪

切力随时间而连续变化，直至达到稳态条件才停止。在此过渡时期内，剪切力与稳态值的差异就是 Basset 力。流体对颗粒的作用力不仅依赖当时颗粒的相对速度和相对加速度，还依赖于在这以前加速度的历史。Basset 力亦被称为历史积分力，其表达形式为

$$F_{\mathrm{B}}=\frac{\sqrt{\pi\rho_{\mathrm{f}}\mu}K_{\mathrm{B}}d_{\mathrm{p}}^{2}}{4}\int_{t_0}^{t}\frac{\dfrac{\mathrm{d}u_{\mathrm{f}}}{\mathrm{d}t}-\dfrac{\mathrm{d}u_{\mathrm{p}}}{\mathrm{d}t}}{\sqrt{t-\tau}}\mathrm{d}\tau \tag{2.101}$$

式中，d_{p} 为输送压强差；K_{B} 为经验系数，本书中取 6。则式（2.101）变为

$$F_{\mathrm{B}}=\frac{3d_{\mathrm{p}}^{2}\sqrt{\pi\rho_{\mathrm{f}}\mu}}{2}\int_{t_0}^{t}\frac{\dfrac{\mathrm{d}u_{\mathrm{f}}}{\mathrm{d}t}-\dfrac{\mathrm{d}u_{\mathrm{p}}}{\mathrm{d}t}}{\sqrt{t-\tau}}\mathrm{d}\tau \tag{2.102}$$

4）压力梯度力

压力梯度力是由于流体速度改变引起颗粒周围流体的压力梯度变化而产生的力。设颗粒所在范围内的压力场呈线性分布，压力梯度为 $\partial p/\partial x$，这是压力梯度引起的附加压强的分布。设流体在颗粒左侧的压强为 p_0，则颗粒表面由压力梯度引起的压强分布可表达为

$$p=p_0+\frac{1}{2}d_{\mathrm{s}}(1-\cos\theta)\frac{\partial p}{\partial x} \tag{2.103}$$

在颗粒上取一微元球面，其侧面积为 $d_{\mathrm{s}}=2\pi a^2\sin\theta\mathrm{d}\theta$。则作用于该微元球面侧面积上的力在 x 方向的分量为

$$\mathrm{d}F_{\mathrm{p}}=\left[p_0+a(1-\cos\theta)\frac{\partial p}{\partial x}\right]2\pi a^2\sin\theta\cos\theta\mathrm{d}\theta \tag{2.104}$$

θ 从 0 到 π 积分，便可得到作用在颗粒上的压力梯度力 F_{p}：

$$F_{\mathrm{P}}=\int_0^{\pi}\left[p_0+a(1-\cos\theta)\frac{\partial p}{\partial x}\right]2\pi a^2\sin\theta\cos\theta\mathrm{d}\theta=-\frac{4}{3}\pi a^3\frac{\partial p}{\partial x} \tag{2.105}$$

压力梯度力的方向与压力梯度的方向相反，大小等于颗粒体积与压力梯度的乘积。由流体力学中动量方程可知：

$$\frac{F_{\mathrm{P}}}{m_{\mathrm{p}}a_{\mathrm{p}}}=\frac{\partial p/\partial x}{\rho_{\mathrm{p}}a_{\mathrm{p}}} \tag{2.106}$$

$$\frac{\partial p}{\partial x}=\rho_{\mathrm{f}}a_{\mathrm{f}} \tag{2.107}$$

式中，a_{p} 为颗粒的加速度；a_{f} 为流体的加速度。则有

$$\frac{F_{\mathrm{P}}}{m_{\mathrm{p}}a_{\mathrm{p}}}=\frac{\rho_{\mathrm{f}}a_{\mathrm{f}}}{\rho_{\mathrm{p}}a_{\mathrm{p}}} \tag{2.108}$$

从而压力梯度力的表达式为

$$F_{\mathrm{P}}=-\frac{1}{6}\pi d^{3}\rho_{\mathrm{p}}\frac{\mathrm{d}u_{\mathrm{f}}}{\mathrm{d}t} \tag{2.109}$$

如果颗粒的加速度和流体的加速度相差不大。那么由于流体的密度通常小于颗粒的密度，所以压力梯度力的量级一般较小，可忽略不计。

5）Magnus 力

管道流动中，管道断面流体横向速度梯度使颗粒两边的相对速度不一样，可引起颗粒旋转，旋转将带动流体运动，使颗粒相对速度较高一边的流体速度增加，而另一边的流体速度减小，结果颗粒向流体速度较高的一边运动，从而使固体颗粒运移至管道中心。这种现象称 Magnus 效应，使颗粒向管道中心移动的力称 Magnus 力，即

$$F_{\mathrm{M}}=\frac{\pi}{8}C_{\mathrm{M}}\rho_{\mathrm{f}}u_{\mathrm{r}}^{2}d_{\mathrm{s}}^{2} \tag{2.110}$$

式中，C_{M} 为 Magnus 力系数，$C_{\mathrm{M}}=\dfrac{d_{\mathrm{s}}|\omega|}{u_{\mathrm{r}}}$，则

$$F_{\mathrm{M}}=\frac{\pi}{8}\omega\rho_{\mathrm{f}}\left(u_{\mathrm{f}}-u_{\mathrm{p}}\right)d_{\mathrm{s}}^{3}=\frac{1}{2}\left|\frac{\mathrm{d}u}{\mathrm{d}y}\right|\left(1-0.0384Re_{\mathrm{s}}^{\frac{3}{2}}\right) \tag{2.111}$$

6）Saffman 力

如果颗粒足够大，并且绕过颗粒的流场有很大的速度梯度时，会产生垂直于颗粒和流体相对速度方向的升力，称为 Saffman 力。在两相流中，需要计入 Saffman 力的地方往往是固壁附近，因为只有那里才有较大的速度梯度。该力的计算公式为

$$F_{\mathrm{S}}=1.61\sqrt{\mu\rho_{\mathrm{f}}}d^{2}\left(u_{\mathrm{f}}-u_{\mathrm{p}}\right)\sqrt{\frac{\mathrm{d}u_{\mathrm{f}}}{\mathrm{d}y}} \tag{2.112}$$

7）重力与浮力差

$$F_{\mathrm{W}}=\frac{\pi}{6}d^{3}\left(\rho_{\mathrm{p}}-\rho_{\mathrm{f}}\right)g \tag{2.113}$$

2. 作用力的简化

颗粒运动由受力状态决定。一般情况下，各种力所起的作用有大有小，不是所有的力都一样重要，若能估计各种力的相对重要性，有条件地忽略某些表达式比较复杂的作用力，则可以简化运动方程的理论分析和求解。因此，对各种力进行量级比较是有意义的。在颗粒运动所受的各种力中，十分重要而又复杂的是阻力，因此将 Magnus 力 F_{M}、Saffman 力 F_{S} 和 Basset 力 F_{B} 同阻力进行比较：

$$\frac{F_{\mathrm{M}}}{F_{\mathrm{D}}}=\frac{\frac{1}{8}\pi\rho_{\mathrm{f}}\mathrm{d}^{3}\omega\left(u_{\mathrm{f}}-u_{\mathrm{p}}\right)}{\frac{1}{8}\pi C_{\mathrm{D}}\rho_{\mathrm{f}}\mathrm{d}^{2}\left|u_{\mathrm{f}}-u_{\mathrm{p}}\right|\left(u_{\mathrm{f}}-u_{\mathrm{p}}\right)}=\frac{\mathrm{d}\omega}{C_{\mathrm{D}}\left|u_{\mathrm{f}}-u_{\mathrm{p}}\right|} \tag{2.114}$$

$$\frac{F_{\mathrm{S}}}{F_{\mathrm{D}}}=\frac{1.61\sqrt{\mu\rho_{\mathrm{f}}}\mathrm{d}^{2}\left(u_{\mathrm{f}}-u_{\mathrm{p}}\right)\sqrt{\frac{\mathrm{d}u_{\mathrm{f}}}{\mathrm{d}y}}}{\frac{1}{8}\pi C_{\mathrm{D}}\rho_{\mathrm{f}}\mathrm{d}^{2}\left|u_{\mathrm{f}}-u_{\mathrm{p}}\right|\left(u_{\mathrm{f}}-u_{\mathrm{p}}\right)}=\frac{12.88\sqrt{\frac{\mu}{\rho_{\mathrm{f}}}}\sqrt{\frac{\mathrm{d}u_{\mathrm{f}}}{\mathrm{d}y}}}{\pi C_{D}\left|u_{\mathrm{f}}-u_{\mathrm{p}}\right|} \tag{2.115}$$

假设颗粒相对加速度为常数并近似用其差分式表示如下：

$$\frac{\mathrm{d}u_{\mathrm{f}}}{\mathrm{d}t}-\frac{\mathrm{d}u_{\mathrm{p}}}{\mathrm{d}t}\approx\frac{u_{\mathrm{f}}-u_{\mathrm{p}}}{t-t_{0}}=\text{常数} \tag{2.116}$$

则有

$$\frac{F_{\mathrm{B}}}{F_{\mathrm{D}}}=\frac{\frac{3\mathrm{d}_{\mathrm{p}}^{2}\sqrt{\pi\rho_{\mathrm{f}}\mu}}{2}\int_{t_{0}}^{t}\frac{\frac{\mathrm{d}u_{\mathrm{f}}}{\mathrm{d}t}-\frac{\mathrm{d}u_{\mathrm{p}}}{\mathrm{d}t}}{\sqrt{t-\tau}}\mathrm{d}\tau}{\frac{1}{8}\pi C_{\mathrm{D}}\rho_{\mathrm{f}}d^{2}\left|u_{\mathrm{f}}-u_{\mathrm{p}}\right|\left(u_{\mathrm{f}}-u_{\mathrm{p}}\right)}\approx\frac{12\sqrt{v}\frac{u_{\mathrm{f}}-u_{\mathrm{p}}}{t-t_{0}}\int_{t_{0}}^{t}\frac{1}{\sqrt{t-\tau}}\mathrm{d}\tau}{\sqrt{\pi}C_{\mathrm{D}}\left|u_{\mathrm{f}}-u_{\mathrm{p}}\right|\left(u_{\mathrm{f}}-u_{\mathrm{p}}\right)} \tag{2.117}$$

整理有

$$\frac{F_{\mathrm{B}}}{F_{\mathrm{D}}}=\frac{24\sqrt{v}}{\sqrt{\pi}C_{\mathrm{D}}\left|u_{\mathrm{f}}-u_{\mathrm{p}}\right|}\sqrt{t-t_{0}} \tag{2.118}$$

通过比较可知：当颗粒的粒径较大和旋转较强时，Magnus 力的作用较为显著，当颗粒与流体之间的相对运动速度$\left|u_{\mathrm{f}}-u_{\mathrm{p}}\right|$较大时，相间阻力远大于 Magnus 力，此时 Magnus 力可以忽略；在流速速度梯度较大时，在粒径大小尺度内流速有显著变化，此时 Saffman 力作用显著，在主流区域 Saffman 力则可以忽略；只有在加速运动初期，即$t-t_{0}$很小时，Basset 力才是重要的，其他情况下，Basset 力可以忽略。

3. *矿浆中颗粒的运动方程*

根据单个颗粒在流场中的受力，Tchen[44]提出了颗粒相运动的数学模型，即推广的 B.B.O.（Basset-Boussinesq-Oseen，巴塞特-布西内斯克-奥辛）方程。

x 方向：$m_{\mathrm{p}}\frac{\mathrm{d}u_{\mathrm{p}}}{\mathrm{d}t}=F_{\mathrm{D}x}+F_{\mathrm{A}x}+F_{\mathrm{S}x}+F_{\mathrm{M}x}+F_{\mathrm{B}x}$。

y 方向：$m_{\mathrm{p}}\frac{\mathrm{d}v_{\mathrm{p}}}{\mathrm{d}t}=F_{\mathrm{D}y}+F_{\mathrm{A}y}+F_{\mathrm{S}y}+F_{\mathrm{M}y}+F_{\mathrm{B}y}-F_{\mathrm{w}}$。

在垂直管道输送过程中，由于 y 方向颗粒没有 Magnus 力和 Saffman 力，因此，垂直管道中颗粒 y 方向的运动方程可表示为

$$m_p \frac{dv_p}{dt} = F_{Dy} + F_{Ay} + F_{By} - F_w \tag{2.119}$$

将浆体中颗粒所受的各种力的表达式代入颗粒运动方程。

在 x 方向的运动方程：

$$\begin{aligned}\frac{1}{6}\pi d^3 \rho_p \frac{du_{px}}{dt} = & \frac{\pi}{8}\rho_f d^2 C_D \left|u_{fx} - u_{px}\right|\left(u_{fx} - u_{px}\right) + \frac{1}{6}\pi d^3 \rho_p \frac{du_{fx}}{dt} \\ & + \frac{1}{12}\pi d^3 \rho_f \left(\frac{du_{fx}}{dt} - \frac{du_{px}}{dt}\right) + 1.61\sqrt{\mu\rho_f}\, d^2 \left(u_{fx} - u_{px}\right)\sqrt{\frac{du_{fx}}{dy}} \\ & + \frac{\pi}{8}\omega\rho_f \left(u_{fx} - u_{px}\right) d_s^3 + \frac{3d_p^2\sqrt{\pi\rho_f\mu}}{2}\int_{t_0}^{t} \frac{\frac{du_{fx}}{dt} - \frac{du_{px}}{dt}}{\sqrt{t-\tau}} d\tau\end{aligned} \tag{2.120}$$

在 y 方向的运动方程：

$$\begin{aligned}\frac{1}{6}\pi d^3 \rho_p \frac{du_{py}}{dt} = & \frac{\pi}{8}\rho_f d^2 C_D \left|u_{fy} - u_{py}\right|\left(u_{fy} - u_{py}\right) + \frac{1}{6}\pi d^3 \rho_p \frac{du_{py}}{dt} \\ & + \frac{1}{12}\pi d^3 \rho_f \left(\frac{du_{fy}}{dt} - \frac{du_{py}}{dt}\right) + \frac{3d_p^2\sqrt{\pi\rho_f\mu}}{2}\int_{t_0}^{t} \frac{\frac{du_{fy}}{dt} - \frac{du_{py}}{dt}}{\sqrt{t-\tau}} d\tau \\ & - \frac{\pi}{6} d^3 \left(\rho_p - \rho_f\right) g\end{aligned} \tag{2.121}$$

4. *水合物矿浆输送*

水合物矿藏较为特殊，主要赋存于海底高压低温的地层中，普遍具有松散、弱胶结的特征。矿浆输送过程与普通矿藏不同，其存在水合物相变过程，应重点关注井筒内温度场与压力场的变化[45]。

1）井筒温度模型

矿浆输送过程中，井筒内混合流体、隔水管、海水所组成的系统不断地进行着热交换，井筒内温度不断发生着变化，如图 2.17 所示。井筒内流体温度的变化主要可以概括为：海水以下井段，根据固态流化采掘技术思路，此井段中混合流体温度等于井筒外温度，忽略摩擦热的影响，此井段不发生热交换；海水段，井筒内的混合流体通过隔水管与海水发生热交换，考虑流体流动摩擦会产生热量。

为了便于研究，假设流体在井筒中的流动为一维流动，且隔水管外部海水温度恒等于海水原始温度。如图 2.18 所示，考虑水合物相变热的影响，井筒内轴向流入微元体的热流量为 $q_a(z+dz)$，井筒内轴向流出微元体的热流量为 $q_a(z)$。因此，井筒微元体的能量方程如下：

$$\frac{1}{2}m_a v_a^2(z+dz) + q_a(z+dz) + q_{wa} + q_{fa} + q_{pt} = \frac{1}{2}m_a v_a^2(z) + q_a(z) + m_a g dz \tag{2.122}$$

即为

$$m_a v_a \frac{dv_a}{dz} + \frac{dq_a}{dz} - m_a g + \frac{dq_{wa}}{dz} + \frac{dq_{fa}}{dz} + \frac{dq_{pt}}{dz} = 0 \quad (2.123)$$

式中，m_a 为井筒中流体质量流量，kg/s；v_a 为井筒中流体流速，m/s；q_a 为井筒中传热微元体的焓变速率，J/s；g 为重力加速度，m/s^2；q_{wa} 为微元体上海水向井筒的传热速率，J/s；q_{fa} 为井筒中微元体上流体摩擦产热速率，J/s；q_{pt} 为井筒中微元体上水合物相变吸热速率，J/s。

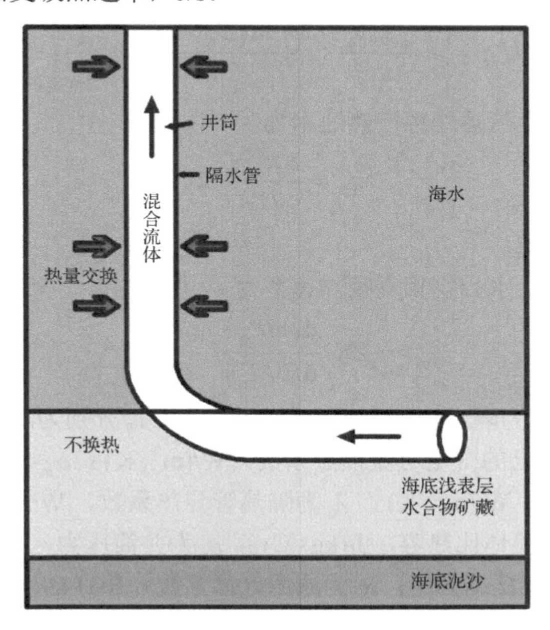

图 2.17　海洋天然气水合物矿浆输送过程中井筒传热示意图

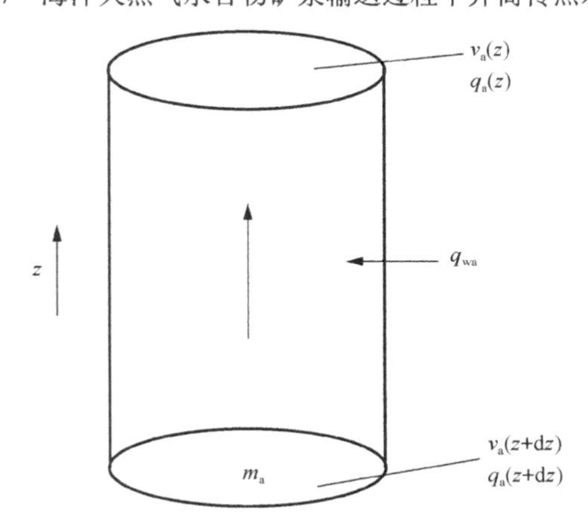

图 2.18　井筒内传热微元体示意图

式（2.123）中各参数求解过程如下。

井筒中传热微元体的焓变速率为

$$\frac{\mathrm{d}q_{\mathrm{a}}}{\mathrm{d}z}=-C_0c_{\mathrm{m}}m_{\mathrm{a}}\frac{\mathrm{d}p_{\mathrm{a}}}{\mathrm{d}z}+c_{\mathrm{m}}m_{\mathrm{a}}\frac{\mathrm{d}T_{\mathrm{a}}}{\mathrm{d}z} \tag{2.124}$$

微元体上海水向井筒的传热速率为

$$q_{\mathrm{wa}}=\pi D_{\mathrm{co}}U_{\mathrm{wa}}\left(T_{\mathrm{w}}-T_{\mathrm{a}}\right)\mathrm{d}z \tag{2.125}$$

其中

$$U_{\mathrm{wa}}=\left[\frac{D_{\mathrm{co}}/D_{\mathrm{ci}}}{\alpha_{\mathrm{f}}}+\frac{D_{\mathrm{co}}\ln\left(D_{\mathrm{co}}/D_{\mathrm{ci}}\right)}{2\lambda_{\mathrm{c}}}+\frac{1}{\alpha_{\mathrm{m}}}\right]^{-1} \tag{2.126}$$

井筒中微元体上流体摩擦产热速率为

$$q_{\mathrm{fa}}=\frac{2fv_{\mathrm{a}}^2m_{\mathrm{a}}}{D_{\mathrm{ci}}}\mathrm{d}z \tag{2.127}$$

式中，v_{a}为井筒流速。

井筒中微元体上水合物相变吸热速率为

$$q_{\mathrm{pt}}=-ZR\cdot\frac{\mathrm{d}\left(\ln P_{\mathrm{eq}}\right)}{\mathrm{d}\left(1/T_{\mathrm{a}}\right)}\cdot\frac{\mathrm{d}n_{\mathrm{hm}}}{\mathrm{d}t}\cdot\mathrm{d}z \tag{2.128}$$

式中，D_{co}、D_{ci}分别为隔水管外径和内径，m；T_{w}、T_{a}分别为海水、井筒温度，K；α_{f}为隔水管内表面上的受迫对流换热系数，W/(m$^2\cdot$K)；α_{m}为隔水管外表面上的自然对流换热系数，W/(m$^2\cdot$K)；λ_{c}为隔热管导热系数，W/(m$^2\cdot$K)；f为流动摩阻系数；c_{m}为井筒流体比热容，J/(kg·℃)；p_{a}为井筒压力，Pa；C_0为焦汤系数，℃/Pa；Z为天然气压缩因子；R为通用气体常数，8.314J/(mol·K)；P_{eq}为井筒温度下的相平衡压力，MPa；$\frac{\mathrm{d}n_{\mathrm{hm}}}{\mathrm{d}t}$为单位长度上的水合物总分解速率，mol/s。

结合式（2.123）～式（2.128），即可得到矿浆输送过程中井筒内温度分布模型温度：

$$-\frac{\mathrm{d}T_{\mathrm{a}}}{\mathrm{d}z}=\frac{\pi D_{\mathrm{co}}U_{\mathrm{wa}}}{c_{\mathrm{m}}m_{\mathrm{a}}}\left(T_{\mathrm{w}}-T_{\mathrm{a}}\right)+\frac{2fv_{\mathrm{a}}^2}{c_{\mathrm{m}}D_{\mathrm{ci}}}-ZR\frac{\mathrm{d}\left(\ln P_{\mathrm{eq}}\right)}{\mathrm{d}\left(\dfrac{1}{T_{\mathrm{a}}}\right)}\cdot\frac{\mathrm{d}n_{\mathrm{hm}}}{\mathrm{d}t}+\frac{v_{\mathrm{a}}}{c_{\mathrm{m}}}\frac{\mathrm{d}v_{\mathrm{a}}}{\mathrm{d}z}-C_0\frac{\mathrm{d}p_{\mathrm{a}}}{\mathrm{d}z}-\frac{g}{c_{\mathrm{m}}} \tag{2.129}$$

2）井筒压力模型

井筒内流体压力会随着井深变化而变化。井筒中的总压降主要由重力压降、摩阻压降和加速压降三部分组成，即

$$\Delta p_{\mathrm{t}}=\Delta p_{\mathrm{h}}+\Delta p_{\mathrm{f}}+\Delta p_{\mathrm{a}} \tag{2.130}$$

结合几种压降的定义，可得井筒流动过程中的压力梯度方程为

$$-\frac{\mathrm{d}p_{\mathrm{t}}}{\mathrm{d}z}=\rho_{\mathrm{m}}g+\frac{2fv_{\mathrm{m}}^{2}\rho_{\mathrm{m}}}{D_{\mathrm{c}}}+\frac{\rho_{\mathrm{m}}v_{\mathrm{m}}\mathrm{d}v_{\mathrm{m}}}{\mathrm{d}z} \tag{2.131}$$

其中

$$\rho_{\mathrm{m}}=\rho_{\mathrm{l}}E_{\mathrm{l}}+\rho_{\mathrm{g}}E_{\mathrm{g}}+\rho_{\mathrm{s}}E_{\mathrm{s}} \tag{2.132}$$

$$v_{\mathrm{m}}=v_{\mathrm{g}}E_{\mathrm{g}}+v_{\mathrm{s}}E_{\mathrm{s}}+v_{\mathrm{l}}\left(1-E_{\mathrm{g}}-E_{\mathrm{s}}\right) \tag{2.133}$$

式中，Δp_{t}、Δp_{h}、Δp_{f}与Δp_{a}分别为井筒总压降、重力压降、摩阻压降与加速压降，Pa；p_{t}为井筒压力，Pa；f为流动摩阻系数；E_{g}、E_{l}与E_{s}分别为气相、液相、固相的含量；ρ_{m}、ρ_{s}、ρ_{g}与ρ_{l}分别为混合流体密度、固相密度、气相密度与液相密度，kg/m^3；v_{s}、v_{m}、v_{g}与v_{l}分别为固相流速、混合流体流速、气相流速与液相流速，m/s；D_{c}为隔水管内径，m。

参考文献

[1] Al-Ajmi A, Zimmerman R. Relation between the Mogi and the Coulomb failure criteria[J]. International Journal of Rock Mechanics and Mining Sciences, 2005, 42(3): 431-439.

[2] Al-Ajmi A, Zimmerman R. Stability analysis of vertical boreholes using the Mogi-Coulomb failure criterion[J]. International Journal of Rock Mechanics and Mining Sciences, 2006, 43(8): 1200-1211.

[3] 李地元, 谢涛, 李夕兵, 等. Mogi-Coulomb 强度准则应用于岩石三轴卸荷破坏试验的研究[J]. 科技导报, 2015, 33(19): 84-90.

[4] 刘金龙, 栾茂田, 许成顺, 等. Drucker-Prager 准则参数特性分析[J]. 岩石力学与工程学报, 2006(S2): 4009-4015.

[5] Bagheripour M H, Rahgozar R, Pashnesaz H, et al. A complement to Hoek-Brown failure criterion for strength prediction in anisotropic rock[J]. Geomechanics and Engineering, 2011, 3(1): 61-81.

[6] Zhang L Y, Zhu H H. Three-dimensional Hoek-Brown strength criterion for rocks[J]. Journal of Geotechnical & Geoenvironmental Engineering, 2007, 133(9): 1128-1135.

[7] Colmenares L B, Zoback M. A statistical evaluation of rock failure criteria constrained by polyaxial test data for five different rocks[J]. International Journal of Rock Mechanics and Mining Sciences, 2002, 39(6): 695-729.

[8] 朱合华, 张琦, 章连洋. Hoek-Brown 强度准则研究进展与应用综述[J]. 岩石力学与工程学报, 2013, 32(10): 1945-1963.

[9] Hashemi S S, Taheri A, Melkoumian N. Shear failure analysis of a shallow depth unsupported borehole drilled through poorly cemented granular rock[J]. Engineering Geology, 2014, 183(8): 39-52.

[10] Gholami R, Moradzadeh A, Rasouli V, et al. Practical application of failure criteria in determining safe mud weight windows in drilling operations[J]. Journal of Rock Mechanics and Geotechnical Engineering, 2014, 6 (1): 13-25.

[11] Single B, Goel R K, Mehrotra V K, et al. Effect of intermediate principal stress on strength of anisotropic rock mass[J]. Tunnelling and Underground Space Technology, 1998, 13(1): 71-79.

[12] Zhang L. A generalized three-dimensional Hoek-Brown strength criterion[J]. Rock Mechanics & Rock Engineering, 2008, 41(6): 893-915.

[13] Pan X D, Hudson J A. A simplified three dimensional Hoek-Brown yield criterion[C]//ISRM International Symposium, 1988.

[14] 张信贵, 许胜才, 严利娥, 等. Drucker-Prager 准则参数有效性及第二主应力对强度的影响分析[J]. 应用力学学报, 2015, 32(5): 810-816, 898.

[15] 倪红坚, 王瑞和, 张延庆. 高压水射流作用下岩石破碎机理及过程数值模拟研究[J]. 应用数学和力学, 2005, 26(12): 1445-1452.
[16] 黄飞, 卢义玉, 李树清, 等. 高压水射流冲击速度对砂岩破坏破碎的影响研究[J]. 岩土力学与工程学报, 2016, 35(11): 2259-2265.
[17] 蔡志刚, 陈晓川, 王迪, 等. 碳碳复合材料的水射流钻孔技术研究[J]. 机械工程学报, 2019, 55(3): 239-245.
[18] 胡寿根. 冲蚀试样性能分析及水下高围压射流试验研究[J]. 机械工程学报, 2000, 36(6): 95-98.
[19] 司鹄, 王丹丹, 李晓红. 高压水射流破岩应力波效应的数值模拟[J]. 重庆大学学报(自然科学版), 2008, 31(8): 942-945.
[20] 周玉军, 黄中华, 刘少军, 等. 深海环境下射流性能仿真[J]. 现代制造工程, 2010(1): 1-5.
[21] 高文爽, 陈晨, 房治强. 高压热射流开采天然气水合物的数值模拟研究[J]. 天然气勘探与开发, 2010, 33(4): 49-52.
[22] Huang Z H, Xie Y. Deep-sea cobalt crusts water jet cutting ability[J]. Geomaterials, 2011, 1(2): 39-43.
[23] 刘佳亮, 司鹄. 高压水射流破碎高围压岩石损伤场的数值模拟[J]. 重庆大学学报, 2011, 34(4): 40-46.
[24] Liao H L, Li G, Yi C, et al. Experimental study on the effects of hydraulic confining pressure on impacting characteristics of jets[J]. Atomization & Sprays, 2012, 22(3): 227-238.
[25] 王维, 陈晨, 王馨靓, 等. 水射流破碎油页岩应力波效应的数值模拟[J]. 吉林大学学报(地球科学版), 2012(S3): 343-348.
[26] 江红祥. 高压水射流截割头破岩性能及动力学研究[D]. 徐州: 中国矿业大学, 2015.
[27] 李敬彬, 李根生, 黄中伟, 等. 围压对高压水射流冲击压力影响规律[J]. 实验流体力学, 2017, 31(2): 67-72.
[28] 李根生, 田守嶒, 张逸群. 空化射流钻径向井开采天然气水合物关键技术研究进展[J]. 石油科学通报, 2020, 5(3): 349-365.
[29] 倪红坚, 王瑞和, 白玉湖. 高压水射流破碎岩石的有限元分析[J]. 石油大学学报(自然科学版), 2002, 26(3): 37-41.
[30] 黄飞. 水射流冲击瞬态动力特性及破岩机理研究[D]. 重庆: 重庆大学, 2015.
[31] 袁聪, 张培铭, 宋锦春. 高压水射流数值模拟研究及冲击载荷分析[J]. 液压与气动, 2020, 351(11): 86-91.
[32] 唐立志. 适用于硬质黏土的淹没射流物理模型[J]. 油气储运, 2016, 35(4): 432-438.
[33] Beltaos S, Rajaratnam N. Impingement of axisymmetric developing jets[J]. Journal of Hydraulic Research, 1977, 15(4): 311-326.
[34] Mazars J. A description of micro-and macroscale damage of concrete structures[J]. Engineering Fracture Mechanics, 1986, 25(5-6): 729-737.
[35] Loland K E. Continuous damage model for load response estimation of concrete[J]. Cement and Concrete Research, 1980, 10(3): 395-402.
[36] Krajcinovic D, Lemailre J. Continuum damage mechanics: theory and applications[M]. Berlin: Springer Verlag, 1987.
[37] 徐小荷. 试论采矿工程的新学科：岩石破碎学[J]. 有色金属(矿山部分), 1980(6): 39-42.
[38] 倪红坚, 王瑞和. 脉冲水射流破岩的数值模拟研究[J]. 石油钻探技术, 2001(5): 12-14.
[39] 姜龙. 粗颗粒垂直管水力提升速度与浓度的实验研究[D]. 北京: 清华大学, 2005.
[40] 李蘅. 深海采矿水力提升系统粗颗粒运动规律模拟研究[D]. 北京: 清华大学, 2003.
[41] 李婷. 矿浆管道水力输送动力特性研究[D]. 武汉: 武汉理工大学, 2013.
[42] 王秀兰. 垂直管道大径固体颗粒水力提升摩阻损失的研究[D]. 阜新: 辽宁工程技术大学, 2005.
[43] 袁海燕. 提升管道系统固液两相流工程应用研究[D]. 长沙: 湖南大学, 2012.
[44] Tchen C M. Mean values and correlation problems connected with the motion of small particles suspended in a turbulent fluids[M]. Berlin: Springer Dordrecht, 1947.
[45] 孙万通. 海洋天然气水合物藏固态流化采掘多相非平衡管流研究[D]. 成都: 西南石油大学, 2016.

第3章　水射流开采技术在矿产开采中的应用研究

3.1　水射流开采技术在固体矿产开采中的应用

自20世纪50年代以来，水射流技术在地面、地下、水下加工与工程中都得到了广泛的应用，并因其工作特点满足了特殊作业要求，已取得了显著的效果，得到了业界的认可。目前主要应用于物料切割，岩石破碎，煤炭、石油及油页岩等矿藏的增产开采，巷道挖掘等[1-3]。

水射流技术在材料切割方面的适用范围极为广泛，其具有切割温度低且不影响材料性质、切口整齐、无热变形、无火无烟能量集中的特点。水射流技术不仅可以对石材、混凝土块、陶瓷、玻璃等硬质建筑材料进行切割，还可以切割布料、皮革、树脂、塑料等可燃塑性材料。以往这类可燃塑性材料均使用刀具、激光、电子、等离子体等热切割手段切割，但切口会因受热产生不规则热变形，且切口处组织纤维受热性质改变，其毛刺较多，平整性较差，不利于后续的拼接组装工作，而水射流技术可较好地解决上述问题。在军事领域方面，水射流技术可以用来切割弹药、塑性炸弹等易爆军品[4-6]。

同时，水射流技术独特的冲击切割工作特点可满足矿产开发中的复杂需求，基于其工作特点开发的水射流开采技术，可应用于陆地固体矿产、海底附着矿产、含水合物沉积物的矿产钻采工作中，如图3.1所示。

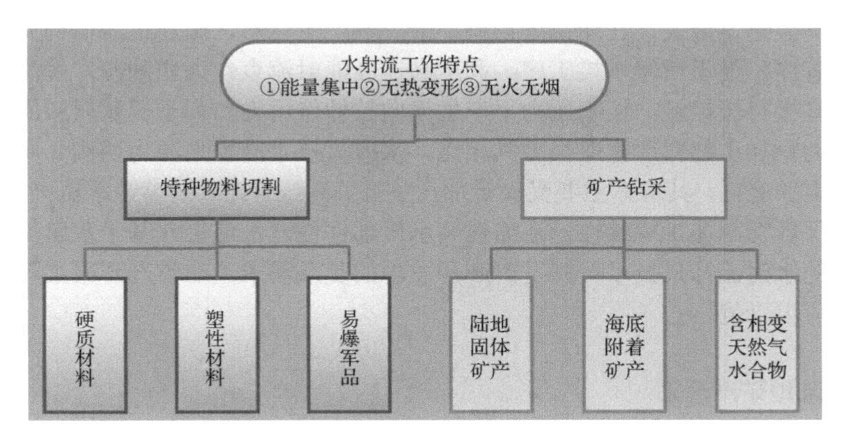

图3.1　水射流技术应用于物料切割与矿产钻采

水射流技术与现有的激光、电子、等离子体切割技术相比，其切割过程不会产生大量摩擦热，减少了能量耗散，且加工物料切口无热变形，装配精度高。经过 20 世纪 80 年代至今的高速发展，水射流技术已形成一系列规模化的商业加工技术，发达国家已着手建立从水射流设备加工及维护到工程应用支持的完整产业链[7,8]。随着水射流设备向模块化方向发展，射流打击效果不断提高，水射流切割机器人的复杂作业面加工能力日益增强，未来水射流切割物料的适用范围还将进一步扩大，加工精度继续达到新高度，进一步扩大水射流技术的应用范围，如图 3.2 所示。

图 3.2　水射流精密切割金属、玻璃

与其他材料加工方法相比，水射流使用水作为主要工作介质，易于获取且对环境友好；水射流设备与高精度机床、悬臂机器人等精密工作端动力设备适配良好，可形成一体化、模块化的加工系统，根据加工要求改进升级，使用更加灵活；水射流切割时产热少，同时在射流与物料接触切割点处外界热交换速率快，切割位置的高温迅速散失，在切口处物料不会受热产生变形，微观组织结构完好，切口规整有序，便于后续拼接工序；利用高速高能射流束作为切割源，射流束与物料为非直接挤压接触，切割压力不产生横向拉伸作用力，利于板状材料的加工；与传统切割加工物料严重磨损刀具相比，水射流技术磨损来源为切割介质对内部管路流道的磨耗，其寿命主要受制于加压柱塞、高压管路、喷嘴等承压大的部件，因此为保证切割加工持续性，还需提高承压部件性能。综上，基于水射流工作特点开发的水射流开采技术可满足矿产开发中的复杂需求，在矿产开采工程中具有较好的应用价值。

3.1.1　陆地矿产开采

水射流开采技术开发陆地矿产主要有两种应用方式，一种是水射流破碎直接作为碎岩动力的钻孔水力开采技术，另一种是水射流切割减小煤层破碎难度的煤层水力卸压增透技术。在世界范围内，利用水射流技术的矿产开采工艺已在全球多地对不同地层、岩性、深度的矿藏进行了开采作业，包括黏土矿、石英砂矿、深层铁矿、铀矿、磷矿、煤炭、金伯利岩、油页岩等，取得了有益的效果。

第一种，钻孔水力开采技术具有地面操作便捷、施工周期短、无须有人下矿等特点，可大幅缩短矿山建设周期，使其快速投入生产运营中，从而降低开发成本。其应用较好地解决了传统矿产开采技术所面临的难题。目前美国、俄罗斯、中国等继续进行着深入研究，不断丰富完善钻孔水力开采技术。以吉林大学为主的科研团队研发了油页岩钻孔水力开采技术及工艺，并进行了野外试验，获取了水力开采油页岩关键数据和宝贵的应用经验，为油页岩钻孔水力开采提供理论依据。实验室中油页岩水力破碎前后效果如图 3.3 所示。

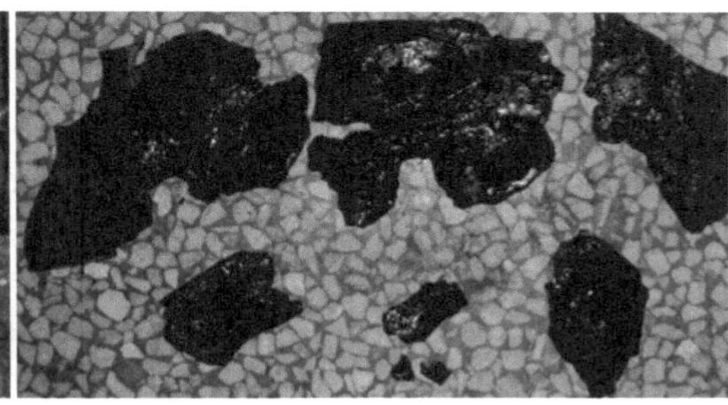

图 3.3 油页岩水力破碎前后效果

第二种，煤层水力卸压增透技术即利用水射流对煤层进行切割冲击，在表面形成一定深度、一定分布规模的割缝或孔洞，可释放煤层内部应力，减小裂缝扩展发育的阻力，同时割缝和孔洞可大幅增加煤层的渗透性，增加煤层瓦斯的运移通道。1969 年抚顺煤炭研究所进行了水力割缝试验，经水力割缝后的煤层瓦斯更易排出采集，抽采量是非处理煤层的 2～4 倍[9,10]。2001 年，赵阳升等[11]分析得出水力割缝产生的次生裂缝对加强裂缝渗流特性有重要影响。2007 年，魏国营等[12]优化了水力卸压的作用位置，可大幅增加煤层开采工作的安全性。2008 年，李晓红等[13]等研究了脉冲射流对煤体裂隙产生发育的影响，结果表明割缝可增大煤层渗透力。目前煤层水力卸压增透技术已在全国多地煤矿进行了应用，并取得了良好效果，其中中煤科工集团重庆研究院有限公司研发的新型煤层卸压增透装置——超高压水力割缝装置便是一款国内自主研发的达到国际先进水平的水力割缝装置[14]，如图 3.4 所示。但是由于煤层内部应力分布不均，水射流对其切割冲击作用机理复杂、影响因素众多，导致水射流对煤体的增透理论滞后于实践，水射流增透技术工艺仍需完善[15-18]。

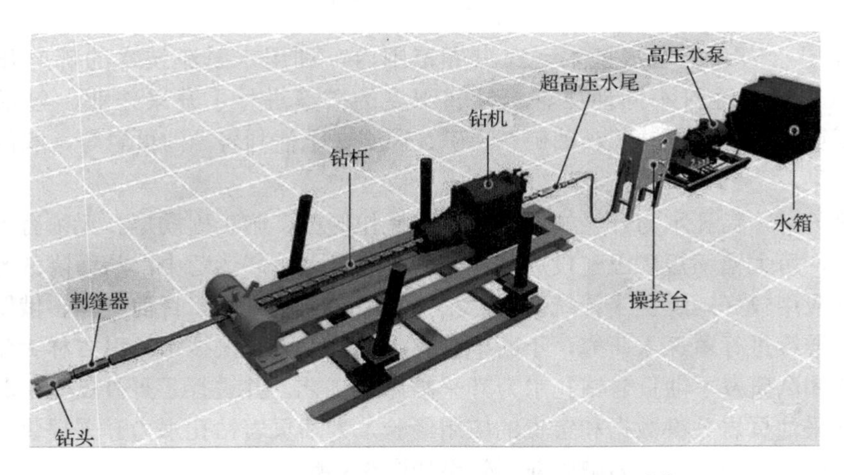

图 3.4　一种超高压水力割缝技术装备示意图[14]

3.1.2　海底附着矿产开采

海洋中高品位、高密度的矿藏吸引着越来越多的国家对这个资源宝库进行开发和利用，开发利用海洋资源已经成为各国的基本国策。大洋富钴结壳是继大洋多金属结核之后的又一重要发现，除包含锰、铁、镍、铜等常见的金属外，还富含多种贵重金属，使得富钴结壳成为海洋中极具吸引力的矿产之一[19-21]。

在广阔的太平洋、大西洋和印度洋中都分布有丰富的钴结壳矿藏。其中，在太平洋西部火山构造隆起带上就储藏着数亿吨的钴结壳，夏威夷约翰斯顿环礁专属经济区内有钴结壳 3 亿吨以上。我国科学家也对深海钴结壳资源的分布进行了勘探和调查研究，调查结果表明在我国的专属海洋经济区域内的海山斜坡上，也有着丰富的钴结壳资源[22-25]。

由于钴结壳牢固地黏附在下层的岩石上，要将它从岩石上剥离下来比较困难，海底钴结壳开采情况如图 3.5 所示。所以，有效采集到钴结壳的同时又不会使所采的钴结壳贫化是成功开采钴结壳的关键。目前，就如何从海底基岩上剥离破碎钴结壳，国际上推荐的两种方法是水力射流方法和滚筒式破碎方法，水力射流即利用高压水射流的切割作用单独工作或辅助机械切削钻具对钴结壳进行切割破碎。

目前已有众多研究机构投入到高压射流破碎钴结壳的工作机理与过程的深入研究中，仍在数值模拟与室内模拟试验阶段[26,27]。多是通过射流形成本身以及射流破碎钴结壳岩体的理论分析，建立数值仿真模型以实现在一定压力条件下的破碎过程模拟，并进行射流对钴结壳模拟料的破碎试验研究。为使数值模拟与室内试验可以更好地支持实际工程，需要不断修正数值模拟中产生的误差，同时还需要深入进行全尺寸射流破碎试验研究，可模拟在真实海底条件下的射流破碎钴结壳过程，有效支持实际工程开展。

图 3.5　海底钴结壳开采

3.1.3　矿产开采前期工程建设

水射流开采技术除作为主要开采动力用于陆地、海底矿产开采外，也可以通过联合机械采掘钻井，为常规矿产开采提供作业空间与井孔，或使用水力喷射技术开展海底油气管道铺设与喷沙造岛等浅水工程，为海洋油气开采提供集输系统与基地平台，从而支持矿产开采前期工程建设。

1. 陆地水射流联合机械采掘钻井

在浅层岩土体施工方面，水射流联合机械刀具破岩是一种典型的水射流与机械钻具联合工作方式。其是将水射流喷嘴与合金或复合材料机械切削齿按等距或螺线等排列方式交错布置于工作面，在工作时主要以机械切削齿滚压、切削的方式将工作载荷传递至破坏对象造成破坏对象起裂破碎。这是一种可提高破岩效果、减小机械刀具磨损、降低工作烟尘的方法[28-30]。水射流联合掘进机及配套截割头如图 3.6 所示。

（a）联合掘进机

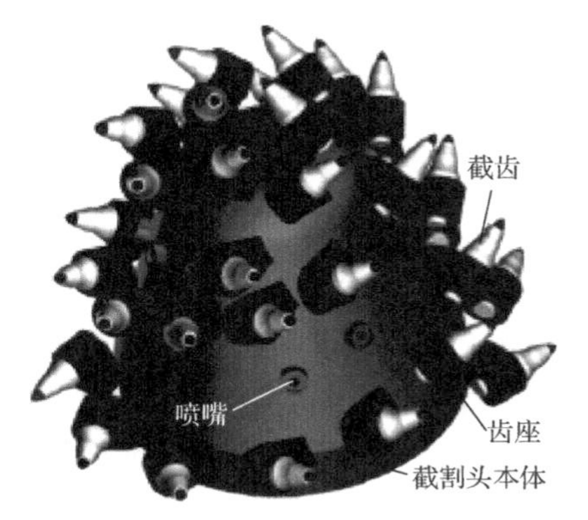

（b）截割头

图 3.6　水射流联合掘进机及配套截割头

1972 年，日本在隧道掘进机的圆盘形滚刀上加装水射流辅助设备，结果显示改装后的滚刀掘进速度明显提高。1973 年，乌克兰在采煤滚筒上配置了 4 个水射流喷嘴，射流水力参数为压力 40MPa、流量 200L/min，提高了掘进效率的同时成块状煤的含量明显升高。同时期美国科罗拉多矿业学院与德国合作，开展了射流设备与全断面掘进机整合的可行性研究，室内试验结果指出，若对抗压强度在 200MPa 以上的硬岩进行破碎则需水射流压力在 275MPa 以上，但使用射流设备辅助可降低破碎时掘进机前进推力，工作功耗由 75%降低至 43%。20 世纪 80 年代，英国使用带有连续供水喷嘴的煤层掘进机进行了井下试验，目标岩层为破坏强度较低的煤、粉砂岩互层，对比使用水射流技术辅助破碎的掘进机与传统煤层掘进机采掘效率后发现，新型掘进机的采掘效率可提高 50%以上，同时掘进能耗明显降低。同时期比利时与德国使用 20MPa 的水射流辅助碎岩，结果指出在掘进同样岩土量时，水射流辅助掘进机能耗降低 34%，且可有效降低掘进过程中粉尘量。20 世纪 80 年代中期，美国开始在采煤机上安装水射流喷嘴，当水射流压力达到 40MPa 时，采煤机的开采效率与有害烟尘降低量达到最佳。1987 年，英国首次对水射流辅助割煤机刀头上的切削齿寿命进行分析，在实地井下采煤试验后发现单齿有效进尺平均高出纯机械割煤机切削齿 15 倍[31-33]。

在深井辅助钻头钻井方面，20 世纪 70 年代初期，美国多家石油公司开始尝试将水射流设备与石油钻头结合。20 世纪 70 年代中期，埃克森美孚与多家钻井公司联合研制了一套可开启水射流辅助钻进的石油钻井系统，其地面设备可向井底钻头提供射流压力 95MPa、流速 190m/s 的高压水。这套设备被用于钻进石油生产井，单只钻头进尺明显高于普通钻头，且钻进效率是原来的 3～4 倍，如继续增高射流压力可进一步提高钻头钻速。1988 年，Flowdrill 公司与 Grace 公司使用钻井循环泥浆代替清水辅助钻头钻进，钻进效率可提高 2 倍以上。1994 年，Flowdrill 公司继续提高循环泥浆压力，最高可达 207MPa，改装有专用射流喷嘴的牙轮钻头对砂岩地层破碎效果显著，在页岩地层钻进时破碎效果可提高 45%。喷射式聚晶金刚石复合片钻头与加长喷嘴式牙轮钻头如图 3.7 所示[34,35]。

2. 浅水中水力喷射铺管及造岛

与硬质岩地层相比，高压水射流在松软地层中的剪切破坏、卷吸剥离效果更佳，在水下无黏性的砂质土质，以及松软易流动的泥浆中工作时，与传统机械铰刀、钻具等相比有更高的效率和能耗产出比。因此水射流技术非常适用于河道的维护性疏浚与海底油气管道铺设等工程中，同时利用水射流作为主要工作介质的造岛用射吸式挖泥船在造岛工程中也有着广泛的应用。

在铺设海底油气管道方面，水力喷射也有广泛的应用前景。海洋油气资源在储运、集输等系统中的一个主要构成部分就是埋设在海底的油气管道。海底油气管道连接着海上油气田和整个石油系统，同样也连接着海上油气田的整个储运和集输系统。海上油气资源在全球能源结构改革中的比重有所增加，而海底管道是把这些油气资源从海上平台输送至岸上最经济也是最安全的运输方法。在不同海底管道挖沟埋设技术中有效又经济的铺设方式为水力喷射式挖沟埋设。

（a）喷射式聚晶金刚石复合片钻头

（b）加长喷嘴式牙轮钻头

图3.7 常见的两种喷射式钻进钻头

水力喷射式挖沟埋设技术的一个重要设备就是水力喷射挖沟机。在开沟过程中，动力由轴流泵提供，管道两侧土层是由喷射管水力破除，由高压喷射形成需要的沟形和沟深，依靠自重海底管道下沉至沟底，水上由牵引船拖动水下挖沟机，管道沟由喷射出的海底泥回填。在海底管道开沟埋设事业中，水力喷射挖沟机作为使用较广泛的施工机械之一，其主要拥有较低的制造和使用技术要求、结构简单等特点，我国也有不少利用水力喷射挖沟机铺设海底管道的成功应用，其中上海交通大学水下工程研究所研制的海洋石油管道铺设水力喷射挖沟机如图3.8所示[36]。

图3.8 海洋石油管道铺设水力喷射挖沟机[36]

水力喷射挖沟机已大规模用于海底管道铺设工程及河道疏浚工程，用于对海床上黏土的切割冲蚀以建设管道沟槽或疏通泥沙[37-39]。1996 年，Aderibigbe 等[40]研究了喷距与破土深度的关系。2008 年，Berghe 等[41]使用一台水力喷冲开沟机对模拟泥床进行了冲击试验，得出了破土深度与开沟机关键参数的关系。2009 年，Yeh 等[42]通过大尺度模拟试验分析了喷嘴水平移动对破土效果的影响。

射吸式装备可用于造岛工程，射吸式挖泥船造岛工程现场如图 3.9 所示。传统的人工造岛是通过船只搬运沙土并投放到目的地，这种做法费时费力，而且造价高昂，建造时间长。随着工程机械的发展，新型的造岛技术不断成熟，而吹沙填海目前是世界上较为先进的方式之一。吹沙填海即使用各式挖泥船，利用铰刀钻头、喷射吸头等工作头将浅滩泥沙或海底泥沙松动、破碎，与水泥混合成泥浆，经过吸泥管吸入泵体并经过排泥管送至排泥区。在施工时，挖泥、输泥和卸泥都是一体化，自身完成，生产效率较高。

图 3.9　射吸式挖泥船造岛工程

射吸式挖泥船是利用泥泵产生的高压冲水开挖底土，而泵产生的真空全部用于泥浆的输送。应用高压冲水开挖底土的基本原理是基于高压水使砂液化，从而大大提高砂的渗透性，既有效破坏底土结构达到开挖目的，又保证了泥泵输送压头的需要。同时射吸式挖泥船为了增加吸泥效果，又在吸入管顶端前部增加了射流喷射使得泥浆浓度提高，提高了挖泥船生产效率。依靠挖泥船上安装的离心式泥泵的作用，在挖泥船吸管中产生一定的真空度，经吸入管顶端的吸泥头将水底淤泥、砂和其他比较松散的物质与水一起吸入，经泥泵的排除管，将泥浆排驳或输送到排泥场。

目前，射吸式挖泥船与绞吸式挖泥船、耙吸式挖泥船相互配合，在中国南海已进行了数项造岛工程，达到了很好的工程效果。

3.2　水射流开采技术开发天然气水合物

天然气水合物作为 21 世纪的新型清洁能源资源被全世界广泛关注，其资源总量约为传统化石能源总量的 2 倍，被认为是未来较具商业开发前景的战略资源之一。截止到 2019 年，全球有 5 个国家进行了共计 8 次的天然气水合物试采工作，2017 年 5～7 月中国南海神狐海域试采以 30.9 万 m^3 的累计产气量和 60 天的持续产气时间创下了世界纪录[43-45]。

目前水合物的试采仍主要以开采方法与工艺的现场试验为目的，为后续研究积累第一手现场数据与经验，总体发展处在初级阶段，且在水合物开采效率、开采中的地质与工程稳定性、经济适用性方面仍存在许多制约商业化开采的因素。因此，寻求天然气水合物开采方法的发展和突破是实现水合物安全、高效、经济开采的最重要途径[46-48]。从 1967 年苏联梅索亚哈（Messoyakha）气田首次有记录的水合物试验工作至今，水合物开采方法已发展出了包括降压法、注热法、注化学试剂、CO_2 置换等多种开采方法思路。早期水合物开采思路的开采机理、效率、稳定性提高等问题仍在深入研究与不断完善，为了解决开采方法限制商业化开采的问题，寻找其他开采思路也成为水合物发展工作的重点，水合物开采技术亟待突破。

3.2.1　钻采开发水合物的核心难点

天然气水合物是由水分子和气体分子在一定温压条件下形成的一种类冰状笼形化合物。自然界中的水合物一般产出于深水海底浅层未固结成岩的松散沉积物中和陆域冻土区岩石裂隙或孔隙中，其中 90%的水合物赋存在海洋中，受温度、压力和气源综合因素影响，具有典型的区域性分布特点[49-51]。综上，水合物储层具有埋深浅、胶结性差、泥质低渗、类型多样等特征，对其的开采活动会产生显著的地质与环境影响，如图 3.10 所示。

水合物开采活动会改变水合物储层的温度和压力，使水合物相平衡状态发生波动乃至分解，这会导致地层胶结强度、孔隙度、地质结构等发生变化，从而引发一些地质灾害，例如海底滑坡、海底沉降和海啸等。水合物的储层特征对水合物开采有重大意义，为了最大限度地确保安全，不同类型的水合物应该采用不同的开采方法和细节。因此，明确水合物的相态变化特性与海洋水合物矿藏储层的地质与力学情况，可以提高开采效率并有效避免工程灾害的发生，为天然气水合物的有效安全开发提供保障。

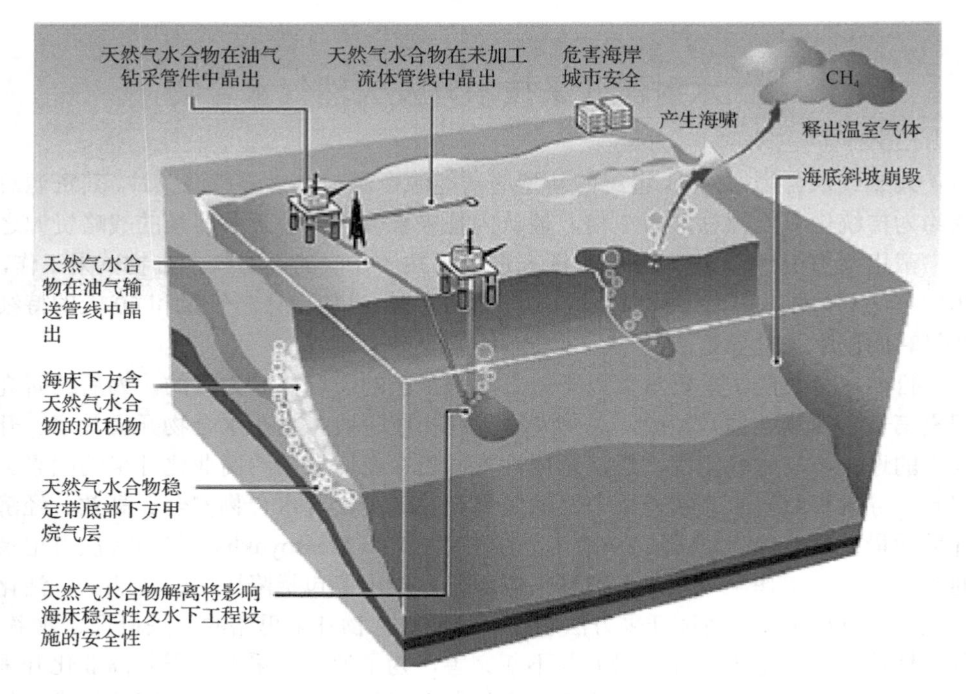

图 3.10　水合物开采活动中可能产生的地质影响

1. 海洋水合物的非成岩储层

天然气水合物在世界范围分布广泛，目前全球发现的天然气水合物矿点或天然气水合物成矿带，大致沿梅索亚哈河—普拉德霍湾—马更些三角洲—青藏高原和北冰洋—大西洋—太平洋—印度洋构成了两个天然气水合物分布带。在环西太平洋地区，如俄罗斯—朝鲜—日本和澳大利亚—新西兰等地区亦有较多的天然气水合物发现。

1）国外主要海洋水合物勘探区

迄今为止，世界各国已在多处海域获取天然气水合物实物样品。研究资料表明，海洋天然气水合物储层多为非成岩沉积物，颗粒较小，固结强度较低。海底沉积物按颗粒粒径大小可分为：黏土（<4μm）、粉砂（4～63μm）、细砂（63～250μm）、中砂（250～500μm）以及粗砂（500～2000μm）。美国布莱克海台与加拿大温哥华外海的水合物沉积物为含有孔虫和富含钙质超微化石软泥；美国西部陆缘的水合物沉积物主要由粉砂质黏土和浊流沉积物组成；在印度洋的 Krishna-Godavari、Mahanadi、Kerala、Konkan 和安达曼岛，水合物主要发育于细粒泥质沉积物裂隙中；在中国南海神狐海域、台西南盆地水合物储层沉积物为黏土质粉砂细粒沉积物与有孔虫生物碎屑；在墨西哥湾、日本 Nankai 海槽以及韩国 Ulleung 盆地，水合物储层则多为砂型沉积物（表 3.1）。

表 3.1　世界主要海洋水合物富集层特征

储层类型	勘探区域	储层主要沉积物	孔隙度/%	水合物饱和度/%
砂型	美国墨西哥湾	粗颗粒砂岩	40～45	25～60
	日本 Nankai 海槽	砂、粉砂质砂和砂质粉砂	40～50	50～60
细粒型	美国布莱克海台	含有孔虫和富含钙质超微化石软泥	50～60	10～20
	温哥华外海	细粒泥质沉积物	40～60	4～10
	印度沿海	细粒泥质沉积物	60～70	10～26
	韩国 Ulleung 盆地	细沙、粉砂和软泥	40～60	—
	中国南海神狐海域	粉砂质黏土和生物碎屑灰岩	20～42	20～50

在孔隙度方面，通过测井评价发现冻土区水合物层孔隙度一般为 30%～40%，而海洋地区水合物层孔隙度比冻土区高，一般在 40%～60%，墨西哥湾海域水合物地层孔隙度在 40%～45%，日本 Nankai 海槽水合物层孔隙度在 40%～50%，而海底浅部未固结地层及裂缝非常发育的地层甚至可能在 60%～80%。在水合物饱和度方面，相同地层中因勘探井位、水合物富集层厚度等因素影响，水合物饱和度差异较大，南海神狐海域水合物饱和度为 20%～50%，而日本 Nankai 海槽一般饱和度在 50%～60%，但部分地层水合物饱和度可达到 80%～90%。饱和度的大小与水合物所处的储层条件有关。有裂缝存在或者粗颗粒沉积层中易出现高饱和度的水合物，而颗粒较细的地层（如细砂岩、泥岩、页岩等），其水合物饱和度则相对较低[52,53]。

2）中国南海泥质粉砂型水合物

中国南海海域天然气水合物资源储量极为丰富。近年来，我国对该地区的天然气水合物矿藏进行了大量的调查研究工作，先后四次在珠江口盆地神狐海域、台西南盆地东沙研究区和琼东南盆地西沙海槽深水区进行天然气水合物钻探研究工作，钻获了大量天然气水合物实物样品，并深化了对该地区天然气水合物储层物性特征的认识。2007 年，我国进行了首次南海北部海域天然气水合物钻探航次，钻探区位于南海北部陆坡神狐海域。钻探和测井资料显示，该区域天然气水合物主要为甲烷水合物，甲烷含量（质量分数）超过 99%，水合物饱和度为 20%～48%，水合物层厚度为 20～40m。水合物沉积物以粉砂和黏土为主，粉砂含量（质量分数）72.89%～74.75%，砂含量（质量分数）极少，仅为 1.4%～4.24%。2013 年，在南海北部陆坡东部的台西南盆地进行了第二次天然气水合物钻探研究工作，首次钻获高纯度水合物样品，该地区水合物主要有埋藏浅、厚度大、纯度高等特点，水合物沉积物主要为粉砂质黏土和生物碎屑灰岩。2015 年，广州海洋地质调查局再次在南海神狐海域进行天然气水合物钻探，最大矿层厚度达 70m，最高含矿率超过 70%。2016 年，西沙海槽的水合物钻探结果显示，该地区水合物主要发育于未固结的软泥或半固结的砂泥岩海底沉积物中。图 3.11 为我国南海神狐海域钻获的不同类型的天然气水合物实物样品。

图 3.11 我国南海神狐海域天然气水合物实物样品

南海神狐海域天然气水合物钻探岩心 SH2B、SH7B 沉积物主要由陆源碎屑矿物、黏土矿物和生物碳酸盐矿物组成。①碎屑矿物主要以石英、白云母、斜长石、正长石、黄铁矿为主；②黏土矿物组分中，伊利石和蒙脱石含量占 65%以上，绿泥石、高岭石含量（质量分数）在 30%左右；③碳酸盐矿物主要为方解石，部分层位出现少量的白云石和铁白云石。南海神狐海域水合物岩心中各沉积矿物组分的平均含量见表 3.2、表 3.3。

表 3.2 南海神狐海域水合物储层岩心各组分平均含量（质量分数）（单位：%）

站位	碎屑矿物					黏土矿物	碳酸盐矿物	
	石英	白云母	斜长石	正长石	黄铁矿		方解石	白云石
SH2B	28.26	19.57	8.13	4.33	—	19.64	16.46	—
SH7B	27.27	18.68	7.99	3.6	—	18.85	19.83	—

表 3.3 南海神狐海域水合物储层岩心黏土矿物平均相对含量（质量分数）（单位：%）

站位	蒙脱石	伊利石	绿泥石	高岭石
SH2B	47.04	29.28	13.13	10.51
SH7B	36.31	38.39	15.84	9.46

南海水合物饱和度较高，平均饱和度达到 46%。以往高饱和度水合物主要呈分散状存在于粗粒沉积物或充填于断裂裂隙中。然而，GMGS3 钻探区随钻测井数据及岩心沉积物岩性分析结果表明，该区高饱和度水合物赋存的储集层沉积物以细粒黏土质粉砂岩、粉砂岩为主。出现这种情况的主要原因为：①水合物储集层埋藏较浅，骨架颗粒受沉积压实作用较小，部分储集空间得到保存；②沉积物中沉积了大量有孔虫化石，增大了细粒沉积物的粒径和沉积物颗粒的磨圆度，为水合物的形成和赋存提供了更多的空间。这种有孔虫化石增加导致水合物饱和度增大的情况在 GMGS1 航次 SH2 井位及布莱克海脊地区均有体现。样品组分和粒径所占的百分比如表 3.4。

表 3.4　南海神狐海域 SH2 和 SH7 井位岩心粒组含量（质量分数）（单位：%）

样品井位	黏土（<4μm）	淤泥（4～63μm）	细砂（63～250μm）	中砂（250～500μm）	粗砂（500～2000μm）	砾石（>2mm）
SH2	8.3	44.7	35.4	11.6	0	0
SH7	0.4	23.5	32.2	29.1	14.8	0

根据 2007 年到 2017 年的四次原地取样结果，我国南海水合物主要有埋藏浅、厚度大、纯度高等特点，水合物沉积物主要为粉砂质黏土和生物碎屑灰岩。

2. 水合物储层的力学特点

研究水合物储层力学特性的手段主要包括：现场调查、实验室模拟试验。在现场调查方面主要是通过水合物沉积物原位和调查船的物性试验，对原位水合物沉积物力学性质进行研究，在理论模型方面，通常根据理论基础和试验数据建立水合物沉积物力学模型。在室内试验方面主要是通过对原状和人工合成的水合物沉积物进行三轴和声波测试等试验，研究水合物沉积物强度的影响因素。

1）水合物沉积层现场取样

现场调查主要分为地震反演法、测井法和地质取样法等。相对于地震反演法，测井法和地质取样法可以获得更加准确的力学性质参数数据。含天然气水合物的地层在钻井过程中检测到气体溢出，电阻率偏移，自然电位测井曲线负偏移，产出偏大井眼尺寸数据，地震波速增加，密度相对略有降低，中子孔隙度增加。为了能够准确获得天然气水合物地层，我们必须对电阻率、自然电位、井径、地震波速、密度、中子孔隙度等测试结果进行综合分析。地质取样法主要是通过钻井的方式获得水合物沉积物层天然岩心，然后在实验室内进行力学试验以测得水合物沉积物的力学特性。天然气水合物地质取样分为常压取样和保真取样。由于天然气水合物易分解的这种特殊物理性质，在不常压取样条件下，岩心被提至海面或地面时其中的天然气水合物就会部分分解或全部分解。为了获取原始压力下的水合物沉积物岩心，国内外研究者开始研制保压取芯器。大洋钻探计划就广泛地应用了此技术，并成功取得了保压试样，目前利用地质取样法获得了比较多的世界各地天然水合物沉积物岩心的力学性质数据。2017 年中国南海水合物勘查试采现场如图 3.12 所示。

图 3.12　2017 年中国南海水合物勘查试采现场

2）室内水合物储层力学测试

近几年，随着水合物及其水合物沉积物室内试样合成试验设备的完善和试样制作技术的成熟，国内外学者逐渐开展了水合物沉积物力学性质的实验室研究。室内试验具有可控性，其成本较现场调查低。室内试验研究内容具有系统性，对水合物安全开采起到重要的指导意义。

目前研究者采用的实验室水合物样品合成方法各有差异，但总体而言可以分为两类，即混合制样法和原位合成法。混合制样法首先制备纯水合物，并将其制成粉末状，然后与沉积物混合。该方法可以很好地控制水合物饱和度，保证水合物在沉积物中均匀分布，且操作简单，可提高三轴试验的制样效率。原位合成法事先将一定含水率的沉积物试样转入测试模具中，然后通入高压气体，通过控制试样温度合成含气体水合物沉积物试样，合成完成后可直接进行力学测试。原位合成法与实际海底生成含水合物沉积物形成过程类似，测得的数据更接近实际情况，但无法保证水合物分布的均匀性，也不容易控制水合物含量。

在国外研究方面，从 2004 年美国利用三轴仪对室内制备的水合物沉积物试样进行三轴压缩试验后，国外学者便陆续开展水合物储层的力学特性试验[54,55]。2005 年，Masui 等[56]对比了原样取心的沉积物试样和实验室合成的天然气水合物沉积物试样的三轴试验结果，发现当两种样品的颗粒尺寸分布一样的时候，两者具有相同的强度和形变特性。2017 年，Miyazaki 等[57]利用不同粒径的石英砂和 Toyoura 砂作为水合物沉积物的骨架进行三轴压缩试验，发现水合物砂试样的强度和刚度随甲烷水合物饱和度的增大而增大，水合物的刚度取决于形成骨架的砂的类型。

在国内对水合物力学特性的试验研究方面，2010 年，Song 等[58]测定了不同温度、不同加载速率以及不同围压对甲烷水合物力学性能的影响，结果表明偏应力和最大主应力随着应变速率的增加和温度的降低而增加。2011 年，李洋辉等[59]采用混合制样法将天然气水合物粉末与高岭土在低温条件下混合制样，并对不同围压条件下的含水合物沉积物试样进行三轴压缩试验。2012 年，李令东等[60]在室内制备了含水合物沉积物试样并测试了试样的塑性力学性质。2013 年，刘芳等[61]采用通气法和预冻结法在实验室内人工合成了甲烷水合物以及含四氢呋喃（tetrahydrofuran，THF）水合物的沉积物试样。2016 年，李彦龙等[62]建立了能同时描述含水合物沉积物应变软化规律和应变硬化规律的损伤统计本构模型，探讨了模型参数求解思路，验证了模型的准确性。2017 年，关进安等[63]发现在高围压和低温度时甲烷水合物沉积物力学强度更大，高压低温环境下含水合物沉积地层更可能展现出弹塑性力学特征。2017 年，鲁晓兵等[64]分别对冰和甲烷水合物砂土沉积物进行了室内合成和三轴剪切试验。国内近年水合物储层力学特性室内测试结果如表 3.5 所示，含水合物储层的力学特性测试结果为水合物的开发工程研究提供了一手数据，仍应继续对水合物及其储层的力学特性展开深入研究。

表 3.5　国内近年水合物储层力学特性室内测试结果

年份	模拟储层	水合物饱和度/%	围压/MPa	抗压破坏强度/MPa	内聚力/MPa
2011	高岭土	30	6	3.8	—
2012	烧结覆膜砂	40	10	34.01	3.97
2013	天然砂	35	4	19	2.73
2014	重力取样土	15	5	—	1.2
2015	南海粉质黏土	45	7.5	3	1.08
2016	天然海砂	35	7	17	2.8

3. 水合物的相变特性

水合物自身的相变特性（相平衡）是影响开采极其重要的因素，比如水合物储层中甲烷运移到开采井的过程中，或者甲烷由孔底向地表输送的过程中，运输通道中的温压条件可能满足水合物形成的需求，导致甲烷有可能再次形成水合物，容易降低开采效率甚至产生事故。因此，水合物相变特性的研究是水合物开发的基础。

1）水合物相平衡条件

甲烷水合物的相平衡曲线如图 3.13 所示。纵坐标表示的是海水深度对应的压力，横坐标为温度。相平衡曲线下方为水合物能够稳定存在的区域，上方为水合物分解后气体与水/冰共存的区域。水合物稳定区域内降压或者升温都会使得水合物脱离能够稳定存在的温压范围，进而分解为甲烷和水/冰。当向水合物稳定区域注入化学试剂（盐类、乙醇、乙二醇等）时，甲烷水合物相平衡曲线会向高压与低温的区域移动，使得水合物变得更易分解。天然气水合物体系中气体与流体的成分变化也会对相平衡曲线产生影响。例如，向纯水体系中添加氯化钠时，相平衡曲线会向左侧移动，减小了水合物稳定存在的区域范围；若向纯甲烷气体中添加 CO_2、H_2S、C_2H_6 或 C_3H_8 等，相平衡曲线会相右发生移动，水合物稳定分布区域范围得到扩大。

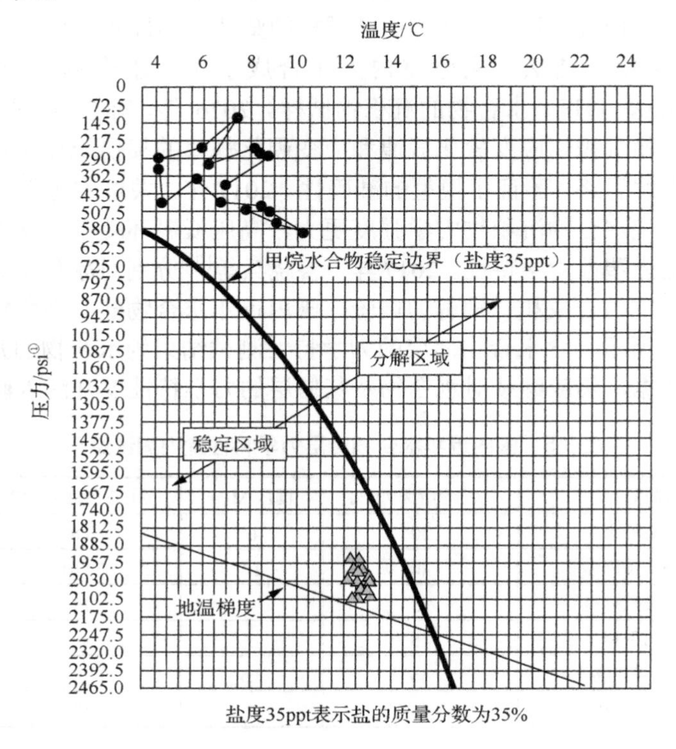

图 3.13　甲烷水合物的相平衡曲线

气体水合物相平衡的测定方法主要包括观察法和图形法。运用观察法测量气体水合物相平衡时必须保证稳定的光源与反应釜的透明可视，以便对水合物的生成和分解进行观察。观察法又分为恒温压力搜索法和恒压温度搜索法。观察法适用于透明体系中相平衡测量，如纯水、盐水、甲醇等热力学抑制剂；对于非透明体系，如多孔介质、乳液等，则不具备适用性。图形法适用于非透明体系中的水合物相平衡测量，如沉积物体系、乳液体系等。此外，随着科学技术的进步，出现了许多研究气体水合物的新技术，如核磁共振技术、电阻法探测技术、差示扫描量热技

① lpsi=6.89476×10^3Pa

术、聚焦光束反射测量技术等。若能够将这些技术应用于气体水合物相平衡的测量中，相信能够提高现有水合物平衡测量的准确性[65,66]。

2）水合物分解特性的利用与控制

水合物的失稳分解特性对于水合物开采工程是一把“双刃剑”，利用其可以加速天然气产出，增强开采效率。但控制不当则会产生出砂、地层失稳，甚至产生海底滑坡、甲烷气体大规模泄漏的严重工程与自然灾害。

目前天然气水合物早期开发思路主要是降压法、热激法与注化学试剂法，这三种方法都是通过外部刺激（降压、热激与注化学试剂）的手段打破水合物的相平衡条件，使得处于稳定区域的水合物分解为气体与水。降压法通过降低海底天然气水合物层的压力，打破天然气水合物的平衡，从而使天然气水合物分解产生天然气，然后天然气经过管道输送到海面，达到收集的目的；热激法是利用钻井在天然气水合物层中安装管道，通过加热装置或者注入热水对天然气水合物所处的地层进行加热，引发天然气水合物的分解；注化学试剂法的原理是通过注入化学试剂改变天然气水合物的相平衡，使天然气水合物发生分解。降压法、热激法与注化学试剂法开采原理示意图如图 3.14 所示。

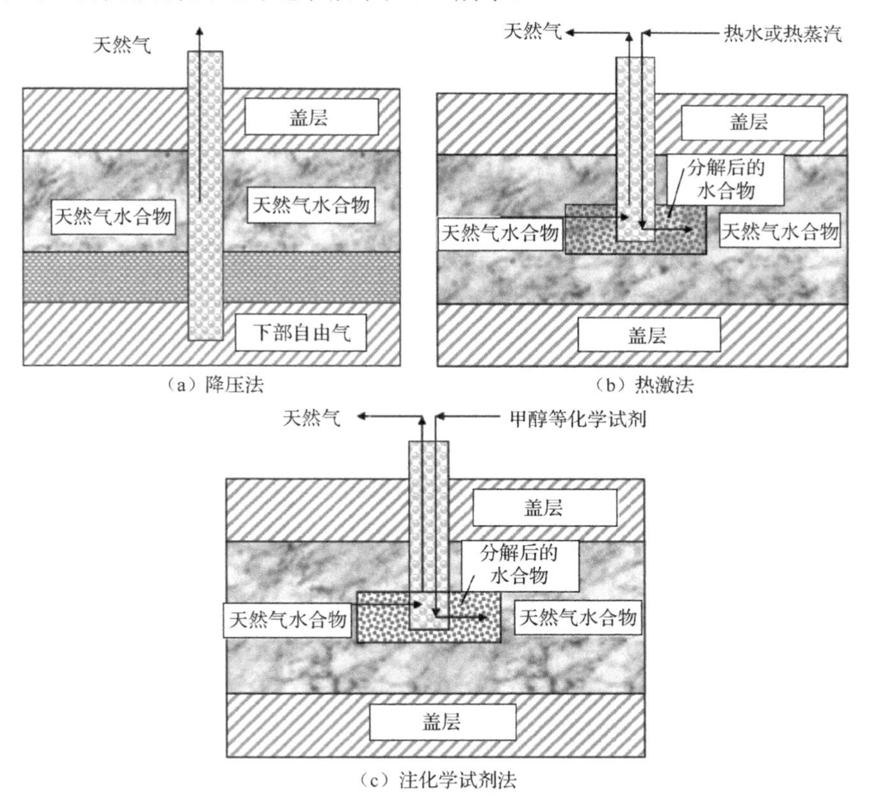

图 3.14　降压法、热激法与注化学试剂法开采原理示意图

海洋天然气水合物由于埋藏浅，所处的沉积层通常未固结成岩且细粉砂含量较高，我国南海神狐海域的水合物储层就是典型的非成岩泥质粉砂沉积物，因此，在天然气水合物开发的钻井、完井及采气过程中，这三种开采方法都会引起水合物沉积层中水合物的分解，造成含水合物地层的力学性质发生变化，极大地降低沉积物层的力学强度与刚度，如果水合物分解范围过大，就可能导致井壁失稳、出砂、地层沉降、地层坍塌甚至海底滑坡与海啸等工程和地质灾害，如图 3.15 所示。

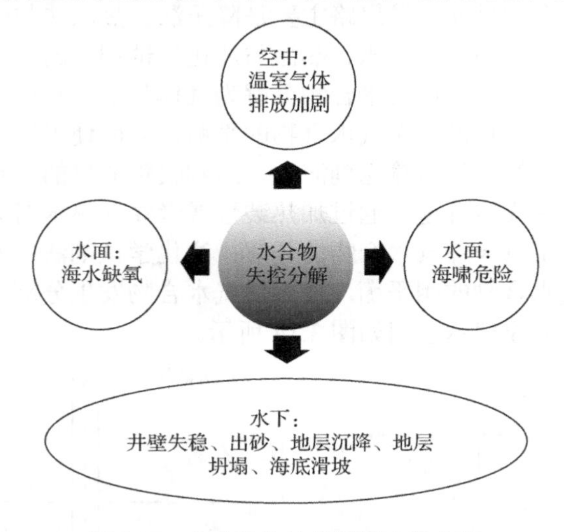

图 3.15　水合物失控分解带来的灾害

出砂是油气开采过程中储层砂粒随流体从储层中运移出来的现象。从目前的海洋水合物试采工程来看，在天然气水合物开发过程中，出砂问题尤为严重，目前已成为制约天然气水合物安全高效开采的一个重要问题[67]。我国目前发现的海洋水合物储层主要为黏土质粉砂储层，其平均粒径 20～60μm，远远小于日本 2013 年水合物试采充填的砾石尺寸（平均粒径为 450μm）及其试采的出砂粒径（120μm 左右）；同时我国海洋水合物储层主要在海底浅表地层，为三浅地层灾害多发区。因此我国水合物储层的沉积物颗粒更细，该细颗粒在开采过程中运移更加容易。海底浅表地层稳定性差，水合物分解后，其地层强度可能会下降更为明显而导致出砂。由此看来，对于海洋天然气水合物的开发，水合物分解（即相变）特性是影响开采极其重要的因素，选取适当的开采方法与控制水合物相变是海洋天然气水合物高效长期开发中需要注意的问题。

3.2.2　射流开发水合物的提出与发展

水射流技术在陆地、海洋难采矿产开采中的开采效果和发展前景已获得了广泛认可，水射流具有能量集中、冲击力高、工作介质环保的特质也很适合于海洋工程中。而天然气水合物特殊的赋存条件、力学特性、相态变化特性使得其与传统油气矿藏不同，孔底温压场分布变化复杂，对开采方法及工艺提出了更高的要求。因此，需要开发一种以水射流技术为核心的水合物开采方法，使其适用于高压低温、物理场变化复杂的开采工作条件，分析开采中的温压传递过程，研究水合物分解规律，揭示多场耦合条件下水合物储层在水射流作用下的破碎机理，为水射流在水合物开采中的应用提供相关的理论依据。

1. 高压热射流开采水合物

在对当时已有各种开采思路的发展情况与瓶颈进行分析后，高文爽等[68]首次提出将热水射流技术用于水合物开采，称为高压热射流方法，其是一种将高压水射流技术与热激法结合的复合式开采方法。高压热射流是使用高压水发生装置将热流体加压至数百个大气压以上，再通过小孔径的喷射装置转换为高速的微细“热水射流”，这种热水射流的速度可达到一倍马赫数以上，具有巨大的冲击能量。高压热射流开采水合物示意图如图 3.16 所示。

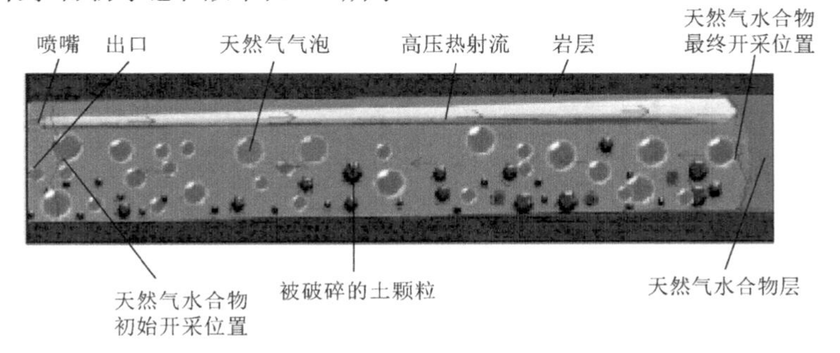

图 3.16　高压热射流开采水合物示意图

该法集成了高压水射流和热激法的优点，具有如下特点与优势：①高压水射流可以将完整的天然气水合物通过高压射流切割破碎为小颗粒，更易于天然气水合物分解；②高压水射流可以将小颗粒状天然气水合物从开采区域携裹带入垂直井内，既为进一步开采提供新的“掌子面”，又通过热对流加快了天然气水合物颗粒的分解；③高压热射流可迅速地接触新鲜天然气水合物表面，热能的利用率更高；④高压热射流可以克服或降低天然气水合物分解时的“自我保护”。

1）高压热射流法的开采效果研究

为了评价高压热射流法的经济可行性与开采效率，2010 年，作者团队对高压热射流法的开采过程展开数值模拟研究。利用数值模拟软件得到工作区的流场、应力场、温度场，分析高压热射流对水合物储层产生的温度场影响，测算开采区域中温度与水合物的分解温度阈值，进而明确高压热射流方法的能量消耗与开采范围。

模型开采井深 200m，开采孔直径 200mm，射流喷嘴直径 10mm，在高压热激水射流作用 55min 时所有流场都趋于稳定，射流的影响半径最大为 3.9m。在温度大于 281K、压力小于 4MPa、速度大于 135m/s 的区域内满足水合物分解条件称为有效开采区，由此计算模拟孔的天然气水合物的产量。

通过水射流流速、温度等关键参数分析高压热射流的有效作用范围。距开采井水平方向 3.9m 处，射流速度可达 135m/s，该高压射流不仅使天然气水合物破碎成小颗粒分解，同时在喷嘴前方区域形成有涡旋高压紊流，该射流与前面射流后回流的流体形成热对流运动，加速了天然气水合物的分解。而且该射流可以保证始终是 323K 的流体作用于未破碎的天然气水合物，热传导效果好，可以克服或降低天然气水合物的自我保护。射流温度分别为 323K、293K 时的温度云图如图 3.17 所示。

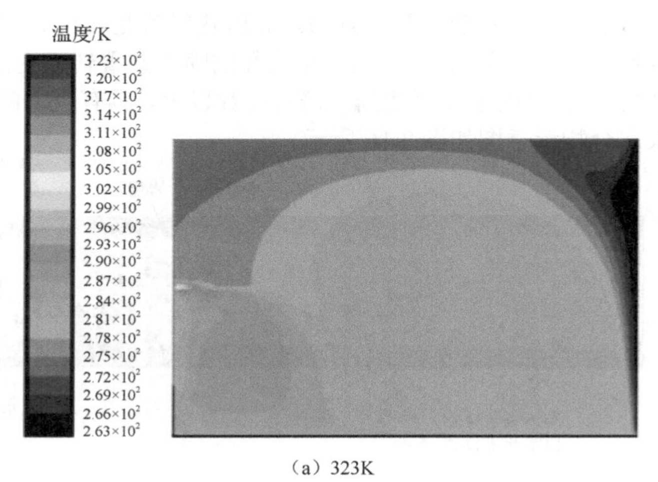

（a）323K

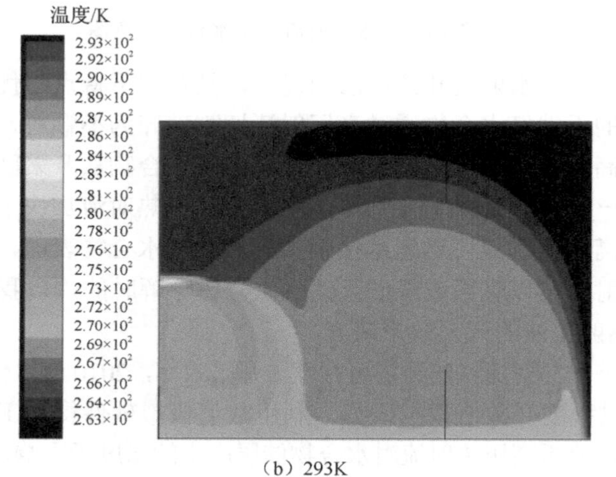

（b）293K

图 3.17　射流温度分别为 323K、293K 时的温度云图

射流流场结合模拟储层温度场分布研究，得出高压热射流方法的开采范围与作用特点：在 50℃和 300m/s 的高压热射流作用下开采区域的半径为 13.9m。利用高压热射流方法开采天然气水合物实现了降压法与热激法相结合的复合式开采，在喷嘴材质能满足条件的情况下，水流温度越高，速度越大，分解越快，越有利于开采。通过数值模拟，得到了高压热射流开采范围内的温度、压力、流线分布特征，有效地论证了高压热射流开采天然气水合物的可行性，为后续高压热射流法的工艺参数优选与现场试验提供了理论依据。

以高压热射流开采范围特征研究工作为基础，房治强[69]分析比较了高压热水、热蒸汽两种热载体各自的特点与适用条件，建立了开采井数值模拟模型，结合吉林大学自主研发的水合物热激法试开采设备室内调试，展开高压射流热激法的关键参数优选研究，计算了热水与热蒸汽作为热载体的能量效率，找到了合理的参数优化组合，为高压射流热激法开采天然气水合物现场试验提供关键参数，为开采工艺制定提供指导。

吉林大学研制的高压射流热激法开采装置用于开展室内试开采研究工作，并根据青海冻土区天然气水合物勘探开发要求研制泥浆制冷等配套设施[70]。地表加热装置为高压射流热激法的热能生产装置，是高压射流热激法开采装置的核心。地表加热装置使用热水或热蒸汽两种热激发介质，可方便完成两种介质工作模式的转换，只需设置加热温度，便可输出 80℃的热水射流或 2MPa 的热蒸汽射流。该加热装置示意图如图 3.18 所示。地表加热装置由水箱、不锈钢水泵、软水处理系统、计量泵及加热器五部分组成，该设备将冷水加热至高温热射流或热蒸汽，通过管路连接将高温热流输送至天然气水合物层，进而对天然气水合物层进行加热，破坏天然气水合物的相平衡状态从而使其分解，天然气上返至地面处理设备。

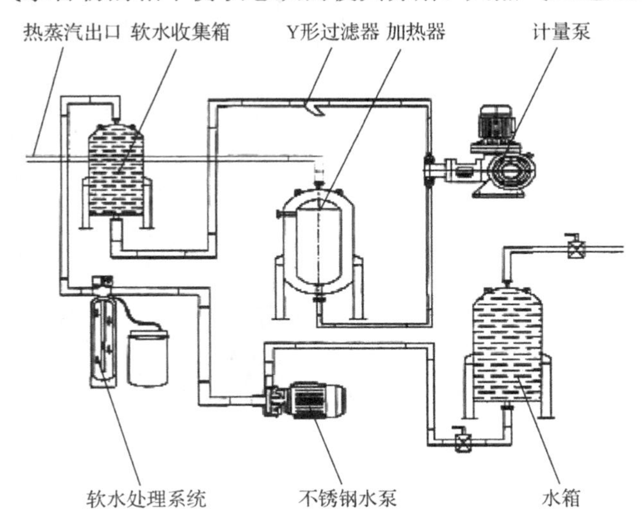

图 3.18　高压射流热激法地表加热装置示意图

为了指导水合物试采系统室内试验，并为现场试验提供关键参数，作者团队建立了天然气水合物热激法开采的有限元模型，确定了开采参数以及不同开采参数条件下对储层的影响范围与开采空间，计算了形成该开采空间的能量需求，得到了高压热射流法开采水合物储层所需的能量效率。

在常温下，当考虑输入压力、压力作用时间、入口流速等各个因素时，80℃的热水对天然气水合物的能量利用效率最高，其水平影响半径达 6.75m。使用热水作为开采介质时最优开采参数为：输入压力 8MPa，热水温度 353K，流速 2m/s，作用时间为 70min，开采 $1m^3$ 的天然气水合物需要 10663kJ 的热量。当使用热蒸汽开采时，由于热蒸汽的流动性更好，加热效果更均匀，加热同样范围的水合物储层速度更快。但是，热蒸汽在形成时损耗的能量也比 80℃的热水大得多，故使用热水或热蒸汽作为热载体还需根据实际情况进行选择。

在高压热射流开采水合物储层的流场研究方面，80℃的高压热射流开采温度分布如图 3.19 所示。射流速度增大会使流动形式发生改变，当速度达到 5m/s 时流动区域呈现涡流状态，涡流不仅有利于热传导和热交换，而且这种流动形式有利于对固态天然气水合物的破碎作用，所以增大速度有利于天然气水合物的开采。高压热射流孔底流场是一个由射流冲击区、漫流区、涡旋区和返回流区等多个不同流动状态的区域组成的复杂流场，其中漫流区和涡旋区有利于水射流与天然气水合物的热交换作用，冲击区和涡旋区对天然气水合物固体层有一定的破碎作用。

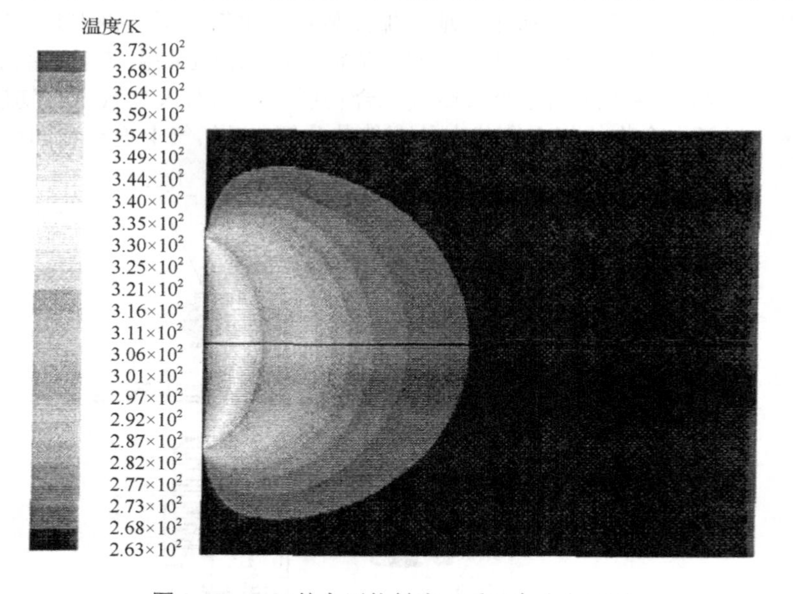

图 3.19　80℃的高压热射流开采温度分布云图

作者团队从 2010 年开始对高压热射流法的开采过程展开了一系列研究，测算了开采区域中温度与水合物的分解温度阈值，确定了高压热水、热蒸汽两种热载体各自的特点与适用条件，进而明确高压热射流法的开采机理与开采范围，得到了高压热射流法的经济可行性与能量效率，给出合理的参数优化组合，为高压射流热激法开采天然气水合物现场试验提供关键参数，为开采工艺制定提供指导。同时值得注意的是，作者团队在射流流场方面的研究中发现了井底流场存在复杂变化，认为极有必要后续开展复杂流场的研究，并提出了利用高压水射流开采水合物的初步设想。

2）高压射流热激法的现场试验

2011 年，在中国青海木里盆地，吉林大学孙友宏等以高压射流热激法的热水/热蒸汽两种热载体工作机理、高压射流热激法开采数值模拟等研究基础，针对木里盆地低品位薄层水合物开采技术难题，采用热蒸汽作为热载体，提出采用高温脉冲热激法进行水合物开采的方法。该团队利用数值模拟与室内试验提供的理论依据，设计加工了脉冲热蒸汽开采装置和热敏式封隔器，解决了低品位薄层水合物开采技术难题，成功实现了陆域天然气水合物的试开采[71,72]。

脉冲热蒸汽法开采是热激法和降压法的综合开采方法，高温脉冲热激法原理图如图 3.20 所示。其与高压热射流法相比，增加了压降作用对水合物的分解，进一步提高了水合物的开采效果。首先利用潜水泵抽取井内的地下水，将水位控制在水合物层以下，水合物层的压力降低实现降压法开采。同时为防止天然气水合物的自保护作用，往孔内注入高温热蒸汽对水合物层进行热激发，促进水合物进一步分解。

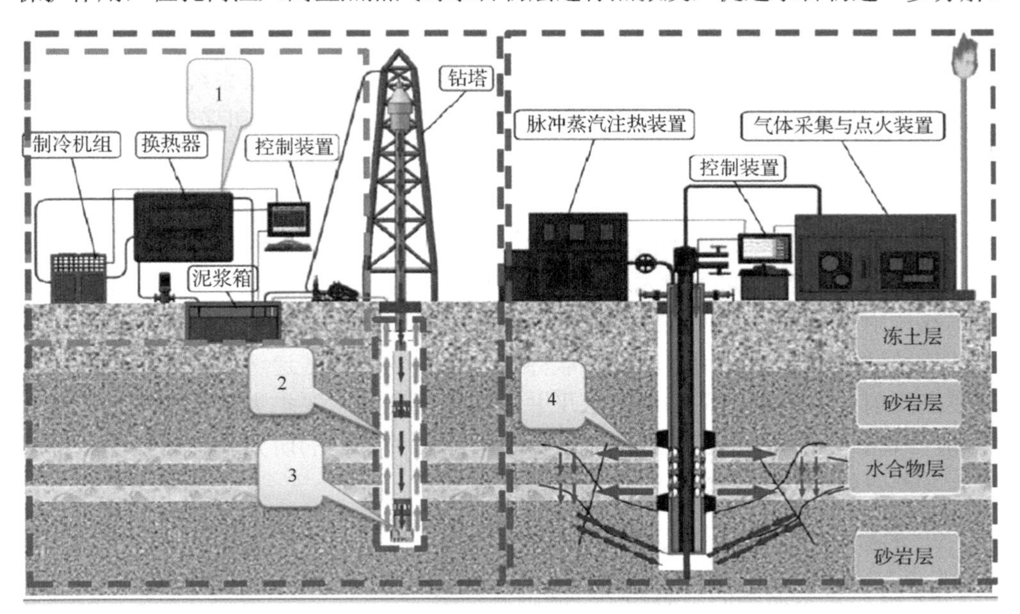

1. 低温钻井流体强化制冷；2. 孔底快速冷冻取样；3. 仿生减阻降热钻头；4. 高温脉冲热激发

图 3.20　高温脉冲热激法原理图

2011 年，高温脉冲热激法在木里盆地中国冻土水合物一号试采井工程中，成功开采出天然气，实现了我国陆域水合物试开采，如图 3.21 所示。根据开采方案，设定注入蒸汽的温度为 180℃，压力为 1MPa，拟开采层厚度为 20m，拟开采半径为 0.5m，开采温度为 10℃。在满足开采要求的前提下选定蒸汽最佳功率为 20kW，需连续注热 38h。

图 3.21　青海高温脉冲热激法现场试采一号井口

开采试验首先进行降压法开采，双壁钻杆底部连接的潜水泵将孔内水位控制在拟开采层以下。降压开采共进行 75h，采气量为 72.6m^3。随后进行了降压法和太阳能加热或电磁加热联合开采，共进行 19h，产气量为 10.0m^3。当水合物分解速率较慢时，采用蒸汽热射流激发法开采。首先在现场对开采系统加热装置、采气及点火装置进行安装调试，之后连接孔口采气树与加热装置和采气装置的管路。蒸汽法开采分为注热与采气两个阶段，共进行 2h，产气 3.28m^3，并成功进行了气体采集和点火试验。

高压射流热激法的现场试验证明蒸汽热射流激发法开采能够促进水合物进一步分解，延长稳产时间，增大产气量，高压热流加热装置设计合理，工作运行稳定。高压射流热激法开采系统在室内调试和野外试验中也发现很多不足之处，如单井吞吐法开采能量利用率较低，载热剂与水合物层热传递缓慢。还需不断优化改良高压射流热激法，采用对接水平井、地层压裂技术等扩大水合物开采范围、增加产气量。同时，也要利用高压射流热激法野外试验的研究基础和经验，继续深入发展以射流技术为核心的水合物开采方法。

2. 水射流与固态流化法结合的可行性

1）攻克试采问题的新思路——固态流化法

从 1969 年苏联在西伯利亚梅索亚哈首次有记载的水合物试采活动开始，世界上拥有水合物资源的各技术强国便在水合物的商业化开采路上不断探索，鄂霍次克海水合物取样现场的海面见图 3.22。2002 年，在加拿大麦肯齐三角洲冻土层，Mallik 5L-38 井运用热激法进行短期试采，沉积层岩性是砂岩，5 天共产出天然气 468m^3，所产气体在夜空燃烧，发出明亮火焰。2007～2008 年，加拿大 Mallik 2L-38 井勘察确定目标水合物层在 1093～1105m 段，厚度 12m，沉积层岩性是砂岩，具有较高水合物饱和度、高渗透率，压力及温度适于减压法开采，采用减压法，井底压力降低 3.7MPa。先进行了 1 次短时试采，3.5 天采气量 800m^3。后进行了 1 次 6 天的长时间持续试采，产气量 13000m^3，试采成果显著，但两次试采的效率仍有较大提升空间，而且两次试采井内都有不同程度的出砂现象，导致潜水泵损坏，严重影响了试采的进行。2012 年，美国在阿拉斯加北坡永冻层砂岩中，采用 CO_2 置换与降压结合方法，使用 CO_2/N_2 混合气体代替液态 CO_2，向储层内注入 5947m^3 混合气体，30 天产出 30000m^3 气体。试采中发现置换反应进行的速率十分缓慢，且范围有限，而且降压法的效果占产气量的较大部分，效率还有待提高。2013 年，在日本南海海槽海域试采工程中，目标水合物层位于水深 1000m、海底以下 300m，沉积层岩性是砂岩，使用降压法，6 天时间产出 120000m^3 气体。在试采前预计有出砂现象，已做了防砂工作，然而在试采时出砂严重，造成设备损坏，试采被迫终止。日本 2017 年使用降压方法先后进行了时长 12 天、24 天的两次采气，分别产气 35000m^3、200000m^3。中国于 2011 年、2016 年在陆域进行注热+降压、水平井+降压方法的水合物开采试验，初步验证了方法的可行性。2017 年 5 月，中国在南海神狐海域，在目标水合物层位于水深 1266m、海底以下 203～277m 粉砂泥质储层中，采用抽取气体和地层流体共同作用的改进型降压方法，试采时间长达 60 天，产气量 309000m^3。这次试采是世界首次成功实现对资源量占全球 90%以上、开发难度最大的泥质粉砂型天然气水合物安全可控开采，同时试采时间较长得到保证，但仍需提高总体产气效率[73,74]。中国先后于 2017 年在南海荔湾采用固态流化法，于 2020 年在南海神狐海域采用水平井+降压的方法继续推进水合物商业化开采进程。世界各国天然气水合物试采工程如表 3.6 所示。

图 3.22　鄂霍次克海水合物取样现场的海面

表 3.6　世界各国天然气水合物试采工程一览表

国家	类型	年份	开采方法	持续时间/d	产气量/m^3	产气速率/(m^3/d)
苏联	陆域	1969	降压	商业化开采	—	—
加拿大	陆域	2002	注热+降压	5	468	93.6
	陆域	2007	降压	3.5	800	228.6
	陆域	2008	降压	6	13000	2166.7
美国	陆域	2012	CO_2置换+降压	30	30000	1000
日本	海域	2013	降压	6	120000	2×10^4
	海域	2017	降压	12	35000	2916.7
				24	200000	8333.3
中国	陆域	2011	注热+降压	4.2	95	22.6
		2016	水平井+降压	23	1078	46.9
	海域	2017	降压	60	309000	5150
	海域	2017	固态流化	—	81	—
	海域	2020	水平井+降压	30	861400	2.9×10^4

从已有试采试验可以发现，目前的开采方法单独使用都会受到地层、储层孔隙介质等外界环境条件的限制，大部分开采试验都是在砂岩层中，不能适用于粉砂泥质等不同条件水合物矿藏，并且产气效率和能量利用率与商业开采还有很大差距。因此，还需持续的技术积累和深入研究安全、持续和高效的可靠方法。

考虑到含水合物地层相对较弱的力学特性，一些学者提出了固体法。固体法利用水合物储层力学强度低于深海油气储层、赋存深度较浅的特点，采用机械应力破坏水合物储层，不需要巨大的能量输入就可对水合物储层进行破碎，从而得到水合物颗粒。与之前的几种水合物分解开采思路相比，固体法不需要通过压力或温度传递使储层中的水合物分解，对储层的传热、传压通道没有要求，因此渗透性要求低。固体法不受水合物分解导致温压条件变化，从而生成二次水合物阻碍反应进行的影响，相比于其他方法有更广泛的适用范围，是被认为有较好前景的开采方法。

2）固体法的核心——破碎采掘方式

破碎采掘方式是海洋天然气水合物藏固体法的核心问题。根据破碎采掘方式的不同，固体法主要有机械法与射流法。目前固体法已发展出了几种不同的方法工艺，包括中国海洋石油总公司和西南石油大学的固态流化开采方法、吉林大学的高压低温水射流法、中国科学院的机械-热开采方法等。

2014 年，周守为等[75]提出深水浅层天然气水合固态流化绿色开采概念，其核心为采用海底采掘设备以固态形式开发水合物矿体。同年，Zhang 等[76]考虑常规开采方法传热效率慢，提出了利用机械设备挖掘水合物层，利用海水的热量和对流传热分解水合物的机械-热开采设想。2016 年，作者团队在项目中提出采用高压低温水射流切割、破碎海底天然气水合物储层的新思路，配合反循环“实时”中心取样法、水力输送水合物矿浆法的海底天然气水合物的钻探（或开采）新方法。2017 年，伍开松等[77]针对水合物的固态流化开采技术，设计了一种新型倒扣碗形采掘钻头，采用切削尺机械破碎水合物储层。2017 年，王国荣等[78]设计了一种新的水合物射流破碎配套喷嘴工具，并且论证了射流破碎流化开采技术的可行性及其应用前景。2018 年，Yang 等[79]对高压低温水射流法的破岩过程展开试验研究，设计了一套全新的水合物合成、射流破碎的一体化试验系统。2018 年，赵金洲等[80]设计了一套大型物理模拟试验系统，将冷却海水、石英砂和甲烷气体置于制备釜内形成类白色固态水合物沉积物并淹没在冷却的海水中。通过液压缸将机械刀盘下放至水合物表面，使用机械刀盘对水合物进行破碎。2019 年，固态流化、高压低温水射流等方法均继续在开采机理与装置优化方面深化研究，并取得了一定成果。2020 年，宋震等[81]对深水浅层非成岩天然气水合物借鉴刨煤机刨削采煤过程提出一种新的拉削开采方法，参照拉刀结构特点设计了一种集开采、收集和输送为一体的拉削管。现有固体法的破碎采掘方式如表 3.7 所示。

表 3.7　现有固体法的破碎采掘方式

年份	思路提出单位	破碎采掘方式	类型
2010	吉林大学	高压热射流	射流
2014	中国海洋石油总公司	海底采掘设备采掘车	机械
2014	中国科学院力学研究所	机械-热设备	机械
2016	吉林大学	高压低温水射流	射流
2017	四川省海洋天然气水合物开发协同创新中心	倒扣碗形采掘钻头	机械
2017	西南石油大学	射流配套喷嘴工具	射流
2018	油气藏地质及开发工程国家重点实验室	液压下放机械刀盘	机械
2020	西南石油大学	拉刀型拉削管	机械

2017 年 5 月，中国海洋石油总公司在中国南海荔湾，采用固态流化方法，以机械开采工具作为工作破碎动力，对弱固结的水合物层试采并取得成功，首次成功从水深 1310m、埋深 117～196m 的海底天然气水合物矿藏获取水合物固体颗粒，并通过控制分解得到甲烷，累计产气量为 81m^3。此次试验成功证实了固体法开采水合物是可行的，为固体法的实际应用积累了经验。

目前固体法已经发展出了多种分支技术，在破碎工作动力来源、适合的目标地层条件、矿浆运输技术和水合物分解控制方面都有较大的不同，破碎机理不同，并且涉及物理、化学、地质、土木工程、油气工程等学科。虽然已经成功进行了野外试采试验，但理论研究的深度与实际工程使用情况差距较大，室内模拟与试验研究结果与真实野外试采试验数据还有较大不同，而且整套工艺流程还需技术性与经济性验证，总体研究还处在前期阶段。因此还需深入研究理论及室内模拟试验，完善设备及工艺流程，解决实现商业开采所面临的问题。

3.2.3 高压低温水射流破碎水合物及硐室回填

海底天然气水合物有着赋存温度低、压力高、埋深浅、储层胶结强度低等特点，适合于水力破碎。通过调节水射流的压力与温度，在淹没环境下对水合物储层进行切割、破碎，形成的水合物矿浆被水力运移到孔底上返通道口，随后输送到海面开采平台。由于高压低温水射流法的开采过程中应力场、温压场和孔底流场变化复杂，直接影响水射流破碎效率，因此亟须解决含水合物沉积物的水射流破碎机理这一关键问题。

作者团队对水射流破碎含水合物沉积物进行了数值模拟研究，研制了一套适用于模拟海底天然气水合物储层射流破碎物理模拟的试验系统，基于该系统开展了一系列射流破碎含水合物沉积物的试验，研发了硐室回填装备与工艺，揭示了高压低温水射流破碎切割水合物的过程与机理[82,83]。取得的系列研究成果可为高压水射流开采水合物的工程应用提供理论与技术支撑，有望形成一套高效率、低成本的特色水合物开采工艺，加快我国海洋天然气水合物的商业化开发进程。

1. 水射流破碎含水合物沉积物数值模拟

水射流破碎含水合物沉积物过程属于流体和固体的非线性碰撞动力耦合问题，即流固耦合问题。LS-DYNA 是一种基于显式积分的有限元软件，能够采用任意拉格朗日-欧拉数值计算方法解决流固耦合问题，其有效性受到国内外学者公认。因此，作者团队采用该算法与分析软件，对淹没状态下水射流破碎海底含水合物沉积物过程进行数值模拟研究，研究了不同射流速度、喷距、围压、喷嘴直径与入射角度对含水合物沉积物破碎过程与效果的影响规律。

1）参数选取与模型建立

土体可看作离散颗粒相互黏结而形成的集合体，黏聚力较小，它与摩擦强度共同决定了土体强度。此次数值模拟分析的对象为海底含水合物沉积物，水合物以分散状、填隙状、脉状及层状等状态赋存于砂质、黏土质粉砂和黏土沉积物中，水合物与沉积物通过胶结作用形成统一整体。与原始沉积物相比，含水合物沉积物具有更大的黏聚力与内摩擦角，固结强度更高。因此，将含水合物沉积物模型简化为力学性能得到改善的土体。考虑到含水合物沉积物的力学参数主要有黏聚力、内摩擦角、体积模量与剪切模量等，采用 MAT_FHWA_SOI 本构模型对含水合物沉积物进行描述。水介质采用 MAT_NULL 本构模型进行描述，为了给材料补充完整的应力张量，MAT_NULL 本构模型要与材料的状态方程联立，共同对流体行为进行描述，其中状态方程可定义压缩材料与膨胀材料的压力。状态方程采用 EOS_GRUNEISEN，该状态方程表达式如式（3.1）所示。表 3.8 与表 3.9 分别为水的参数与含水合物沉积物材料参数。

$$P=\frac{\rho_0 C^2\mu\left[1+\left(1-\frac{\gamma_0}{2}\right)\mu-\frac{a}{2}\mu^2\right]}{\left[1-\left(S_1-1\right)\mu-S_2\frac{\mu^2}{\mu+1}-S_3\frac{\mu^3}{(\mu+1)^2}\right]}+\left(\gamma_0+a\mu\right)E \tag{3.1}$$

式中，P 为水压力；ρ_0 为流体初始密度；μ 为空气的比体积；C 为冲击波速度 μ_s 与质点速度 u_p 关系曲线的曲线截距；γ_0 为格林艾森常数；a 为一阶体积修正系数；S_1,S_2,S_3 为关系曲线的斜率系数；E 为单位体积初始内能。

表 3.8　水的参数

物质名称	密度/(g/cm³)	压力截断值/Pa	动力黏性系数/(Pa·μs)	u_s-u_p 曲线截距 C/(cm/μs)	格林艾森常数 γ_0
水	1.05	−10	8.50×10³	0.148	0.5

表 3.9　含水合物沉积物材料参数

物质名称	密度/(g/cm³)	容重	体积模量/MPa	剪切模量/MPa	内摩擦角/rad	内聚力/MPa	含水率/%
含水合物沉积物	2.0	2.7	9.2	4.5	0.218	0.6	50

含水合物沉积物整体几何模型尺寸为 4cm×4cm×10cm；水域整体几何模型尺寸为 5cm×5cm×11cm（水域模型高度视靶距而定，保证沉积物底面与水域底面距离为 0.5cm）；射流源为圆柱状，高度为 0.05cm。射流破碎含水合物沉积物模型是轴对称的，为了减少计算量，提高计算精度与效率，因此只针对模型的 1/4 进行模拟计算分析。水射流破碎含水合物沉积物三维模型（1/4 模型）如图 3.23 所示。对 1/4 模型的两个对称面施加法线方向的位移约束，即限制模型 yOz 对称面上 x 轴方向位移与限制 xOz 对称面上 y 轴方向位移；同时，限制含水合物沉积物模型底面的所有自由度，保证水射流冲击过程中含水合物沉积物模型不发生运动。为模拟半无限大的含水合物沉积物边界，将 1/4 模型中含水合物沉积物模型的底面与两个侧面设置为无反射边界，同时也将水域模型底面与两个侧面设置为无反射边界。采用映射网格法对 1/4 模型进行网格划分，为了在提高计算效率的同时保证计算精度，对几何模型进行网格局部加密。水射流破碎含水合物沉积物时存在明显的局部效应，因此，对水域与含水合物沉积物几何模型中心处的附近区域进

行网格加密。图 3.24（a）、（b）分别显示出了水域和含水合物沉积物网格局部加密情况。

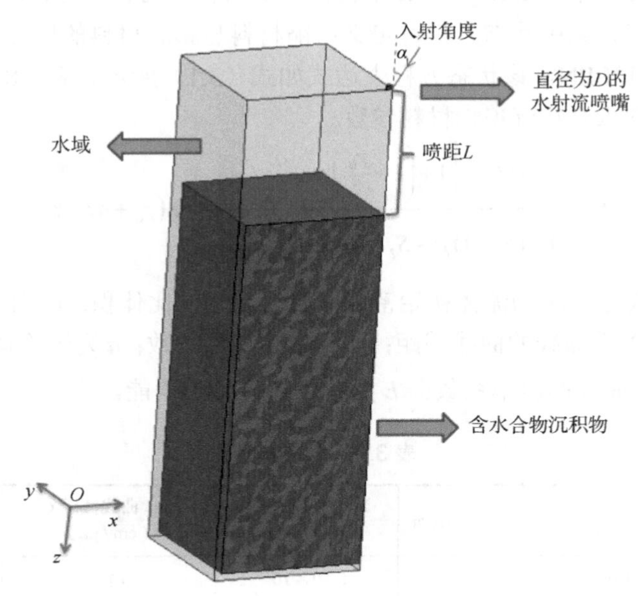

图 3.23　水射流破碎含水合物沉积物三维模型（1/4 模型）

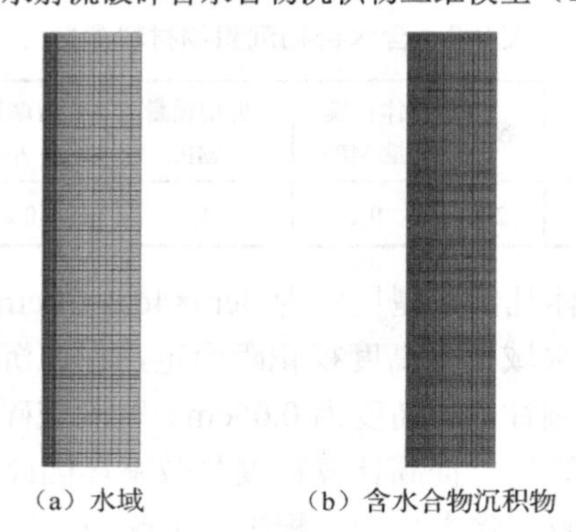

图 3.24　网格局部加密

2）射流速度对水射流冲蚀含水合物沉积物影响规律

图 3.25 为在喷距 L=5mm、围压 P=1MPa 条件下，不同射流速度下的含水合物沉积物破碎坑。可见，随着射流速度的增大，破碎体积和破碎深度的增幅迅速减小。这是因为，在淹没射流时，射流过程中需要克服淹没流体和反排流体的阻力。射流速度增加会形成深度更深的破碎坑，淹没流体阻力增大，同时，反排流体流速增加，导致射流所受阻力增加，用于破碎的能量减小。观察破碎坑的形状

可知，初始破碎时，射流速度较大，在含水合物沉积物表面形成较大的破碎坑，坑底部直径小于坑口直径。在射流持续冲击作用下，破碎坑深度迅速增加，射流距离增大。射流喷射过程中存在扩散效应，射流截面增大，导致破碎坑底部的破碎半径增加。而且，射流的扩散效应会产生具有径向速度的射流，加速破碎坑的径向扩展，同时，径向射流对壁面的冲刷作用更强烈，从而使破碎半径进一步增加。随着破碎坑深度的进一步增加，射流能量减弱，破碎效果降低，因此，破碎半径减小。

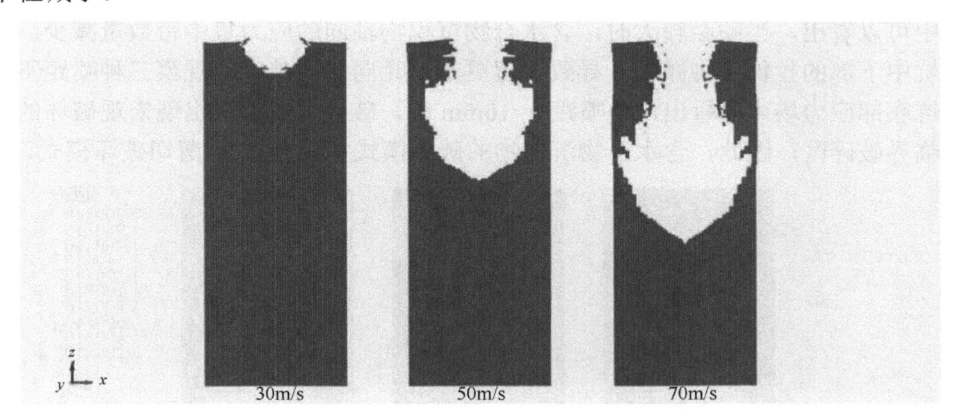

图 3.25　不同射流速度下的含水合物沉积物破碎坑效果图

图 3.26 为在喷距 L=5mm、围压 P=1MPa 条件下，不同射流速度下的含水合物沉积物应力分布图。从 50m/s 的应力分布图可以看出，含水合物沉积物不同深度存在多条应力集中带，这是由水射流冲击时产生的应力波的剪切作用引起的，说明应力波作用会造成含水合物沉积物破碎，这也与岩石的破碎模式相似。通过观察破碎坑壁面的应力分布可知，壁面受到拉应力作用，这是由滞止静态压力和壁面流冲刷作用所引起，这与岩石和砂土的破碎模式类似。从 30m/s 的应力分布图可以看出，射流对含水合物沉积物的冲击作用效果越明显，破碎坑底部存在明显的应力集中区域。从 70m/s 的应力分布图可以看出，下部破碎坑壁面受到明显的拉伸作用，上部的拉伸作用较小，这主要是射流扩散效应和反排流体的壁面效果导致，这也是坑口破碎半径较小而下部破碎半径较大的原因。通过观察破碎坑底部可以看到破碎坑底部局部区域无应力显示，这是因为高压流体进入沉积物孔隙后，对局部沉积物产生拉伸作用，从而降低该区域的抗拉强度，发生宏观破坏，这说明该局部区域处于临界破坏条件下，颗粒未被剥离但已无应力显示。

3）喷距对水射流冲蚀含水合物沉积物影响规律

图 3.27 为在射流速度 V=50m/s、围压 P=1MPa 条件下，不同喷距时的含水合物沉积物破碎坑。随着喷距的增大，破碎体积减小幅度迅速增加。当喷距较小时，

射流的冲刷破坏作用明显；当喷距较大时，射流冲刷作用对含水合物沉积物破坏作用迅速降低。这是因为，淹没流体阻力随喷距的增加而增大，导致射流能量损失增多，作用于含水合物沉积物接触面的冲击力减小。而且，射流在淹没流体中的行进距离增大，加剧了射流的扩散效应，导致射流截面增大，产生更多径向射流，进一步降低了射流作用于沉积物表面的冲击力。综上可知，当喷距较小时，水射流以径向破碎为主，能产生较大体积的破碎坑；当喷距较大时，水射流以轴向破碎为主，破碎坑体积较小。图 3.28 为相应的含水合物沉积物应力分布图。从图中可以看出，当喷距较大时，含水合物沉积物轴向的应力集中带数量减少。破碎坑中下部的拉伸应力减小，导致射流更难沿径向扩展破碎。观察三种喷距下破碎坑底部应力场可以看出，当喷距 L=10mm 时，破碎坑底部未出现宏观破坏的局部临界破碎区，因此，含水合物沉积物的破坏模式主要为拉伸-剪切破坏模式。

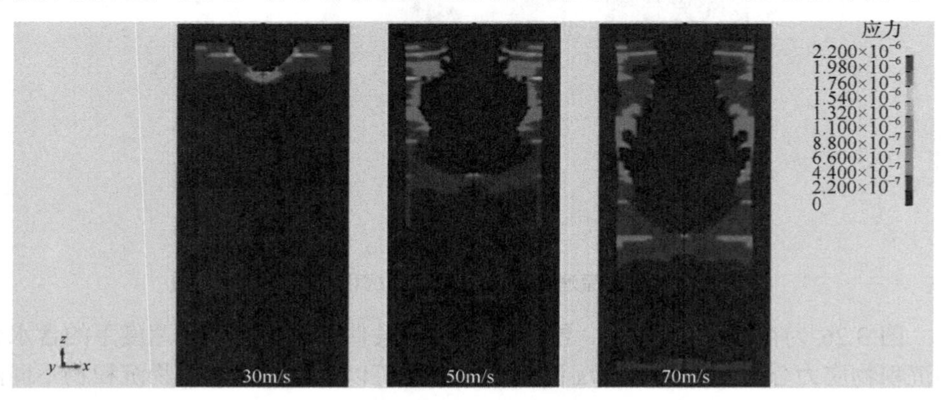

图 3.26　不同射流速度下的含水合物沉积物应力分布图

（扫封底二维码查看彩图）

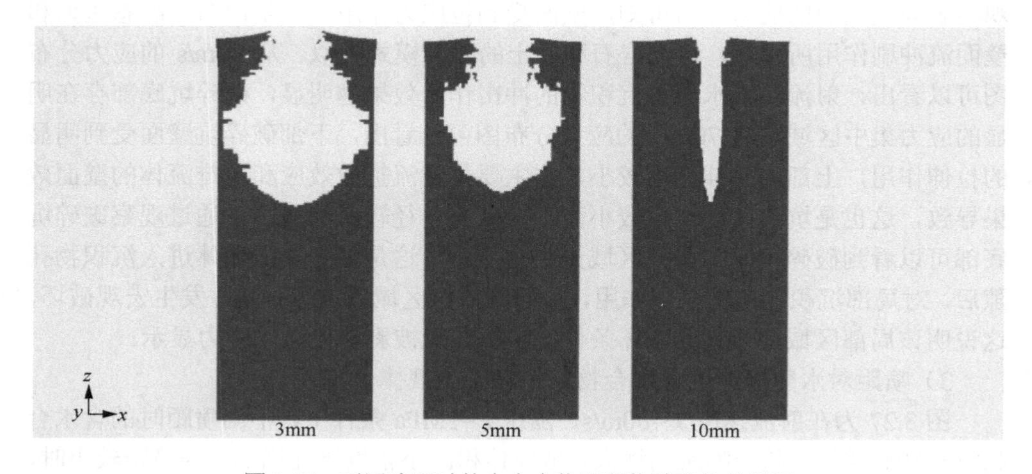

图 3.27　不同喷距时的含水合物沉积物破碎坑效果图

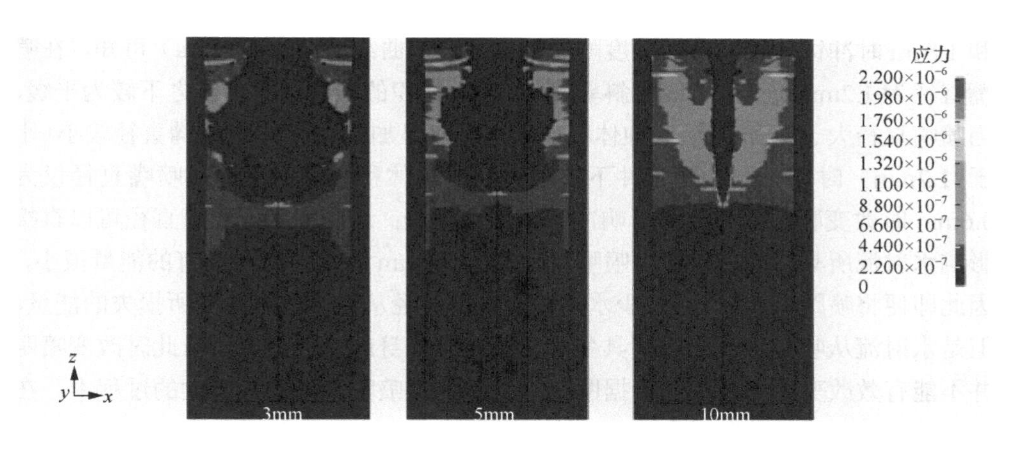

图 3.28　不同喷距时的含水合物沉积物应力分布图

（扫封底二维码查看彩图）

4）围压对水射流冲蚀含水合物沉积物影响规律

图 3.29 为射流速度 V=50m/s、喷距 L=5mm 条件下，不同围压时的含水合物沉积物破碎坑。从图中可以看出，不同围压条件下，含水合物沉积物的破碎体积变化较小，破碎深度几乎一致，破碎坑口直径无明显变化。通过比较三种条件下的破碎坑形状可知，围压对含水合物沉积物的破碎模式存在一定影响，围压增大，会小幅度降低拉伸破坏作用和射流的冲刷破坏作用，但整体来说，围压对含水合物沉积物的破碎效果影响较小。

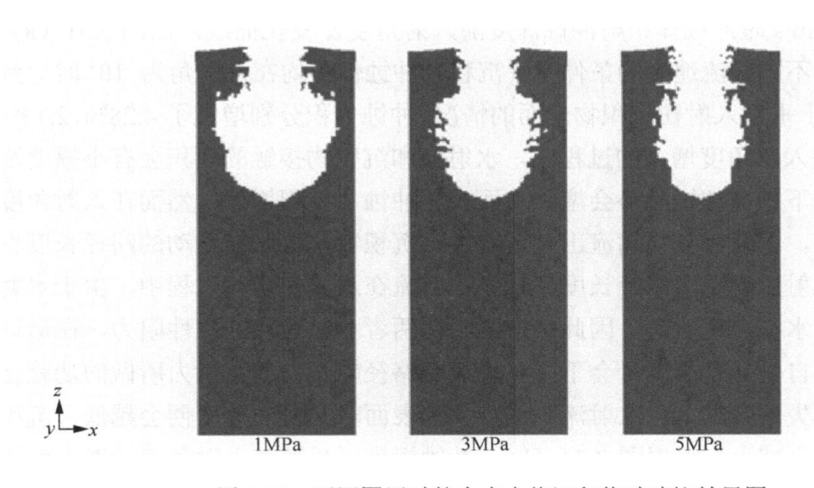

图 3.29　不同围压时的含水合物沉积物破碎坑效果图

5）喷嘴直径对水射流冲蚀含水合物沉积物影响规律

图 3.30 为射流速度 V=120m/s，入射角度 α =0°，喷距 L 分别为 0.6cm、1.2cm

和 1.8cm 时冲蚀体积与冲蚀深度随喷嘴直径变化曲线。由图 3.30（a）可知，在喷嘴直径为 1.2mm 之前，曲线的斜率较小，冲蚀体积的增长速率相比之下较为平缓，当喷嘴直径大于 1.2mm 后冲蚀体积增长速率明显加快；而且，当喷嘴直径较小（小于 1.2mm）时，不同喷距条件下沉积物的冲蚀体积相差很小，当喷嘴直径仅为 0.6mm 时改变靶距几乎不会影响冲蚀体积的大小；这是因为，喷嘴直径可以直接影响水射流所具有的能量，当喷嘴直径仅为 0.6mm 时水射流所具有的能量很小，因此即便将喷距减小，能够减少水射流运动的路径从而减少水射流所损失的能量，但是水射流从喷嘴中射出时所具备的初始能量本身就比较少，所以此时改变喷距并不能有效改变冲蚀体积。根据图 3.30（b），在喷嘴直径逐渐增大的过程中，在初始阶段冲蚀深度不断增大，但曲线斜率逐渐减小即冲蚀深度增加速度逐渐变缓，当喷嘴直径到达 2.1mm 时三条曲线均达到最大值，超过该值后冲蚀深度趋于平缓，每隔 0.3mm 会有 1%左右的降低。分析认为，2.1mm 喷嘴直径为冲蚀深度随喷嘴直径变化曲线的拐点，在此之前随着喷嘴直径的增加，水射流所具有的初始能量越高，接触到沉积物后实现的冲蚀深度便会越大，但当沉积物的破碎达到一定深度后将产生阻碍冲蚀深度继续发展的水垫效应，喷嘴直径越大水垫效应越强烈，因此在喷嘴直径到达拐点之前冲蚀深度的增加速度逐渐降低且当喷嘴直径到达拐点之后冲蚀深度非但不会继续增加还会有小幅度下降。

6）入射角度对水射流冲蚀含水合物沉积物影响规律

图 3.31 为喷距 L=1.2cm，喷嘴直径为 D=1.8mm，射流速度 V 分别为 90m/s、120m/s 和 150m/s 时冲蚀体积与冲蚀深度随入射角度 α 变化曲线。由图 3.31（a）可知，在三种不同射流速度的条件下，沉积物冲蚀体积均在入射角为 10°时达到最大值，对比于垂直入射在沉积物表面的情况，冲蚀体积分别增大了 4.28%、2.13% 和 1.79%。在入射角度增大的过程中，水射流和沉积物接触的面积会有小幅度增大，这种情况下径向冲蚀趋势会增强从而会让冲蚀总体积增大，然而在入射角度改变的过程中，水射流从喷嘴流出直至接触到沉积物过程所需运动的路径长度也会增大，且入射角度越大路径长度越长，水射流在水域中运动过程中，由于水射流和水域中的水存在速度差，因此会产生阻碍两者相对运动的黏性阻力，在运动过程中水射流自身具有的能量会下降，且运动路径越长，黏性阻力所做的功就会越大，能量损失便会越多，水射流到达沉积物表面时自身的速度便会越低，沉积物的冲蚀体积会减少。根据图 3.31（b），冲蚀深度明显随着入射角度的增大而逐渐减小，这与冲蚀体积与入射角度间关系差别较大，这是因为，当入射角度大于 0°时，水射流相当于倾斜着喷射到沉积物表面，在发生破碎后破碎坑沿着射流方向发展，当对深度影响效果最明显的射流速度因素以及喷嘴直径和喷距均保持不

变时，沿着射流方向破碎坑发展的长度变化不会较大，但实际冲蚀深度概念是水射流破碎坑沿垂直于沉积物表面方向（轴线方向）的长度，因此当入射角度越大时，水射流方向和沉积物表面的夹角便会增大，该角度的余弦值便会减小，因此沿着射流方向破碎坑发展的长度在轴线方向上的分量就会逐渐减小。但是整体而言，喷嘴直径对冲蚀体积与冲蚀深度的影响较小。

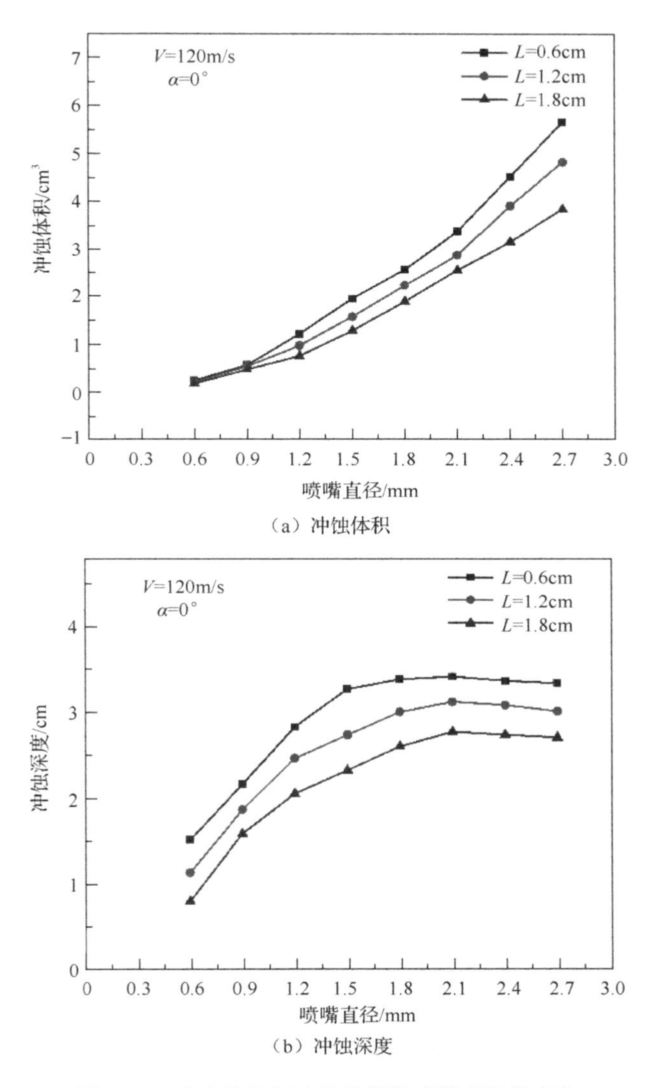

图 3.30　冲蚀体积与冲蚀深度随喷嘴直径的变化

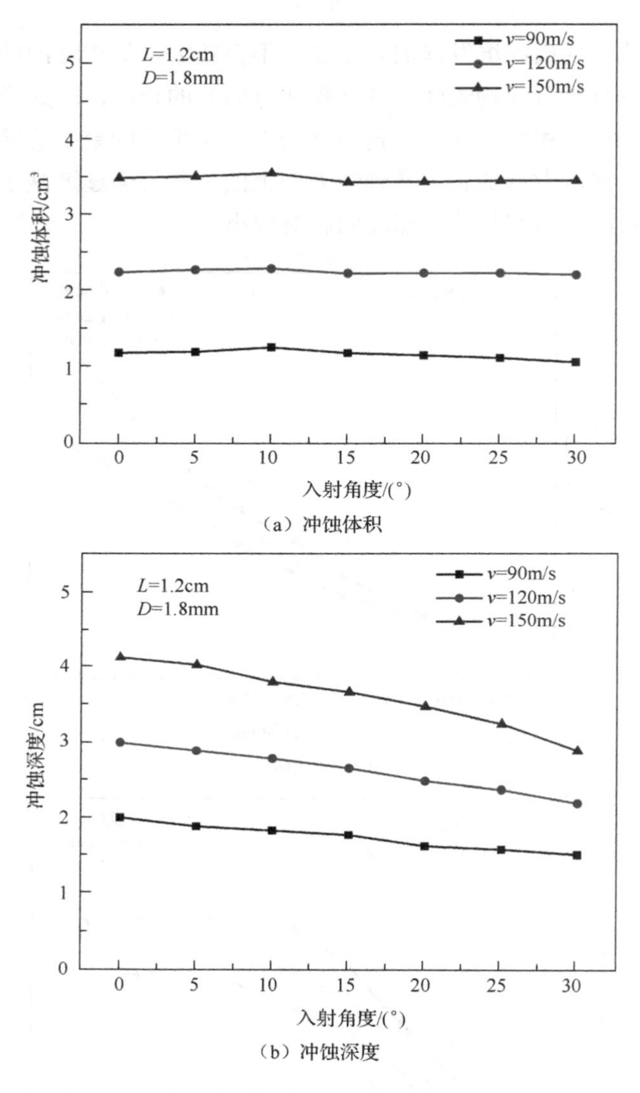

图 3.31　冲蚀体积与冲蚀深度随入射角度的变化

2. 天然气水合物射流破碎物理模拟试验系统

本套试验系统以天然气水合物、四氢呋喃水合物及砂土等试样为研究对象，能够研究水合物储层的破碎效果，分析高压水射流技术在这种具有特殊赋存条件的地层中的开采可行性。本套试验系统如图 3.32 所示，分为气体注入系统、水射流冲蚀破碎系统、温度控制系统、背压系统、数据采集系统和辅助系统 6 大系统，各部分的组成与作用如下。

图 3.32　天然气水合物射流破碎物理模拟试验系统

注：1-控制柜；2-背压阀；3-围压泵；4-轴压泵；5-恒速恒压泵；6-恒温箱；7-可视试验仓；8-射流泵；9-真空泵

（1）气体注入系统：由气瓶、调压阀、活塞容器、单向阀和手摇泵等组成。气体注入系统主要有两个作用，一是向反应釜注入合成试样所需的气体和溶液，二是提供水合物合成所需的压力条件。

（2）水射流冲蚀破碎系统：主要由可视试验仓和射流泵组成。可视试验仓的主要作用是放置并固定试验样品，对于针对水合物的高压射流破碎试验还可用于水合物的合成。射流泵的主要作用是提供平稳连续的高压水射流。

（3）温度控制系统：主要由恒温箱组成。温度控制系统发挥了控制并调节试样温度的作用。

（4）背压系统：主要由手摇泵、回压阀和活塞容器组成。背压系统被用于控制水合物的分解压力，调节气液流出速率，使流出液平稳。

（5）数据采集系统：主要由压力传感器、温度传感器、数据采集电路集成、数据处理软件与三相分离器组成。

（6）辅助系统：主要由控制柜与管阀件组成。控制柜内集成了多种电器元件，控制天然气水合物射流破碎物理模拟试验系统其他组件的工作并显示相关试验数据。

天然气水合物射流破碎物理模拟试验系统的工作原理：①计算试验所需沉积

物（砂、土或者泥沙混合物）的用量，测量沉积物压实后孔隙度，并根据预定的水合物饱和度确定合成所需去离子水的用量。②将沉积物与去离子水混合后装入试验仓内，利用真空泵抽真空，排出试验仓内残余的空气，安装好射流装置，利用恒速恒压泵施加轴向压力，通过手摇泵施加围压，将样品压实，轴压与围压保持相等。③注入甲烷气至预定压力，稳定 12h 后，若压力保持不变，水浴降温至 1℃对水合物进行合成。④水合物合成结束后，调整背压装置（小手摇泵），模拟实际海底地层水合物开采时压力，通过控制柜设定射流流量，打开射流泵，高压水射流经管线从试验仓上部喷嘴流出，冲蚀破碎含水合物沉积物。⑤通过蓝宝石可视窗口实时观察含水合物沉积物冲蚀破碎过程，破碎的含水合物沉积物颗粒与流体从射流件的排水孔排出，流经管线后到达收集容器，回收沉积物。⑥冲蚀破碎结束后，关闭射流泵，泄去轴压与围压，清理试验台。试验系统主要设备及其技术参数、主要特点如表 3.10 所示。

表 3.10　天然气水合物射流破碎物理模拟试验系统主要设备及其技术参数、主要特点

主要设备	技术参数	主要特点
可视试验仓（包括Ⅰ型与Ⅱ型）	外形尺寸：180mm×180mm×355mm 样品尺寸：60mm×60mm×150mm 蓝宝石可视窗尺寸：120mm×40mm 排水口直径：10mm 额定压力：15MPa	（1）能够实时观测含水合物沉积物破碎效果 （2）通过旋转可视试验仓，能够进行垂直向和水平向水射流破碎试验 （3）能够提供轴压与围压 （4）轴压与围压可保持动态稳定 （5）上端盖的排水孔能够及时地排出射流液和破碎颗粒的混合物，减小对后续试验的影响
恒速恒压泵	型号：KDHB-70 最大工作压力：25MPa 泵腔容积：250ml 流量：0.1～70ml / min	（1）能够以恒定压力或者恒定流量输出 （2）恒压条件下，能够实现环状空间内压力保持动态平衡 （3）泵压、流量控制精度高，误差 0.25%FS，流量控制精度为 0.1ml / min
射流装置	型号：KDSL-I 型 最大工作压力：20MPa 流量：0～2.5L / min 功率：1.1kW	（1）能够形成持续、恒定流量的高压水射流 （2）射流喷嘴为可活动件，通过调节喷嘴位置，可研究喷距对含水合物沉积物破碎效果的影响
水浴恒温箱	型号：HW-20 外形尺寸：100cm×100cm×120cm 腔体容积：200L 工作温度：−20 ～ 50℃ 控制精度：±0.01℃	（1）温度稳定易控制，且温差较小 （2）温度下降较快，制冷效率高

可视试验仓是该试验系统的核心部件之一，总计设计了两套，分为Ⅰ型可视试验仓与Ⅱ型可视试验仓，如图 3.33 所示。对于Ⅰ型可视试验仓，结构组成包括高压水入口管阀件、射流件、可视仓体、蓝宝石可视窗、上下端盖、样品室、轴压加载室和支座，其中射流件由喷嘴、三通接头与排水口组成；试验时高压水射

流从喷嘴流出，含水合物沉积物浆液流经喷嘴与三通接头的环状间隙后从排水口排出。该型试验仓通过恒速恒压泵向轴压加载室泵入高压流体可以满足轴压加载需求，但由于无环压胶套的存在，无法加载围压，由此设计了既可以进行轴压加载又可以保证围压加载的II型可视试验仓。II型可视试验仓由高压水入口管阀件、气体注入管线、射流件、可视仓体、蓝宝石可视窗、环压胶套、样品室、轴压加载室、前后端盖、温压监测模块和支架组成；其中，高压水入口管阀件、温度探针与压力监测管路通过挤压贯入的方式从外部穿过环压胶套安装到样品室；进行破碎试验时，通过恒速恒压泵向轴压加载室泵入高压流体可以满足轴压加载需求，而且通过大手摇泵向环压胶套与可视仓体的环状空间注入流体可以达到试验所需围压。

(a) I 型

(b) II 型

图 3.33　可视试验仓

对于温压数据采集：温度探针与压力监测管路通过挤压贯入的方式从外部穿过环压胶套安装到样品室，实时监测水合物合成过程与冲蚀破碎过程中的温度与压力变化；数据处理软件用于温压采集与射流流量的调控，能够通过表格与曲线的形式记录数据，操作界面可视化，易于操作。温压数据采集系统示意图如图 3.34 所示。

3. 水射流破碎含水合物沉积物试验

根据我国南海神狐海域天然气水合物储集特点，采用细砂作为水合物骨架。鉴于四氢呋喃水合物与甲烷水合物物理力学性质具有相似性，且四氢呋喃水合物具有合成条件更低、合成速度更快、水合物分布更均匀的特点，因此，以细砂为骨架合成含四氢呋喃水合物的沉积物样品来模拟海底含水合物沉积物，初步进行高压水射流破碎水合物的机理探索。图 3.35 为合成的含四氢呋喃水合物沉积物碎块。

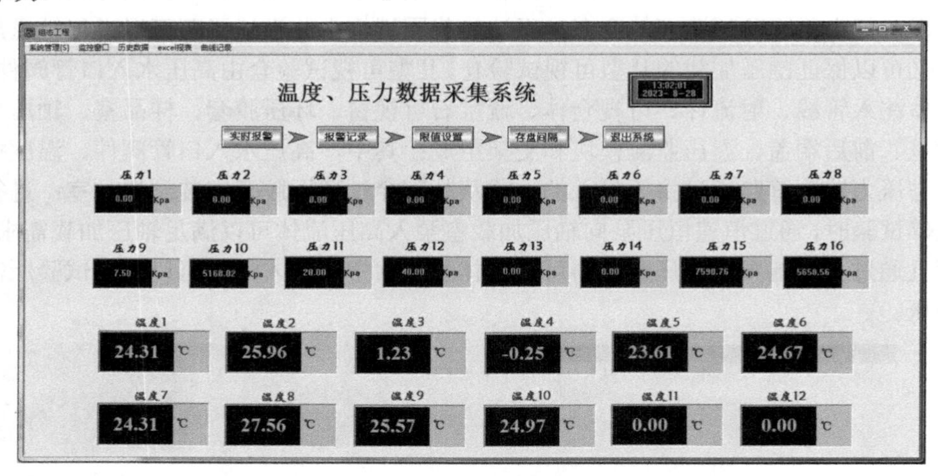

图 3.34　温压数据采集系统示意图

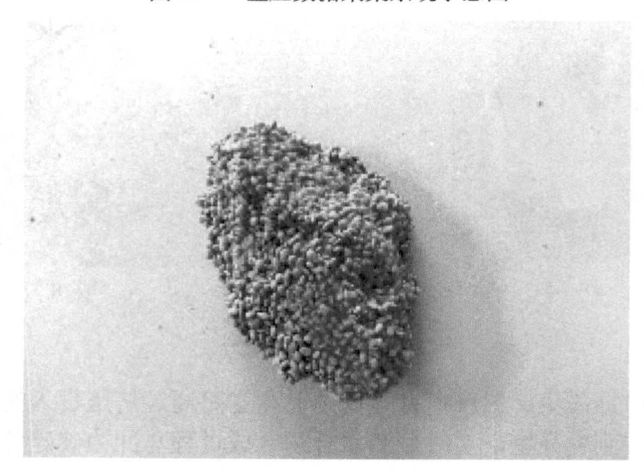

图 3.35　块状四氢呋喃水合物沉积物样品

1）射流流量对含水合物沉积物破碎的影响规律

射流流量分别为 1100ml/min、1300ml/min、1500ml/min 与 1700ml/min 时的破碎效果如图 3.36 所示。通过分析不同射流流量下的破碎体积、破碎深度与破碎坑孔结构发现：高压水射流破碎含水合物沉积物时，射流流量对破碎效果影响显著；射流流量增加，含水合物沉积物破碎体积增大，破碎深度变深，破碎坑内部直径变大；破碎体积和破碎坑内部直径增幅随射流流量增加而增大，而破碎深度增幅随射流流量的增加而减小。分析认为，在淹没射流时，射流过程中需要克服淹没流体和反排流体的阻力；射流速度增加会形成深度更深的破碎坑，淹没流体阻力增大，同时，反排流体流速增加，导致射流所受阻力增大，用于破碎的能量减小；因此，射流流量增大时，破碎深度更深，但增幅减小。在射流流量增大时，射流扩散效应产生的径向射流速度增加，加速破碎坑的径向扩展，导致破碎坑中下部直径变大，加强射流壁面流对破碎坑表层沉积物的冲刷作用，从而进一步增大破碎坑体积；因此，破碎体积增长幅度随射流流量的增加而增大。通过综合比较破碎体积与破碎深度，可以认为，射流流量增加对沉积物的径向破碎更有利。

破碎坑坑口形状　　破碎坑内部结构

（a）射流流量为1100ml/min时的破碎效果

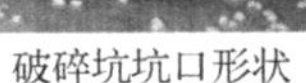

破碎坑坑口形状　　破碎坑内部结构

（b）射流流量为1300ml/min时的破碎效果

1500ml/min　　1700ml/min

（c）射流流量为1500ml/min与1700ml/min时的破碎坑整体形态

图 3.36　不同射流流量的破碎效果

2）喷距对含水合物沉积物破碎的影响规律

图 3.37 为在射流流量为 1700ml/min、水合物饱和度为 50%的条件下，喷距对高压水射流破碎含水合物沉积物破碎体积和破碎深度的影响。从图 3.37 中可以看出，破碎体积随喷距的增大而减小，破碎深度随喷距的增加先增大后减小，但变化范围不大；因此，可以认为，在高压水射流作用下，喷距对含水合物沉积物破碎效果的影响主要体现在对破碎体积的影响，对破碎深度的影响较小，试验结果与模拟所得结论一致。

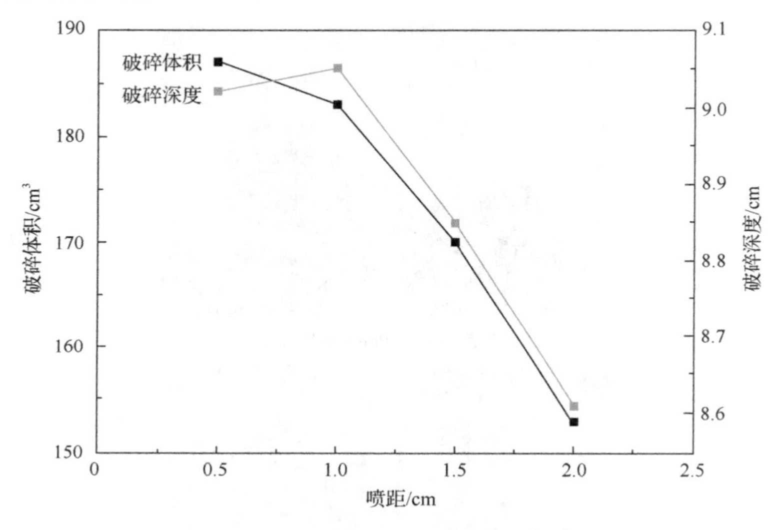

图 3.37 喷距对破碎体积和破碎深度的影响

图 3.38 为不同喷距下含水合物沉积物破碎效果图。喷距为 0.5cm 时，破碎坑上部出现大面积的扇形破碎区，破碎直径较大，扇形破碎区下部破碎坑直径迅速减小，随着破碎深度的增加，破碎坑直径增大，形成“葫芦型”破碎坑。喷距为 1.0cm 时，表层含水合物沉积物未出现大面积破碎，破碎坑上部直径小于喷距为 0.5cm 的破碎坑，但破碎坑内部形态相似。对比喷距为 1.5cm 和 2.0cm 时的破碎效果可知，喷距为 1.5cm 的破碎坑坑口直径大于喷距为 2.0cm 的破碎坑坑口直径，但两者破碎坑结构较为相似。随着破碎深度的增加，破碎坑直径增大，但增加幅度较小，破碎坑近似于“直筒型”。分析认为，淹没流体阻力随喷距的增加而增大，流体阻力增加导致射流能量损失增多，作用于含水合物沉积物接触面的冲击力减小；而且，射流在淹没流体中的行进距离增大，加剧了射流的扩散效应，导致射流截面增大，产生更多径向射流，进一步降低了射流作用于沉积物表面的冲击力。通过分析不同喷距条件下的破碎效果可知：高压水射流破碎含水合物沉积物时，喷距对破碎体积和破碎坑直径有着重要的影响。

（a）0.5cm　（b）1.0cm

（c）1.5cm　（d）2.0cm

图 3.38　喷距分别为 0.5cm、1.0cm、1.5cm 与 2.0cm 时含水合物沉积物破碎效果

3）水合物饱和度对含水合物沉积物破碎的影响规律

图 3.39 为水合物饱和度对破碎体积和破碎深度的影响。从图中可以看出，高压水射流破碎含水合物沉积物时，随着饱和度的增加，破碎体积和破碎深度先减小后增大；当水合物饱和度由 30%变至 50%时，破碎体积稳定减小，而破碎深度在 40%前后下降率有明显变化。这是因为，当水合物饱和度为 30%时，沉积物样品中孔隙体积较大，颗粒孔隙间的水合物含量较少，水合物含量不足导致沉积物颗粒间黏聚力低，含水合物沉积物样品的抗拉-抗剪强度较小，颗粒稳定性较低。因此，高压水射流打击低饱和度水合物沉积物样品时，沉积物在射流的拉伸-剪切作用下极易发生破坏。同时，在射流和上返壁面流的冲刷作用下，接触面的沉积物颗粒被大量剥离。所以，低饱和度水合物沉积物在高压水射流作用下，破碎体

积较大，破碎深度较深，破碎坑直径较大。此时，在高压水射流作用下，含水合物沉积物的破坏模式与砂土类似，以冲刷作用为主，拉伸-剪切作用为辅。当水合物饱和度在 40%～50%时，随着水合物饱和度的提高，沉积物样品中的孔隙体积减小，水合物含量增加，颗粒间黏聚力加大，样品整体固结强度升高，破碎难度加大，颗粒稳定性增加。所以，破碎体积和破碎深度减小。此时，在高压水射流作用下，含水合物沉积物的破坏模式介于岩石和砂土之间，拉伸-剪切与冲刷作用共同导致样品破坏。当水合物饱和度为 60%时，水合物在孔隙中占主导地位，沉积物颗粒在孔隙中水合物的胶结力作用下形成固结强度较高的整体，具有较大的抗拉-抗剪强度，且不易剥落。所以，高饱和度水合物在高压水射流作用下，破碎体积较小，破碎深度更深，破碎坑直径较小。此时，在高压水射流作用下，含水合物沉积物的破碎模式更接近于岩石，以拉伸-剪切作用为主。

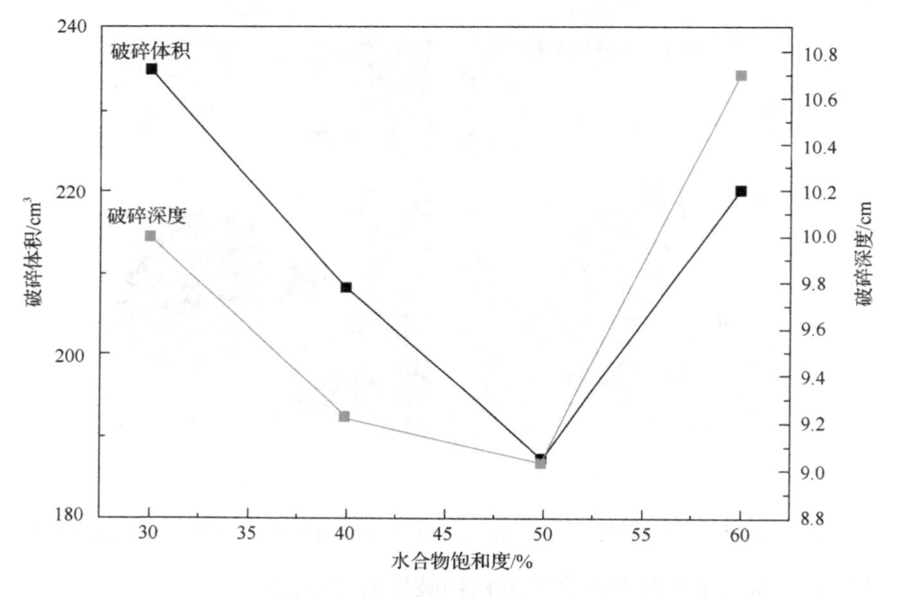

图 3.39　水合物饱和度对破碎体积和破碎深度的影响

4. 水射流破碎含水合物沉积物机理分析

基于水射流破碎含水合物沉积物数值模拟结果与试验结果深入探索高压水射流作用下含水合物沉积物的破碎过程及规律。

射流流量与喷嘴直径是影响破碎体积、破碎深度和破碎坑直径的最主要因素。喷距主要对破碎体积和破碎坑直径产生影响。水合物饱和度则决定了含水合物沉积物的高压水射流作用下的破碎模式。在喷嘴直径、喷距和水合物饱和度一定的情况下，更高的射流流量可以获得更深的破碎深度，更大的破碎体积和破碎坑内部直径。破碎体积和破碎坑内部直径增幅随射流流量增加而增大，而破碎深度增幅随射流流量的增加而减小。可见，相比于破碎深度，射流流量增加对沉积物的径向破碎更有利。整体而言，由于更大的喷嘴直径能够提高射流能量，破碎体积与破碎深度随着喷嘴直径增大而显著提高。在射流流量、喷嘴直径和水合物饱和度一定的情况下，破碎体积和破碎坑底部直径随着喷距的增加而增大，在试验流量条件下，0.5cm 和 1cm 喷距具有更好的破碎效果。水合物饱和度对破碎效果的影响主要体现在沉积物样品破碎模式方面。在一定的射流流量、喷嘴直径与喷距条件下，当水合物饱和度较低时，破坏模式类似于砂土，以冲刷破坏为主，以拉伸-剪切破坏为辅，破碎坑呈“葫芦型”，底部破碎半径较大；当水合物饱和度较高时，破碎模式与岩石相近，以拉伸-剪切破碎为主，冲刷破坏为辅，破碎坑接近“直筒型”，破碎深度较深，破碎坑直径变化较小。

高压水射流打击含水合物沉积物时，破碎过程大致可分为三个阶段。

（1）破碎坑上部破碎。含水合物沉积物在水射流打击作用下，沉积物表面受拉伸-剪切作用，产生拉伸应力区域，伴有局部剪应力集中，当拉伸强度和剪切强度大于沉积物的抗拉强度和抗剪强度时，接触面出现初始破碎坑。在射流持续破碎沉积物过程中，破碎坑附件区域裂隙迅速扩展，高压水流进入沉积物裂隙中，在滞止静态压力和内应力共同作用下，串联沉积物内部孔隙，降低沉积物抗拉强度。同时，该区域还受到射流引起的拉伸-剪切作用，当拉伸-剪切作用达到其强度极限时，破碎坑上部破碎区域扩展。对于中低饱和度水合物沉积物，其固结强度较低，破碎坑上部破碎区域更大；对于高饱和度水合物，破碎区域较小。

（2）破碎坑中部破碎。在高压水射流作用下，破碎坑快速扩展，破碎深度增加，射流冲击距离更大。在淹没条件下，射流束在水的阻力作用下发散，射流断面扩展，产生具有径向速度的高速流体，对破碎坑侧壁产生剪切和冲刷作用。对于中低饱和度水合物沉积物，其抗剪强度和黏聚力低，颗粒间稳定性差，射流的剪切和冲刷作用更易损伤侧壁引起径向破坏，因此，破碎坑直径增大。对于高饱和度水合物沉积物，其抗拉-抗剪强度高，黏聚力大，颗粒间稳定性好，径向射流的剪切和冲刷作用不足以造成侧壁大面积破碎，破碎坑直径变化较小。

（3）破碎坑下部破碎。随着破碎坑深度增加，当射流打击距离达到最优值后，打击强度逐渐降低，射流轴向和径向流速降低，破碎坑直径减小，破碎坑扩展速度变慢。破碎中低饱和度水合物沉积物时，此阶段的上返流体携带有更多的破碎沉积物颗粒，使射流所受阻力增加，导致破碎能量减少。因此，破碎坑扩展速度降低更快，破碎直径随深度增加迅速减小。对于高饱和度水合物沉积物，破碎坑主要沿轴向扩展，径向射流导致的能量损失较少，且破碎坑直径均匀，无瞬时大量出砂情况，射流所受阻力较小。因此，破碎坑直径随深度变化较小，相同破碎时间下，破碎深度更深。

5. 水合物储层硐室回填

对于天然气水合物这一特殊矿产，利用高压水射流切割水合物储层并对射流开采后的硐室（采空区）进行回填这一工艺方法，即固体置换开采，具有很强的适用性与必要性。首先海底天然气水合物有着赋存温度低、压力高、埋深浅、储层胶结强度低等特点，如获得南海神狐海域海底温度仅为 3.3～3.7℃，水合物的抗剪强度很低，在现有高压水射流破岩能力范围之内，可以通过调节水射流的压力与温度，在淹没环境下对水合物储层进行切割、破碎，形成的水合物钻屑或颗粒被水力运移到孔底上返通道口，水力输送到海面；而且硐室一方面降低了所在地层的结构强度，另一方面会引发海水回灌，使有效应力大范围波动，可导致上覆地层失稳坍塌，赋存条件急剧变化可使水合物大范围分解，严重时诱发边坡失稳、海水毒化、地震、海啸等地质灾害，由此硐室的形成会严重影响到海底水合物赋存地层的稳定性与安全系数。因此，利用高压水射流切割水合物储层，并采用固体充填开采硐室的开采方法，不仅能够提高海洋天然气水合物的开采效率，还能避免由于水合物开采引起的地质灾害，是一种合理的海洋天然气水合物开采方法。

在硐室回填研究方面，目前回填设计主要集中在内陆矿山，而由于海底具有高压、淹没、低温等特殊环境，且水合物赋存地层在强度、孔隙度、含水率等方面与普通地层差异极大，在海底水合物层的硐室行回填的方法和工艺更加复杂。因此，针对这一问题，提出一种针对海底天然气水合物开采生成硐室回填的装置及方法，如图 3.40 所示。

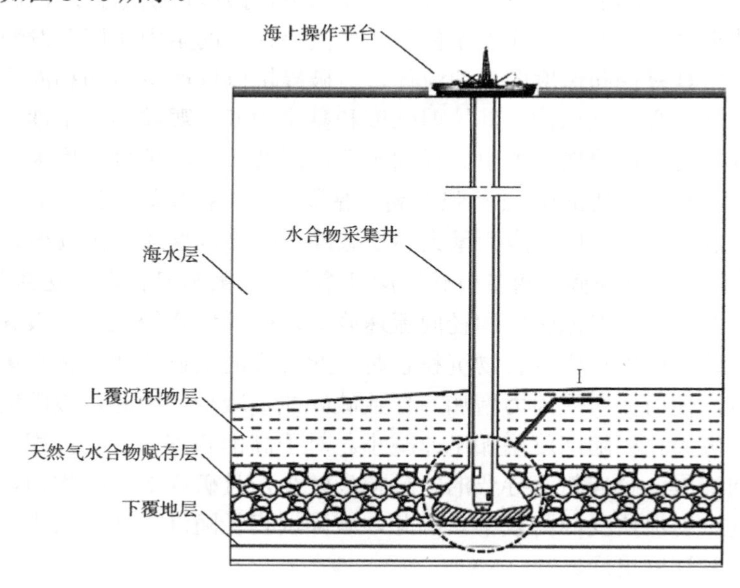

图 3.40　海底天然气水合物硐室的回填装置和方法的示意图

该海底天然气水合物开采生成硐室回填装置是由硐室情况原位监测系统、原料收集系统、配料系统、泵送注入系统、回填效果检测系统组成，如图 3.41 与图 3.42 所示。

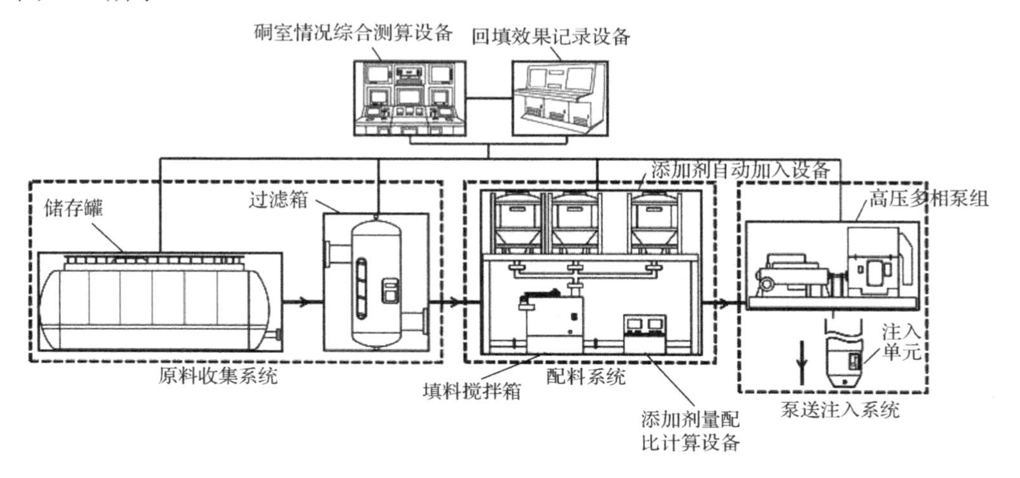

图 3.41　硐室回填装置

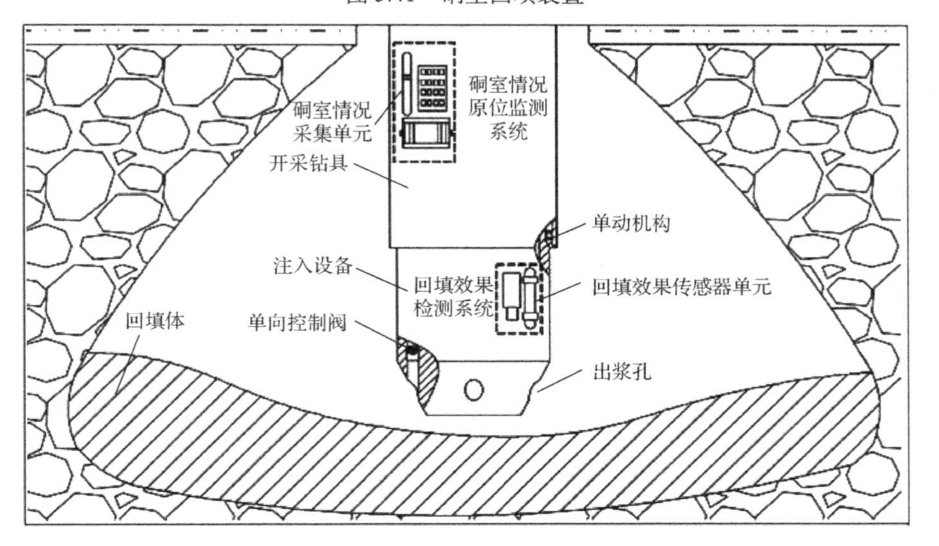

图 3.42　工作中的硐室情况（图 3.40 中 I ）

（1）硐室情况原位监测系统由硐室情况综合测算设备、硐室情况采集单元组成，其中硐室情况综合测算设备位于海面操作平台上，硐室情况采集单元安装在开采机具上。硐室情况采集单元的数字信号通过专用电缆传输至硐室情况综合测算设备，对硐室复杂情况进行三维可视化监测，为其他系统提供当前硐室工作参数。

（2）原料收集系统由储存罐、过滤箱组成，两者由管路连接。原料收集系统位于海面操作平台上，用于储存记录上返浆液经过基本处理后的余浆液量，并对浆液进行筛选过滤作为回填原料。

（3）配料系统由填料搅拌箱、添加剂自动加入设备、添加剂量配比计算设备组成，相互之间通过管路连接。配料系统位于海面操作平台上，可根据硐室情况要求配置出满足回填复杂要求的回填材料。

（4）泵送注入系统由高压多相泵组、注入单元组成，高压多相泵组为注入单元提供的 50MPa 压力可保证注入单元快速、安全地注入回填材料，其中高压多相泵组位于海面操作平台上。注入设备设置有多个方向出浆孔，并具有单动机构，且在注入管道内设置有单向控制阀，以向硐室中多相混输回填材料。

（5）回填效果检测系统由回填效果记录设备、回填效果传感器单元组成，其中回填效果记录设备位于海面操作平台，回填效果传感器单元布置在注入设备上。回填效果检测系统计算得到回填效果重要参数后，由电缆传输至硐室情况综合测算设备，以检测回填工作是否达到设计要求。

硐室回填方法步骤如下。

海上操作平台抵达预定作业位置后，硐室情况采集单元被安装在开采钻具上。开采钻具随后穿透海水层，放置于上覆沉积物层表面，并启动钻进过程。当钻进达到天然气水合物赋存层时，水合物采集井的构建完成。随着开采规模的持续扩大，在天然气水合物赋存层内部逐渐形成了硐室，此时启动回填工作。首先，原料收集系统的控制阀被打开，上返的浆液通过管道进入储存罐进行储存，并记录数据以备后用。在此过程中，若采集空间发生突变，将触发硐室情况采集单元开始工作。该单元收集的数字信号通过专用电缆传输至硐室情况综合测算设备。

硐室情况综合测算设备利用井底声呐、超声井下成像设备以及压力、温度传感器收集的数据，进行综合分析处理，得出井下硐室的体积、形状、孔隙裂隙分布以及压力温度分布等关键参数。随后，这些关于硐室体积和孔隙裂隙分布的信息被传输至原料收集系统，用于调节控制过滤箱的孔径大小、启用滤网层数等工作参数。经过过滤箱处理的浆液，成为符合井底硐室情况的回填原料。同时，根据硐室情况综合测算设备提供的信息，添加剂量配比计算设备可计算出回填材料所需的添加剂种类、配比及剂量，并将这些数据传输至添加剂自动加入设备。该设备随后控制各个添加剂箱的开关及流量，确保添加剂准确加入填料搅拌箱与浆液混合。填料搅拌箱的转速则受到硐室情况综合测算设备的实时调控，以确保搅拌出符合要求的回填材料。

在回填过程中，硐室情况综合测算设备测算出的井下体积和压力参数会被传输至高压多相泵组，以控制其输出压力和流量，从而确保回填材料的注入速度符合回填材料的浇凝时间要求。注入单元被下放至硐室底部，并根据硐室的形状调整注入模式。当需要转动时，单动机构会使注入设备与开采钻具分开独立转动，以减少能耗。回填材料通过上部管道流经单向控制阀，在达到控制压力时单向控制阀打开，允许回填材料通过出浆孔进入硐室。回填工作采用从底部开始、沿轴线由下至上的注入方式。

随着注入工作的进行，回填材料逐渐浇凝形成回填体。初次注入工作完成后，回填效果检测系统启动。井底的回填效果传感器单元中的各个传感器对回填体进行测试，并将所得参数传输至回填效果记录设备与设计参数进行比较。若回填体尚未达到设计要求，则需进行加注工作。回填体与设计要求的差异将被传输至硐室情况综合测算设备以计算加注各系统所需的工作参数，并按上述步骤进行加注直至回填效果记录设备测得的回填体参数满足强度、压实系数和有效时长的要求为止，此时回填工作结束并提出注入单元。

3.3　水射流破碎装置研制与射流喷嘴优化研究

对埋藏于地下的矿藏实施钻孔水力开采作业时，首要的是运用连接在高压水枪端部的射流装置产生高压水射流将整体的矿层破碎成小块状，并使它们能够从母岩上剥落下来。高压水射流对矿层的破碎能力，在一定程度上将对矿藏钻孔水力开采能否顺利实施产生至关重要的影响，而高压水射流主要是由有压水流经射流装置的内腔后，从其出口高速喷出而形成的，具有不同内部流道结构的射流装置，当有压水流经其内腔并从它的出口高速喷出后产生高压水射流的性能也是不尽相同的。

对实施油页岩钻孔水力开采而言，除了追求对地下矿藏开采的高效率以外，同时还希望尽可能地缩减开采成本，即仅通过一个钻孔就能够对储藏于地下油页岩矿藏的开采范围实现最大化，从而以最小的投入获得最高的产出。这里提及的“开采范围”具有两个层面的含义，其一是开采作业的横截面应尽可能宽；其二是开采的深度应尽可能大，或者说是以一个钻孔为基点能够达到的开采距离尽可能远，即要求射流装置产生的高压水射流能够碎岩的有效喷射靶距尽可能大。若要达到第一个层面的“宽”要求，可以通过提放与转动置于钻孔中的高压水枪来实现；对于第二个层面的“深”要求，可以通过调整高压水枪自身的结构，如高压水枪能够张开而使连接在其端部的射流装置尽可能伸得远来实现。但以上这些途径都是利用高压水枪的结构特性，从高压水枪自身的层面出发的。除此之外，也能够通过改变连接在高压水枪端部的射流喷嘴来实现“宽”和“深”的要求，这就需要对射流喷嘴内部流道的结构特性展开研究，不断对其进行优化设计，使有压水流经其内腔并从出口高速喷出后形成的高压水射流具备更强的碎岩能力，以实现从射流喷嘴的层面达到对处于地下的矿藏实施钻孔水力开采时的“宽”与“深”。

3.3.1　水射流破碎装置研制

1. 多功能高压水射流测试与碎岩试验装置

吉林大学陈晨团队自主研制了两套用于室内试验研究的水射流破碎装置，第一套为多功能高压水射流测试与碎岩试验装置，第二套为高压低温水射流破碎试验系统。第二套主要由五大部分组成，即试验台架、水射流动力系统、控制与检测系统、岩样加持与固定系统、流体循环系统。图 3.43 是多功能高压水射流测试与碎岩试验台三维模型示意图（部分零部件未标注）。图 3.44 是多功能高压水射流测试与碎岩试验台的实物示意图。组成多功能高压水射流测试与碎岩试验台各部分的作用及其相应的主要构成部件如下。

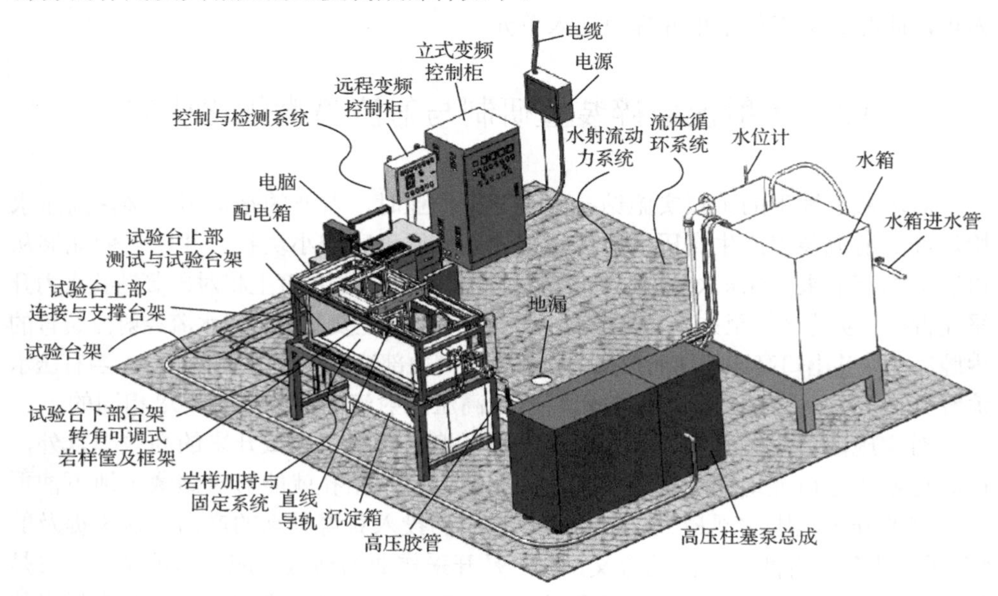

图 3.43　多功能高压水射流测试与碎岩试验台三维模型示意图

（1）试验台架是多功能高压水射流测试与碎岩试验台的主体框架结构。它由试验台上部台架、固定于试验台上部台架端部外侧的配电箱和试验台下部台架三部分构成。其中，试验台上部台架由连接与支撑台架及测试与试验台架两部分构成。

（2）水射流动力系统是产生高压水射流所必需的原动力与执行元件。它主要由电源、高压柱塞泵总成、高压胶管、不锈钢管，以及不同的射流装置等构成。

（3）控制与检测系统能够实现对高压柱塞泵工况与高压水射流喷射靶距的调控；能够实现对不同射流装置的喷射压力、流量，以及它们产生高压水射流冲击力的实时检测、显示与记录。控制与检测系统主要是由立式变频控制柜、远程变频控制柜、电脑、伺服电机与伺服驱动器、同步带与同步带轮、传感器（包括压力变送器、涡轮流量计与称重传感器）、显示仪表（包括智能数显仪表、流量积算仪与力值显示控制仪表）、通信转换器，以及数据采集管理软件等构成。

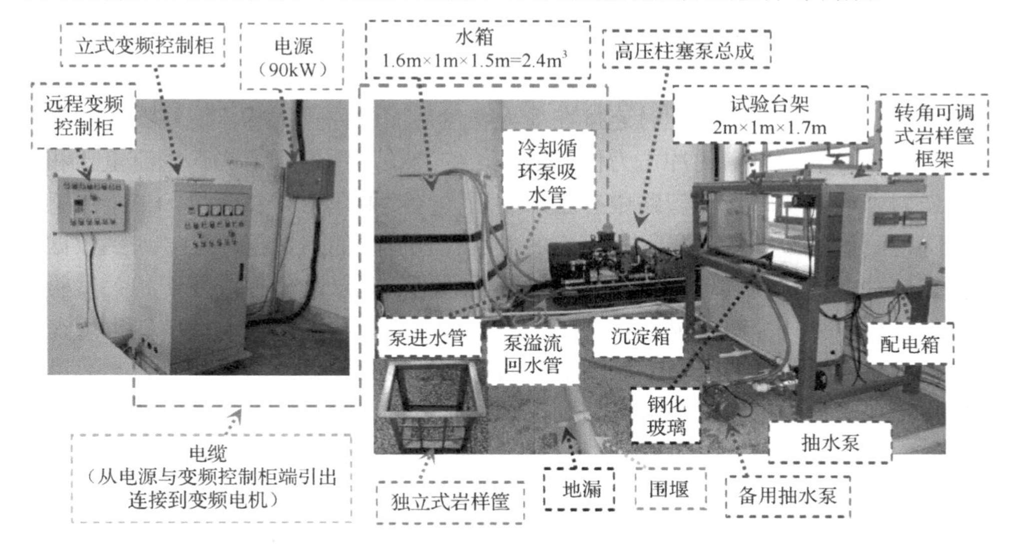

图 3.44　多功能高压水射流测试与碎岩试验台的实物示意图

（4）岩样加持与固定系统能够实现对岩样的有效加持与紧固，以及对受力靶盘与称重传感器的对正和紧固，同时还能够实现固定岩样与受力靶盘的前后平移（调节喷射靶距）和转动（调节喷射角度）。它主要是由固定在试验台上部台架上的直线导轨与滑块、转角可调式岩样筐及框架、独立式岩样筐、手轮与转角调节丝杠，以及岩样紧固调节丝杠等构成。

（5）流体循环系统是实现高压水射流冲击力测试与碎岩试验过程中水流的供给、过滤、闭式循环与排泄的有力保障。它主要是由水箱，若干根塑料、橡胶及钢管（用作水箱进水、排水管路，高压柱塞泵进水、溢流回水和冷却循环泵吸水管路，抽水泵与备用抽水泵的进水、出水管路），沉淀箱，抽水泵，备用抽水泵，围堰以及地漏等排水设施构成。由于试验室内的地面不够平整，采用 Φ75 mm 的聚乙烯塑料管将其从中间切开后用密封胶固定在试验台、台架四周的地面上构成围堰，从而将试验过程中溅射到地面上的水聚集在一起而不会肆意流向地势低洼处，可避免室内的电气设备与水接触，且有利于试验过程中的及时排水，同时也有利于试验结束后的清扫工作。

试验台工作原理：由高压柱塞泵产生的有压水流经高压胶管与不锈钢管后抵达射流装置的内腔，由于不同射流装置内腔具备不同的内部流道结构形式，当有压水流经射流装置内腔后从其出口高速喷出形成高压水射流，具有不同内部流道结构形式的射流装置形成高压水射流的性能也是不尽相同的。通过操控立式变频控制柜与远程变频控制柜可实现对高压柱塞泵工况的调节，即根据试验要求启闭高压柱塞泵与改变射流装置产生高压水射流的喷射压力和流量。当对不同射流装置产生高压水射流的冲击力进行测试时，由不同射流装置出口高速喷出的高压水射流打击到受力靶盘上，此时连接在受力靶盘后面的称重传感器能够实时检测到高压水射流对受力靶盘的冲击力值。此外，安装在不锈钢管上的涡轮流量计和压力变送器，能够实时检测管路中有压水的压力（喷射压力）和流量。三个传感器分别将检测到的数据实时显示到相应的显示仪表上，而后数据再被导入到数据采集管理软件中，从而实现对相关测试所获得数据的记录与储存，便于相关试验后的数据分析和处理。喷射靶距可通过伺服电机与驱动器实现自动调节，也可在伺服电机不带电时由试验人员手动调节。通过调控试验过程中的喷射压力、流量、喷射靶距和喷射角度，就能够检测到不同射流装置在不同工况条件下产生高压水射流的冲击力值，从而确定射流装置最优的内部流道结构参数与最佳喷射靶距等。需要说明的是，由于试验所用的称重传感器不能完全浸入水中使用，因此对射流装置产生高压水射流冲击力的测试只能在空气中进行，即仅适于非淹没射流条件下的测试。射流装置产生高压水射流的冲击力测试得到的相关试验结果，可为其产生高压水射流的碎岩试验提供参考依据。

对于射流装置产生高压水射流的碎岩试验，可分为非淹没与淹没两种不同条件下的碎岩试验。当进行非淹没条件下的高压水射流碎岩试验时，将位于测试与试验台架下水管上的下水管截止阀完全打开，高压水射流打击到待破碎岩样表面后会向四周溅射开来，此时水与被破碎下来的岩屑颗粒一起积聚在测试与试验台架中，由位于测试与试验台架底板上的下水口排出至沉淀箱的第一沉淀池中，经沉淀箱的三级沉淀并过滤后，由抽水泵或备用抽水泵从第三沉淀池中将沉淀过滤后的水抽回到水箱中，从而形成水流的闭式循环。而当进行淹没条件下射流装置产生高压水射流的碎岩试验时，则需要首先把位于测试与试验台架下水管上的下水管截止阀完全关死，从不锈钢管端部卸下射流装置后，开启高柱塞泵直接向测试与试验台架中注水直至液面没过不锈钢管，此时再将射流装置安装在位于不锈钢管端部的接头上进行相关的碎岩试验。高压水射流碎岩试验是高压水射流持续打击到岩样表面一段时间后，以高压水射流对岩样的破碎程度作为评判射流装置产生高压水射流碎岩能力的依据。通过对不同射流装置产生高压水射流的碎岩试验得到的相关结果，可以与不同射流装置产生高压水射流的冲击力测试得到相关结果结合在一起，共同评判不同射流装置产生高压水射流的性能；此外，还能确定出不同射流装置产生高压水射流碎岩时应采取的合理工艺参数。

2. 高压低温水射流破碎试验系统

第二套水射流破碎装置为高压低温水射流破碎试验系统，该试验系统可实现多种材料的高压水射流破碎，包括含水合物沉积物、岩石与砂土等，同时，能够实现对高压水射流破碎过程的实时观测。图 3.45 为高压低温水射流破碎试验系统示意图。

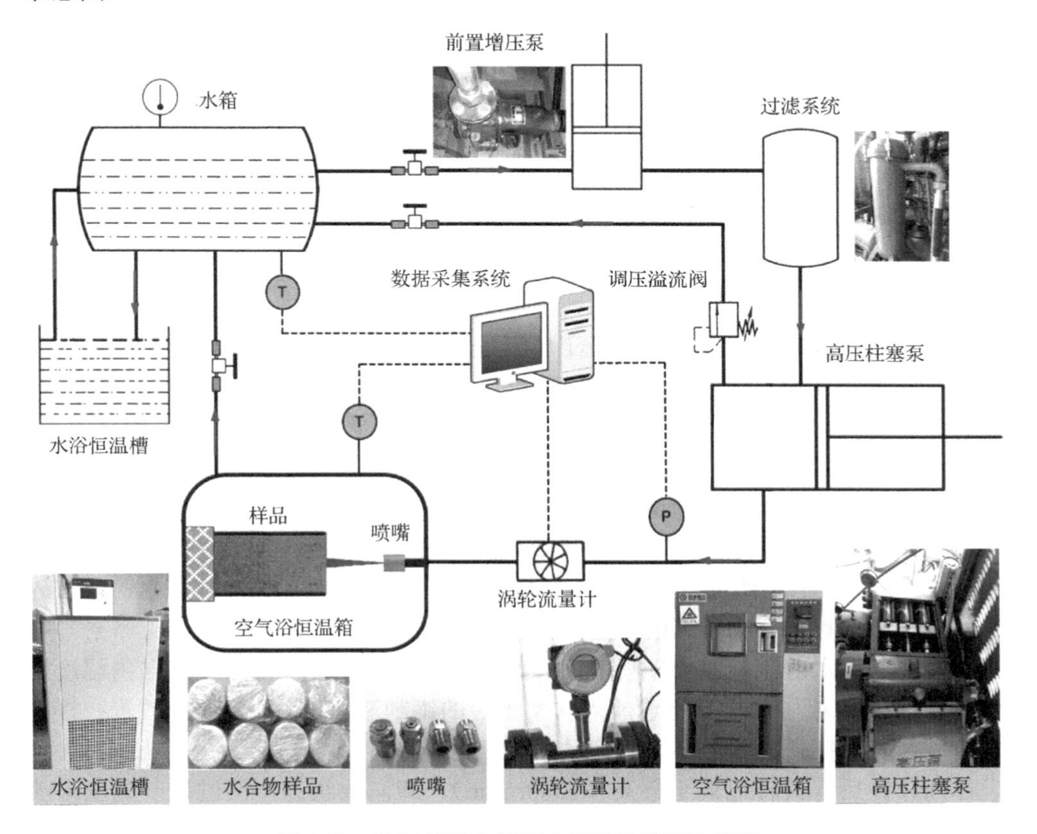

图 3.45　高压低温水射流破碎试验系统示意图

高压低温水射流破碎试验系统主要由 5 个子系统组成，包括射流破碎系统、样品夹持系统、温控系统、流体循环系统与数据采集系统。本书的研究对象为含水合物沉积物，因此，以高压水射流破碎含水合物沉积物为基础介绍该试验系统，其包含的 5 个子系统及作用如下。

（1）射流破碎系统：该系统主要由高压柱塞泵组、涡轮流量计与喷嘴等组成，能够连续平稳地输出破碎含水合物沉积物所需的高压射流，同时能够实现射流压力的无级调节。

（2）样品夹持系统：该系统由样品支架构成，包括支腿、平台与托盘等，其主要作用是保证含水合物沉积物样品的固定，在一定范围内实现样品在高度与靶距的自由调控。

（3）温控系统：该系统主要包括空气浴恒温箱、水浴恒温槽与自吸泵；空气浴恒温箱保证含水合物沉积物样品（本次试验采用四氢呋喃水合物）处于低温环境中，保持水合物的稳定，避免分解；水浴恒温槽与循环泵用于冷却水箱中液体以便形成低温水射流，避免水射流冲击过程中引起水合物分解，同时提供合成样品所需温度环境。

（4）流体循环系统：该系统由水箱、高压柱塞泵进液管线、集液箱与回液管线等组成，其主要作用是保障高压水射流冲击含水合物沉积物过程中的水流供给，形成闭式循环。

（5）数据采集系统：该系统主要包括控制柜、电脑（数据采集模块）、流量计、压力变送器、温度探针与显示仪表等；能够监测与采集高压水射流冲击含水合物沉积物过程中的温度、射流压力与射流流量等数据。

高压低温水射流破碎试验系统工作流程如下，第一步为注水与连接管线：向水箱（体积为 1.5m^3）中注满体积分数为 25%的乙二醇溶液，布置好各路管线，将高压水射流管线连接到高压柱塞泵，将前置增压泵进液管、调压溢流阀回液管、空气浴恒温箱回液管、冷却循环泵进液管与列管式油冷却器回液管连接到水箱，开启控制柜电源；随后打开电脑，进行数据监测与采集。第二步为高压水射流破碎：首先，在水浴恒温槽与水箱之间安装两台吸水泵与相应管线以形成闭式循环管路，通过水浴恒温槽将水箱中的乙二醇溶液降温至−10℃，保证高压水射流破碎过程中四氢呋喃水合物不分解；随后，固定好空气浴恒温箱中样品支架平台与喷嘴，保证高压水射流能够水平喷射，并将靶距调整至预定值，将恒温箱内温度降至−10℃；将冰柜中的样品迅速放入支架平台的钢制套筒内，并将挡板放置在样品与喷嘴之间；打开冷却循环泵，启动柴油机，高压柱塞泵开始运行，柴油机怠速运行几分钟后将其转速调至最高（1500r/min），即满载状态，通过调节调压溢流阀阀门的开启程度控制水射流压力（阀门开启程度越小，调压溢流阀水流量越小，进入高压水射流管线的流量越大），当水射流压力与流量达到预定值，撤走样品与喷嘴之间的挡板，用秒表计时，冲击 5s 后破碎过程结束，重新放置挡板；将调压溢流阀阀门开启到最大后高压水射流泄压，重新放入下一个样品，如此反复操作重复破碎 5 个同水合物饱和度样品，随后将柴油机转速调节至怠速后关机；之后，打开恒温箱，将其内破碎后的样品迅速转移至−10℃的冰柜中保存；最后，关闭控制柜电源，放空高压柱塞泵、过滤器、油冷却器与相应管路中的水，清洗相关仪器设备。

3.3.2 射流喷嘴的优化设计

射流喷嘴类型多种多样，其中以能够产生连续射流的锥直形喷嘴最为典型，因此，以锥直形喷嘴进行性能优化设计，研究的喷嘴分为普通锥直形喷嘴与仿生锥直形喷嘴。

对于锥直形喷嘴，可以理解为是在圆锥形喷嘴的出口前端再增添一段呈直线状的空心圆柱体，如图 3.46 所示，该喷嘴主要的结构参数包括喷嘴的入口直径 D 和出口直径 d、喷嘴接入段的长度 l'、喷嘴收缩段的长度 L、喷嘴圆柱段的长度 l、喷嘴的收缩角 θ，它们之间的关系符合式（3.2）。从喷嘴加工制造的角度而言，喷嘴的收缩角越小，则喷嘴的加工难度也将有所提升。对比锥直形喷嘴与圆锥形喷嘴的水力特性，前人选用收缩角均为 13° 的圆锥形喷嘴和锥直形喷嘴（长径比 l/d=2.2），在喷射压力为 60MPa 的条件下进行测试，试验结果表明锥直形喷嘴的水力特性更加优越，通常来说，锥直形喷嘴获得的流量系数 C 值能够高达 0.98，它的应用范围广泛，适宜在喷射压力为 60～100MPa 的条件下使用，而此压力范围恰好为实施水力开采时水射流的驱动压力，因此该类型的喷嘴常被应用于水力开采作业当中。

$$\frac{D-d}{L}=2\tan\frac{\theta}{2} \tag{3.2}$$

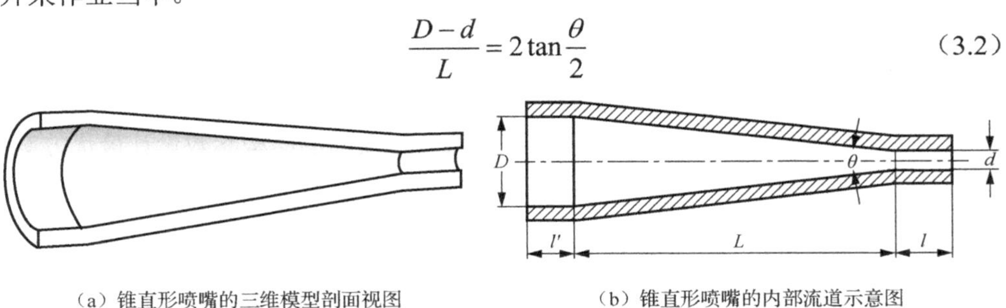

（a）锥直形喷嘴的三维模型剖面视图　　（b）锥直形喷嘴的内部流道示意图

图 3.46　锥直形喷嘴示意图

仿生锥直形喷嘴就是将仿生学中的表面非光滑减阻技术运用到锥直形喷嘴的结构设计当中，在普通锥直形喷嘴的内部流道表面增设了若干仿生环槽，使普通锥直形喷嘴原本光滑的内部流道成为具备仿生非光滑结构特征的表面，利用该非光滑的沟槽表面可有效改善喷嘴内部流道的水力特性，减少了有压水在喷嘴内腔流动过程中的阻力，以此来提升由仿生锥直形喷嘴产生高压水射流的冲击力。如图 3.47 所示，对仿生锥直形喷嘴主要的结构参数而言，除了在普通锥直形喷嘴的结构设计中包含的喷嘴入口直径 D 和出口直径 d、接入段的长度 l'、收缩段的长度 L、圆柱段长度 l 以及喷嘴的收缩角 θ 以外，还包括仿生环槽的宽度 w、切深 h、个数 n 以及相邻环槽的间距 s。

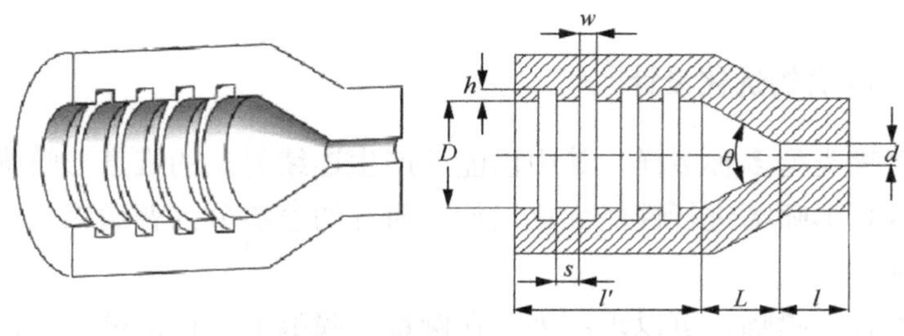

（a）仿生锥直形喷嘴的三维模型剖面视图　（b）仿生锥直形喷嘴内部流道

图 3.47　仿生锥直形喷嘴示意图

射流喷嘴优化设计主要以普通锥直形喷嘴与仿生锥直形喷嘴为研究对象。正交试验设计是一种通过合理运用正交表以达到科学地安排和分析具有多个因素试验的方法；计算流体动力学（computational fluid dynamics，CFD）模拟是以计算机作为工具，将各种离散化的数学方法应用其中，以此对含有流体流动与热传导等一系列相关问题通过数值模拟的方式进行分析，其中，以 Fluent 软件的应用最为广泛。基于此，通过运用正交试验设计原理，并结合 Fluent 数值模拟技术对这两种类型喷嘴进行优化设计。具体来说，通过建立多组基于正交试验且具有不同内部流道结构参数的锥直形喷嘴，建立产生高压水射流时其内、外部的流场模型，结合 Fluent 数值模拟技术，对所建立的多组流场模型进行数值模拟，重点比较仿生锥直形喷嘴与普通锥直形喷嘴之间产生高压水射流冲击力，探索高压水射流冲击力的变化规律，确定影响普通锥直形喷嘴与仿生锥直形喷嘴产生高压水射流冲击力的各主要因素及其主次顺序，并确定出锥直形喷嘴的结构参数设计最优方案。

1. 锥直形喷嘴流场优化

首先对仿生锥直形喷嘴进行设计，根据仿生锥直形喷嘴内部流道的结构特征，其主要包括 A（出口直径 d）、B（长径比 l/d）、C（收缩角 θ）、D（仿生环槽宽度 w）、E（仿生环槽切深 h）、F（仿生环槽个数 n）六个因素，每个因素有三个水平，如表 3.11 所示。确定的仿生锥直形喷嘴结构参数的正交试验设计方案如表 3.12 所示。需要说明的是，设计的仿生锥直形喷嘴的接入段长度 l' 均为 32mm。从表 3.12 中可以看出，表中 A（出口直径 d）、B（长径比 l/d）、C（收缩角 θ）三列除了是构成仿生锥直形喷嘴的收缩段与圆柱段部分的结构尺寸以外，相应地，只需要把与之对应的 D（仿生环槽宽度 w）、E（仿生环槽切深 h）、F（仿生环槽个数 n）删去，就能构成普通锥直形喷嘴。从表 3.12 中 A、B、C 列可以看到，对普通锥直形喷嘴而言，其有效取值范围只有试验 1～9，从试验 10 开始直至最后的试验 18 都是在重复试验 1～9 的取值，由此也便得到了普通锥直形喷嘴结构参数的正交试验设计方案，如表 3.13 所示。最后得到总的锥直形射流装置共有 27 个，分别为 18 个仿生锥直形喷嘴和 9 个普通锥直形喷嘴，其中每一个普通锥直形喷嘴都与两个仿生锥直形喷嘴在结构参数上具有相同的因素 A、B 和 C，将它们作为一组进行对比试验，据此所有的锥直形射流装置可分为 9 组。

表 3.11　仿生锥直形喷嘴结构参数的正交试验设计因素-水平表

水平	A（出口直径 d）/mm	B（长径比 l/d）	C（收缩角 θ）/(°)	D（仿生环槽宽度 w）/mm	E（仿生环槽切深 h）/mm	F（仿生环槽个数 n）
1	2	2	60	1	1	2
2	3	2.5	90	2	1.5	3
3	4	3	120	3	2	4

表 3.12　仿生锥直形喷嘴结构参数的正交试验设计方案

试验号	A	空列	B	C	D	E	F
1	1	1	1	1	1	1	1
2	1	2	2	2	2	2	2
3	1	3	3	3	3	3	3
4	2	1	1	2	2	3	3
5	2	2	2	3	3	1	1
6	2	3	3	1	1	2	2
7	3	1	2	1	3	2	3
8	3	2	3	2	1	3	1
9	3	3	1	3	2	1	2
10	1	1	3	3	2	2	1
11	1	2	1	1	1	3	3
12	1	3	2	2	1	1	3
13	2	1	2	3	1	3	2
14	2	2	3	1	2	2	1
15	2	3	1	2	3	2	1
16	3	1	3	2	3	1	2
17	3	2	1	3	1	2	3
18	3	3	2	1	2	3	1

表 3.13　基于正交试验设计的锥直形喷嘴的结构参数及其加工实物的排列组合方式

锥直形射流装置类型	试验号（喷嘴编号）	A	空列	B	C	D	E	F	加工实物的排列组合方式
仿生锥直形喷嘴	1	1	1	1	1	1	1	1	JR 11+SC 1
	2	1	2	2	2	2	2	2	JR 12+SC 2
	3	1	3	3	3	3	3	3	JR 13+SC 3
	4	2	1	1	2	2	3	3	JR 14+SC 4
	5	2	2	2	3	3	1	1	JR 15+SC 5
	6	2	3	3	1	1	2	2	JR 16+SC 6
	7	3	1	2	1	3	2	3	JR 17+SC 7
	8	3	2	3	2	1	3	1	JR 18+SC 8
	9	3	3	1	3	2	1	2	JR 19+SC 9
	10	1	1	3	3	2	2	1	JR 110+SC 3
	11	1	2	1	1	3	3	2	JR 111+SC 1
	12	1	3	2	2	1	1	3	JR 112+SC 2
	13	2	1	2	3	1	3	2	JR 113+SC 5
	14	2	2	3	1	2	1	3	JR 114+SC 6
	15	2	3	1	2	3	2	1	JR 115+SC 4
	16	3	1	3	2	3	1	2	JR 116+SC 8
	17	3	2	1	3	1	2	3	JR 117+SC 9
	18	3	3	2	1	2	3	1	JR 118+SC 7
普通锥直形喷嘴	1	1	1	1	1				JR 1+SC 1
	2	1	2	2	2				JR 1+SC 2
	3	1	3	3	3				JR 1+SC 3
	4	2	1	1	2				JR 1+SC 4
	5	2	2	2	3				JR 1+SC 5
	6	2	3	3	1				JR1+SC 6
	7	3	1	2	1				JR 1+SC 7
	8	3	2	3	2				JR1+SC 8
	9	3	3	1	3				JR 1+SC 9

锥直形射流装置内、外部流场模型，是指普通锥直形喷嘴与仿生锥直形喷嘴形成高压水射流时其内、外部流场的模型，如图 3.48 所示，建立的整个流场的区域尺寸为 1000mm×300mm。

在图 3.48（a）中，*ABCDEFGHIJK* 区域为普通锥直形喷嘴及其流场。其中，*ABCDEFGH* 是普通锥直形喷嘴的内部流场区域，*AB* 段是喷嘴入口，边界条件采用压力进口（pressure inlet），设置为 15MPa；*BC*、*CD* 和 *DE* 段是普通锥直形喷嘴内部流道的壁面，边界条件设置为壁面（wall）；*EI*、*IJ* 和 *JK* 段是喷嘴的外部轮廓，边界条件也设置为壁面。图中右侧由 *PQRS* 组成的部分为（圆柱状）受力靶盘，其中的 *RS* 段为受力靶盘直接承受由普通锥直形喷嘴出口 *EF* 喷出高压水射流的受力表面，其长度为 63.203mm；*PQ*、*QR* 和 *RS* 段的边界条件均设置为壁面。*KL*、*LM* 和 *MNO* 段为普通锥直形喷嘴的外部流场边界，边界条件均设置为压力出口（pressure outlet），设置为 0.1MPa。*AHGFSPO* 段是普通锥直形喷嘴内、外部流场的对称轴，其边界条件设置为轴（axis）；其中 *FS* 段的长度即为高压水射流喷距，设定为 930mm，这也是 3.3.2 节中高压水射流测试与试验台能够调节到的最远喷射靶距。图 3.48（b）中仿生锥直形喷嘴的边界条件与普通锥直形喷嘴一致。图 3.49 为锥直形射流装置内、外部流场模型的网格划分情况，图中进行了局部加密处理。

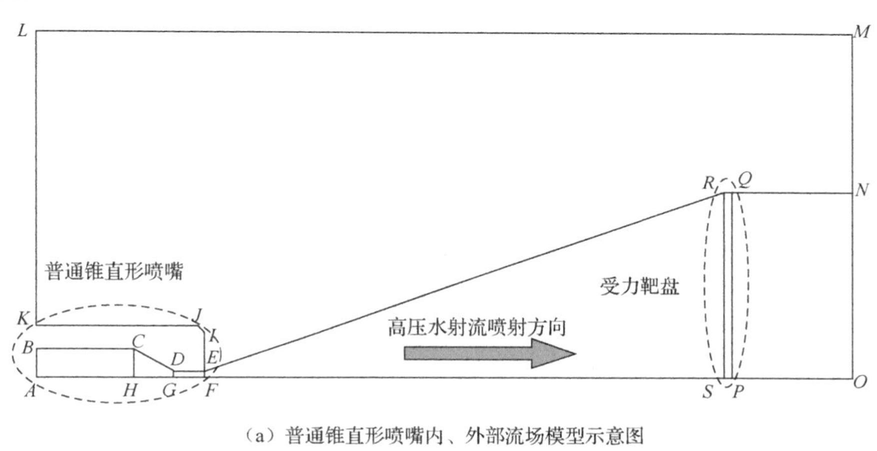

（a）普通锥直形喷嘴内、外部流场模型示意图

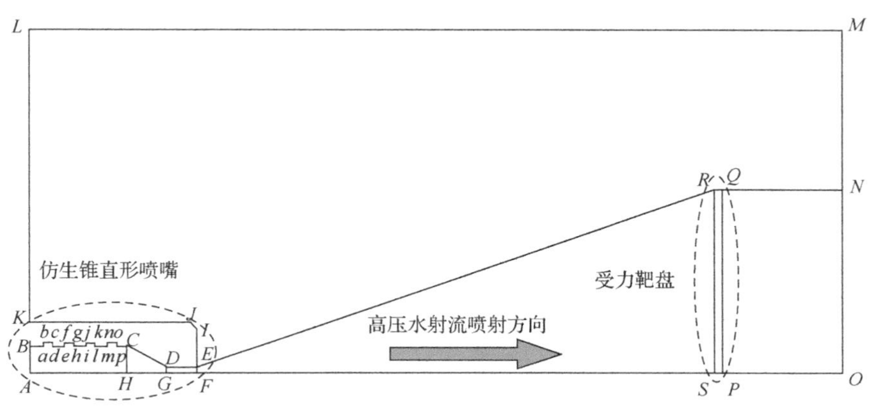

（b）仿生锥直形喷嘴内、外部流场模型示意图

图 3.48　锥直形射流装置内、外部流场模型

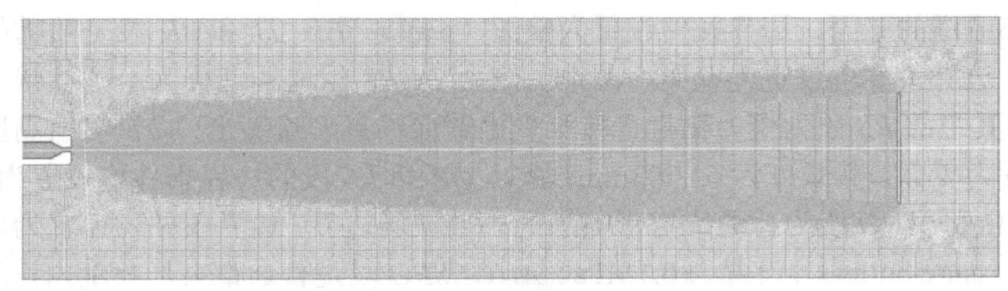

（a）普通锥直形喷嘴

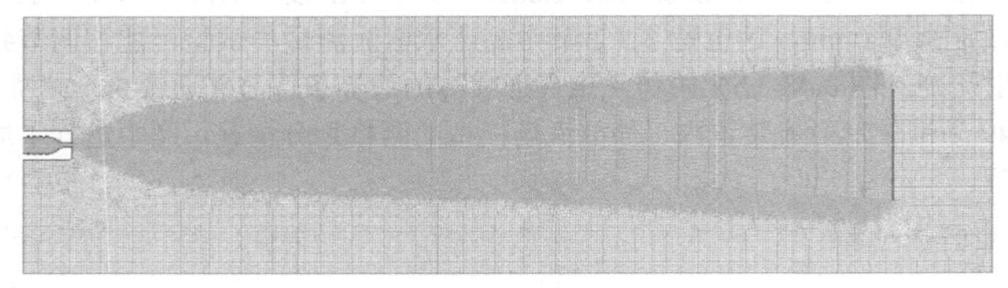

（b）仿生锥直形喷嘴

图 3.49　锥直形射流装置内、外部流场模型的网格划分示意图

2. 仿生喷嘴的冲击力提升效果

在相同的工况条件下，仿生锥直形喷嘴产生高压水射流的冲击力比具有相同结构参数的普通锥直形喷嘴产生高压水射流的冲击力有所提高。仍然以 7 号仿生锥直形喷嘴产生高压水射流时喷嘴内、外部流场的数值模拟结果为例，分析仿生锥直形喷嘴产生高压水射流的冲击力能够提升的原因，图 3.50 是 7 号仿生锥直形喷嘴内部腔室接入段部分流场的速度矢量图，图 3.51 为它的流线图。

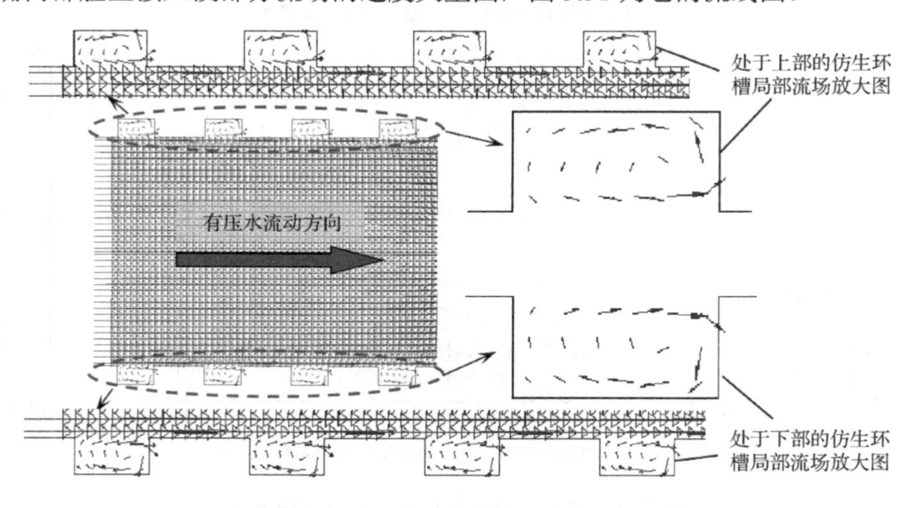

图 3.50　7 号仿生锥直形喷嘴内部腔室接入段部分流场的速度矢量图

仿生锥直形喷嘴产生高压水射流的冲击力得以提升主要由以下的三种效应引起。

（1）涡垫效应。由图 3.50 和图 3.51 可以看出，仿生环槽内部的旋转涡流造成了环槽内水流与环槽外水流的液-液接触，从而形成了“涡垫效应”。

（2）推进效应。位于仿生环槽内部反转的涡流与仿生锥直形喷嘴内部腔室主流道中流动着的有压水之间接触表面上的摩阻力形成了附加动力，它对喷嘴内腔主流道中流动的有压水而言产生了“推进效应”。

（3）液力轴承效应。若干仿生环槽内反转的涡流，如同一个个安装在仿生锥直形喷嘴内部流道表面上的“轴承”一般，它们能够有效地降低有压水在喷嘴内腔流动时与喷嘴内部流道表面之间的摩阻力损耗。

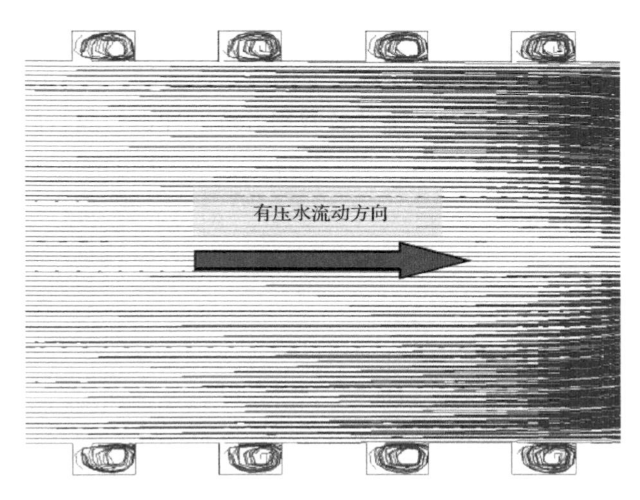

图 3.51　7 号仿生锥直形喷嘴内部腔室接入段部分流场的流线图

3. 射流装置产生高压水射流的冲击力测试

锥直形射流装置产生高压水射流的冲击力测试，包括普通锥直形喷嘴与仿生锥直形喷嘴两部分，均是在非淹没的条件下进行。图 3.52 是依照正交试验设计原理，基于“化整为零”思想加工的锥直形喷嘴实物，包括 19 个喷嘴接入段（代号 JR 1～JR 118，其中 JR 1 为普通的光滑表面流道，其余为具有仿生环槽结构的非光滑表面流道）、9 个喷嘴收缩与出口段（代号 SC 1～SC 9）以及 1 个连接螺母，通过它们之间合理的搭配组合，就能够完成所有基于正交试验设计的 18 个仿生锥直形喷嘴和 9 个普通锥直形喷嘴实物的加工。表 3.13 中圈出的部分为喷嘴收缩与出口段（*SC* 段）的重复出现区域。由此可见，这种基于“化整为零”思想的“分体式”锥直形射流装置的设计与加工制造方法是十分灵活方便的。

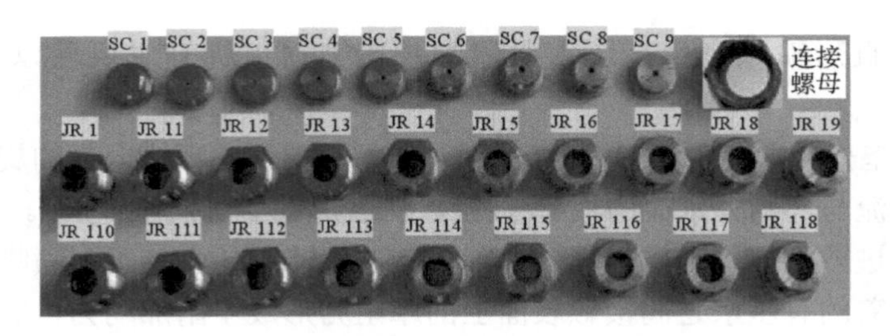

图 3.52　基于“化整为零”思想加工的锥直形喷嘴实物

按照表 3.13 中的锥直形射流装置加工实物的排列组合方式，依次将对应的喷嘴装配好后即可对喷嘴产生高压水射流的冲击力进行测试，测试时的工况条件与 CFD 数值模拟时的条件相同，测试的过程如图 3.53 所示，从中可以看出，高压水射流自喷嘴出口喷射到受力靶盘表面上的过程中，射流水柱是逐渐发散的，这与数值模拟得到的喷嘴外部流场的速度云图情况是一致的。表 3.14 是基于正交试验的普通锥直形喷嘴产生高压水射流对受力靶盘持续冲击一段时间后的冲击力测试结果分析。

（a）正视图

（b）俯视图

图 3.53　锥直形射流装置产生高压水射流的冲击力进行测试的过程

表 3.14　基于正交试验的普通锥直形喷嘴产生高压水射流的冲击力测试结果分析

试验号	A	空列	B	C	高压水射流冲击力测试的平均值/kg
1	1	1	1	1	7.28
2	1	2	2	2	6.59
3	1	3	3	3	6.42
4	2	1	1	2	15.56
5	2	2	2	3	13.35
6	2	3	3	1	16.55
7	3	1	2	1	30.94
8	3	2	3	2	27.78
9	3	3	1	3	26.07
K_1	20.29	53.78	48.91	54.77	
K_2	45.46	47.72	50.88	49.93	
K_3	84.79	49.04	50.75	45.84	
k_1	6.763333	17.92667	16.30333	18.25667	
k_2	15.15333	15.90667	16.96	16.64333	
k_3	28.26333	16.34667	16.91667	15.28	
极差 R	21.5	2.02	0.656667	2.976667	

从表 3.14 中可以看出，相比于 CFD 数值模拟，对于影响仿生锥直形喷嘴和普通锥直形喷嘴产生高压水射流冲击力的各因素主次顺序，由测试得到的结果与通过数值模拟得到的结果保持一致；但对于仿生锥直形喷嘴的最优结构参数设计方案的结果恰好为 18 号仿生锥直形喷嘴，对普通锥直形喷嘴的最优结构参数保持不变。造成这一现象的原因主要有三个方面：第一，数值模拟过程中未考虑有压水在管路里流动时的局部损失与沿程损失，以及周围空气介质对水射流的阻滞作用；第二，构成锥直形射流装置的接入段（*JR* 段）和收缩与出口段（*SC* 段）的加工精度不够；第三，由于高压水射流冲击到受力靶盘表面上时，对受力靶盘施加的是动载荷，而并非一个恒定不变的力，因此也会使高压水射流冲击力测试结果的精度受到影响。

图 3.54 是锥直形射流装置产生高压水射流的冲击力实测值与 CFD 数值模拟值对比图，从中不难发现，对于锥直形射流装置产生高压水射流冲击力的实测值普遍低于基于 CFD 数值模拟得到的结果，出现这种情况的原因与上述解释的原因类似，但从图中可以看出两者变化的总趋势基本是一致的，可以认为它们两者之间是近似吻合的。

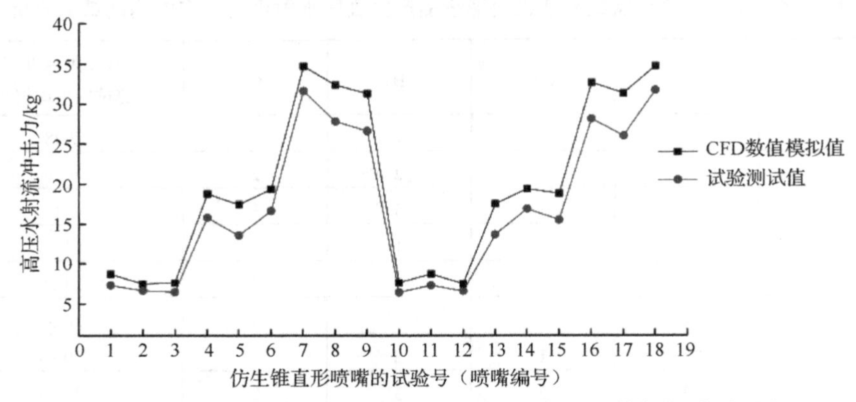

（a）仿生锥直形喷嘴产生高压水射流的冲击力实测值与CFD数值模拟值对比图

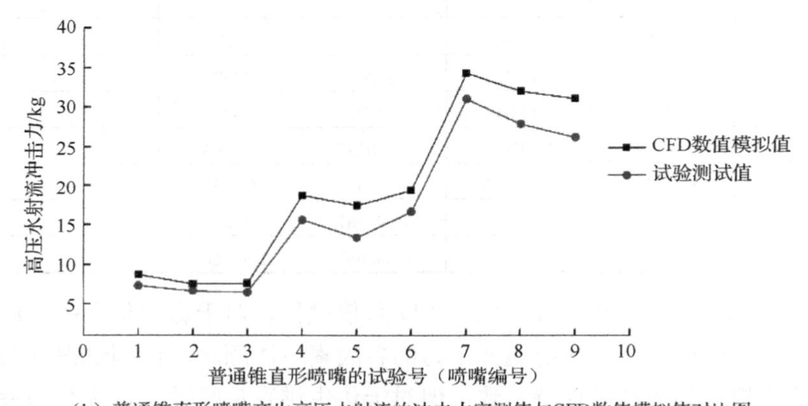

（b）普通锥直形喷嘴产生高压水射流的冲击力实测值与CFD数值模拟值对比图

图 3.54　锥直形射流装置产生高压水射流的冲击力实测值与 CFD 数值模拟对比图

3.3.3　高压低温水射流破碎装置破碎含水合物沉积物

图 3.55 为低水合物饱和度（$S_{hyd}=40\%$）下含水合物沉积物样品在不同高压水射流速度冲击下的宏观破碎效果。图 3.56 为高水合物饱和度（$S_{hyd}=90\%$）下含水合物沉积物样品在不同高压水射流速度冲击下的宏观破碎效果，从中可以看到，损伤破坏不仅发生在样品与水射流初始接触面（顶面），而且随着水流速度增大，边界面的损伤破坏逐渐增大（环形侧面与底面），具体破碎参数如表 3.15 所示，通过对这些宏观破坏面与裂纹的分析有助于揭示含水合物沉积物内部裂纹的扩展规律。

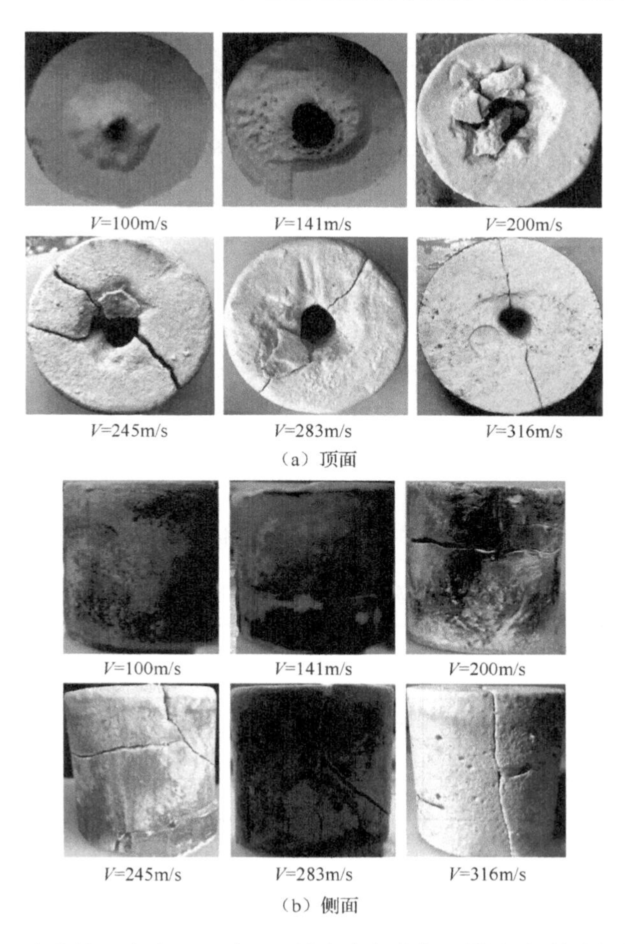

图 3.55　水合物饱和度为 40%时不同射流速度冲击下样品顶面与侧面破碎效果

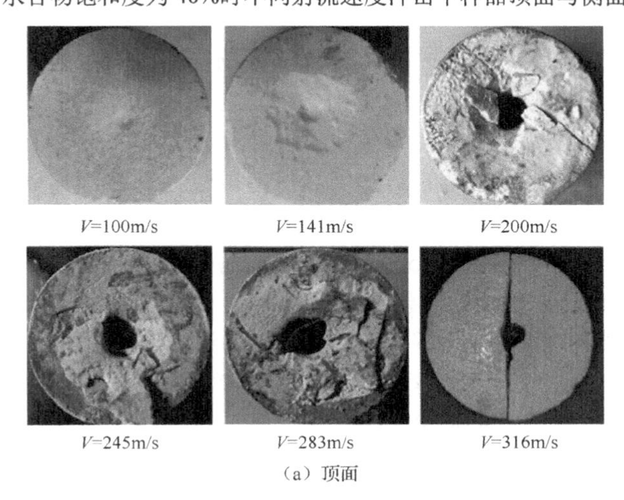

（a）顶面

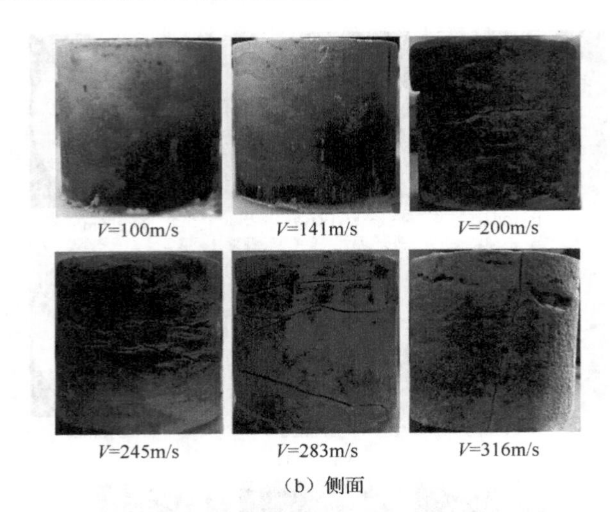

（b）侧面

图 3.56　水合物饱和度为 90%时不同射流速度冲击下样品顶面与侧面破碎效果

表 3.15　含水合物沉积物样品的高压水射流破碎参数

射流压力 /MPa	射流速度 /(m/s)	顶面损伤破坏面积/mm^2		侧面裂纹数量		侧面裂纹平均倾斜角度/(°)		侧面裂纹平均长度/mm	
		$S_{hyd}=40\%$	$S_{hyd}=90\%$	$S_{hyd}=40\%$	$S_{hyd}=90\%$	$S_{hyd}=40\%$	$S_{hyd}=90\%$	$S_{hyd}=40\%$	$S_{hyd}=90\%$
5（低压）	100	543	87	—	—	—	—	—	—
10（低压）	141	987	244	—	—	—	—	—	—
20	200	777	410	1	2	80	72	24	28
30	245	548	729	3	4	52	65	29	31
40	283	477	878	3	5	31	20	31	34
50	316	425	226	1	1	8	5	44	41

对于水合物饱和度为 40%的含水合物沉积物样品，在水射流冲击前其结构都是良好且完整的，未见有宏观裂缝。经过 100m/s 速度的水射流作用后，含水合物沉积物样品的表面出现了损伤破坏区域。当射流速度增大到 141m/s，顶面损破坏程度显著增大，但大部分样品的结构仍然保持得较为完整，具体表现为，在高压水射流冲击中心形成了一个破碎坑，其直径约为 13mm，深度约为 22mm，而且在破碎坑周围形成了直径约为 25mm 的环形损伤破坏面。需要注意的是，这两种速度对应工况为低压水射流。当射流速度增大到 200m/s 时，含水合物沉积物样品开始出现整体结构性的破坏（体积破碎），侧面开始出现横向裂纹。在速度为 245m/s 与 283m/s 水射流冲击作用下，含水合物沉积物样品普遍出现了体积破碎现象，在宏观尺度上出现了相互连通的横向裂纹，这些裂纹倾斜角度（裂纹与铅垂线的夹角 α ）的变化范围为 31°～52°。当射流速度为 316m/s 时，含水合物沉积物样品

侧面的裂纹数量明显减少，并且这些裂纹为沿纵向发展，呈劈裂状，裂纹倾斜角度最小，为8°。

对于水合物饱和度为90%的含水合物沉积物样品，在水射流冲击前，其外表与结构都是良好且完整的。在速度为100m/s的水射流冲击作用后，所有含水合物沉积物样品几乎没有出现明显的损伤。在速度为141m/s水射流冲击作用下，顶面普遍出现一定程度的损伤，但大部分样品的结构仍然保持得较为完整，具体表现为，在高压水射流冲击中心形成了一个破碎坑，其直径约为5mm，深度约为3mm，而且在破碎坑周围形成了直径约为14mm的环形破碎面，整体来说，其损伤面积显著小于低水合物饱和度样品。当射流速度为200m/s时，与低水合物饱和度样品类似，含水合物沉积物侧面开始出现横向裂纹。在速度为245～285m/s的水射流冲击作用下，含水合物沉积物样品普遍出现了体积破碎现象，在宏观尺度上出现了较多相互连通的横向裂纹，这些裂纹平均倾斜角度的变化范围为20°～65°。当射流速度为316m/s时，样品侧面的裂纹数量减少且沿纵向发展，呈劈裂状，裂纹倾斜角度最小仅为5°。

参考文献

[1] 秦建生，胡东. 钻孔水力采矿装置的研究[J]. 矿山机械, 2012, 40(3): 7-10.

[2] 巴比切夫，尼古拉耶夫. 深孔水力开采工艺：开发矿产资源的新方法[J]. 矿业工程, 1995(12): 33-40.

[3] 陈晨，孙友宏. 油页岩开采模式[J]. 探矿工程(岩土钻掘工程), 2010, 37(10): 26-29.

[4] 高文爽. 油页岩钻孔水力开采实验台设计及孔底流场数值模拟研究[D]. 长春：吉林大学, 2011.

[5] 陈大勇. 钻孔水力开采喷嘴性能测试实验台研制与圆柱形喷嘴参数优化研究[D]. 长春：吉林大学, 2012.

[6] 温继伟. 油页岩钻孔水力开采用射流装置的数值模拟与实验研究[D]. 长春：吉林大学, 2014.

[7] 杨林，唐川林，张凤华. 地下矿产钻孔水力开采技术及其应用[J]. 地下空间与工程学报, 2006, 2(4): 662-665.

[8] 傅春，颜恩锋. 采矿新技术：钻孔水力开采技术[J]. 矿冶工程, 2004, 24(4): 7-8.

[9] Yang W, Lin B Q, Qu Y A, et al. Mechanism of strata deformation under protective seam and its application for relieved methane control[J]. International Journal of Coal Geology, 2011, 85(3): 300-306.

[10] 胡千庭，梁运培，林府进. 采空区瓦斯地面钻孔抽采技术试验研究[J]. 中国煤层气, 2006, 3(2): 3-6.

[11] 赵阳升，杨栋，胡耀青，等. 低渗透煤储层煤层气开采有效技术途径的研究[J]. 煤炭学报, 2001, 26(5): 455-458.

[12] 魏国营，郭中海，谢伦荣，等. 煤巷掘进水力掏槽防治煤与瓦斯突出技术[J]. 煤炭学报, 2007, 32(2): 172-176.

[13] 李晓红，卢义玉，赵瑜，等. 高压脉冲水射流提高松软煤层透气性的研究[J]. 煤炭学报, 2008, 33(12): 1386-1390.

[14] 张帅，刘志伟，韩承强，等. 高突低渗透煤层超高压水力割缝卸压增透研究[J]. 煤炭科学技术, 2019, 47(4): 152-156.

[15] 白新华，张子敏，张玉贵，等. 水力掏槽破煤落煤效率因素层次分析[J]. 水力采煤与管道运输, 2008(4): 1-4.

[16] 刘锡明，周静. 水力掏槽防突措施的机理研究[J]. 矿业研究与开发, 2009(4): 72-74.

[17] 刘明举，孔留安，郝富昌，等. 水力冲孔技术在严重突出煤层中的应用[J]. 煤炭学报, 2005, 30(4): 451-454.

[18] 王凯，李波，魏建平，等. 水力冲孔钻孔周围煤层透气性变化规律[J]. 采矿与安全工程学报, 2013, 30(5): 778-784.

[19] Klotz C, Bond P, Wasserman I, et al. A new mudpu-lse telemetry system for enhanced MWD / LWD applica-tion [C]//IADC / SPE Drilling Conference. Orlando, Florida: SPE, 2008.
[20] 管志川, 苏堪华, 苏义脑. 深水钻井导管和表层套管横向承载能力分析[J]. 石油学报, 2009, 30(2): 285-290.
[21] 唐海雄, 盛磊祥, 陈彬, 等. 深水喷射钻井导管力学分析与强度校核[J]. 石油天然气学报, 2010, 32(5): 146-150.
[22] 张洪坤, 孙宝江, 徐爽, 等. 深水喷射下导管射流破土数值模拟及试验验证[J]. 石油机械, 2016, 44(4): 33-37.
[23] 薛胜雄. 高压水射流技术工程[M]. 合肥: 合肥工业大学出版社, 2006.
[24] 孙家骏. 水射流切割技术[M]. 徐州: 中国矿业大学出版社, 1992.
[25] 卢晓江, 何迎春, 赖维. 水射流清洗技术及应用[M]. 北京: 化学工业出版社, 2006.
[26] 沈忠厚. 水射流理论与技术[J]. 中国安全科学学报, 1999, 9(Z1): 89.
[27] 王瑞和, 倪红坚. 水射流破岩机理研究[J]. 中国石油大学学报(自然科学版), 2002, 26(4): 118-122.
[28] 李晓豁. 掘进机截割的关键技术研究[M]. 北京: 机械工业出版社, 2008.
[29] 江红祥. 高压水射流截割头破岩性能及动力学研究[D]. 徐州: 中国矿业大学, 2015.
[30] Hoshino K, Nagano T. Rock cutting and breaking using high speed water jet together with TBM cutter[C]//England: 1st Inst Symp Jet Cutting Tech, BHRA, 1972.
[31] 沈忠厚, 李根生, 王瑞和. 水射流技术在石油工程中的应用及前景展望[J]. 中国工程科学, 2002, 4(12): 60-65.
[32] 王晓敏. 长壁工作面高压水细射流采煤机械的进展[J]. 煤矿机械, 1981(3): 13-17.
[33] 曹建军. 超高压水力割缝卸压抽采区域防突技术应用研究[J]. 煤炭科学技术, 2020, 48(6): 88-94.
[34] 刘新民. 高压水射流卸压增透技术在松软厚煤层防突中的应用[J]. 陕西煤炭, 2018, 37(5): 58-61, 80.
[35] 孙家骏. 国外水射流技术在采掘机械中的应用[J]. 煤矿机电, 1986(4): 38, 53-56.
[36] 傅慧萍, 赵敏, 葛彤. 基于两相流模型的喷冲式水下挖沟机数值模拟[C]//中国造船工程学会船舶水动力学学术会议论文集, 2013.
[37] Maurer W C, Heilhecker J K, Love W W. High-pressure drilling[M]. State of Texas: Society of Petroleum Engineers, 1973.
[38] Veenhuizen S D, Ohanlon T A, Kelley D P, et al. Ultrahigh pressure down hole pump for jet-assisted drilling[C]// IADC/SPE drilling conference, Onepertro, 1996.
[39] 唐立志. 适用于硬质黏土的淹没射流物理模型[J]. 油气储运, 2016, 35(4): 432-438.
[40] Aderibigbe O O, Rajaratnam N. Erosion of loose beds by submerged circular impinging vertical turbulent jets[J]. Journal of Hydraulic Research, 1996, 34(1): 19-33.
[41] Berghe J F V, Capart H, Su J. Jet-induced trenching operations: Mechanisms involved[C]//Offshore Technology Conference, 2008.
[42] Yeh P H, Chang K A, Henriksen J, et al. Large-scale laboratory experiment on erosion of sand beds by moving circular vertical jets[J]. Ocean Engineering, 2009, 36(3-4): 248-255.
[43] 周守为, 李清平, 吕鑫, 等. 天然气水合物开发研究方向的思考与建议[J]. 中国海上油气, 2019(4): 5-12.
[44] 吴能友, 黄丽, 胡高伟, 等. 海域天然气水合物开采的地质控制因素和科学挑战[J]. 海洋地质与第四纪地质, 2017, 37(5): 1-11.
[45] 公彬, 蒋宇静, 王刚, 等. 南海天然气水合物开采海底沉降预测[J]. 山东科技大学学报(自然科学版), 2015, 34(5): 61-68.
[46] 李洋辉, 宋永臣, 刘卫国. 天然气水合物三轴压缩试验研究进展[J]. 天然气勘探与开发, 2010, 33(2): 51-55.
[47] 董刚, 龚建明, 王家生. 从天然气水合物赋存状态和成藏类型探讨天然气水合物的开采方法[J]. 海洋地质前沿, 2011, 27(6): 59-64.
[48] 何家雄, 祝有海, 陈胜红. 天然气水合物成因类型及成矿特征与南海北部资源前景[J]. 天然气地球科学, 2009, 20(2): 237-243.
[49] 王吉亮. 高富集度天然气水合物储层地球物理特征研究[D]. 北京: 中国科学院研究生院(海洋研究所), 2015.
[50] 宁伏龙, 刘力, 李实, 等. 天然气水合物储层测井评价及其影响因素[J]. 石油学报, 2013, 34(3): 591-606.

[51] 张伟, 梁金强, 陆敬安, 等. 中国南海北部神狐海域高饱和度天然气水合物成藏特征及机制[J]. 石油勘探与开发, 2017, 44(5): 670-680.
[52] 李洋辉, 宋永臣, 刘卫国. 天然气水合物三轴压缩试验研究进展[J]. 天然气勘探与开发, 2010, 33(2): 51-55.
[53] 谭蓉蓉. 我国在南海北部成功钻获天然气水合物实物样品[J]. 天然气工业, 2007, 27(6): 84-84.
[54] Hyodo M, Nakata Y, Yoshimoto N, et al. Shear strength of methane hydrate bearing sand and its deformation during dissociation of methane hydrate[C]//Fourth International Symposium on Deformation Characteristics of Geomaterials. Atlanta, 2008.
[55] Kajiyama S, Wu Y, Hyodo M, et al. Experimental investigation on the mechanical properties of methane hydrate-bearing sand formed with rounded particles[J]. Journal of Natural Gas Science and Engineering, 2017, 45: 96-107.
[56] Masui A, Haneda H, Ogata Y, et al. Effects of methane hydrate formation on shear strength of synthetic methane hydrate sediments[C]//The Fifteenth International Offshore and Polar Engineering Conference. Seoul, Korea: International Society of Offshore and Polar Engineers, 2005.
[57] Miyazaki K, Tenma N, Yamaguchi T. Relationship between creep property and loading-rate dependence of strength of artificial methane-hydrate-bearing Toyoura sand under triaxial compression[J]. Energies, 2017, 10(10): 1466.
[58] Song Y C, Yu F, Li Y H, et al. Mechanical property of artificial methane hydrate under triaxial compression[J]. Journal of Natural Gas Chemistry, 2010, 19(3): 246-250.
[59] 李洋辉, 宋永臣, 于锋, 等. 围压对含水合物沉积物力学特性的影响[J]. 石油勘探与开发, 2011, 38(5): 637-640.
[60] 李令东, 程远方, 孙晓杰, 等. 水合物沉积物试验岩样制备及力学性质研究[J]. 中国石油大学学报(自然科学版), 2012, 36(4): 97-101.
[61] 刘芳, 寇晓勇, 蒋明镜, 等. 含水合物沉积物强度特性的三轴试验研究[J]. 岩土工程学报, 2013, 35(8): 1565-1572.
[62] 李彦龙, 刘昌岭, 刘乐乐. 含水合物沉积物损伤统计本构模型及其参数确定方法[J]. 石油学报, 2016, 37(10): 1273-1279.
[63] 关进安, 卢静生, 梁德青, 等. 高压下南海神狐水合物区域海底沉积地层三轴力学性质初步测试[J]. 新能源进展, 2017, 5(1): 40-46.
[64] 鲁晓兵, 张旭辉, 石要红, 等. 黏土水合物沉积物力学特性及应力应变关系[J]. 中国海洋大学学报(自然科学版), 2017, 47(10): 9-13.
[65] 朱超祁, 张民生, 刘晓磊, 等. 海底天然气水合物开采导致的地质灾害及其监测技术[J]. 灾害学, 2017, 32(3): 51-56.
[66] 陈光进, 长宇, 庆兰. 气体水合物科学与技术[M]. 北京: 化学工业出版社, 2008.
[67] 陈月明, 李淑霞, 郝永卯, 等. 天然气水合物开采理论与技术[M]. 北京: 石油大学出版社, 2011.
[68] 高文爽, 陈晨, 房治强. 高压热射流开采天然气水合物的数值模拟研究[J]. 天然气勘探与开发, 2010, 33(4): 49-52.
[69] 房治强. 冻土区天然气水合物热激法试开采系统及数值模拟研究[D]. 长春: 吉林大学, 2011.
[70] 贾瑞. 天然气水合物热管式孔底快速冷冻机构及蒸汽法试开采试验研究[D]. 长春: 吉林大学, 2013.
[71] 李宽. 冻土区天然气水合物蒸汽法开采系统数值模拟与野外试验[D]. 长春: 吉林大学, 2012.
[72] 杨林, 孙友宏, 陈晨, 等. 注蒸汽法开采天然气水合物的数值模拟及试验研究[C]//第十八届全国探矿工程(岩土钻掘工程)技术学术交流年会论文集, 哈尔滨, 2015.
[73] Takahashi H, Yonezawa T, Fercho E. Operation overview of the 2002 Mallik Gas hydrate production research well program at the Mackenzie Delta in the Canadian Arctic[C]//Offshore Technology Conference, 2003.
[74] Li X T, Chen C, Zhang Y, et al. Analysis of characteristics and feasibility of high-pressure- and low-temperature water jet method of exploiting marine natural gas hydrate[J]. KnE Materials Science, 42(2): 168-179.
[75] 周守为, 陈伟, 李清平. 深水浅层天然气水合物固态流化绿色开采技术[J]. 中国海上油气, 2014, 26(5): 1-7.

[76] Zhang X H, Lu X B, Liu L L. Advances in natural gas hydrate recovery methods[J]. Progress in Geophysics, 2014, 29: 858-869.

[77] 伍开松, 贾同威, 廉栋, 等. 海底表层天然气水合物藏采掘工具设计研究[J]. 机械科学与技术, 2017, 36(2): 225-231.

[78] 王国荣, 钟林, 周守为, 等. 天然气水合物射流破碎工具及其配套工艺技术[J]. 天然气工业, 2017, 37(12): 68-74.

[79] Yang L, Chen C, Jia R, et al. Influence of reservoir stimulation on marine gas hydrate conversion efficiency in different accumulation conditions[J]. Energies, 2018, 11(2): 339.

[80] 赵金洲, 李海涛, 张烈辉, 等. 海洋天然气水合物固态流化开采大型物理模拟实验[J]. 天然气工业, 2018, 38(10): 76-83.

[81] 宋震, 李凯莉, 孙嘉航, 等. 海洋天然气水合物储层拉削开采新方法及可行性分析[J]. 过程工程学报, 2020, 20(10): 1-7.

[82] Pan D B, Zhong X P, Zhu Y , et al. CH_4 recovery and CO_2 sequestration from hydrate-bearing clayey sediments via CO_2/N_2 injection[J]. Journal of Natural Gas Science and Engineering, 2020, 83(4): 103503.

[83] 潘栋彬. 海洋天然气水合物射流破碎与注 CO_2N_2 置换联合开采研究[D]. 长春: 吉林大学, 2021.

第4章 钻孔水力开采技术在矿产开采中的应用研究

4.1 钻孔水力开采技术的工艺与主要设备

4.1.1 钻孔水力开采技术的工艺

水力开采技术最早起源于采矿业，19世纪中叶水力开采技术最早用于冲蚀土壤以及开采弱胶结的矿石。北美洲首次利用高压水射流开采非固结的矿床，俄罗斯也在1830年使用该技术开采未固结的砂砾石金矿。1852～1884年，水力采矿技术成功地应用于美国加利福尼亚金矿开采。但是，由于当时技术以及制造行业能力限制，水力开采所使用的压力很低，仅几个或十几个大气压。20世纪30年代，人们开始使用压力在10MPa左右的水射流，主要用于破碎开采中等及以下硬度的煤层。1952年，苏联建立了第一座地下水力开采矿山——乌克兰图尔甘矿，从此，矿山水力开采正式进入产业化并迅速在世界范围内被广泛采用[1]。但此阶段，由于水射流的压力较低，很大程度上限制了水力开采的生产效率和应用范围。到了20世纪60年代，随着高压柱塞泵和增压器等增压装置的相继出现，水力开采射流流体的工作压力得到了大幅提升，大大推动了水射流技术的发展，到了20世纪70年代，人们逐渐意识到用间歇性流体、含砂流体进行射流所产生的破坏力远大于普通的连续射流，由此人们发明了高频冲击射流、共振射流和磨料射流等射流方式，大大拓宽了水力开采的适用范围[2]。

钻孔水力开采技术是一种以水射流为主要破碎工作介质的地下原位开采方法。其工艺是利用放入已有钻孔中的高压水枪向地下岩矿层进行喷射，利用高压射流来破碎固体岩矿层的自然结构或将岩石内的裂隙扩大，最终破碎岩（矿）石并形成可流动的矿浆，通过水（气）力提升装置将矿浆输送到地表，在地表对矿浆进行进一步提炼[3,4]。钻孔水力开采技术主要用于开采疏松、多孔、分散、弱胶结或强度不高的固体矿产，特别是在地下深部矿产，浅部不均布的小矿、贫矿，湖泊、海底矿产开采领域有着传统方法无法比拟的优势，有良好的应用前景，目前主要用于煤炭行业。由于钻孔水力开采具有工程效益好、安全系数高和环保等优点，美国、俄罗斯等国家一直在使用和研究。

钻孔水力开采技术不同于传统的地下巷道采矿和露天开采，相比于两者，该技术有如下优点[3,5]。

（1）基建投资少，矿山建设期限短，基建投资回收快。据国外的专家预估，与常规开采方法相比，在其他条件不变的情况下，建设一个相同生产能力的矿山，其建设费用只有传统矿山的 30%～50%，开采成本为传统矿山的 50%～60%。如俄罗斯 1994 年 7 月在库尔斯克磁铁矿，用钻孔水力开采方法开采铁矿石 8000～9000t，开采成本仅 4 美元/t，低于俄罗斯任何一家矿山的开采成本。

（2）选矿成本低。库尔斯克某矿层存在着含铁量（质量分数）为 61%～63% 的松散铁矿石，采用传统的地下开采方法开采的矿石含铁量（质量分数）为 60%～62%，用钻孔水力开采的矿石含铁量（质量分数）为 66%～67%，开采得到的矿石全部或大部分不需要精选就可作为商品矿石出售。

（3）对于贵重稀缺的矿藏如铂、金、铀等有很好的适用性。据俄罗斯专家统计，对于开采深度在 800m 的铁矿而言，只需 5m 的破坏半径以及 10m 的矿体厚度就可达到开采的经济性要求，对于贵重金属，钻孔水力开采无疑具有更高的经济效益。

（4）采矿过程机械化、自动化程度高，无须采矿工人进行井底工作，大大降低了工作人员的安全隐患，降低了工人的劳动强度，同时减少了采矿过程中的人员工资，降低了采矿成本。

（5）开采深度大，适用范围广。钻孔水力开采的理论深度超过 1500m，实际工作深度已经超过 800m。另外，钻孔水力开采可在一些复杂地质条件下、传统开采方法难以实施的矿区进行采矿作业。

（6）环境污染小。钻孔水力开采技术不需要大规模开挖土地，保护了矿区的完整性，且矿体破碎在孔底，破碎提升全过程中均有水参与，大大减少了粉尘的产生。

1. 钻孔水力开采的工艺流程

钻孔水力开采的主要工艺流程有三部分，如图 4.1 所示。

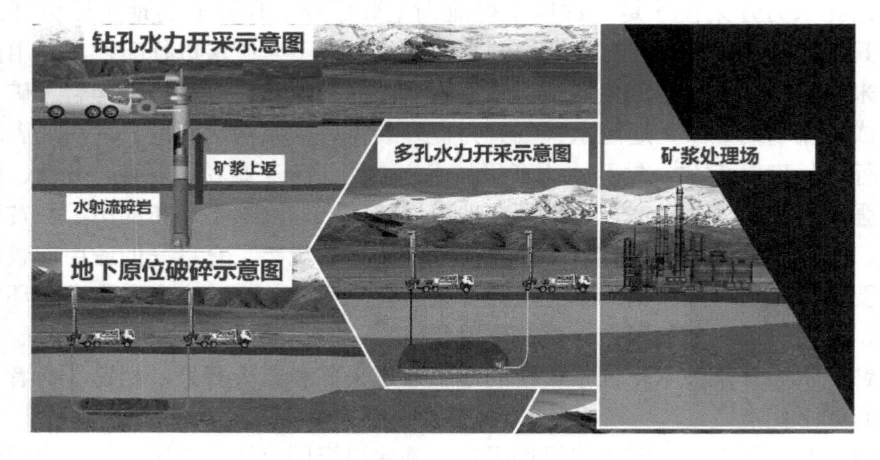

图 4.1　钻孔水力开采原理示意图

（1）先导孔施工。

先导孔施工可以采用常规的钻进施工方法，同时可以借助水力开采系统中的设备进行高压水射流辅助钻进来提高效率，降低钻孔成本。先导孔的施工深度要钻到矿层底板，这是因为水力开采过程中，矿层被自下而上破碎，从而使上部矿体在水力破碎的同时，松散矿体也产生崩落，提高生产效率。目前，常用的水力开采孔的直径为219～370mm，孔深由矿层的埋深而定。

（2）水力喷射碎岩。

当先导孔施工完成后，将水力开采钻具下入孔底，由地表高压泵向水力冲采器供给高压水，破碎矿体，在水力开采钻具破碎矿体的同时，由钻机带动水力开采钻具沿钻孔轴线移动并回转，从而形成圆柱形破碎区。水力喷射碎岩是钻孔水力开采的关键技术，其碎岩效率直接决定了水力开采的生产效率，国内外很多学者都对此进行了大量研究。

（3）矿浆提升。

在水力碎岩的过程中，破碎的岩（矿）石和水混合成矿浆聚集在孔底，需要依靠水力提升、气举提升或者混合提升方法将矿浆提升至地表，然后输送矿浆处理区域进行矿物分选加工处理。

2. 钻孔水力开采的施工工序

（1）开采勘探。

确定矿区地质概况，得到矿体和围岩的全部特征，确定矿体几何形状、储量，区分矿石类别，确定钻孔和矿层的水文地质参数。

（2）准备工作。

清理并平整拟开采的矿区，钻进先导孔，保证钻孔水力冲采器能够到达矿体，掘进排水坑道。铺路、安装电网并连接矿区管路，以便供给高压水、压缩空气及其他工作介质。安装矿区抽泥装置，铺设矿区用水管道，以便将矿石运往贮藏仓库或选矿厂。

（3）回采。

通过水力开采钻具对岩（矿）石进行水力破碎同时控制矿柱形成的形状；将矿石变成悬浮状态并将其送到提升装置。

（4）地压控制。

监测和控制岩石、地表的变形情况，以保证采矿工作安全和矿产采储率的提高。

（5）运输。

开采的矿石通过水力输送到仓库或选矿厂，混合均匀并进行部分选矿。

（6）仓储。

把矿石置于储藏室内和洗矿地点，把矿石混合均匀。

（7）复原。

把采矿占用的土地退还使用；恢复地表的价值（处理开采钻孔、平整地面，归还农业生产或作为工业建设用地使用）。

3. 钻孔水力开采的适用条件

影响钻孔水力开采的主要因素可以分为两类。

第一类影响因素是指矿层的岩石强度，它决定了钻孔水力开采方法开采矿床的能力，最易开采的是低强度的矿石。

第二类影响因素是指矿层的品位及赋存条件，它决定了开采系统、开采工艺和经济指标。其中最重要的有矿床的埋藏条件、矿石中的有效成分、顶板岩石的强度、矿床的水文地质条件。

（1）矿床的埋藏条件、厚度、形状的变化决定了开采孔的分布密度及开采孔内输送到地表的条件。对于急倾斜的、单斜层的矿床，可以有效地塌落并自动输送到水力开采装置中；对于缓倾斜和水平状的矿体，一般增加开采孔的数量才能开采。当矿体规模较大、形状简单并且矿化带连续时可以增加孔距来降低成本。矿床的埋深影响钻孔水力开采系统的选择、开采孔的结构及其成本，随矿产埋深增加，地压增加，可用于辅助破碎矿体，降低开采成本。

（2）矿床顶板的强度。当矿床顶板为黏土或石灰相的岩石覆盖时，易开采；当矿床顶板是砂或在水平和垂直方向上岩性有变化时，则会降低开采量。

（3）矿床的水文地质条件。矿床中含水量增加会减轻碎岩工作量并加速矿浆的水力输送速度。但含水矿层和上覆岩层间存在水力联系时，会使开采过程变得复杂，因此要求建立昂贵的隔离系统。

鉴于以上影响钻孔水力开采的主要因素，进行钻孔水力开采应满足下列矿山技术和地理经济条件：存在相当数量易水力破碎的矿体，矿石的强度低；矿体上覆盖有致密的岩石，开采时防止地表明显的破坏；存在致密的黏土层，作为地表水和孔内流体的隔离层；矿体含水和埋藏较深时可降低水力开采对环境的影响；与交通线、动力源、水源和居民点的距离较短；地表工程量少，以方便地布置洗矿场和循环水池；地表水少，且地表可以支撑自行式钻探设备及其辅助设备。

4. 钻孔水力开采的工业化试验、开采情况

1964 年，苏联矿山研究所在水力碎岩基本原理的基础上对钻孔水力开采进行了初步试验，并丰富了钻孔水力开采机理。20 世纪 20 年代，美国成功进行了铀矿、磷矿、砂岩的试采试验，随后其他国家纷纷效仿，并根据在不同矿层中的开

采经验对开采技术进行改进。1995 年，俄罗斯对埋深 30～35m 的钛、锆矿进行试采，单孔开采率为 25～40t/h。在对 90～100m 黏土矿开采时，单孔开采率可达 20t/h。美国对埋深 101m 磷矿进行开采，单孔开采率可达 50t/h。1987 年，南斯拉夫使用喷射压力 6MPa 的射流对埋深 40m 的石英砂矿进行开采，单孔开采率为 60～80t/h，耗水量为 150m^3/h。俄罗斯对开采技术进行改进后，使其适用于深层铁矿，矿层深度达 800m，单孔开采率稳定在 40t/h。西伯利亚某矿业公司对钻孔水力开采与传统技术开采煤矿的成本进行了分析，结果表明在 20m 浅层地表矿开采时，两者成本基本相当，而当随矿藏深度增加时，露天开采的成本迅速上升，在埋深 70m 时露天开采成本高出钻孔水力开采 5 倍[6-8]。部分国家进行的试验、开采概况见表 4.1。

表 4.1　部分国家进行的试验、开采概况[9]

年份	项目名称	国家	开采深度/m	岩矿层类型
2003	钻孔水力开采试验	美国	250	铁矿
2003	钻孔水力开采试验	美国	300	铁矿
2000	钻孔水力开采试验	津巴布韦	600～800	页岩
1996	钻孔水力开采试验	美国	100～150	砂岩
1989	钻石矿开采	苏联	80～800	金伯利岩
1992～1994	钻孔水力开采试验	美国	1000	页岩
1988	铁矿石开采	苏联	400～800	铁矿
1987	石英砂矿开采	南斯拉夫	20～40	石英砂矿
1976	钛矿开采	苏联	40～100	石英砂矿

在世界范围内，英国、澳大利亚、哈萨克斯坦及印度等运用钻孔水力开采技术相继开发出了适用于煤炭、金伯利岩、页岩的水力开采工艺，我国于 20 世纪 50 年代成功进行了水力辅助切割采煤，但钻孔水力开采的成功案例仍鲜有报道。目前，美国和俄罗斯等继续进行着深入研究，不断丰富完善钻孔水力开采技术。

5. 钻孔水力开采油页岩矿

在油页岩钻孔水力开采方面，现有的油页岩地面干馏技术是采用传统挖掘法将浅表油页岩（矿）石采出，使用地面干馏炉加热提炼页岩油。而松辽盆地油页岩层具有埋藏深、矿层薄的特点，使用传统方法开采油页岩效率较低且成本较高。针对这一问题，以吉林大学为主的科研团队研发了油页岩钻孔水力开采技术及工艺，并进行了野外试验，获取了水力开采油页岩关键数据和宝贵的应用经验，为油页岩钻孔水力开采提供理论依据。

2007 年，陈晨等[10]对油页岩水力破碎的可行性进行分析，并确立了影响钻孔水力开采效果的关键技术参数。2011 年，高文爽[11]对油页岩钻孔水力开采的孔底流场进行研究，得出射流速度和喷嘴距离是影响孔底流场的关键因素，并给出射流速度 200m/s、喷嘴直径 10mm、输出压力 55MPa 时开采效果较好。2012 年，陈大勇[12]设计研制了喷嘴性能测试实验台以研究开采过程中最优喷嘴流速、射流冲击力、射流最优靶距，给出了喷嘴出口内径、长径比、收缩角的最优参数，得到了喷射距离对射流冲击力的影响规律。2014 年，温继伟[13]运用正交试验和计算流体动力学（CFD）数值模拟技术对四种喷嘴破碎油页岩的效果进行研究，得出喷嘴的出口直径对水射流性能影响较大，在对平行层理的油页岩进行开采时，建议喷射压力不小于 8MPa，流量不低于 7.69m^3。2015 年吉林大学使用自主研发的水力开采钻具在吉林省农安县进行了开采试验，对射流泵压、流量、喷嘴出口速度进行监测，并下入井底摄像机对破碎情况进行观测，同时对上返岩屑粒径进行分析，得出钻孔水力开采喷嘴角度对水射流碎岩有很大的影响，同时采用大泵量、高压力进行开采，形成的矿物颗粒粒径更小而且更加均匀。水射流碎岩试验装置与油页岩水力破碎前后效果如图 4.2 和图 4.3 所示。

图 4.2　吉林大学水射流碎岩试验装置

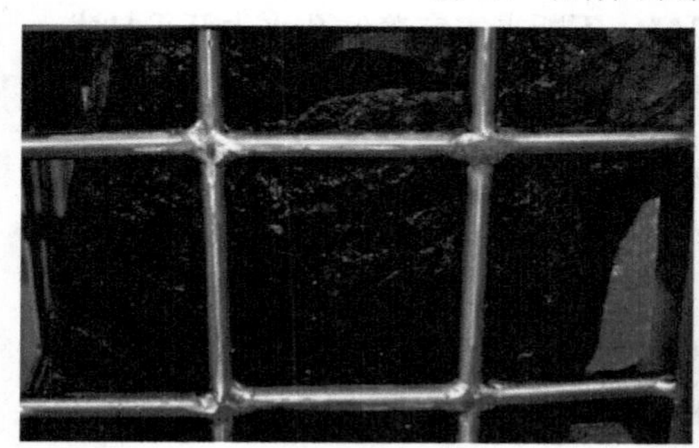

图 4.3　油页岩水力破碎前后效果

4.1.2　钻孔水力开采技术的主要设备

钻孔水力开采所使用设备主要包括地表设备和地下设备。地表设备包括：①钻机，进行先导孔施工、带动水力开采钻具执行相应的开采动作；②泥浆泵组，为钻进泵送冲洗介质、为水力提升装置泵送动力介质；③空压机，为矿浆的气举提升提供压缩空气；④矿浆处理设备，由于本书着重于岩（矿）石的开采部分，因此对于矿浆的处理未做介绍。地下设备包括：①水力开采钻具，进行岩（矿）石的水力破碎；②矿浆提升装置，包括水力提升装置和气举提升装置。

1. 钻机

一般而言，钻孔水力开采的先导孔成孔作业与常规的工程孔钻井并无区别，因此在先导孔成孔作业中，可依据地质条件，参照工程地质钻探等相关钻探规程选择所用的钻机及钻进工艺。但在水力开采的过程中，由于水力开采钻具需要缓慢地回转（回转速度在 1～2r/min）以充分破碎岩石，因此需要选用转盘式钻机或动力头式钻机以实现如此低的回转速度。

吉林大学与原中国地质装备总公司合作设计研发了具有自主知识产权的适用于浅层的油页岩多功能钻采钻机，如图 4.4 所示。该钻机配备了双液压马达驱动的动力头以满足多种钻探工艺的灵活切换；主液压系统为动力头匹配两种速度模式，提高了动力头回转速度的调节范围。钻采钻机的性能参数见表 4.2。

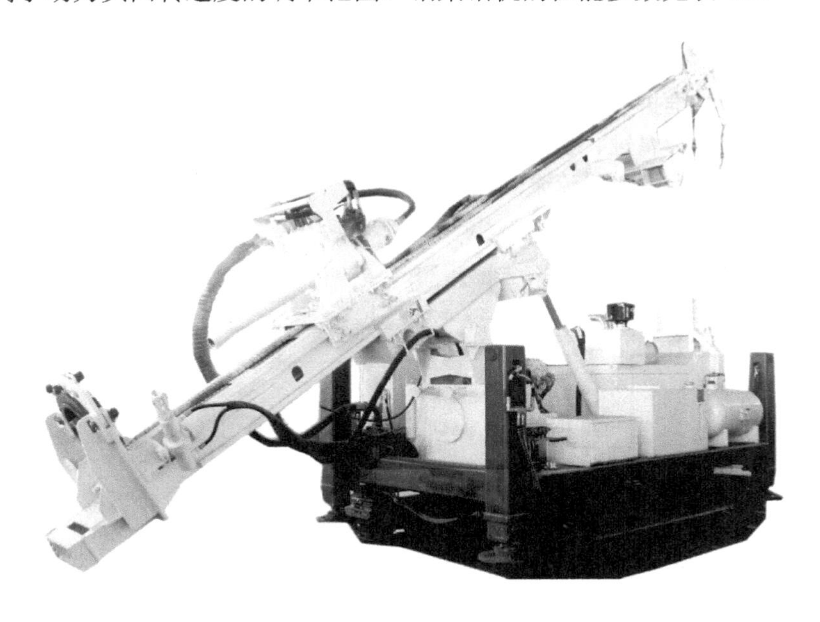

图 4.4　多功能钻采钻机

表 4.2　钻采钻机的性能参数

序号	项目	性能参数	
1	钻采能力	钻孔直径	300～500mm
		钻进深度	200m
2	适用工艺	正循环钻进、反循环钻进、空气潜孔锤钻进、空气潜孔锤根管钻进、钻孔水力开采	
3	顶驱动力头	挡位	两挡挡内无级变速
		回转扭矩	11000N · m
		回转速度	0～150r/min
4	桅杆及给进机构	桅杆摆角	45°～90°
		行程	3000mm
		提升力	15t
		轴压力	4.5t
5	辅助绞车	提升力	1t
6	行走履带	行走速度	2.5km/h
		最大爬坡角度	20°

2. 水力提升装置

在钻孔水力开采中，水力提升装置的核心部件是射流泵。射流泵（图 4.5）是一种利用高压流体作为动力介质，抽吸、运输液体或固液混合物的流体机械设备，具有结构简单、维护方便、密封性好、安全性高和便于综合利用等优点，尤其适合于水下、放射、腐蚀、易燃易爆、高温高压等场合。通常，根据射流泵结构形式的不同，可分为中心射流泵和环形射流泵。

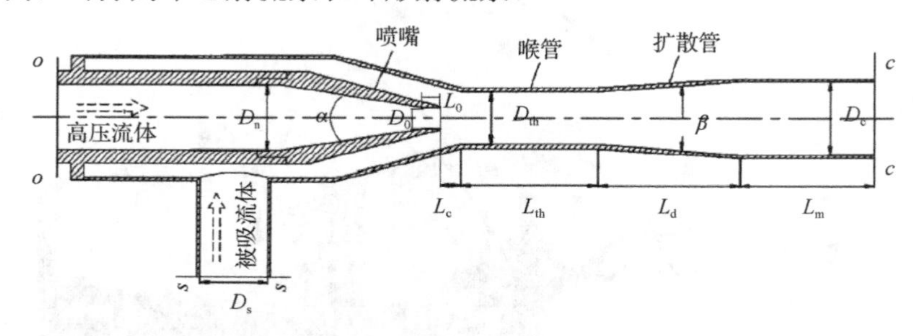

图 4.5　射流泵结构

（1）射流泵的结构。

D_0、D_n、D_s、D_{th}、D_c、L_c、L_{th}、L_d、L_m、α、β 分别为喷嘴小径、喷嘴大径、被吸流体进口直径、喉管直径、射流泵出口直径、喉嘴距、喉管长度、扩散管径

向长度、射流泵出口直段长度、喷嘴收缩角、扩散管的扩散角；*c-c* 为射流泵出口断面；*s-s* 为射流泵被吸流体进口断面；*o-o* 为射流泵高压流体进口断面。

（2）中心式射流泵。

中心式射流泵的基本结构如图 4.6 所示，主要由三部分组成：喷嘴、喉管和扩散管。其工作原理是将工作流体通过喷嘴高速喷出，同时静压能部分转换为动能。管内形成低压，流体被吸入管内。两股液体在喉管中进行混合和能量交换，工作液体速度减小，被吸液体速度增大，在喉管出口处速度趋于一致。混合液体通过扩散管时，随着流道的增大，速度逐渐降低，动能转化为压力能，混合液体压力随之升高，形成一定的压头，混合液体在此压头的作用下沿管柱向上运移。

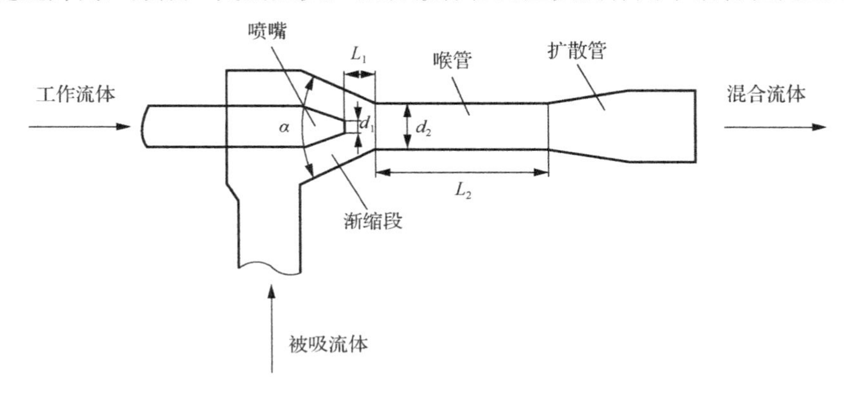

图 4.6　中心式射流泵的基本结构

（3）环形射流泵。

环形射流泵的吸入通道位于泵的中心位置，喷嘴包裹在吸入通道周围形成环形。图 4.7 是环形射流泵的工作原理示意图，可以看出，环形射流泵主要由环形喷嘴、吸入室（混合室）、喉管、扩散管及出水管等组成。工作时，地面加压设备输出的液体经环形喷嘴形成高速射流，使其成为一束压力较低、速度较大的液流，因此会在环形射流泵的混合室（环形喷嘴与喉管之间位置）形成一个低压区，则混合室与吸入通道入口之间出现一个负压差区，吸入流体在压差作用下被加速吸入混合室并与高速的工作液流接触，两股流体经由混合室进入喉管后相互接触混合在一起，相互混合过程中也进行着能量的传递，形成具有一定压能的同速混合流体，一起经扩散管离开环形射流泵。

环形射流泵不同于传统的中心式射流泵，其工作流体环绕在吸入管道周围，形成高速的环形射流，而被吸入流体则沿泵的中心轴线运动，没有与任何壁面接触，即没有任何的壁面阻力。在中心射流泵中，吸入的液流会与壁面直接接触，产生很大的壁面阻力。因此，与中心射流泵相比，环形射流泵明显提高了液流的携液能力，提升了射流泵的输送效率。

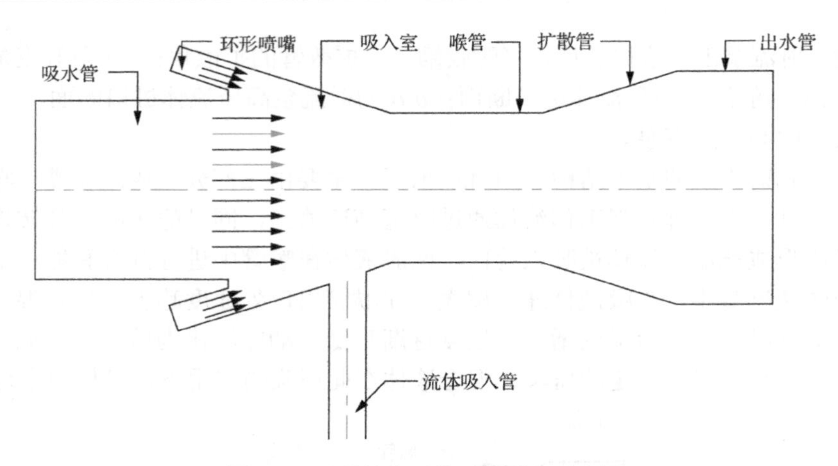

图 4.7　环形射流泵的工作原理示意图

3. 气举提升装置

气举提升装置是以压缩空气为动力介质，来抽吸和压送液体或浆体的流体输送机械，是举升矿浆、泥沙、石油等的有效而可靠的工具。

（1）常规气举提升装置。

常规的气举提升装置示意图如图 4.8 所示，空压机将压缩空气经进气口压入气体喷嘴，高速流入引射室，由于压缩空气具有很高的能量，与引射室内的水接触后会进行剧烈的能量交换，从而在引射室内形成局部真空，在压差的作用下，引射室下方的液体流入引射室，并上升至喉管处，与空气形成固液气三相混合流体，由于混合流体的密度小于矿浆的密度，所以在压差作用下，三相混合流体向上运移至地表。

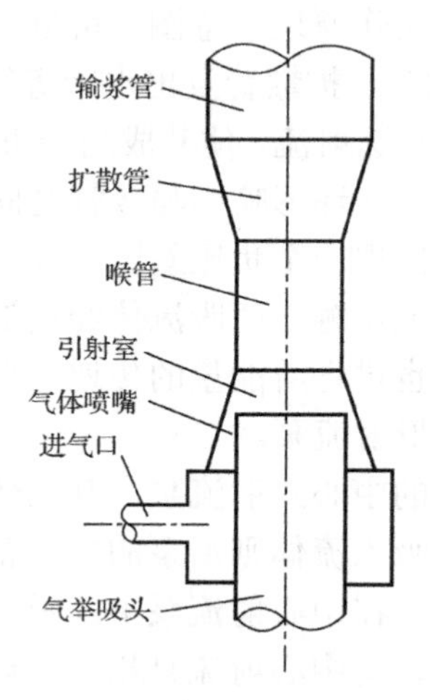

图 4.8　常规气举提升装置示意图

气举本身没有运动部件，结构非常简单，气举提升的效率很大程度上取决于空压机的供气能力。空压机的种类较多，按其工作原理与结构，通常可分为容积型空压机和速度型空压机。容积型空压机特别是多级往复活塞式空压机可以达到很高的压缩比（最大约 200），但是它们的体积流量有限，最大约 30m^3/min，而速度型空压机的体积流量最大可达 3000m^3/min，但其压缩比却很低，最大仅为 20 左右。在钻孔水力开采中，通常选用容积型空压机以获得较高的压缩比和气体压力。钻孔水力开采中可选用的部分空气压缩机型号及其主要技术参数见表 4.3。

表 4.3 部分国内外生产商生产的空压机技术参数

生产商	型号	排气压力/MPa	排气量/(m^3/min)	功率/kW	动力机	功率外形尺寸/(mm×mm×mm)	质量/t
美国寿力	980RH	2.07	27.8	317	Cummins QSM11	4687×2100×2558	6.3
	780VH	2.41	22.1	317	Caterpillar C12	4687×2100×2558	6.2
	900XH	2.4	25.5	317	Cummins QSM11	4687×2100×2558	6.3
	900XHH	3.45	25.5	403	Caterpillar C15	4687×2100×2558	6.3
	1150XH	2.41～3.45	25.5～32.6	403	Caterpillar	4080×2100×2440	4.8
	1350XH	2.41～3.45	32.6～38.2	470	Caterpillar	4080×2100×2440	4.8
阿特拉斯-科普柯	XAVS 407	2.0	24.4	242	Caterpillar C9	5650×2150×2500	6.2
	XRVS 336	2.5	19.7	224	Caterpillar C9	5650×2150×2500	5.3
	XRVS 476	2.5	27.6	318	Caterpillar C13	5650×2150×2500	6.2
	XRHS 506	2.0	30.0	354	Caterpillar C13	5650×2150×2500	7.1
上海复盛	PDS750S	2.1	21.2	235	Mitsubishi 6D24	4300×1900×2445	5.7
	PDSK900S	2.5	25.5	328	Caterpillar C13	5270×2150×2600	7.4
	PDSJ1050S	2.1	29.7	328	Caterpillar C13	5270×2150×2600	7.4
	PDSK1200S	2.5	34.0	403	Caterpillar C15	5600×2110×2500	7.8
鞍山力邦	WF-5/40	4.0	5.0	58	Y315S-6	2900×1830×1600	4.0
	WF-5/60	6.0	5.0	69	6315N	4145×1650×1550	5.5
	WF-7.5/40	4.0	7.5	65	Y315L-6	3340×1800×1970	5.0
	W-10/40	4.0	10.0	100	TBO234V6	6500×2200×2300	7.5
	W-10/60	6.0	10.0	111	TBO234V6	6500×2200×2300	7.5

（2）气举螺旋升液器。

俄罗斯国立地质勘探大学、下诺夫哥罗德市伏尔加地质队研制了新型气举螺旋升液器。由于水的螺旋流动是一种消耗能量相对较低的流动形式，基于此，该升液器采用了螺旋升液结构（图 4.9）使液流在上升过程中以螺旋形式流动。经现场试验证明，该气举螺旋升液器能够一定程度降低能量的消耗。

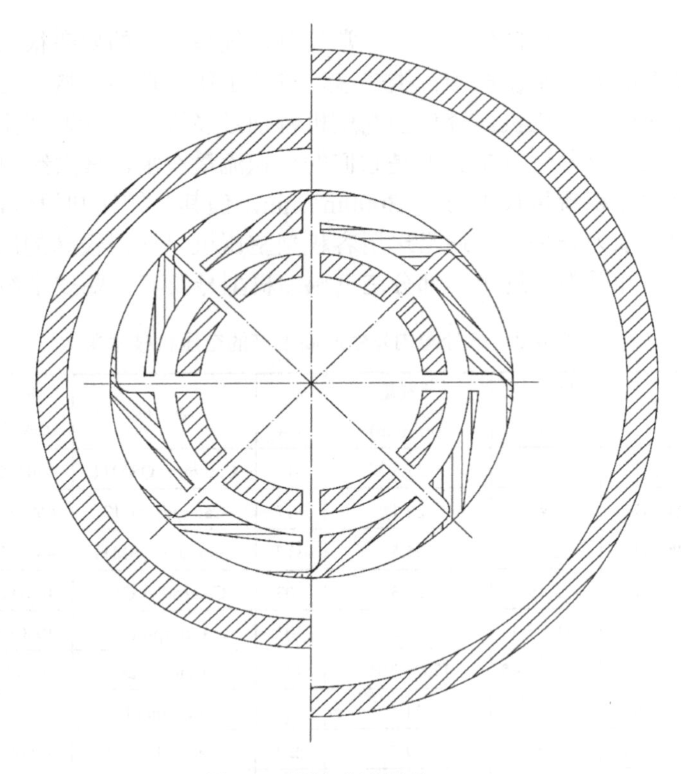

图 4.9　螺旋升液结构

4.2　钻孔水力开采相关参数实用计算方法

1. 水力破碎参数

水力碎岩是一个复杂的过程，该过程由许多因素控制，如作用在岩体上射流的法向力和切向力、冲击荷载、渗透力、磨蚀作用等，所以准确的数据只能通过实际的工业性试验得到。但为了指导生产，辅助开采工艺设计，目前可以通过计算获得一些相关的水力破碎参数，包括射流速度、流量、破碎半径和水力破碎效率，其计算方法如下。

1）射流速度

水枪射流的初始速度（m/s）：

$$V_0 = \phi\sqrt{2P_0 \cdot 10^3} \tag{4.1}$$

式中，ϕ 为计算速度系数，0.92～0.96；P_0 为喷嘴入口处的喷射压力。

喷嘴入口处的喷射压力（MPa）：

$$P_0 = P - P_c - P_{损} + \gamma_{工} gH \tag{4.2}$$

式中，P 为根据水枪要求选用的泵压，MPa；P_c 为泵到喷嘴间管线内的压力损失，已有的经验值为 $(0.02 \sim 0.05) \times 10^{-6}$ MPa；$P_{损}$ 为水枪中的压力损失，已有的经验值为 $(0.4 \sim 0.7) \times 10^{-6}$ MPa；$\gamma_{工}$ 为工作介质的容重，kg/m^3；g 为重力加速度；H 为上覆岩层的深度，m。

2）流量

水力碎岩所需流量（m^3/s）：

$$Q = \alpha V_0 \frac{\pi d^2}{4} \tag{4.3}$$

式中，α 为喷嘴处射流的收缩系数，一般取 1；V_0 为喷嘴处流速，m/s；d 为喷嘴直径，m。

3）破碎半径

射流破碎的最大长度（水枪破碎半径，m）：

$$L = \frac{\left(1060 V_0^2 - 0.29\tau\right) d}{2a\tau} \tag{4.4}$$

式中，V_0 为喷嘴处流速，m/s；τ 为岩石的抗剪强度，Pa；d 为喷嘴直径，m；a 为射流结构系数。

（1）岩石的抗剪强度（Pa）。

$$\tau = C_0 + \sigma_0 \tan\varphi \tag{4.5}$$

式中，C_0 为岩石的内聚力，Pa；φ 为岩石的内摩擦角，（°）；σ_0 为有效应力，MPa。

为了破碎岩石，水枪的射流冲击力 $P_{冲}$（Pa）必须符合下面的关系式：

$$P_{冲} > \tau \tag{4.6}$$

（2）有效应力（Pa）。

$$\sigma_0 = P_{垂} - P_{液} \tag{4.7}$$

（3）作用在开采层上的垂直荷载（Pa）。

$$P_{垂} = \gamma_n gH \tag{4.8}$$

式中，γ_n 为上覆岩层的平均容重，kg/m^3。

（4）作用在岩层上的静液柱压力（Pa）。

$$P_{液} = \gamma_w gH \tag{4.9}$$

式中，γ_w 为水的容重，kg/m^3。

（5）射流结构系数（辅助参数）。

$$a = \frac{1}{\dfrac{1}{0.0625} - nP_{液} \cdot 10^{-6}} \tag{4.10}$$

式中，n 为按实际情况取得的压力系数，与 $P_{液}$ 有关，n 随 $P_{液}$ 的取值见表 4.4。

表 4.4　n 随 $P_{液}$ 的取值

$P_{液}$	n
0.4	1.870
0.8	1.471
1.2	1.002
1.6	0.561
2.0	0.200

4）水力破碎效率

根据不同类型岩石水力破碎时单位水的耗量，确定水力破碎效率。可按下式计算：

$$\varPi = 0.36\frac{AP_0 \cdot d^2}{g} \tag{4.11}$$

式中，A 为与普式分级系数成反比的经验系数，A 取 1.2～1.7。

2. 开采区内输送矿石颗粒的计算

地下采矿区内水力冲刷岩石过程的计算，一般根据最大射流半径和有效射流半径来确定。冲刷时最大射流半径可以根据射流轴向速度和运移矿石颗粒的未冲刷速度决定。在冲刷大密度矿石颗粒（金）时，必须考虑液流的输送能力。

当被水力破碎的岩体厚度很大时，淹没射流分布在堆积层中，水力破碎不能形成坑槽，水的流动与周围岩矿体呈扩散式质量交换状态。对于松散砂子，其极限塌落高度 h_{kp} 可以根据其扩散式质量交换按式（4.12）确定：

$$h_{kp} = 74.4\frac{d \cdot P^{0.3}}{w^{0.5}} \tag{4.12}$$

式中，d 为水枪喷嘴直径；P 为作用在喷嘴上的水压力；w 为被运移砂子颗粒的水力尺寸。

在砂子塌落区的射流长度可以按式（4.13）确定：

$$L = 4.8\frac{d \cdot P^{0.4}}{h^{0.2} \cdot w^{0.4}} \tag{4.13}$$

式中，h 为喷嘴上面岩石高度（$h > h_{kp}$）。

例 4.1　已知数据：砂子粒度 0.5mm 或水力尺寸 8.72cm/s，喷嘴处水压 5MPa，喷嘴直径 2cm，喷嘴以上砂子高度 2m。

（1）确定喷嘴处以上砂子的极限高度。

$$h_{kp} = 74.4\frac{d \cdot P^{0.3}}{w^{0.5}} = 74.4 \times \frac{2 \times 5^{0.3}}{8.72^{0.5}} = 81.7\text{cm} < 200\text{cm}$$

（2）确定在塌落体下射流作用距离。

$$L = 4.8\frac{d \cdot P^{0.4}}{h^{0.2} \cdot w^{0.4}} = 4.8 \times \frac{2 \times 5^{0.4}}{2^{0.2} \times 8.72^{0.4}} = 6.69\text{m}$$

3. 矿浆举升参数计算

钻孔水力开采矿浆提升装置的计算包括吸渣口的直径和提升装置的基本参数，以保证矿浆能够按提出的效率和矿浆密度举升。

1）吸渣口直径

吸渣口直径的设计依据取决于吸渣口处矿浆的运移速度 V_{bc}，即 V_{bc} 应该高于被举升矿石块的水力移动速度，即

$$V_{\text{bc}} = 4Q / \pi D^2 > w_0$$

$$D < \left(\frac{4Q}{\pi w_0}\right)^{\frac{1}{2}} \tag{4.14}$$

式中，w_0 为矿石块的水力移动速度，m/s；Q 为矿浆的排量，m^3/h；D 为吸渣口直径，m。

颗粒的粒度直径在 1～200mm 时，其 w_0 可以按式（4.15）计算：

$$w_0 = \frac{\nu \times \text{Ar}}{d\left(18 + 0.61\sqrt{\text{Ar}}\right)} \tag{4.15}$$

式中，$\text{Ar} = \dfrac{g(\rho_m - \rho)d^3}{\rho \nu^2}$ 表示直径为 d 和密度为 ρ 的球形颗粒的阿基米德数，ρ_m 为矿浆的密度，ρ 为流体的密度；d 为颗粒直径；ν 为流体的黏度。

对于非标准颗粒直径 d_0 的确定，采用几何修正的方法加以修正（k_ϕ 为几何修正系数）：

$$k_\phi = \frac{d_0^2}{d^2} \tag{4.16}$$

对于椭圆形，$k_\phi = 1.17$；对于尖的颗粒状，$k_\phi = 1.5\sim1.7$；对于三角形，$k_\phi = 3$。

考虑吸渣口管壁和颗粒体积浓度的影响，w_0 按式（4.17）计算。管壁的影响系数 E_D 和颗粒的体积浓度系数 E_β 按式（4.17）确定：

$$w_0 = \frac{\nu \times \text{Ar}}{d\left(18 + 0.61\sqrt{\text{Ar}}\right)} \times E_\beta \times E_D \tag{4.17}$$

式中，E_β 和 E_D 分别为管壁的影响系数和颗粒的体积浓度系数，其计算式如下：

$$E_D = \left(1 - \frac{d_T^2}{D^2}\right)^{1.5}, \quad E_\beta = (1-\beta)^n \tag{4.18}$$

其中，d_T 为矿渣粒度，cm；β 为颗粒的体积浓度；n 为经验系数，对于砂子和角

砾 n=2.25～4.5（平均值为 3）。

在开采密度较高的侵入岩形成的金属矿时，吸渣口直径可以按上返岩石颗粒的最大块或金属块的最大尺寸确定。

2）气举提升装置的参数计算

气举提升装置的参数计算需要考虑举升矿浆的空气量（m^3/min），按下式确定：

$$Q_{空} = \frac{Q_{混} H \gamma_{水}}{1380 \gamma_{混} \eta \lg(0.1h+1)} \tag{4.19}$$

式中，$Q_{混}$ 为需要提升的矿浆量，m^3/h；H 为举升高度，m；h 为混合室以上静水柱高度，m；$\gamma_{水}$ 为水的容重，kg/m^3；$\gamma_{混}$ 为矿浆容重，kg/m^3；η 为空气升液器的效率系数，其选择表如表 4.5 所示。

表 4.5　空气升液器的效率系数选择表

$\alpha = \frac{h}{h+H}$	η
0.1～0.15	0.25
0.15～0.25	0.32
0.25～0.35	0.36
0.35～0.5	0.4

例 4.2　矿浆排量 250m^3/h，矿浆密度 1.2t/m^3，举升高度 10m，混合室沉没深度 15m，举升矿石的平均粒度 2cm，最大粒度达 15cm。

按举升 15cm 粒度矿石计算吸渣口的最大直径。

$$w_0 = \frac{\nu \cdot \mathrm{Ar}}{d\left(18 + 0.61\sqrt{\mathrm{Ar}}\right)} \cdot E_\beta \cdot E_D = 107.5\mathrm{cm/s}$$

$$\mathrm{Ar} = \frac{g(\rho_m - \rho)d^3}{\rho \nu^2} = 5.46 \times 10^{10}$$

$$E_D = \left(1 - \frac{d_T^2}{D^2}\right)^{1.5} = \left(1 - \frac{15^2}{25^2}\right)^{1.5} = 0.512$$

$$E_\beta = (1-\beta)^n = (1-0.25)^3 = 0.422$$

$$D \leqslant \sqrt{\frac{4 \times 250}{3.14 \times 1.075 \times 3600}} = 0.287\mathrm{m}$$

吸渣口直径 D 可以采用 250mm。

举升过程中压缩空气的耗量为

$$Q_{空} = \frac{Q_{混} H \gamma_{水}}{1380 \gamma_{混} \eta \lg(0.1h+1)} = \frac{250 \times 10 \times 1.2}{1380 \times 1 \times 0.4 \times \lg(0.1 \times 15 + 1)} = 13.7\mathrm{m}^3/\mathrm{min}$$

3）水力提升装置的参数计算

水力提升装置的主要特征参数是喷射效率系数η和压力系数λ，基本的几何参数m和水力提升装置的静态效率系数η_m，其计算式分别为

$$\eta=\frac{Q_{混}\gamma_{混}}{Q_0\gamma_0},\quad \lambda=\frac{H_1-H_2}{H_0},\quad m=\frac{d_k^2}{d_0^2},\quad \eta_m=\frac{\eta\lambda}{1-\lambda} \tag{4.20}$$

式中，$Q_{混}$、Q_0分别为矿浆的排量和流过喷嘴的流量，t/h和m^3/h；$\gamma_{混}$、γ_0分别为矿浆和水的容重，kg/m^3；H_0、H_1、H_2分别为射流泵作用在喷嘴上的水头、水力提升装置的水头（举升高度）和喷嘴的沉没深度，m；d_k、d_0分别为射流泵混合室直径和喷嘴直径，m。

混合室内水的流速（m/s）必须保证矿浆能够举升H_1高度，按下式计算：

$$V_k=\sqrt{\frac{2gH_1}{1+\xi_k}} \tag{4.21}$$

式中，ξ_k为考虑水在混合室内流动和喷射阻力系数，一般取0.35。

则在混合室内水和矿浆的总排量为

$$Q=\frac{\pi d_k^2}{4}\cdot V_k\cdot 3600 \tag{4.22}$$

通过射流泵喷嘴的水的流量（m^3/min）为

$$Q_0=Q-Q_{混}\gamma_{混} \tag{4.23}$$

混合室初始混合液流动的平均流速：

$$V_k^*=\left(1+\xi_k\right)V_k \tag{4.24}$$

射流泵喷嘴出口处水的流速可利用混合室初始混合液流的平均流速V_k^*和喷射效率系数η计算：

$$V_H=\left(1+\eta\right)V_k^* \tag{4.25}$$

射流泵喷嘴出口处水的压力（Pa）：

$$H_H=\left(1+\xi_H\right)\frac{V_H^2}{2g} \tag{4.26}$$

式中，ξ_H为射流泵考虑喷嘴阻力的系数，ξ_H=0.08。

射流泵喷嘴直径（m）：

$$d_H=\sqrt{\frac{4Q_0}{\rho V_H}} \tag{4.27}$$

其他的参数（β,m,η_m）可以进一步确定。

在选择射流泵的水泵时，要考虑从水泵到喷嘴管路中的压力损失。

例4.3 水力提升装置举升高度$H_1=100m$，矿浆的排出重量$Q_{混}\gamma_{混}=200m^3/h$，由矿石颗粒度确定混合室直径d_k为100mm。

在混合室内水的流速必须能够保证举升 100m 的水头高度。

$$V_k = \sqrt{\frac{2gH_1}{1+\xi_k}} = 38.1\text{m/s}$$

计算通过混合室的总流量：

$$Q = \frac{\pi d_k^2}{4} \cdot V_k \cdot 3600 = 1077\text{m}^3/\text{h}$$

确定通过射流泵喷嘴处水的流量和喷射系数：

$$Q_0 = Q - Q_{混}\gamma_{混} = 877\text{m}^3/\text{h}$$

$$\eta = \frac{Q_{混}\gamma_{混}}{Q_0\gamma_0} = 0.228$$

确定混合室初始混合液的平均流速：

$$V_k^* = (1+\xi_k)V_k = 51.5\text{m/s}$$

确定射流泵喷嘴出口处水的流速和压力：

$$V_H = (1+\eta)V_k^* = 63.2\text{m/s}$$

$$H_H = (1+\xi_H)V_H^2/(2g) = 220\text{m}$$

确定射流泵喷嘴直径 d_H、参数 m 和压力系数 β：

$$d_H = \sqrt{\frac{4Q_0}{\rho V_H}} = 70\text{mm},\ m = \frac{d_k^2}{d_0^2} = 2.04,\ \lambda = \frac{H_1 - H_2}{H_0} = 0.454$$

水力提升装置的静态效率系数为

$$\eta_m = \frac{\eta\lambda}{1-\lambda} = 0.19$$

4. 开采系统参数计算

在进行开采系统参数计算时，要确定开采硐室顶板的极限允许跨度和留在开采区内的支撑岩柱尺寸。开采硐室顶板跨度的稳定性取决于承载层的厚度、物理力学性质、上覆岩层的荷载值、岩柱之间顶板的受挤特点。顶板的稳定性计算是以材料力学为基础的。顶板视为支撑在支撑柱上的梁。

如果顶板是均一的岩石，跨度的稳定性可按式（4.28）计算：

$$L = A\sqrt{\frac{\sigma_p h}{\gamma}} \tag{4.28}$$

如果顶板是呈层状的岩石，跨度的稳定性可以按式（4.29）计算：

$$L = k_\alpha k_t A\sqrt{\frac{\sigma_w h}{(1+k_n)\gamma}} \tag{4.29}$$

式中，L 为顶板跨度，m；A 为考虑支撑在岩柱之上受挤顶板系数（对于塑性材料的梁 $A=2$，弹性材料的梁 $A=\sqrt{2}$）；σ_p、σ_w 分别为承载层岩石的抗拉极限强度和弯曲极限强度，弯曲极限强度取为岩石强度的0.5倍；h 为顶板层厚度，m；γ 为顶板层岩石容重，t/m^3；k_n 为考虑上覆岩层厚度的荷载系数，$k_n=h_s/h$，h_s 为上覆岩层厚度，满足条件 $h_s<h$；k_α、k_t 分别为考虑岩层倾角和跨度随时间稳定性的系数。

例 4.4　钻孔水力开采在俄罗斯金吉谢普地区磷灰岩类砂土矿开采硐室的极限跨度（顶板为板状石灰岩）计算。

计算数据：h=1m，γ=2.3t/m^3，岩石强度 σ_z=1600t/m^2，k_n=0.5，$A=\sqrt{2}$，$k_a=1$，$k_t=1$。

顶板是呈层状的岩石，故硐室的极限跨度按下式计算：

$$L=k_\alpha k_t A\sqrt{\frac{\sigma_w h}{(1+k_n)\gamma}}=1\times1\sqrt{\frac{2\times800\times1}{(1+0.5)\times2.3}}=21.5\text{m}$$

4.3　伸缩式水力开采钻具的设计研发

传统水力开采钻具的高压水喷射装置采用固定式喷嘴，在开采过程中，随着岩石的破碎剥离，开采区半径逐渐增大，喷嘴到岩（矿）石的距离即靶距逐渐增大，在淹没射流的条件下，当靶距超过最优值时，高压水射流的速度和携带的能量随着靶距进一步增加会急剧衰减，导致高压水射流碎岩的能力极大降低，这就大大地限制了单孔的开采半径，降低了单孔的生产量[14-16]。因此，设计可伸缩式水力开采钻具对于提高钻孔水力开采的生产效率、扩大钻孔水力开采的适用范围、推动钻孔水力开采的技术发展，具有十分重要的意义。

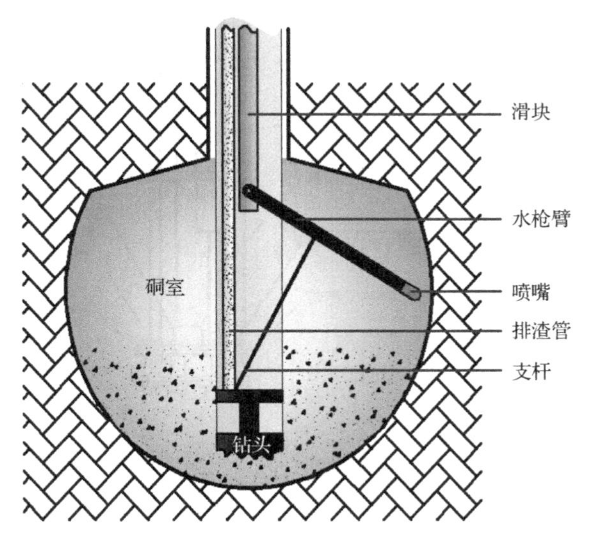

图 4.10　伸缩式水力开采钻具工作示意图[17]

伸缩式水力开采钻具可以实现喷嘴的径向移动来扩大开采半径，工作示意图见图4.10。其工作原理为：钻具回转的同时喷嘴喷射产生高压水射流来破碎岩矿层，形成大于原始钻孔孔径的硐室，而后水枪臂展开一定角度，使水枪臂末端的喷嘴沿钻孔径向伸出以靠近硐室侧壁岩矿层，进行再次破碎，如此重复“破碎—展开—破碎”过程即可实现钻孔水力开采，开采完成即喷嘴伸出至最大距离后，水枪臂缩回至初始位置以保证钻具顺利提出钻孔。开采过程中，钻孔水力开采钻具始终处于硐室内的矿浆环境下工作，对钻具运行的可靠性要求较高。

4.3.1　棘爪伸缩式水力开采钻具

1. 钻具机构组成

棘爪伸缩式水力开采钻具主要包括滑动控制机构、水枪伸缩机构、保护管机构。图 4.11 为棘爪伸缩式水力开采钻具结构示意图。

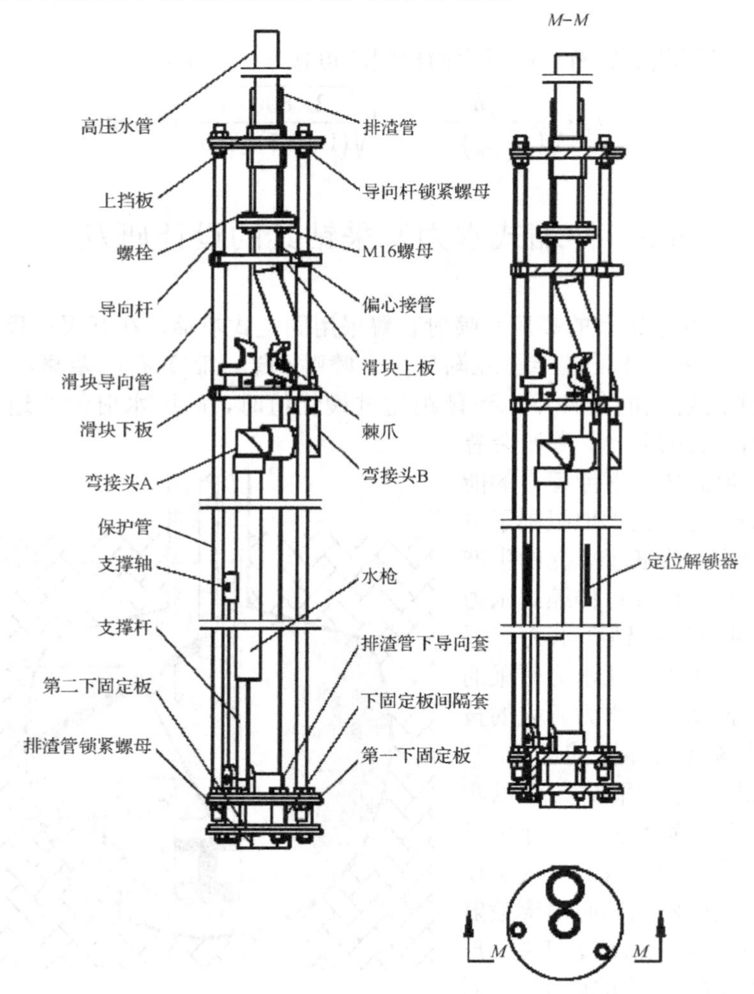

图 4.11　棘爪伸缩式水力开采钻具结构示意图[18]

1）滑动控制机构

滑动控制机构包括高压水管、上挡板、滑块上板、偏心接管、滑块下板、弯接头A、弯接头B和棘爪，其中高压水管穿过上挡板的中心滑套，并与偏心接管通过螺栓连接，偏心接管穿过滑块上板和滑块下板，偏心接管分别与滑块上板和滑块下板焊接，并与弯接头B螺纹连接，弯接头A与水枪通过螺纹连接，滑块下板上设置有两个棘爪，滑块上板、滑块下板上分别开设有滑动孔，导向杆和排渣管分别卡进滑动孔内。

2）水枪伸缩机构

水枪伸缩机构包括水枪、支撑轴、支撑杆、第一下固定板，其中水枪的中部连接在支撑轴上，水枪与支撑杆通过支撑轴铰接，支撑杆与第一下固定板铰接。

3）保护管机构

保护管机构包括排渣管、上挡板、导向杆、导向杆锁紧螺母、保护管、第一下固定板、下固定板间隔套、第二下固定板和排渣管下导向套，其中上挡板上开设有用于排渣管、导向杆穿过的预留孔，第二下固定板上开设有排渣管的预留孔，排渣管依次贯穿上挡板、第一下固定板和第二下固定板，并与第二下固定板通过排渣管锁紧螺母固定，导向杆上部与上挡板通过螺母固定，导向杆的下部与第一下固定板通过螺母固定，其中导向杆穿过滑块上板、滑块下板的预留孔，保护管的截面为圆弧形，在圆弧开口的两侧设置有齿条，齿条上的齿与棘爪相啮合，保护管分别与上挡板和第一下固定板焊接。

2. 关键机构设计

1）设计依据

水枪伸缩机构及滑动控制机构是钻孔水力开采钻具的核心部分，其质量、工作性能的好坏直接决定了开采效率、开采成本等。根据钻孔水力开采钻具的设计目标，区别各个设计要求的主次关系，将每一个方面的要求统筹结合。

水枪伸缩机构及滑动控制机构设计的主要依据[19]如下。

（1）矿浆提升方式：目前，钻孔水力开采中矿浆基本的提升方式有水力提升（射流泵）和气举提升（气举提升装置）两种，均必须在开采装置中留有矿浆提升的通道。

（2）矿层条件：地层条件决定了钻孔水力开采工艺的适用性、合理性，针对不同的矿层条件选择最合理的开采工艺，才能提高采矿效率、减少采矿成本。

（3）使用条件：固液混合工作环境。

（4）开采矿层深度：10～1000m。

（5）开采钻具直径：300mm。

（6）水枪臂伸出长度：3000mm。

2）工作原理

（1）平面连杆机构。

平面连杆机构是诸多刚性构件用低副（移动副及转动副）连接组成的平面机构，能够在同一平面或相互平行的平面内运动，由于低副是面接触，抗磨损能力强，且接触表面为平面或圆柱面，具有制造简便，易获得较高的制造精度等优势。因此平面连杆机构在内燃机、冲床、剪床、挖掘机、机械手和机器人等各种机械、仪器仪表应用。

平面连杆机构在结构和运动形式上比较简单，已形成了一套完整的分析和综合理论，六连杆机构、八连杆机构等多连杆机构广泛应用于机械压力机、内燃机、机器人等领域，相关的研究资料较为丰富。最简单的平面连杆机构是由四个构件组成的四杆机构，其中当运动副全部为转动副时称为铰链四杆机构，是四杆机构的基本形式（图 4.12）。图中构件 4 为机架，构件 1 和构件 3 为连架杆，其中构件 1 可作整周运动称为曲柄，构件 3 在一定角度内摇摆称为摇杆，构件 2 为连杆。

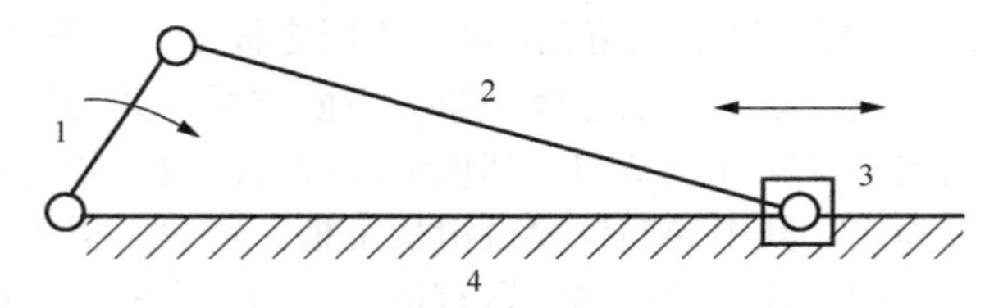

图 4.12　铰链四杆机构

如果将铰链四杆机构的转动副用移动副取代、扩大转动副、变更杆件长度及变更机架则可以获得多种演化形式，其中曲柄滑块机构已广泛用在活塞式内燃机、空气压缩机、冲床等机械中。当滑块运动轨迹的延长线与曲柄回转中心之间存在偏心距时称为偏置曲柄滑块机构（图 4.13）。

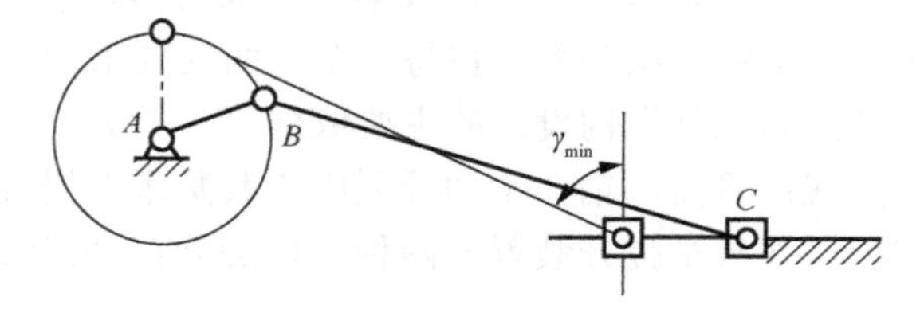

图 4.13　偏置曲柄滑块机构

注：A、B 为转动副，C 为移动副

（2）棘爪机构。

钻孔水力开采钻具开采过程中需要固定喷嘴伸出位置，并在完成碎岩工作后进入下一工作位置，这就要求钻具必须设计间歇运动机构。棘爪机构是间歇运动机构的基本形式之一。

棘爪机构主要由棘爪、棘轮（棘齿条）及机架组成，其结构简单，但运动准确度差。在进给机构中应用广泛，还常用作防逆装置。棘爪机构中最常见的为外啮合齿式棘爪机构（图 4.14）。棘轮与轴固定连接，轮齿分布于外缘，原动件与轴为转动连接。当原动件逆时针方向摆动时，与它相连的驱动棘爪便借助自身重量或弹簧作用插入棘轮齿槽内，驱动棘爪逆时针旋转；反之，棘爪在棘爪齿背上滑过，棘轮在制动棘爪的制动作用下静止不动。若改变棘爪的结构，可演化为双动式棘齿条单向机构（图 4.15）和棘齿条单向移动机构（图 4.16）。

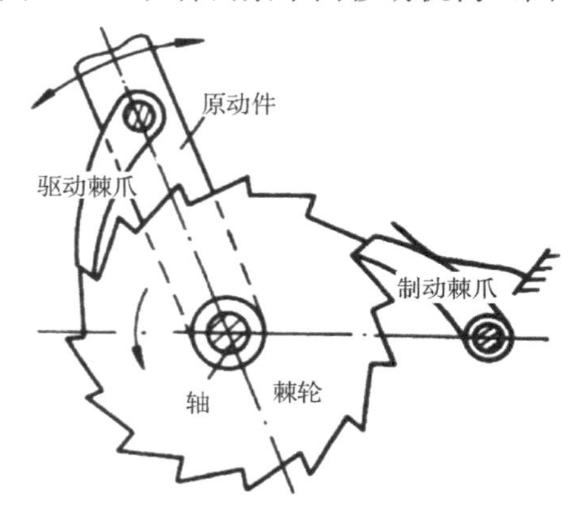

图 4.14　外啮合齿式棘爪机构

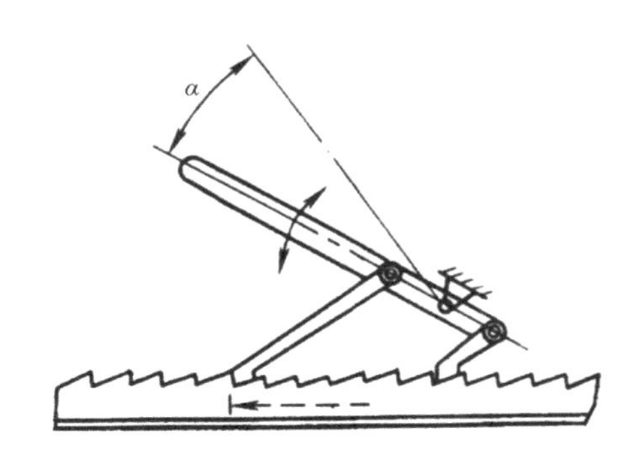

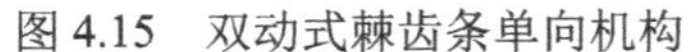

图 4.15　双动式棘齿条单向机构

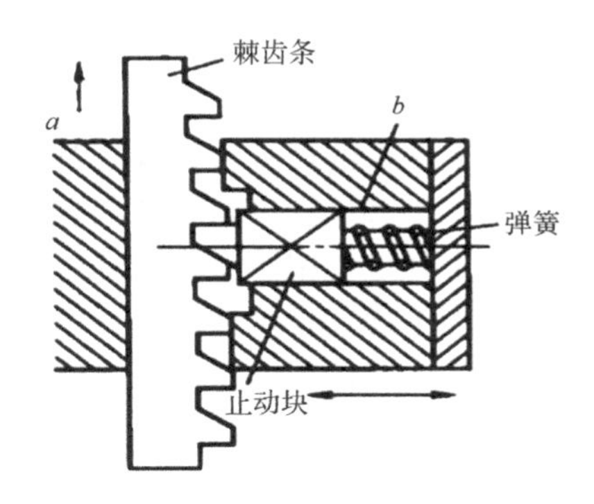

图4.16　棘齿条单向移动机构(圆边倒角半径)

棘齿条单向移动机构由带棘爪的棱柱止动块、棘齿条和弹簧组成。止动块上的棘爪在弹簧的作用下压紧入棘齿条的齿槽内，当棘齿条向上移动时，棘爪在棘齿条齿背上滑过；棘齿条有下移趋势时，棘爪压紧在棘齿条齿槽内，阻止其向下移动，从而实现棘齿条的单向移动。

3）水枪伸缩机构设计

（1）水枪臂伸缩设计原理与建模。

水枪臂伸缩机构采用偏置曲柄滑块机构，如图 4.17 所示，构件 4 为机架，构件 3 为移动副即曲柄滑块，构件 1 为转动副，构件 2 为连杆，此种设计可以在竖直空间内最大限度地移动，节约空间。伸缩机构模拟图见图 4.18，该设计在实际使用中性能稳定，在钻具进入不可见的地下后，能够最大限度保证设备稳定性。

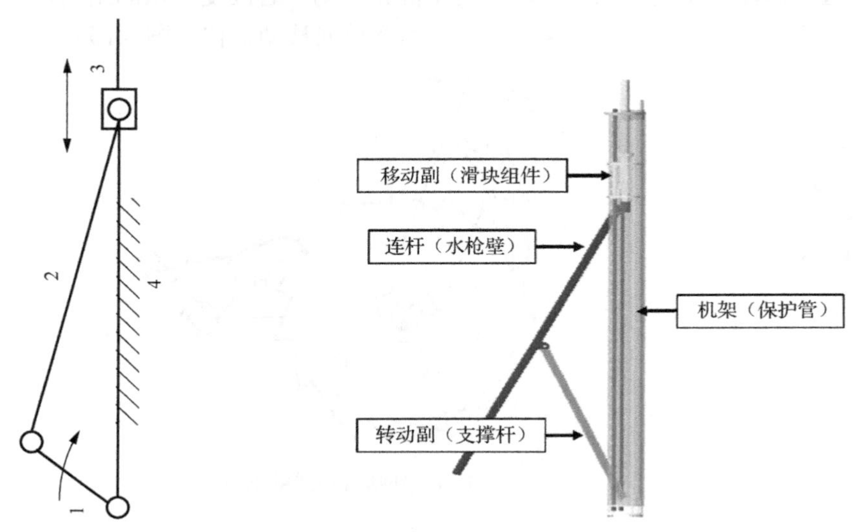

图 4.17　伸缩机构结构图　　　　图 4.18　伸缩机构模拟图

（2）水枪臂的尺寸设计验证与仿真。

在钻具下降过程中水枪臂需要完全收入保护管内，以保证水枪臂以及内部机械构件在下降过程中不受到损坏。水枪臂及摆杆外形尺寸见图 4.19 及图 4.20，曲柄滑块机构中的连杆延伸尺寸 1450mm 需要小于摆杆尺寸 1700mm，水枪臂完全收入保护管内及伸出的模拟图见图 4.21。为增大水枪臂最大工作半径，将开采效率提升到最大，故水枪臂张开角度需尽可能伸展至 90°，但需要留有 5° 左右的防过盈角以保证在完成工作后棘爪解锁时水枪臂不会产生反向角度，同时留有一定角度也可以使棘爪机构与齿槽留有一段自锁空间，能够让棘爪在两齿槽之间活动，以便自锁在最合适位置。当水枪臂张开角度为 85° 时，模型图见图 4.22。

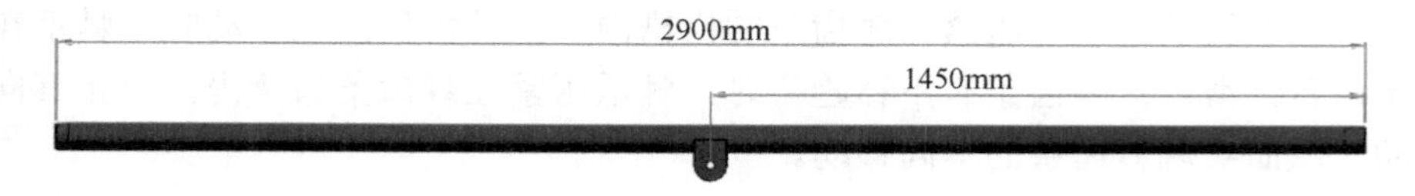

图 4.19　水枪臂尺寸图

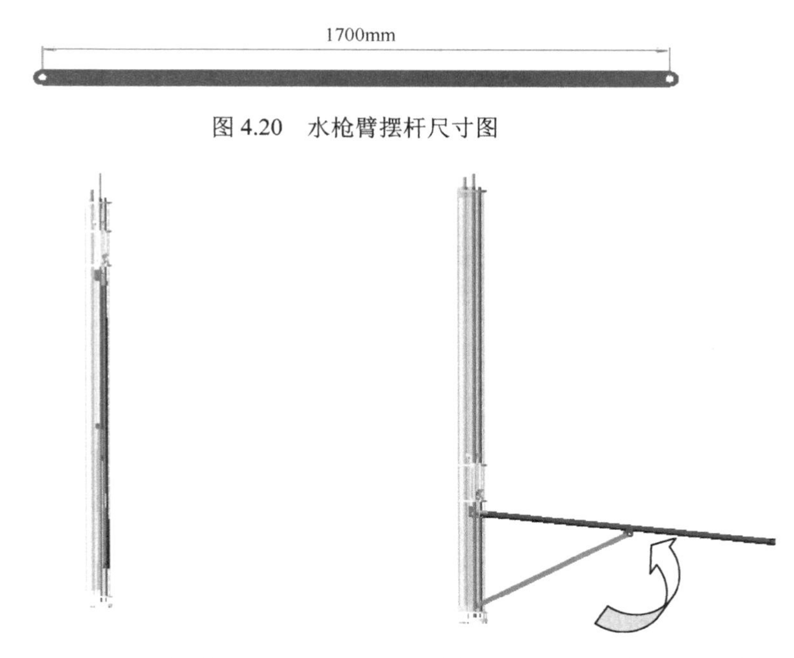

图 4.20　水枪臂摆杆尺寸图

图 4.21　钻具整体结构模拟图

图 4.22　水枪臂展开方向示意图

（3）水枪臂力学有限元分析。

对水枪臂（连杆机构）、摆杆（支撑杆）受力情况进行有限元分析，同时在极限受力的位置模拟水枪臂与摆杆的变形量从而确认材料、尺寸等设计参数的准确性。

当水枪臂在张开角度为 85°时，水枪臂在重力作用下产生最大挠度变形，其变形量见图 4.23，分析获得最大变形量为 0.55mm，通过挠度公式计算校核，最大变形量满足理论要求。

图 4.23　水枪臂形变模拟图

（扫封底二维码查看彩图）

水枪臂所受最大屈服力见图 4.24，根据云图显示水枪臂所受屈服力最大应力值为 6.8MPa，远小于材料理论屈服值，满足材料使用的力学要求。

图 4.24　水枪臂应力模拟图

（扫封底二维码查看彩图）

当摆杆处于极限位置时的受力情况见图 4.25，即摆杆受到水枪臂的重力与水平方向力的合力作用，利用 SolidWorks 软件进行有限元力学分析，当水枪臂工作半径最大即水枪臂与竖直方向夹角为 85°时，摆杆与水平方向最大夹角为 65°。计算获得

$$F = 水枪臂重力 / \cos\alpha = 200 / \cos\alpha = 476\text{N}$$

F 为摆杆所受重力分力，$\alpha = 65°$。

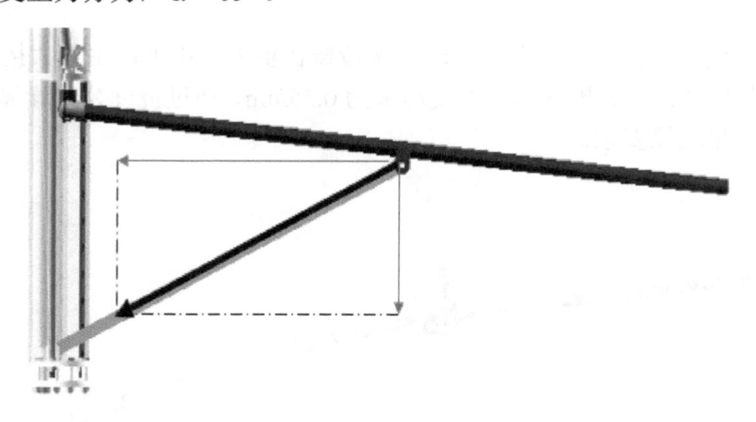

图 4.25　摆杆处于极限位置时的受力分析图

摆杆张开角度为 65°时应力分析见图 4.26，最大值为 0.44MPa，变形量模拟分析见图 4.27，最大值为 0.007mm。由有限元分析验证，在极限位置时摆杆变形量与所受应力均在材料使用要求范围内。

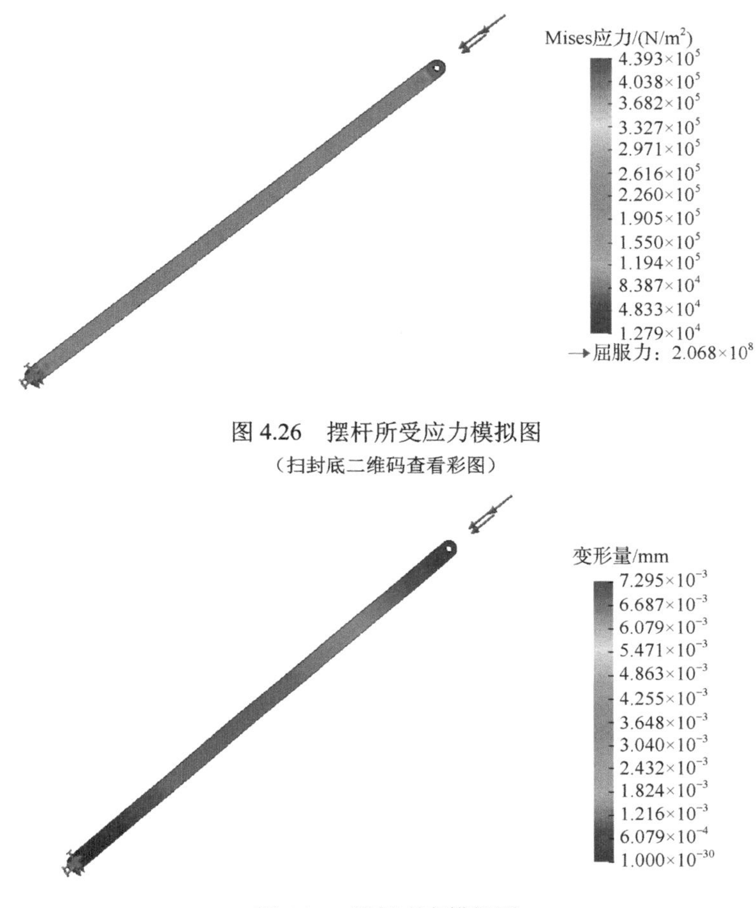

图 4.26　摆杆所受应力模拟图

（扫封底二维码查看彩图）

图 4.27　摆杆应变模拟图

（扫封底二维码查看彩图）

4）滑动控制机构设计

滑动控制机构由滑块机构与控制机构组成。

（1）滑块机构工作原理与建模。

滑块机构是由滑块上板、滑块下板，滑块导向管和偏心连接管组成，由两根滑块导向管与滑块上下板通过定位孔焊接，同时焊接偏心连接管，将滑块机构制造成一个整体焊接部件，保证其高度、距离与同心度方面的一致性，保证滑块尺寸设计和使用精度要求的目的，确保滑块机构整体与高压水管、水枪臂易于连接的目的。

通过两根滑块导向管的使用充分控制滑块运动的精度，将滑块在 x、z 方向上的自由度锁定，确保滑块只能在 y 方向上移动，保证在水枪臂喷射高压水时滑块不会发生扭转，同时确保钻头旋转时滑块的同步旋转，最大限度保证了设备的可靠性。在滑块上下板上均留有排渣管安装孔，最大限度保证了滑块组件在上下运行的过程中不会发生扭转与晃动，能够保证在工作状态下不发生卡死现象，这种设计可以大大提高设备的稳定性，保障其在环境恶劣条件下工作时具有更高的安全性。

在选取滑块组件的材料时，应在满足机械设计强度要求的前提下，尽可能地选用不锈钢材料，这样的选择可以最大限度减少开采机构在恶劣环境下工作时，外部因素对设备造成的腐蚀，有效地延长滑块组件及设备的寿命，滑块建模见图 4.28 和图 4.29。

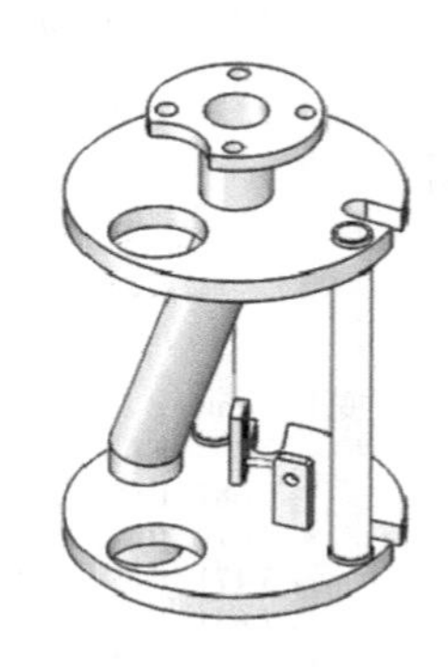

图 4.28　滑块机构一

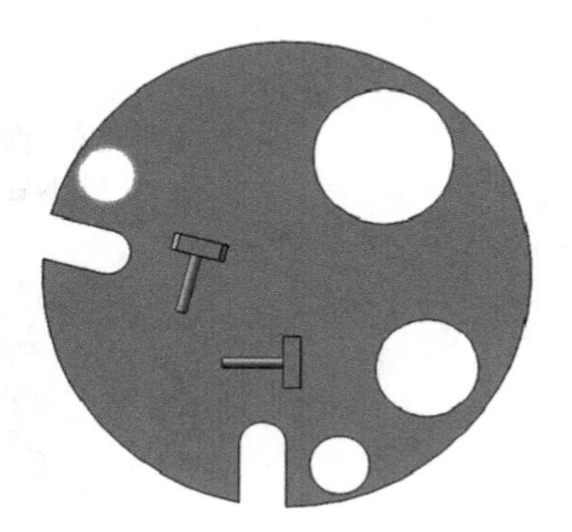

图 4.29　滑块机构二

（2）控制机构工作原理与建模。

当高压水管推动滑块机构向下运动时，水枪臂张开工作，钻具破碎矿层时，钻具需沿着钻孔轴线方向做往复运动，为保证水枪臂展开角度固定，设计棘爪和棘齿条组成的控制机构，利用棘爪机构的自锁原理，阻止其向上运动，其结构见图 4.30。

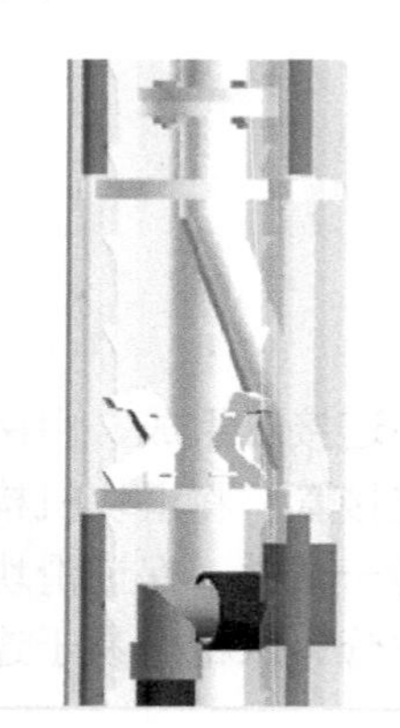

图 4.30　控制机构示意图

棘爪（图 4.31）两侧设计安装定位销与弹簧悬挂销，棘爪上端与棘齿条高度契合，定位销不会滑出定位孔，棘爪的安装定位销与滑块下滑板上的棘爪定位采用销孔连接，确保棘爪可以自由旋转。棘爪与滑动下板的两根弹簧悬挂销之间使用拉簧连接，连接方式见图 4.32。选取拉簧的长度必须小于两个连接销之间的最小距离，故拉簧一直处于拉伸状态，水力开采过程中棘爪的顶端一直被加载顺时针方向上的力，使棘爪有顺时针旋转的运动趋势。

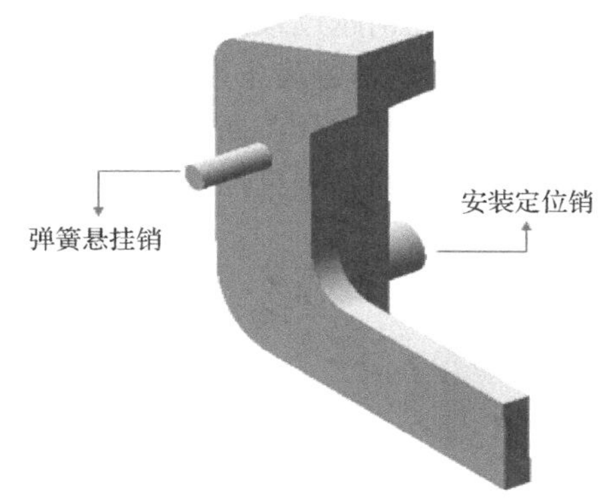

图 4.31　棘爪结构示意图

图 4.32　棘爪安装示意图

当棘爪相对于保护管棘齿条产生向上的运动时，棘爪顶端进入棘齿条齿槽内部，齿槽两侧将棘爪卡住，棘爪不能自由旋转，产生自锁。由于两个棘爪与滑块机构形成一个整体组件，当棘爪与齿槽产生自锁时，即滑块组件不能向上运动，达到单向自锁的目的，保证当水枪臂张开工作时，水枪臂不发生收回现象，可持续稳定工作。

当水枪臂完成采矿工作，需继续扩大工作半径时，通过钻机的给进动作使滑块机构相对于棘齿条向下运动，棘爪在棘齿条齿槽斜面作用下克服拉簧拉力逆时针旋转，使滑块组件顺利向下运动，水枪臂继续伸出，当水枪臂伸出至所需开采角度后，缓慢提升钻具，棘爪会锁定在其上方最接近的棘齿条齿槽内，将水枪臂角度固定，见图 4.33 和图 4.34。

图 4.33　棘爪定位状态

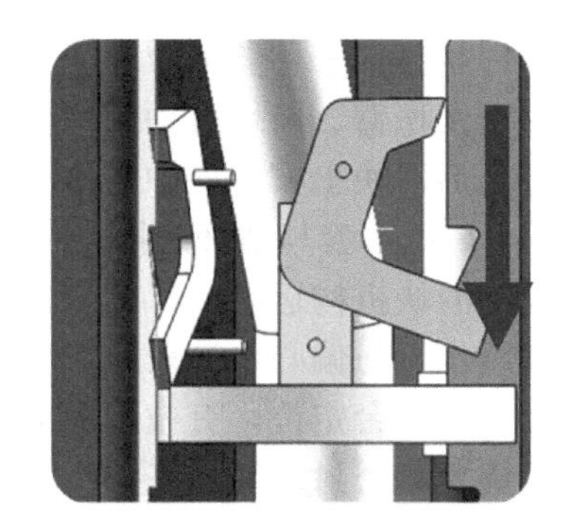

图 4.34　棘爪滑动状态

当水枪臂完成工作后需要收回保护管内，同钻具一同提升出钻孔，因为棘爪有单向自锁性，所以当完成工作后需要将棘爪解锁，使之能够将水枪臂收回。解锁机构原理见图 4.35。当水枪臂完成工作后，继续推动滑块机构向下推进，棘爪下端会与解锁杆相撞，由于向下推力远大于拉簧拉力，故棘爪会继续逆时针旋转，由于解锁杆会一直推动棘爪下端向上运行，当弹簧悬挂销越过最高点时拉簧会产生逆时针方向拉力，使棘爪产生逆时针旋转的趋势，棘爪与棘齿条齿槽脱离接触，控制机构处于解锁状态。控制机构解锁后，通过钻机提升钻具，高压水管会向上提升，拉动滑块机构向上移动，水枪臂向内收回，当收回到垂直位置，钻具将同时向上提升，直至将钻具提出钻孔。

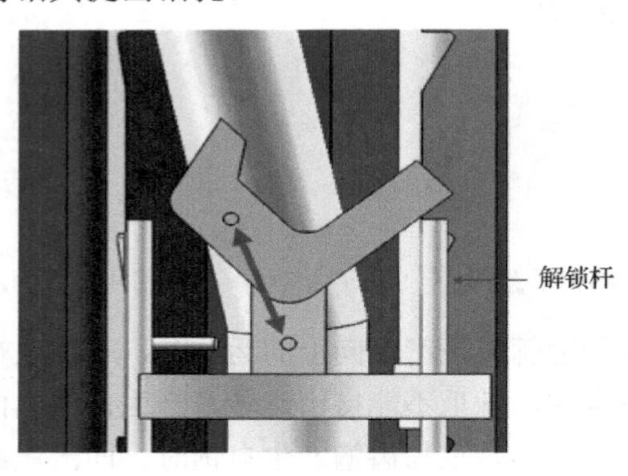

图 4.35　棘爪解锁状态示意图

5）高压水流通道设计

高压水流通道由四部分组成，即高压水管、偏心水管、旋转接头与水枪臂。

由于钻具深入地下，工作环境恶劣，同时管内有高压水流，故高压水流通道相关构件的材料选取不锈钢和高碳钢无缝钢管。相同结构参数下无缝钢管相对于有缝钢管能够承受更大的管内流体压力，且无缝钢管可以最大限度避免腐蚀的发生，能够提高管路使用安全性与寿命。同时，在抗弯、抗扭等机械性能方面无缝钢管同样明显优于有缝钢管。

由于水枪臂、滑块机构、摆杆三者组成稳定的曲柄连杆机构，钻具在达到工作位置之后滑块上方有保护管作为支撑，所以滑块机构上方选择不锈钢管作为高压水管，高压水管与钻杆连接。钻机的给进与提升动作通过钻杆传递到高压水管，从而驱动滑块机构运动。

高压水管与偏心水管采用法兰连接，连接方式简单可靠，方便单独零件更换，同时以法兰凸台定位，有效地保证了两个管路对接的精度，中间增加密封圈，保证高压情况下密封性能良好。

偏心水管外形设计主要考虑棘爪空间避让，由于滑块机构功能较多，结构相对复杂，要尽可能为棘爪留有工作空间，同时考虑到滑块组件为一个整体，故将水管设计成为偏心形式，将偏心水管与上/下滑片焊接为一整体，整体焊接组件能够最大限度保证构件的精度，同时方便设备内部组装，以焊接组件作为零件安装可以有效减少安装过程中产生的误差。偏心水管为不锈钢材质，防止其在使用过程中锈蚀。

由于水枪臂需要进行摆臂工作，故偏心水管与水枪臂通过旋转接头连接，为保证高压状态下连接处可靠密封，连接处均采用管螺纹。由于水枪臂在工作时以简支梁形式固定，因此对材料要求较高，可选用 45#钢，对水枪臂进行防腐处理后，可以满足工作要求。

3. 工作原理及过程

1）工作原理

（1）水枪伸出及固定。

在工作过程中，滑动控制机构沿导向杆向下滑动，滑块下板上的棘爪在弹簧的拉力作用下紧贴在保护管的齿条上，此时，滑动控制机构与第一下固定板的距离缩短，支撑杆支撑水枪沿钻具径向张开一定角度，达到需要的角度后，提升钻具，在自重作用下，保护管机构相对于滑动控制机构有向下的运动趋势，即滑动控制机构有相对于保护管部分向上的运动趋势，此时棘爪在弹簧拉力的作用下卡入保护管两侧齿条上的齿槽内，实现水枪伸出角度的固定；钻具内通入高压水，高压水从水枪前端的喷嘴高速射出，破碎岩矿层，形成一定空间后，下放钻具至孔底，滑动控制机构继续相对于保护管机构向下移动，重复上述动作，水枪继续向外侧张开，扩大开采区域。

（2）水枪收回。

当水枪的伸出角度达到接近水平的位置时，水枪已伸出至最大角度，需将水枪收回。此时，继续使滑动控制机构向下移动，当定位解锁器与棘爪接触后，定位解锁器就会推动棘爪，使棘爪向远离齿条的方向旋转一定角度，当棘爪越过转动圆弧的最高点后，在弹簧的拉力作用下，将棘爪和保护管上的齿条分离，最后上提钻具，滑动控制机构向上移动，水枪收回到保护管内。

2）工作过程

完成先导孔施工后，将水力开采钻具下放至孔底，由钻机控制钻具进行回转，为防止损坏钻具及水枪端部喷嘴，水枪完全展开后钻具回转速度应控制在 2r/min 内。水枪的伸缩通过钻机的给进与提升动作实现，当钻具到达孔底后，排渣管底座支撑到孔底岩石上，当钻机继续给进时，水枪逐渐展开，展开至开采所需角度后，钻机在低速回转的同时缓慢提升钻具，进行采矿作业；当开采结束即水枪展开至最大角度时定位解锁器与棘爪接触，并推动棘爪与保护管上的齿条分离，钻机上提钻具，水枪收回到保护管内。当水枪收回至初始位置时，可将钻具从钻孔提出，完成一次开采任务。

4.3.2　弹簧夹头伸缩式水力开采钻具

弹簧夹头伸缩式水力开采钻具整体结构见图 4.36，该套钻具与棘爪伸缩式水力开采钻具的水枪臂伸缩工作原理相似，都是基于曲柄滑块机构，两者区别在于弹簧夹头伸缩式水力开采钻具的滑动控制机构采用弹簧夹头取代了棘爪机构。

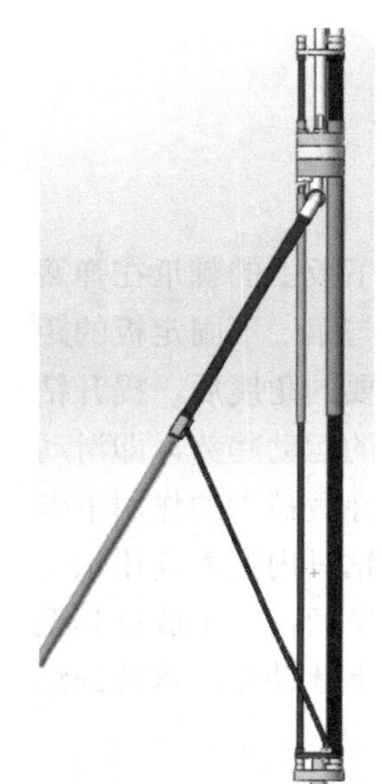

图 4.36　弹簧夹头伸缩式水力开采钻具整体结构

1. 机构组成及工作原理

弹簧夹头伸缩式水力开采钻具主要包括水枪臂伸缩机构、伸缩控制机构、高压水输送系统、排渣系统，其结构示意图见图 4.37。

1）水枪臂伸缩机构

水枪臂伸缩机构包括旋转接头、水枪臂、两个水枪支撑件、支撑杆、连杆、支撑杆基座、导向管、导向管上滑套、导向管下滑套和喷嘴。其中喷嘴与水枪臂、旋转接头与水枪臂为螺纹连接，旋转接头通过螺纹与水枪座连接；两个水枪支撑件紧扣在水枪臂的管体表面，并用螺钉紧固，两个水枪支撑件分别与支撑杆和连杆铰接，支撑杆基座固定在基座上，支撑杆、连杆分别与支撑杆基座铰接；导向管通过导向管上锁紧螺母与上挡板固定，并且通过导向管下锁紧螺母与基座固定，导向管依次穿过定位滑块，滑块和水枪座；导向管上滑套与定位滑块螺纹连接；导向管下滑套与水枪座螺纹连接；导向管上滑套、导向管下滑套穿套在导向管上。

高压水管向下运动时，推动定位滑块、滑块、水枪座、导向杆下滑套、导向杆下滑套向下运动，支撑杆推动水枪臂向外伸出（图 4.38）。同时，通过导向杆和导向管锁定滑块 x、z 向的自由度，提高滑块轴向运动精度，保证钻具进行水力碎岩时滑块不会发生扭转，并将钻机的回转运动传递至水枪臂及喷嘴。

2）伸缩控制机构

伸缩控制机构包括两个限位杆、弹簧夹头（弹簧夹头与弹簧夹头套筒配合关系见图 4.39）、弹簧夹头套筒、弹簧夹头解锁顶管、解锁顶管座、导向杆、导向杆上滑套和导向杆下滑套和基座，其中两个限位杆通过螺钉分别对称固定安装在定位滑块上面，弹簧夹头套在导向杆上，并且安装在弹簧夹头套筒内（见图 4.40），弹簧夹头可以在弹簧夹头套筒内上下移动；弹簧夹头下部设置有弹簧夹头解锁顶管，弹簧夹头解锁顶管下部设置有导向杆下滑套，解锁顶管座穿套设置在导向杆下滑套外部；解锁顶管座设置在水枪座下部且与水枪座通过螺纹连接；定位滑块，滑块、水枪座均开设有通孔，弹簧夹头、弹簧夹头套筒、弹簧夹头解锁顶管均穿套在通孔中，高压水管上穿套固定有上挡板，导向杆通过导向杆上锁紧螺母与上挡板固定，并且通过导向杆下锁紧螺母与基座固定，导向杆依次穿过上挡板、导向杆上滑套、定位滑块、弹簧夹头、弹簧夹头解锁顶管、导向杆下滑套和基座；保护管与上挡板及基座通过螺纹连接。

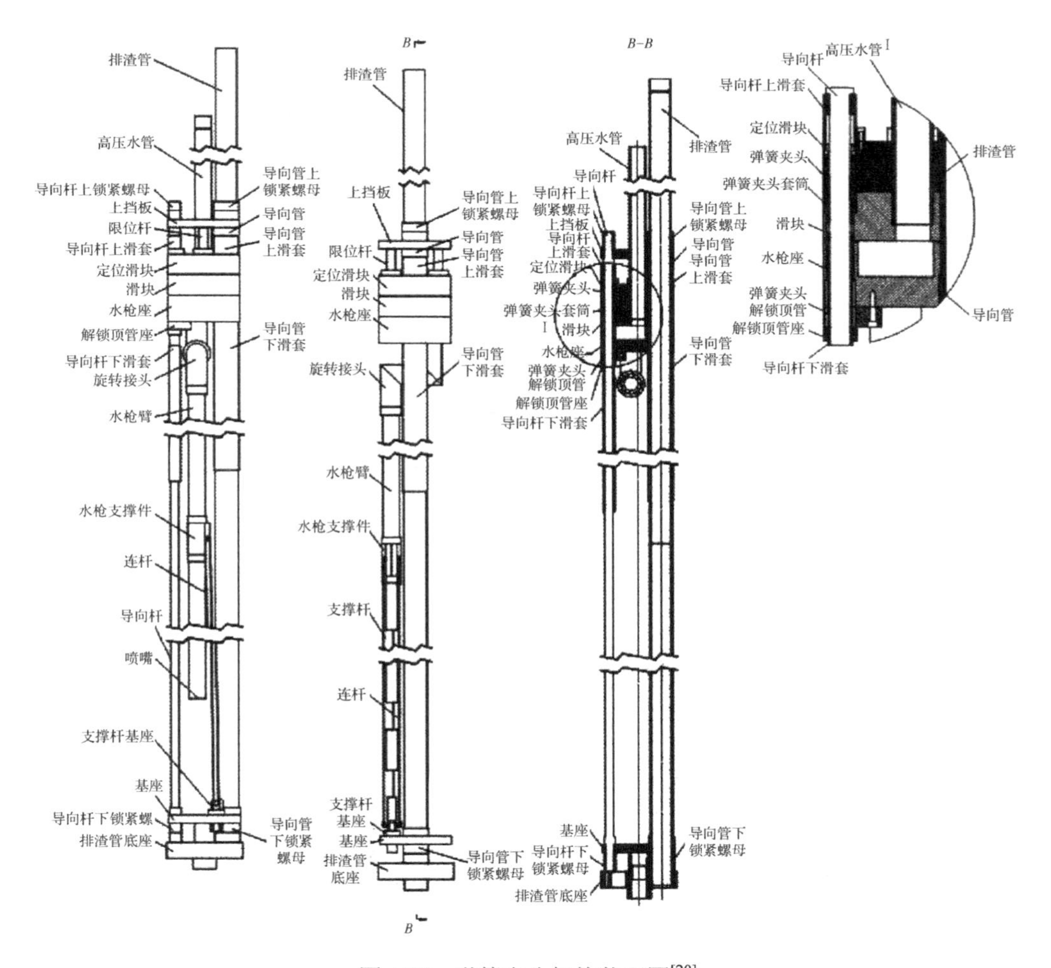

图 4.37　弹簧夹头机构装配图[20]

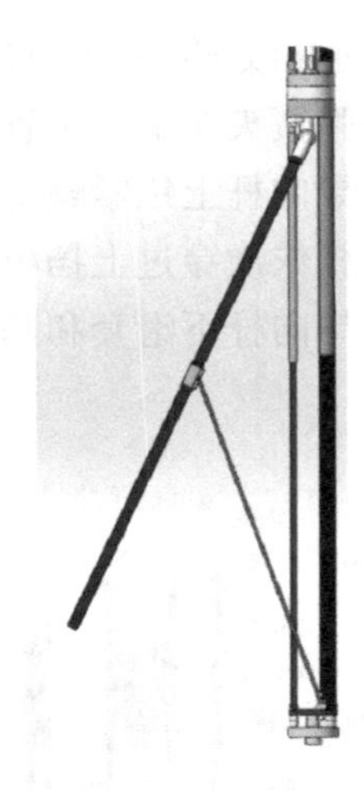

图 4.38　水枪伸出时的状态

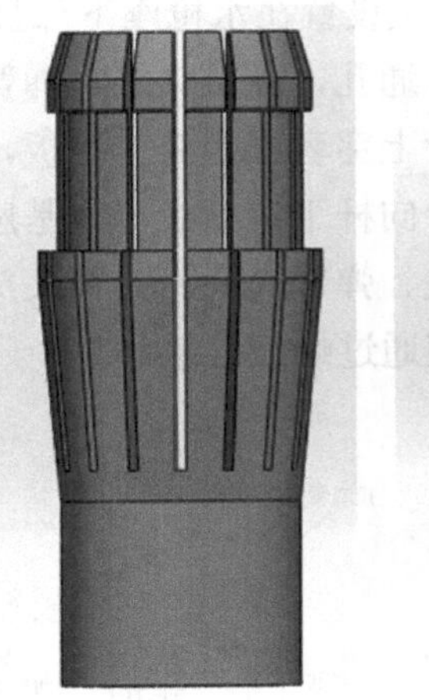

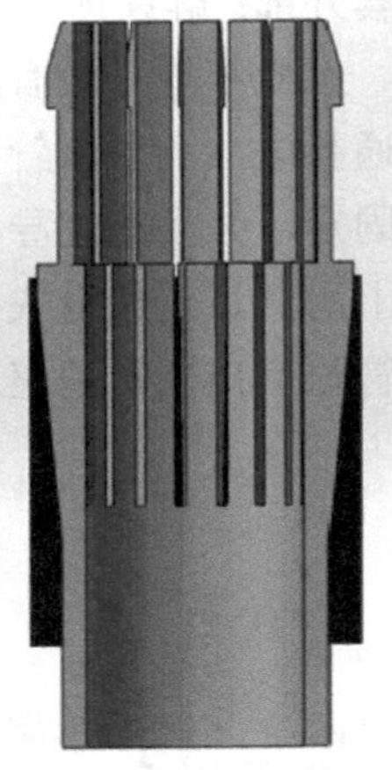

图 4.39　弹簧夹头与弹簧夹头套筒配合关系

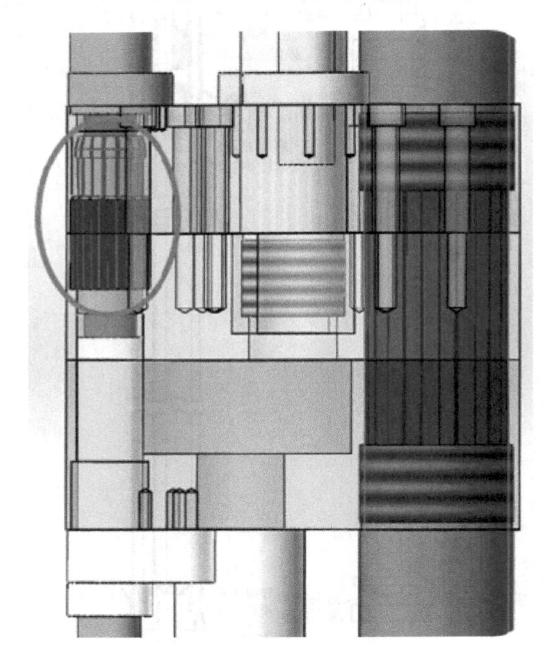

图 4.40　弹簧夹头装配

伸缩控制机构的核心组件是弹簧夹头机构。弹簧夹头机构由弹簧夹头和弹簧夹头套筒配合实现锁紧功能。当由导向杆、导向管滑块等构成的滑块机构向下运动时，弹簧夹头与套筒之间无相对运动，弹簧夹头处于松弛状态，水枪臂正常伸出，当伸出角度达到设计时，上提高压水管，弹簧夹头套筒相对于弹簧夹头向上运动，由于两者之间存在斜面，使弹簧夹头内径缩小，抱紧夹头内导向杆从而使水枪展开角度固定。当水枪伸出角度达到最大时，继续下压高压水管，此时弹簧夹头顶管推动弹簧夹头向上运动，使弹簧夹头上部卡入定位滑块的台阶上，使弹簧夹头和弹簧夹头套筒分离，弹簧夹头恢复松弛状态，实现机构解锁，水枪收回。

3）高压水输送系统

高压水输送系统包括高压水管、定位滑块、滑块、水枪座和保护管。其中高压水管由上至下依次穿过定位滑块、滑块和水枪座，高压水管分别与定位滑块、滑块和水枪座螺纹连接，定位滑块、滑块和水枪座通过螺栓固定连接在一起，保护管穿套在定位滑块、滑块和水枪座外，高压水管上穿套固定有上挡板；进行水力采矿时，地表水由高压泵经三通道水龙头输送至高压水管，经高压水管、旋转接头流入水枪臂，经喷嘴喷出。

4）排渣系统

排渣系统由排渣管底座和排渣管组成，其中排渣管与排渣管底座通过螺纹连接；排渣管底座与基座固定连接，水力破碎的岩（矿）石在水力提升装置作用下经排渣管输送至地表选矿区域。

2. 钻具工作过程

由钻机控制水力开采钻具回转动作，水枪完全展开后钻具回转速度控制在 2r/min 内。水枪的伸缩通过钻机的给进与提升动作实现，当钻具到达孔底后，排渣管底座支撑到孔底岩石上，当钻机继续给进时，滑块沿导向管及导向杆向下运动，水枪逐渐展开，当需要钻具进行开采时，在低速回转的同时缓慢提升钻具，此时，弹簧夹头在弹簧夹头套筒斜面作用下夹紧导向杆，从而保证水枪展开角度固定。当开采结束即水枪展开至最大角度时，解锁套筒与基座接触并在基座的推动下向上运动，推动弹簧夹头顶管向上运动，从而使弹簧夹头上部卡入定位滑块的台阶上，弹簧夹头与弹簧夹头套筒脱离接触，使钻具解锁。此时由钻机提升钻具，水枪逐渐缩回，当水枪缩回至初始位置时，可将钻具从钻孔提出，完成一次开采任务。

4.3.3　电控单动伸缩式水力开采钻具

采用机械控制的伸缩式水力开采钻具结构性简单，精密复杂零部件少，因此钻具工作性能稳定，在水力开采作业复杂的工况下，钻具可以长时间稳定工作。但是，采用机械控制伸缩的方式控制精度相对较差，操作复杂，对地表钻机操作水平要求高；伸缩动作不能反复进行，在伸缩控制机构解锁后钻具只能提到地表，人工复位后才能继续放入钻孔内工作。因此，在机械控制伸缩式水力开采钻具的基础上，设计电控伸缩式水力开采钻具，通过机电系统控制水枪臂的伸缩，实现了水力开采钻具的半自动化和重复动作，大大提高了水枪臂伸缩控制系统的控制精度，降低了操作的技术难度和施工人员的技术要求。

1. 机构组成及工作原理

电控单动伸缩式水力开采钻具主要包括高压水输送系统、伸缩控制机构、单动系统及排渣系统，其三维模型见图 4.41，结构简图见图 4.42。

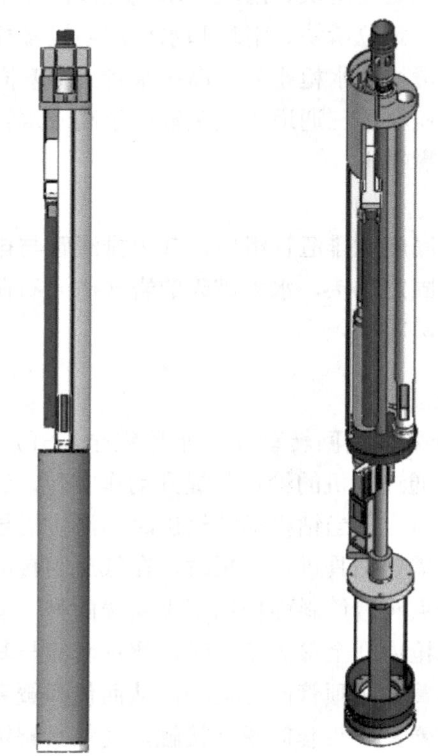

图 4.41　钻具整体示意图

1）高压水输送系统

电控单动伸缩式水力开采钻具的高压水输送系统包括上接头、引流器、水枪架、保护管、水枪座压板、水枪座、水枪接头和水枪。其中上接头和引流器之间密封连接，引流器可以围绕上接头转动；水枪架设置在引流器下部，引流器与水枪架之间密封连接，水枪座扣在水枪架侧向孔内，水枪座压板将水枪座压在水枪架上面，水枪座可以围绕侧向孔转动；水枪接头设置在水枪座下部，且水枪座与水枪接头用螺钉固定；保护管套设在水枪架、水枪座和水枪接头外部，保护管上端与水枪架通过螺钉固定。

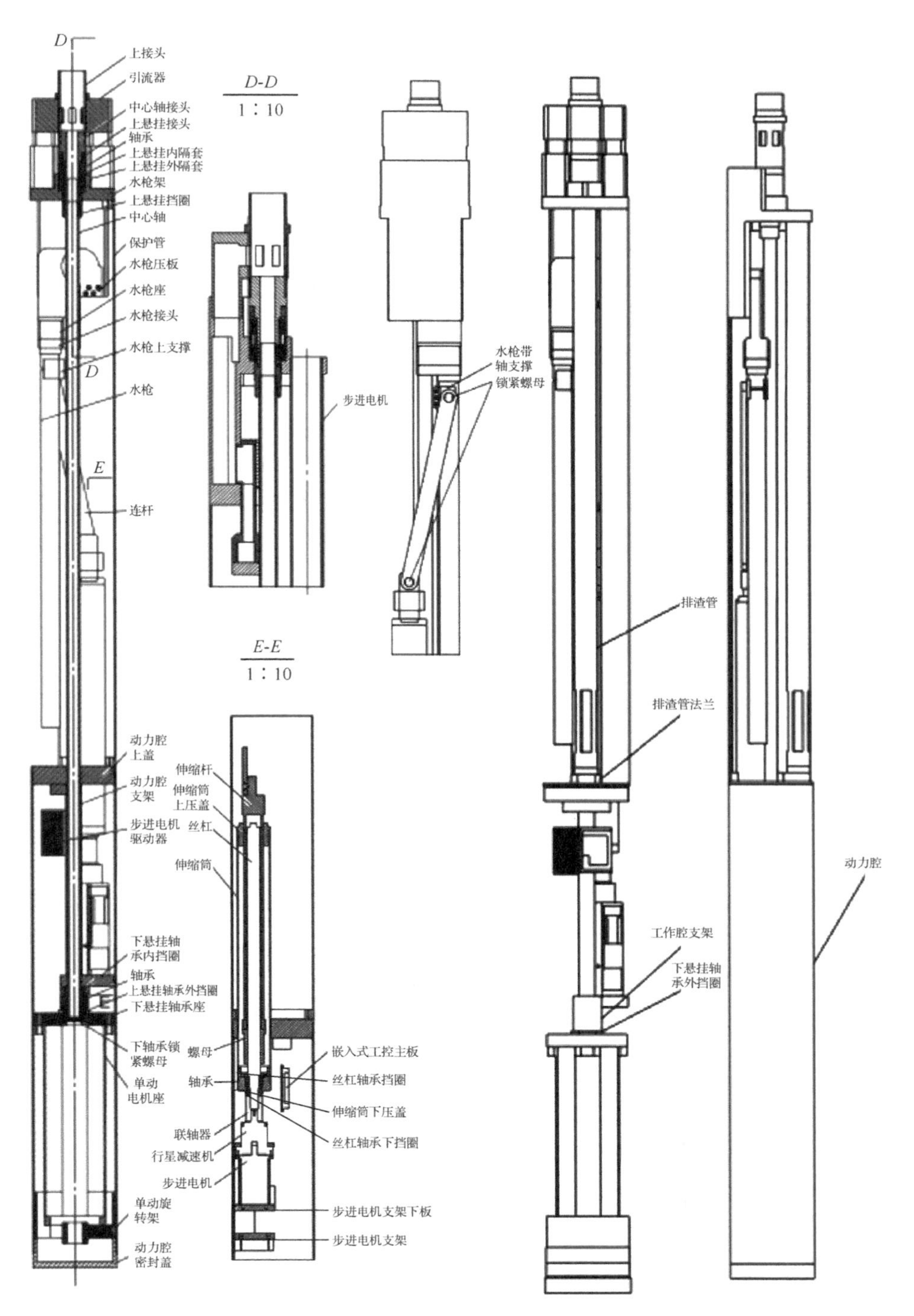

图 4.42　电控单动伸缩式水力开采钻具结构简图[21]

图 4.43　上接头

由于钻具要实现单动功能，因此钻具高压水输送系统的结构设计与机械机构控制的伸缩式水力开采钻具有较大区别，其详细结构如下。

（1）上接头。

图 4.43 为上接头的结构模型图，上接头上端与钻杆连接，下端与中心轴连接，下部开有沿径向等距分布的 6 个水口。上接头的作用有：①提供流体流动通道，将地表高压水引入引流器；②作为引流器的旋转轴，以实现钻具的单动功能。

（2）引流器。

引流器整体为半圆形结构，能够为排渣管留出安装空间，中心设计圆柱形通孔与上接头连接并绕上接头转动；外部台阶方便与水枪架之间的安装配合；内部为流体流动通道，将来自上接头的高压水引入水枪架。图 4.44 为引流器结构模型，图 4.45 为引流器剖面视图。

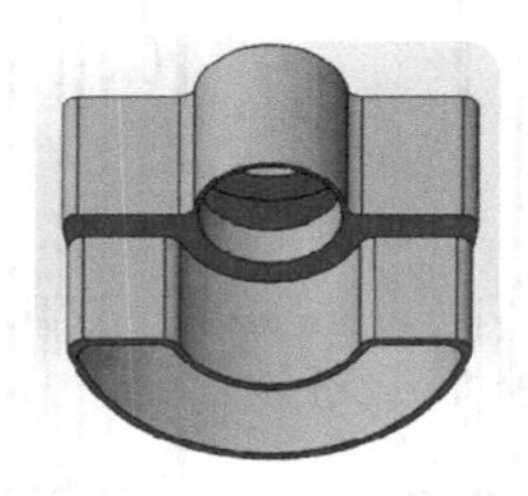

图 4.44　引流器结构模型

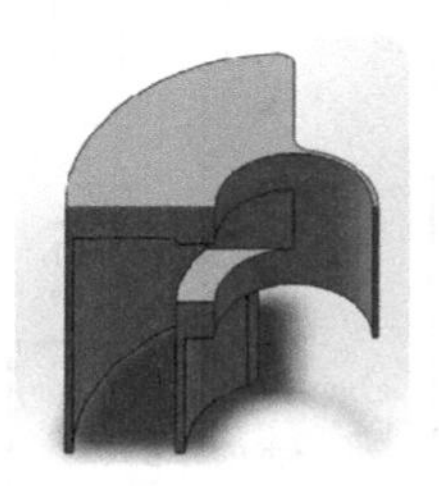

图 4.45　引流器剖面视图

（3）水枪架。

图 4.46 为水枪架结构模型图，图 4.47 为水枪架模型剖面视图。水枪架主要作用有：①高压水流通道，将引流器的高压水引入水枪座；②与中心轴、上悬挂接头配合，随中心轴转动，实现钻具单动。水枪架最大外径与钻具保护管外径相同，中心通孔用于与上悬挂接头连接，下部安装孔用于安装水枪座。

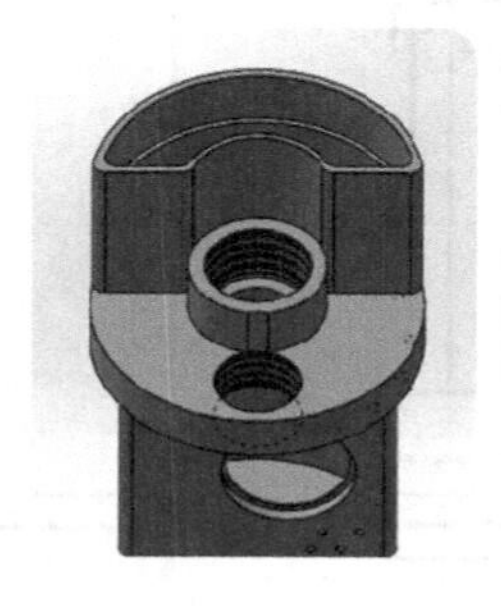

图 4.46　水枪架结构模型图

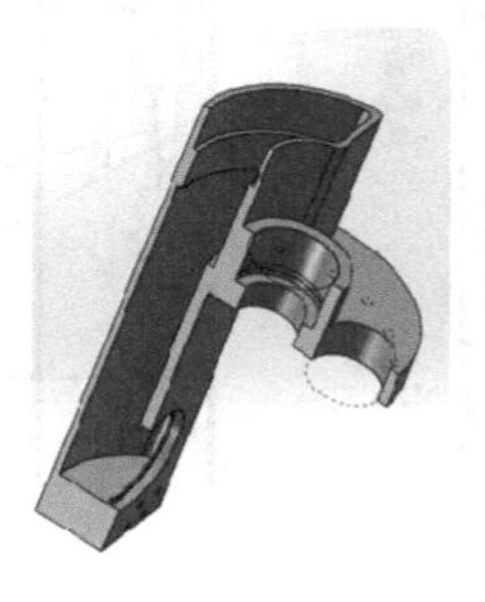

图 4.47　水枪架模型剖面视图

（4）水枪座。

图4.48为水枪座整体模型图，图4.49为水枪座模型剖面视图。水枪座主要作用有：①高压水流通道，将水枪架的高压水引入水枪接头；②支撑水枪，实现水枪的伸缩。水枪座上部插入水枪架下部安装孔内，并由水枪压板固定，水枪座下部与水枪接头通过螺钉固定。

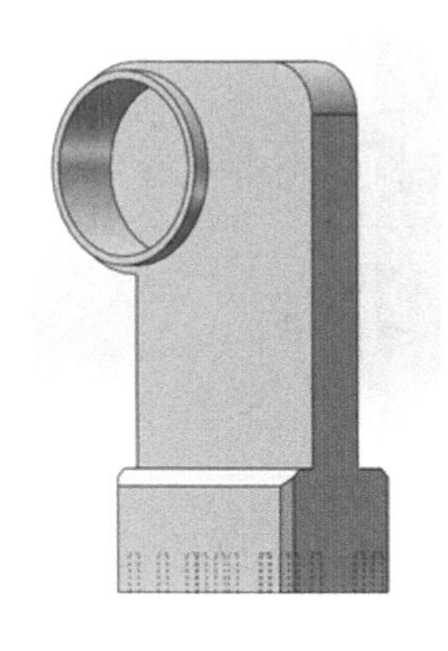

图4.48　水枪座整体模型图

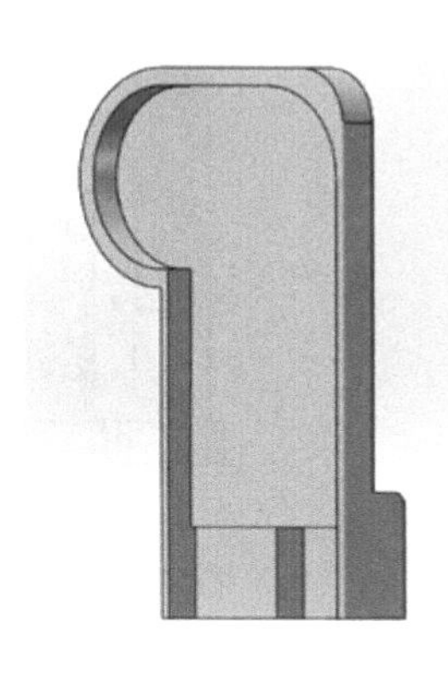

图4.49　水枪座模型剖面视图

（5）水枪接头。

图4.50为水枪接头模型图，图4.51为水枪接头斜二测剖面视图。水枪接头中间部分设置凸台，凸台上平面用于与水枪坐配合连接，下部设置有带螺纹的通孔，用于与水枪的配合连接。水枪接头的设计保证了连接的强度可靠性和密封要求。

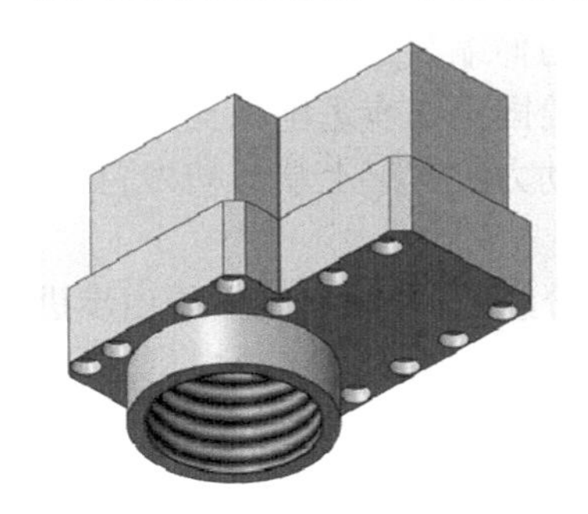

图4.50　水枪接头模型图

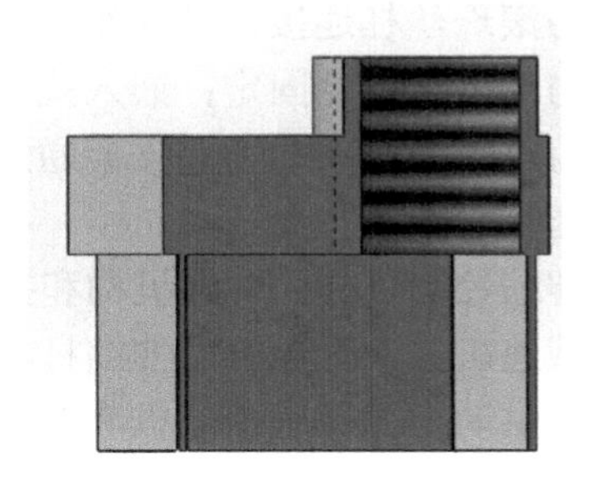

图4.51　水枪接头斜二测剖面视图

2）伸缩控制机构

伸缩控制机构包括水枪上支撑、水枪、连杆、水枪带轴支撑，动力腔上盖、动力腔支架、伸缩杆、伸缩筒上压盖，丝杠、伸缩筒、滚珠丝杠螺母、丝杠轴承挡圈、伸缩筒下压盖、丝杠轴承下挡圈、联轴器、行星减速机、步进电机、步进电机支架和嵌入式工控主板。伸缩控制机构模型示意图见图4.52。

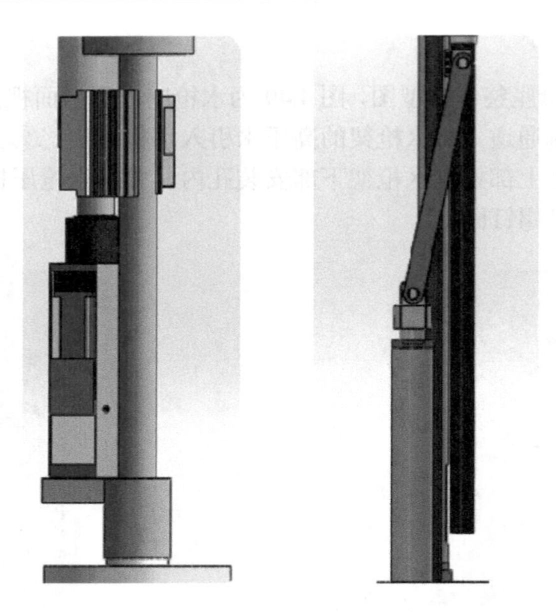

图 4.52　伸缩控制机构模型示意图

水枪与水枪接头通过螺纹连接；水枪上支撑和水枪带轴支撑均为圆弧构件，两者通过螺钉连接在一起，形成一个大于 180° 的圆弧支撑组件，固定在水枪指定位置，并与连杆铰接；连杆与伸缩杆铰接；步进电机支架用螺栓固定在动力腔支架侧面的平台上；步进电机用螺钉固定在步进电机支架内部；行星减速机用螺栓固定在步进电机上部，其输入端与步进电机的输出轴用平键连接，输出端通过联轴器与滚珠丝杠连接；滚珠丝杠通过轴承组件与伸缩筒连接，滚珠丝杠螺母通过螺栓与伸缩杆下端固定；嵌入式工控主板用螺栓固定在步进电机支架一侧；动力腔上盖与保护管、动力腔支架通过螺钉连接，动力腔支架上端与动力腔上盖通过螺钉连接。

伸缩控制机构由伸缩机构和控制系统两部分组成。伸缩机构主要由步进电机、行星减速机、滚珠丝杆、伸缩杆、连杆、水枪等零件组成。步进电机为伸缩控制机构提供动力，行星减速机降低转速并提高输出扭矩，滚珠丝杠将回转运动转换为往复直线运动，该机构可在保证传动精度的前提下，充分利用钻具的轴向空间，降低了对钻具径向空间的要求，便于整套水力开采钻具的尺寸设计。控制系统核心部件为阿尔泰公司生产的 ARM8060 型嵌入式工控主板及上位计算机，完成对步进电机正、反转及水枪伸缩角度的控制。由于钻具在矿浆淹没工况下进行开采作业，因此钻具下部设计密封工作腔，步进电机和工控主板等机电组件均安装于密封的工作腔内，以保证设备的安全运转。

伸缩控制机构的工作原理如下：在地表设置好水枪的伸出速度等参数后，将工作指令传送至工控组件，工控组件控制步进电机的回转方向及速度，由步进电机驱动滚珠丝杠运动，滚珠丝杠将步进电机的回转运动转换成直线运动后，推动伸缩杆运动，从而在连杆机构的带动下，驱动水枪完成伸缩动作。由于滚珠丝杠的自锁作用，水枪可任意角度固定。

3）单动系统

当水力开采钻具进行采矿工作时，水枪前端喷嘴需要根据矿层条件和施工工艺参数进行回转，然而动力电缆和信号传输线不能随钻具一同回转，因此需要设置单动机构来保证电缆不随钻具回转。

单动系统包括中心轴接头、上悬挂接头、轴承、上悬挂内隔套，上悬挂外隔套、上悬挂挡圈、中心轴、下悬挂轴承内挡圈、下悬挂轴承座、下轴承锁紧螺母、单动电机座、单动旋转架、动力腔密封盖和动力腔上盖。单动系统的动力由步进电机及行星减速机提供。单动旋转架的下端与动力腔密封盖通过螺纹连接，单动电机架用螺栓固定在单动旋转架上面，步进电机用螺栓固定在单动电机座的中心位置，下悬挂轴承座用螺栓固定在单动电机架上部，行星减速机的输出轴与单动旋转架通过平键连接，轴承套设在中心轴的下端，第二轴承的下端紧靠下悬挂轴承座，第二轴承的上端紧靠下悬挂轴承挡圈，动力腔支架下端管状部分将下悬挂轴承挡圈、第二轴承、下悬挂轴承座中心突出部分扣合，并紧顶在下悬挂轴承座的上平面上，中心轴穿过动力腔支架的中心管和动力腔上盖，与上悬挂挡圈螺纹连接，上悬挂挡圈与中心轴接头通过螺纹连接，动力腔支架的下端与下悬挂轴承座螺纹连接，中心轴轴承为两个，依次在中心轴接头的下端，中间由上悬挂内隔套隔开，两个中心轴轴承的外面套设有上悬挂外隔套，上悬挂外隔套外侧套设有上悬挂接头，上悬挂接头的上端顶住中心轴接头环形台阶处，上悬挂接头的下端与水枪架通过螺纹连接，中心轴接头穿套在上接头内，中心轴接头与上接头通过螺纹连接，上接头中在两者密封环之间的部位开有径向通道，高压水可以通过径向孔进入引流器腔体内，动力腔的上端与动力腔上盖通过螺纹连接，下端与动力腔密封盖通过螺纹连接。

单动系统的实现依托于分别安装在上下悬挂轴承座内的两副推力轴承，单动系统的回转动力由安装在单动电机座上的单动电机提供，单动电机的回转速度同样由工控系统控制，单动电机输出端连接行星减速机以满足水枪臂低速回转的要求，单动电机的动力经行星减速机传递到单动旋转架上，由于在开采过程中动力腔密封盖、动力腔、保护管与上部钻杆柱连接，开采过程中不转动，单动旋转架会在反扭矩的作用下转动，从而带动第一轴承和第二轴承之间的零部件转动，实现水枪臂在开采过程中的回转。

4）排渣系统

排渣系统包括排渣管、水枪架、动力腔上盖，排渣管上端穿过水枪架的预留孔，下端通过螺栓固定在动力腔上盖上面，并且排渣管下端有径向通道，使矿浆从径向通道进入排渣管，输送到地表。

2. 工作过程

钻具的伸缩动作由计算机控制，计算机通过工控装置控制孔底钻具内步进电机工作，动力通过行星减速机、联轴器传递至滚珠丝杠驱动滚珠丝杠旋转，使滚珠丝杠上的丝杠螺母上下运动，驱动与丝杠螺母连接的伸缩杆上下运动，通过连杆驱动水枪伸展和缩回。钻具回转动作由计算机控制，通过工控装置控制回转用步进电机旋转，动力通过行星减速机驱动单动旋转架旋转，最终驱动孔底钻具转动。用于碎岩的高压水射流由地表高压泥浆泵送入钻杆内部，进入钻具上接头、引流器、水枪架、水枪座、水枪接头，最终通过水枪从水枪末端喷嘴喷出，实现矿层的破碎。

4.4 棘爪伸缩式水力开采钻具试验

4.4.1 试验区地质条件

本次试采依托吉林大学吉林省重大科技攻关双十项目“近临界水法油页岩地下原位裂解先导试验关键技术与装备”和吉林省产业创新重大项目“油页岩局部化学反应法地下原位裂解先导试验工程”，试验区位于吉林省农安县永安乡[22]。

1. 自然地理

农安县隶属吉林省长春市，位于松辽平原腹地，地理坐标 124° 31′E～125° 45′E，43° 55′N～44° 55′N。东临德惠市，南接省城长春市，西与公主岭市和长岭县为邻，北与松原市接壤。地势平坦，农安县境内有松花江、伊通河、新开河及波罗湖。

2. 区域地质条件

农安油页岩矿位于我国重要的油气盆地——松辽盆地，油页岩形成于白垩系上统青山口组、嫩江组一、二段，地层发育有白垩系及第四系，白垩系地层自下而上由泉头组、青山口组、姚家组及嫩江组组成，第四系主要为河湖相沉积[23]。农安油页岩矿区主要可采地质层为嫩江组 2 号矿层，岩性下部主要为黑色泥岩、灰黑色泥岩、页岩，夹油页岩；上部为灰绿泥岩、深灰泥岩、棕色泥岩与粉砂岩、细砂岩互层。嫩江组与下伏姚家组呈整合接触。由于嫩江组时期末燕山运动四幕的影响，在西部斜坡部分地区嫩江组上部被部分剥蚀。区域地层划分见表 4.6。

表 4.6　松辽盆地上白坐统地层划分表[24]

地层				地震波组	岩性描述
系	统	组	段		
第三系	—	—	—	T_0^1	—
白垩系	上白垩统	明水组	K_2m^2	T_0^3	灰绿色泥岩、棕红色泥岩夹砂岩
			K_2m^1		棕灰色泥岩、棕褐色泥岩、夹泥质粉砂岩
		四方台组	K_2s		棕红色泥岩，杂色砂泥岩夹红色砂岩，底部为砂砾岩
		嫩江组	K_2n^5		棕红色泥岩、灰绿色泥岩与泥质粉砂岩，粉砂岩互层
			K_2n^4		灰绿色泥岩、深灰色泥岩与泥质粉砂岩，粉砂岩互层
			K_2n^3		深灰色泥岩、灰色泥岩与灰色细砂岩组成三个反旋回层
			$K_2n^{1\text{-}2}$		深灰色泥岩、灰黑色泥岩、页岩，底部为油页岩 灰黑色泥岩页岩夹灰绿色泥质粉砂岩，劣质油页岩
		姚家组	$K_2y^{2\text{-}3}$	T_1	上部棕红色泥岩，泥质粉砂岩与灰黑色泥岩，灰绿色泥岩互层
			K_2y^1		棕红色泥岩与灰绿色泥岩互层，夹灰黑色泥岩，粉砂岩
		青山口组	$K_2qn^{2\text{-}3}$	T_1^1	上部紫红，灰绿色泥岩，夹薄层粉砂岩，下部灰绿色、灰色泥岩夹绿色粉砂岩
			K_2qn^1		灰黑色泥岩，页岩夹油页岩
	下白垩统	泉头组	$K_1q^{3\text{-}4}$	T_2	棕红色泥岩、粉砂岩、细砂岩
			$K_1q^{1\text{-}2}$		

4.4.2　农安区油页岩概况及力学性质

1. 农安区油页岩概况

农安区共分三个矿区，即农安 1 区、农安 2 区、农安 3 区，矿层平均倾角 30°，厚度 2.0～3.0m，赋存深度 100～300m，平均含油率 5.2%。嫩江组 1 号矿层在 2 号矿层下，矿层相对薄、品位低，不利于开采。农安 1 区位于农安县城附近，覆盖农安镇、柴岗镇、兴隆镇大洼屯、东拉拉屯等村镇，面积 449.62km^2，储量 15.1 亿吨，深度 200～360m，厚度 2.0～3.0m，平均含油率 5.2%。农安 2 区位于农安县城以西，包括盖三宝、太平岭、巴吉垒、伏龙泉等乡镇以及三盛玉西侧的单独小区，本区东侧以铁路与农安 1 区分界。面积 670.04km^2，储量 27.1 亿吨，深度 100～360m，厚度 2.0～3.0m，平均含油率 5.2%。农安 3 区位于农安县北部边界，北邻前郭矿区，南邻哈拉海镇、高家店镇与农安 1 区分界。覆盖杨树林、哈拉海镇、高家店、小城子等乡镇，面积469km^2，储量19.7亿吨，深度200～360m，厚度2.0～3.0m，平均含油率5.2%。

2. 农安区油页岩力学性质

通过RS-STO1C非金属声波检测仪对油页岩样品进行声波力学性能测定，每个样品得到十个数据，对数据取平均值，得到油页岩在平行于层理和垂直于层理两个方向上的纵波和横波波速，见表4.7。

表4.7　油页岩声波测试数据[25]

测试内容	测试方向	触头间距/mm	纵波波速/(m/s)	横波波速/(m/s)
新鲜试样	平行层理	195	2550	1229
	垂直层理	60	1629	852
风化试样	平行层理	16.3	1561	821
	垂直层理	7.0	500	276
新鲜岩样	平行层理	675	2894	1580
	垂直层理	125	1462	812

依据声波数据，通过油页岩风化系数、完整性系数、动弹模公式，计算得到油页岩平行于层理和垂直于层理两个方向上的风化系数、岩石完整性和动弹模等数据，计算结果见图4.53。

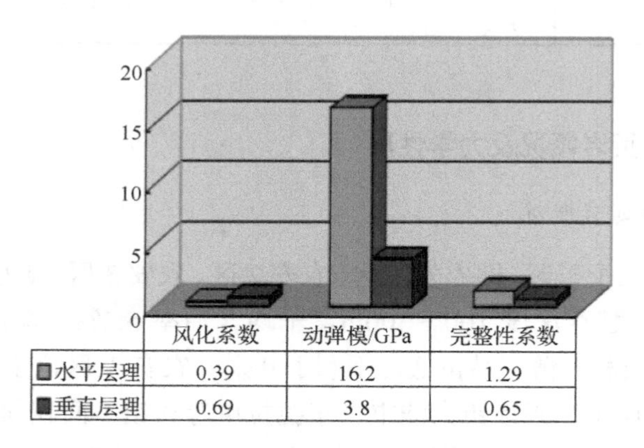

图4.53　试验区油页岩风化系数、动弹模和完整性系数

通过对新鲜油页岩标准试样的强度试验及数据处理，按标准方法，计算得到油页岩在平行于层理和垂直于层理两个方向上的抗压强度、抗拉强度、抗剪强度和法向应力、弹性模量和泊松比等基本力学性质，见图4.54。

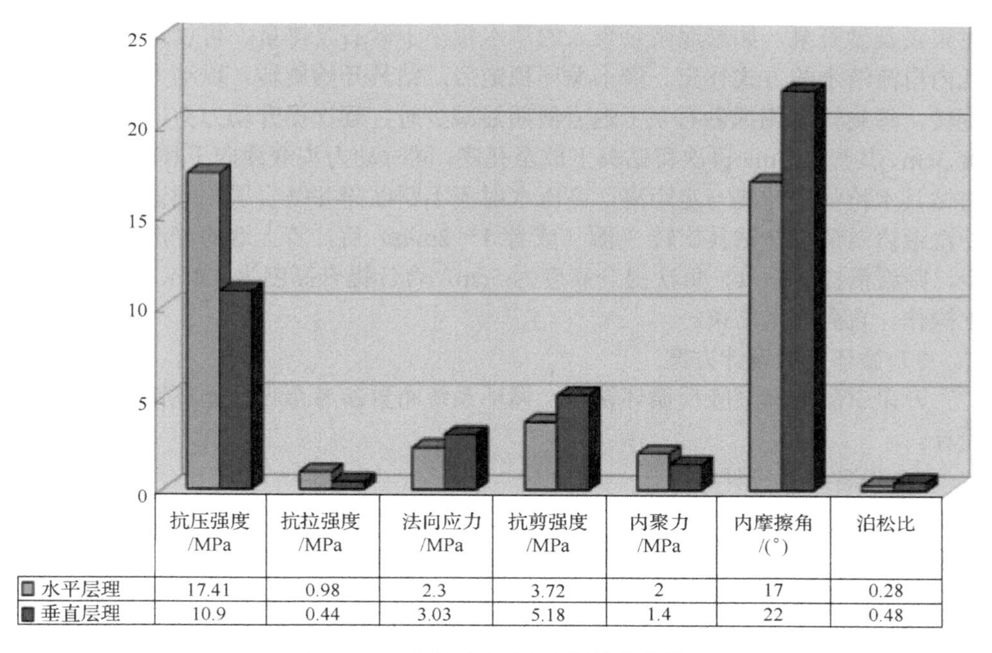

	抗压强度/MPa	抗拉强度/MPa	法向应力/MPa	抗剪强度/MPa	内聚力/MPa	内摩擦角/(°)	泊松比
水平层理	17.41	0.98	2.3	3.72	2	17	0.28
垂直层理	10.9	0.44	3.03	5.18	1.4	22	0.48

图 4.54　试验区油页岩力学性能参数

4.4.3　试验方案、设备及结果

1. 试验方案

1）钻孔设计方案

开采试验所需钻孔结构设计如下：钻孔直径为 500mm，深度 15m，下入直径为 498mm 的套管至 9m 位置，防止井壁坍塌。钻孔结构见图 4.55。

2）整体试验方案

整个试验过程包括：先导孔施工、扫孔作业、水力开采钻具组装、地面测试、开采试验、数据记录、钻具回收。

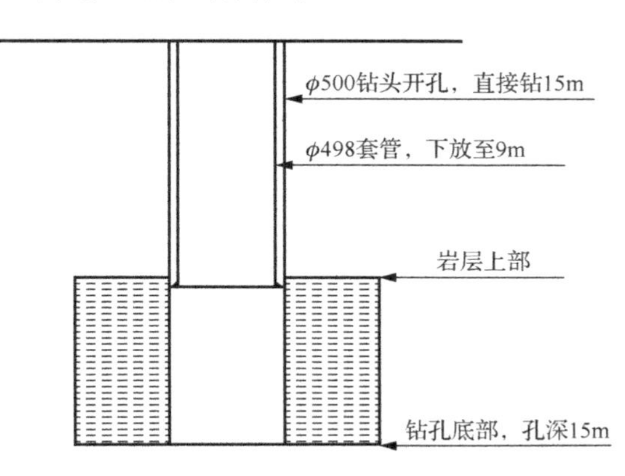

图 4.55　钻孔结构

为保证钻具系统能够顺利完成开采试验，首先应了解矿层厚度，若矿层厚度或可破碎岩层厚度低于 5m，则在将钻具系统下入孔内前需对水力开采钻具进行结构调整。待水力开采钻具到达孔底之后，启动

泥浆泵及砂石泵，如果泥浆泵泵入的清水量小于砂石泵排量，可以选择从孔口向孔内自流清水的方式补充。清水循环稳定后，钻具开始旋转，以动力头最低转速旋转，每旋转 3 圈或砂石泵上返岩屑明显减少时，逐次提升动力头，每次提升高度 5cm，共提升 5m；再次将钻具下放至孔底，同时动力头继续向下移动一定距离，将钻具水枪往外伸展一定距离，高压水射流不断破碎井壁岩层，观察砂石泵上返冲洗液岩屑情况，钻具旋转 3 圈（或者 1～2min）后，若上返的冲洗液中岩屑很少，则缓慢提升钻具，每次提升高度为 5cm，合计提升高度为 4.6m。继续重复以上操作，直到开采结束。

3）循环系统设计方案

开采试验选择泵吸反循环钻进，循环系统布置参考泵吸反循环钻进要求进行设计。

4）设备钻具设计方案

根据上述方案和已有设备，选取 GK.5 型钻机，根据参数需要，将其动力头更换为水力开采专用动力头。选取配套砂石泵、泥浆泵、排渣管道、高压胶管等，其装配方案如图 4.56 所示。

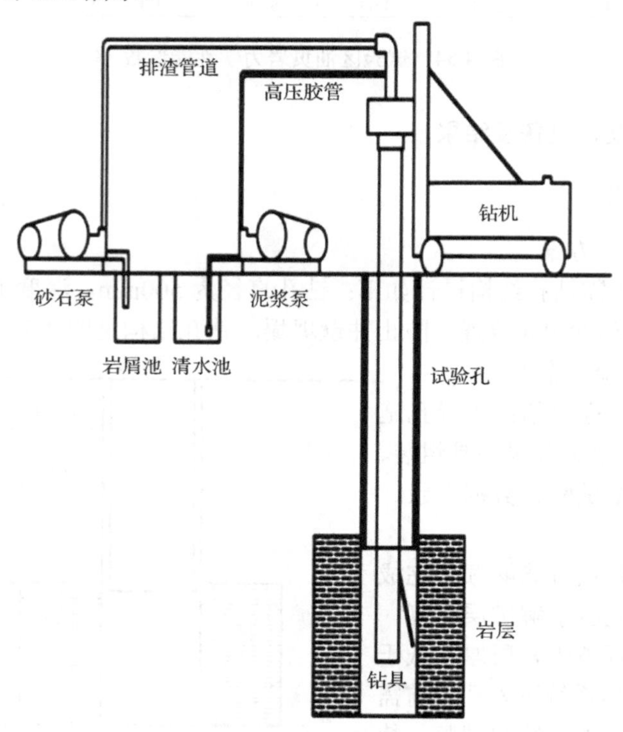

图 4.56　设备装配设计方案

野外试验开采钻具装配设计方案，如图 4.57 所示。

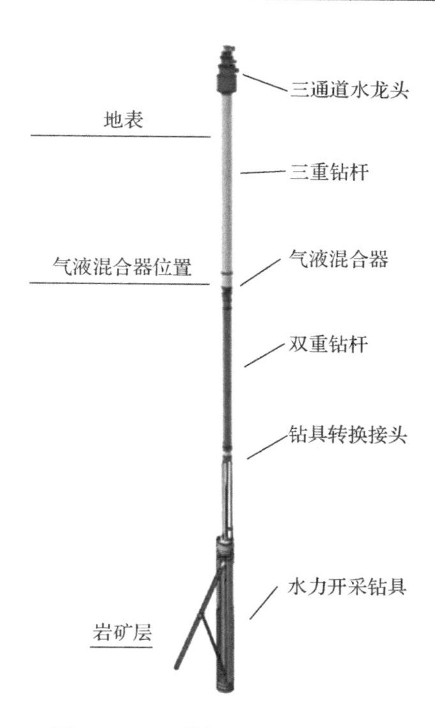

图 4.57　开采钻具装配设计方案

2. 主要设备及性能

1）钻机参数

现场试验将 GK.5 型钻机动力头更换为水力开采专用动力头，将 GK.5 型钻机水龙头更换为三通道水龙头，更换后的动力头最低转速可控制在 2～3r/min，行程为 5m。

2）钻具参数

（1）水气转换接头。

水气转换接头包含 2 个工作部件：外管接头和内管接头（图 4.58 和图 4.59）。

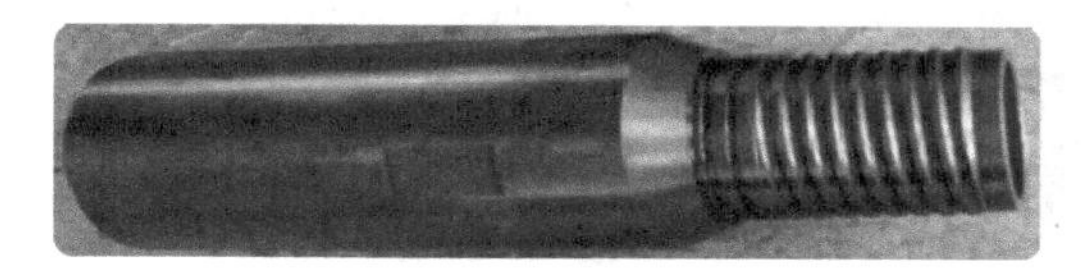

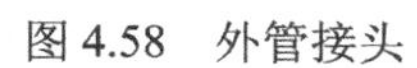

图 4.58　外管接头

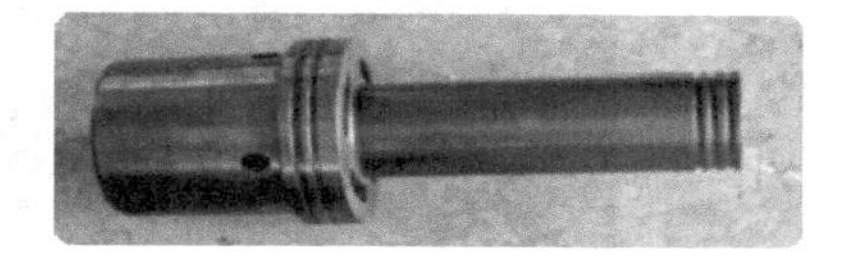

图 4.59　内管接头

（2）双壁钻杆。

12 根 3m 长的双通道钻杆，中心内径 48mm；共长 36m；1 根 3m 长的双通道钻杆，中心内径 42mm；用于连接水力开采钻具转换接头（图 4.60）。

（3）钻具转换接头。

钻具转换接头包含 4 个工作部件：主接头、中心高压水通道连接件、侧面返浆管连接件、钻具连接头。

（4）钻头。

三翼硬质合金刮刀钻头。

（5）喷嘴。

准备两个水力开采喷嘴（图 4.61）。试验用喷嘴有两个参数，分别为①内径 4.8mm，截面积 $1.81\times10.05\text{m}^2$；②内径 6.4mm，截面积 $3.217\times10.05\text{m}^2$。

图 4.60　双壁钻杆实物图

图 4.61　喷嘴实物图

（6）三通道水龙头。

水力开采钻具进行水力破碎开采时，需向孔底的射流装置输送高压水，并通过气举反循环方式将孔底破碎的矿渣输送至地表，因此钻机上水龙头需有高压水、压缩空气通道及返浆三个通道，根据开采装置工作需要，研制三通道水龙头。进行气举反循环返浆时，矿浆对水龙头最上部弯管破坏严重，因此水龙头最上方返浆管采用法兰连接，可拆卸，便于弯头损坏后更换；为防止矿浆进入高压空气管道，在水龙头的气通道设置气动单向阀。三通道水龙头如图 4.62 所示。

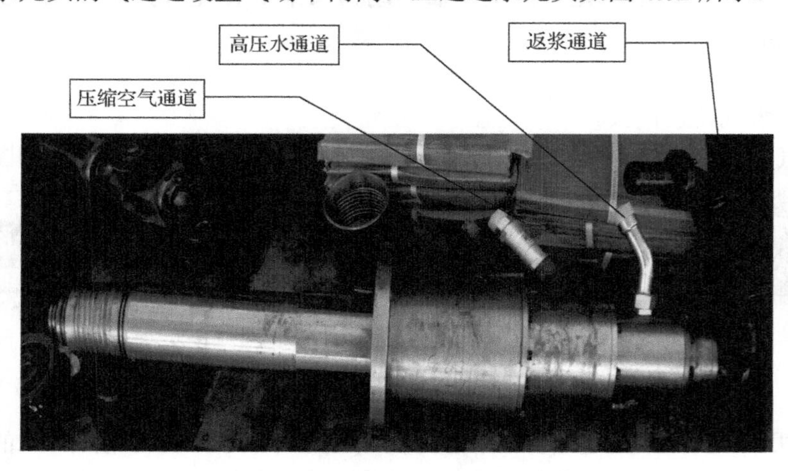

图 4.62　三通道水龙头

现场场地布置与第一次开采实况见图 4.63 和图 4.64。主要试验参数见表 4.8。

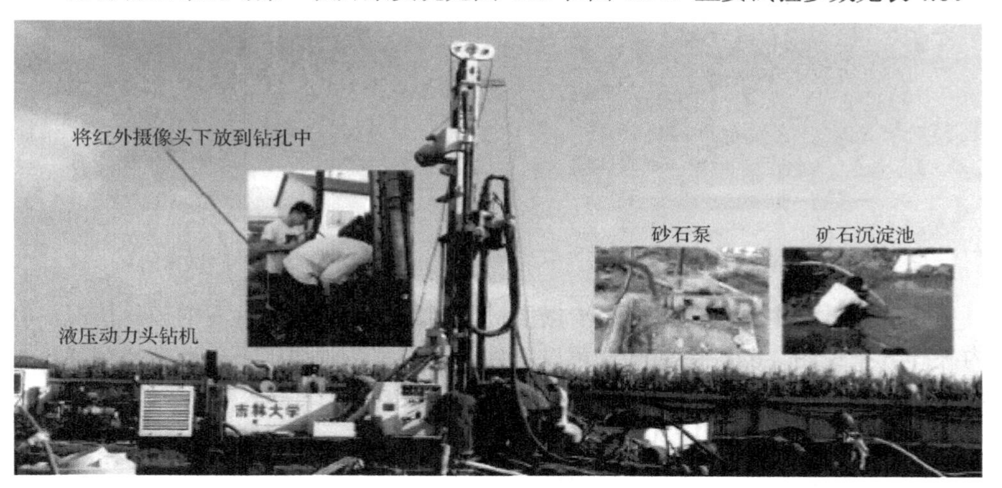

图 4.63　现场场地布置

图 4.64　第一次开采实况

表 4.8　主要试验参数

回次	喷水口内径/mm	泵量/(L/min)	出口流速/(m/s)	破碎孔段/m	泵压/MPa
第一次试验	4.8	90	82.9	11.25～11.7	4
第二次试验	6.4	145	75.1	7.5～8.5	4

上返的岩块及岩屑见图 4.65 和图 4.66，第一次开采出来的岩屑粒径<2cm 的占比不足 5%，通过改变试验参数，第二次开采出来的岩屑粒径<2cm 的占比大于 60%，开采速率约为 8t/h。

图 4.65　第一次试采岩屑

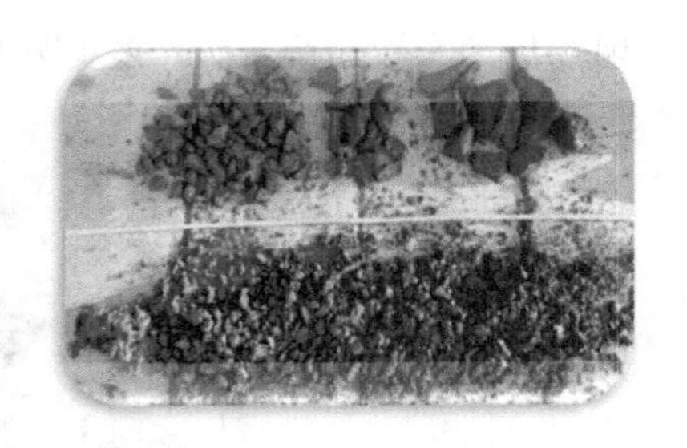

图 4.66　第二次试采岩屑

在试验过程中，通过孔内高清摄像机监测了孔底岩（矿）石的破碎情况，孔内破碎效果见图 4.67～图 4.69，可以看到开采硐室范围内矿石破碎效果明显，且硐室壁较为均匀，证明了水力开采钻具良好的碎岩能力。

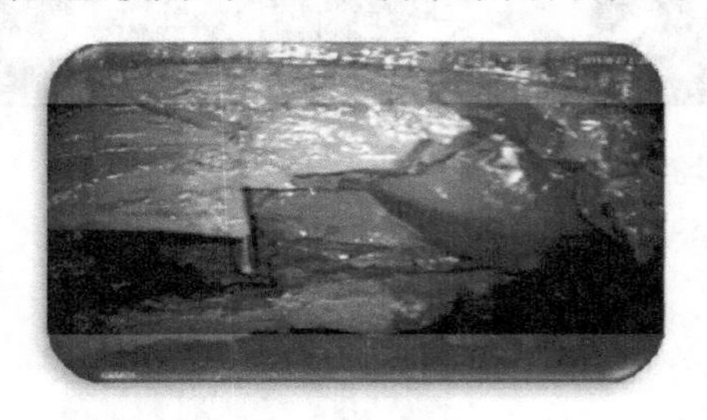

图 4.67　破碎效果（7.5m 井段）

图 4.68　破碎效果（8.5m 井段）

图 4.69　破碎效果（12.5m 井段）

3. 试验结果

棘爪可伸缩式水力开采钻具系统试验测试中，动力头、气盒子、双壁钻杆、钻具连接接头等匹配很好，能够实现很好的密封，可伸缩钻具本身密封性能也达到试验要求，各组件在 10MPa 压力下未发生泄漏；三通道水龙头、双壁钻杆、连接接头与可伸缩钻具连接匹配较好；可伸缩水力开采钻具通过地表测试能够有效地展开与缩回，径向伸出距离最大可达 2.9m，在试验工况下，钻具开采速率达到 8t/h，以上方面均达到了设计要求。

参考文献

[1] 萨莫斯, 王维德. 水射流切割技术的发展[J]. 国外金属矿山, 1994(6): 66-70.

[2] 沈忠厚. 水射流理论与技术[M]. 东营: 中国石油大学出版社, 1998.

[3] 陈晨, 张祖培. 钻孔水力开采技术[J]. 中国矿业, 1998(6): 40-43.

[4] 汤凤林, Чихоткин В Ф, 蒋国盛, 等. 加强钻孔水力开采技术研究, 拓宽探矿工程创新发展空间[J]. 探矿工程(岩土钻掘工程), 2016, 43(9): 1-8.

[5] 傅春, 颜恩锋. 采矿新技术：钻孔水力开采技术[J]. 矿冶工程, 2004(4): 7-8.

[6] 刁乃秋, 杨晓波. 国外钻孔水力采煤法概述[J]. 水力采煤与管道运输, 1999(1): 38-43.

[7] 刁乃秋, 杨晓波. 国外钻孔水力采煤法概述(续上期)[J]. 水力采煤与管道运输, 1999(2): 37-44.

[8] 季古诺夫. 俄罗斯当前的钻孔采矿工艺[J]. 江天寿, 译. 岩土钻凿工程, 1998(6): 1-4.

[9] 阿里克谢. 拉科夫卡煤矿钻孔水力开采方法研究[D]. 长春: 吉林大学, 2013.

[10] 陈晨, 张祖培, 王淼. 吉林油页岩开采的新模式[J]. 中国矿业, 2007, 117(5): 55-57.

[11] 高文爽. 油页岩钻孔水力开采实验台设计及孔底流场数值模拟研究[D]. 长春: 吉林大学, 2011.

[12] 陈大勇. 钻孔水力开采喷嘴性能测试实验台研制与圆柱形喷嘴参数优化研究[D]. 长春: 吉林大学, 2012.

[13] 温继伟. 油页岩钻孔水力开采用射流装置的数值模拟与实验研究[D]. 长春: 吉林大学, 2014.

[14] 王瑞和, 倪红坚. 高压水射流破岩钻孔过程的理论研究[J]. 石油大学学报(自然科学版), 2003(4): 44-47, 148-149.

[15] 刘佳亮, 司鹄, 张宏. 淹没状态下高压水射流破岩效率分析[J]. 中国安全科学学报, 2012, 22(11): 23-29.

[16] 陈树亮, 黄炳香, 徐杰, 等. 高压水射流冲孔基本规律的实验研究[J]. 煤矿开采, 2017, 22(4): 1-3, 38.

[17] 王彧佼, 陈晨, 高帅, 等. 棘爪机构伸缩式钻孔水力开采装置的设计与试验[J]. 探矿工程(岩土钻掘工程), 2017, 44(11): 60-65.

[18] 钟秀平, 陈晨, 李刚, 等. 基于蜗轮蜗杆伸缩方式的钻孔水力开采钻具设计[J]. 探矿工程(岩土钻掘工程), 2018, 45(11): 40-44.

[19] 吕永亮. 棘爪式可伸缩水力开采钻具研究与应用[D]. 长春: 吉林大学, 2018.

[20] 陈晨, 赵嵩颖, 李刚, 等. 一种基于弹簧夹头控制伸缩水枪: 201410278750. 5[P]. 2015: 12-30.

[21] 陈晨, 李刚, 高帅, 等. 一种用于钻孔水力开采的电控单动伸缩钻具: 201410278727. 6[P]. 2015: 11.

[22] 白文翔, 孙友宏, 郭威, 等. 吉林农安油页岩地下原位裂解先导试验工程[C]//第十九届全国探矿工程(岩土钻掘工程)学术交流年会, 2017: 6.

[23] 周妍, 李守义, 孙英男. 吉林省油页岩特征及开发利用前景[J]. 矿业快报, 2007, 456(4): 7-9.

[24] 王永莉. 松辽盆地南部上白垩统油页岩特征及成矿规律[D]. 长春: 吉林大学, 2006.

[25] 严轩辰. 农安和桦甸油页岩力学性能及其水力压裂与破碎关键参数研究[D]. 长春: 吉林大学, 2012.

第 5 章　储层改造技术

储层改造技术是为了提高油气井产量或注水井注水量，对储层采取的一系列工程技术措施的总称，包括但不限于不同介质的压裂技术、不同的基质酸化技术以及封闭隔离技术等。本章内容主要介绍了在不同储层（油页岩、天然气水合物等）中储层改造技术的应用，分别介绍了基于不同改造目的而发展的多种储层改造技术，包括旨在提高致密储层的孔隙度及渗透率、达到增产增注目的不同介质的压裂技术（水力压裂技术、无水压裂技术等），以及旨在封闭隔离生产区、仿真地下水污染并降低热损失的注浆技术等。

5.1　储层改造技术的发展现状

储层改造技术可根据劣化机理的不同，分为利用物理方法、化学方法以及复合方法达到增产增注目的技术措施；也可根据改造目的分为破坏性改造技术和保护性改造技术。表 5.1 展示了按不同分类原理分类的储层改造技术。

表 5.1　储层改造技术分类

<table>
<tr><th colspan="2">分类原理</th><th colspan="2">储层改造技术</th></tr>
<tr><td rowspan="6">劣化机理</td><td rowspan="2">物理</td><td colspan="2">水力压裂技术</td></tr>
<tr><td colspan="2">地下爆破技术</td></tr>
<tr><td rowspan="2">化学</td><td colspan="2">酸化技术</td></tr>
<tr><td colspan="2">注热水盐溶改造技术</td></tr>
<tr><td rowspan="2">复合</td><td colspan="2">酸化压裂技术</td></tr>
<tr><td colspan="2">自生热压裂改造技术</td></tr>
<tr><td rowspan="12">改造目的</td><td rowspan="6">破坏性改造</td><td rowspan="3">压裂技术</td><td>水力压裂技术</td></tr>
<tr><td>酸化压裂技术</td></tr>
<tr><td>电压裂技术</td></tr>
<tr><td rowspan="3">碎石化技术</td><td>水射流碎岩技术</td></tr>
<tr><td>高压电脉冲技术</td></tr>
<tr><td>冷热循环技术</td></tr>
<tr><td rowspan="6">保护性改造</td><td rowspan="3">封闭技术</td><td>冷冻墙封闭技术</td></tr>
<tr><td>气驱止水封闭技术</td></tr>
<tr><td>注浆封闭技术</td></tr>
<tr><td rowspan="3">钻井液技术</td><td>复合有机盐无固相钻井液体系</td></tr>
<tr><td>强抑制性钻井液体系</td></tr>
<tr><td>配套处理剂</td></tr>
</table>

5.1.1 水力压裂技术的发展现状

水力压裂是油气井增产工作中常用的一种储层改造技术，通过将高黏性流体以大大超过地层吸收能力的排量注入井筒，在井底附近憋压并使地层破裂，形成具有一定长度与宽度的裂缝；利用携砂液携带的支撑剂支撑裂缝，从而获得具有一定导流能力、改善地层油气流通的有效裂缝，达到增产增注的目的。自 1947 年第一次成功试验以来，水力压裂技术在裂缝模型、压裂液、支撑剂、压裂施工设备等方面均取得了迅猛的发展。目前，作为一项工业应用较为成熟的技术，它已经在多种性质各异的储层中得到了应用，并获得了理想的效果。针对该储层改造技术的研究，逐渐迈向了更精细的裂缝控制、更清洁的压裂材料、更具有地层针对性的高效压裂技术等研究方向[1]。表 5.2 介绍了水力压裂技术的发展现状，表 5.3 介绍了清水压裂技术、重复压裂技术、水力喷射压裂技术、同步压裂技术四种常用的水力压裂技术。

表 5.2 水力压裂技术的发展现状

研究方向	发展现状
不同压裂技术及其配套设备[2-6]	从储层的厚度、储量规模等条件出发，发展出了多种水平井分段压裂技术。在提高裂缝网络规模、增强油气生产等方面，对比直井压裂技术取得了明显的优势，并推进了封隔器、桥塞等配套设备的研发工作
	从环保经济等要求出发，清水压裂逐渐取代了凝胶压裂，多种泡沫压裂技术的研究与应用也在逐步推进
	随着储层开发的深度不断增加以及对干热岩等超深储层的研究，加强了对深井、超深井压裂技术的研究，同时加紧了耐高温压裂液、较高强度支撑剂、压裂液排量等施工材料与施工参数的研究与设计
	除了在井型、压裂液材料、适用地层条件上具有不同适应性的压裂技术的开发，针对低产井产能恢复研发的重复压裂技术，致力于增加缝网密度、提高裂缝连通度的同步压裂技术以及理论上空白的脱砂压裂技术等，其相关施工参数优化、配套设备研发仍在进行进一步的研究
支撑剂性能[7]	支撑剂材料从最初的低密度、低强度、高性价比、易获取的石英砂，发展到高强度、较高密度、强耐腐蚀性以及随着制造技术的发展而逐步提高性价比的陶粒
	支撑剂的性能针对不同压裂施工的投入产出比以及储层物性等条件向着个性化、多样化、复杂化等方向发展。新型的支撑剂如高岭土基陶粒支撑剂、树脂覆膜石英砂、覆膜陶粒等支撑剂材料，对比石英砂、陶粒这两种目前应用较为广泛的支撑剂也分别表现出了在强度、密度或运移性能上不同程度的优越性
裂缝延伸数学模型[8-12]	从二维模型，经过拟三维模型，最终过渡到全三维模型
	目前仍应用较为广泛的二维模型，如 PKN 模型和 KGD 模型，可以进行规模较小、地层条件较为简单的压裂施工中的裂缝形态预测
	拟三维模型比二维模型更接近实际，填补了在大规模压裂施工与复杂地层中的裂缝预测的空缺
	拟三维模型的精确度不如全三维模型，且在不满足假设条件“缝长大于缝高”时裂缝预测形态有较大误差，但是在运算时间和计算费用上要优于全三维模型

续表

研究方向	发展现状
裂缝几何形态检测[13-15]	检测裂缝高度的技术主要有油井温度测量法和放射性同位素示踪法
	检测裂缝方位和几何尺寸的主要方法是在裸眼井中用井下电视测量、微地震测量、无线电脉冲测量等方法对裂缝进行探测，通过传送系统在地面进行实时显示，并通过观察和分析图像确定裂缝的方位和几何形态
裂缝缝高控制[16-19]	建立了人工隔层、非支撑剂液体段塞、调整压裂液密度、冷水水力压裂控制缝高的方法

表 5.3　常用的水力压裂技术[20-22]

水力压裂技术	技术介绍	特点
清水压裂技术	在清水中添加少量的减阻剂、黏土稳定剂和表面活性剂等添加剂作为压裂液而开展压裂作业	对比凝胶压裂液，不但减小地层伤害，降低压裂成本，而且获得更高的产量；压裂液添加剂作为保证支撑剂缝间运移的必要手段，必须针对储层物性、支撑剂强度与密度等性能进行精细的选择；具有良好携砂性能的压裂液是清水压裂技术的基础
重复压裂技术	油井或水井经过第一次压裂失效后，对其同井同层进行第二次或更多次的压裂，提高油气井产量	须针对处理井段的地质情况、岩石力学性质、初压裂缝的状态、初压工艺存在的问题制定相应的工艺措施；地应力的改变会引起裂缝的重定向，需要重新确定裂缝的起裂时机和延伸轨迹；不仅适用于改造低渗透地层，而且也适用于改造中渗透地层和高渗透地层
水力喷射压裂技术	集水力射孔、压裂、隔离一体化的水力压裂技术，通过将油管柱内液体的压能转化为喷嘴出口处的高速动能，射穿套管、沟通地层	不使用密封元件而维持较低的井筒压力，迅速准确地压开多条裂缝，解决了裸眼井水力压裂的难题；具有广泛的适用性，能用于水平井、大斜度井和垂直井，能在裸眼井和套管井内使用；受到压裂井深和加砂规模的限制
同步压裂技术	同时对两口或两口以上配对井进行压裂，压裂液及支撑剂在高压下从一口井沿最短距离向另一口井运移，增加了裂缝网格的密度和表面积，最大限度地沟通天然裂缝	短期内增产非常明显，对工作区环境影响小、完井速度快、节省压裂成本；促使水力裂缝扩展过程中相互作用，产生更复杂的缝网，增加改造体积，提高气井产量和最终采收率

5.1.2　无水压裂技术的发展现状

自 1947 年以来，水力压裂技术广泛应用于油气藏开采增产中，但由于大多数低渗透、低产油气藏均不同程度地含有泥质，普遍存在水敏、水锁污染，常规水力压裂增产改造后返排率低，存在一定的污染，导致压裂改造效果不如人意。基于减少地层损害、降低环境风险的目的，二氧化碳压裂技术、液化石油气（liquefied petroleum gas，LPG）压裂技术等无水压裂技术逐步成为研究焦点[23]。无水压裂技术在压裂前期的成本比水力压裂高，但由于其压裂液的返排率几乎为 100%，且无须进行无害化处理便可循环再利用，从长远角度看，无水压裂技术在施工成本和环境成本的节约上，可以取得远超过水力压裂技术的效果[24-26]。表 5.4 介绍了液态 CO_2 压裂、LPG 压裂、液氮压裂等无水压裂技术及其技术特点。

表 5.4 无水压裂技术及其技术特点

无水压裂技术	技术介绍	优点	缺陷
液态 CO_2 压裂技术[27-29]	利用液态 CO_2 作为压裂介质注入储层，完成造缝、携砂、顶替等过程	CO_2 易气化，可快速、高效地返排压裂液；配伍性良好，对储层伤害小；液态 CO_2 高密度，低黏度，能快速形成网缝；CO_2 溶于原油，可降低原油黏度	黏度低，携砂能力弱，加砂规模受到限制；压裂管线损伤大
LPG 压裂技术[30, 31]	利用液化石油气（LPG）作为压裂液，进行压裂造缝，提高储层渗透率，来达到增产目的	返排率、回收率可达 100%，可循环再利用；表面张力低，与储层流体的配伍性好，不会造成水相圈闭伤害和黏土膨胀效应，对储层几乎无伤害；无压裂液残留，使裂缝长期具有良好的导流能力，而且压裂后的有效裂缝面积更大；缓解对环境和水资源造成的压力，省去了压裂液废液处理的成本	短期成本比水基压裂液高；存在一定的安全隐患；对压裂设备的要求较高
液氮压裂技术[32-34]	利用液氮（−195.8℃）作为压裂基质，进行压裂造缝，提高储层渗透率，来达到增产的目的	液氮完全气化，井内压力欠平衡，排液速率提高且返排彻底、无残留物；低温惰性流体，配伍性较好；降低钻完井作业产生的水锁伤害，能避免黏土膨胀以及地层含水饱和度升高等问题；不含添加剂，对地层无污染；在岩石内部产生热应力，使孔隙水冻结成冰，提高岩石渗透率，改善渗流通道，减小气体流动阻力	密度低，支撑剂携带困难，裂缝由于压力作用慢慢闭合，经济效益降低；岩石中低温破坏以形成裂缝的破岩模式及机理研究方面尚存在不足

5.1.3 酸化压裂技术的发展现状

酸化压裂技术是在水力压裂技术的基础上向压裂液或形成的裂缝中加入酸液的一种储层改造手段[35]。酸化压裂技术目前主要用于碳酸岩油气储层中，用于增加油气产量。随着石油资源的枯竭，石油开采愈发困难，酸化压裂技术在石油工程中使用得越来越广泛。

1. 酸化压裂技术研究现状

酸化压裂技术主要是通过解除孔隙、裂缝中的堵塞物质或扩大沟通地层原有的孔隙、裂缝提高地层的渗透性能，从而达到油气井增产的目的。国内外酸化压裂技术发展十分迅速，已经形成和发展了一系列针对不同地层条件与压裂要求的酸化压裂技术，逐渐由普通酸化压裂技术发展出深度酸化压裂技术与高导流裂缝酸化压裂技术[36]。

近几年，能源开采逐渐“深部化”“低品位化”，油气资源储层结构更加复杂，单一的酸化压裂技术与传统的酸液体系在一些油气井中并不能取得很好的压裂与增产效果，逐渐形成技术集成与新的酸液体系。在技术集成方面，研发了连续油管拖动分段酸化技术、微乳泡沫酸化压裂技术等，多种工艺技术协同作业，功能更加全面，更能适应目前油气勘探开发难度日益增大的地质需求。在酸液体系的优化方面，发展出缓速酸、清洁转向酸、安全环保酸等酸液体系，解决了普通工业酸液破坏地层、污染环境的问题，且针对不同的地层条件，可以选择不同的酸液体系。

2. 酸化压裂技术分类

酸化压裂技术由于储层改造效果良好，可以在石油工程中有很好的利益回报，因此发展得十分迅速。根据不同储层条件和不同施工要求，国内外已经形成和发展了一系列基本能满足其条件的酸化压裂技术。根据酸化压裂技术在地下所形成的酸蚀裂缝规模，酸化压裂技术可分为普通酸化压裂技术和深度酸化压裂技术。另外，为提高深层酸蚀裂缝的导流能力又形成和发展出了闭合酸化裂缝技术和平衡酸化压裂技术。盐酸是酸化压裂技术中最常用的工业酸，但盐酸在地层中滤失量较大，为了改善压裂液的滤失性能，又开发出了低滤失、多功能、低污染的酸液体系[37]。酸化压裂技术分类见表 5.5。

表 5.5　酸化压裂技术分类

<table>
<tr><th colspan="2">分类</th><th>技术特点</th></tr>
<tr><td rowspan="2">普通酸化压裂技术</td><td>常规酸化技术</td><td>常规酸化是直接将酸液通入地层中，由于此时孔底的液柱小于岩石的破碎压力，不足以将地层压裂，因此只能和堵塞物和部分岩石发生酸蚀反应，形成分维型的酸蚀孔洞，来提高储层渗流能力。由于使用常规酸化技术孔底压力比较低，酸液含量（质量分数）比较低（一般小于 15%），不足以产生大规模裂缝，一般裂缝长度不足 1m，主要用于近井地层的污染溶解与解堵</td></tr>
<tr><td>常规酸化压裂技术</td><td>常规酸化压裂与常规酸化相比，孔底的液柱压力要大于地层岩石的破裂压力，在岩石的薄弱处会形成一道道裂缝，此时酸液会流入裂缝之中，与裂缝壁面相接触发生酸蚀反应，酸蚀出多条壁面不规则的酸蚀裂缝，以改造储层的渗透性与流通性。常规酸化压裂所使用的酸液浓度（质量分数）一般为 15%～28%，酸液浓度比较高，和岩石反应比较剧烈，酸液由于黏度比较低，漏失比较严重，因此形成的裂缝比较短，一般在 15m 左右</td></tr>
<tr><td>深度酸化压裂技术</td><td>前置液酸化压裂技术</td><td>该项技术是先向地层中通入高黏度的普通水基或其他不与岩石反应的压裂液，孔底液柱压力要大于岩石破裂压力，在孔底先形成裂缝，然后再向裂缝中通入低黏度的酸液，在裂缝中形成酸蚀裂缝。由于通入了两种黏性差异很大的流体，低黏度的流体在高黏度流体中会像手指一样穿过，这被称为黏性指进。而该技术正是以前置液黏性指进酸化压裂为主。为实现前置液和酸液的指进酸化压裂，要求两者的黏度比至少要达到 150∶1，若黏度比过小，酸液会很快流过前置液，无法实现指进酸化压裂。前置液酸化压裂技术可分为“前置液+普通酸”与“前置液+稠化酸”两种工业技术，由于此技术先进行地层造缝后进行酸化处理，因此可形成较长的酸蚀裂缝，最长可达 70m</td></tr>
</table>

续表

分类		技术特点
深度酸化压裂技术	多级注入酸化压裂技术	多级注入酸化压裂技术是多次将前置液和酸液交替注入地层中，每通入一级前置液造缝后，通入酸液跟进，酸液形成黏性指进酸化压裂在裂缝中与岩石发生酸蚀反应，当形成一定规模的酸蚀裂缝后继续通入下一级的前置液与酸液，循环酸化压裂直到施工结束。这种方法使得形成的裂缝一次次延伸与酸化，作用长度一次次延长，因此可以得到非常好的酸化压裂效果。与此同时，其降滤失性也得到了改善，减少了地层的污染。该工艺作用范围大，酸蚀裂缝长，酸液滤失性低，改造储层能力高
	特性酸酸化压裂技术	由于普通的酸液黏度比较低，在压裂过程中所需的压力比较大，因此难免会造成地层的漏失，污染地层。为改善这一问题，在普通酸的基础上又研制出了稠化酸、乳化酸、泡沫酸等滤失性小、对底层污染小的酸液体系，目前使用特性酸的酸化压裂技术在国内外使用得十分广泛
高导流裂缝酸化压裂技术	闭合裂缝酸化技术	闭合裂缝酸化是在压裂液不携带支撑剂压裂地层后，压裂液破胶返排至地面，此时由于形成的裂缝失去支撑力，会在地层应力作用下逐渐闭合，此时向逐渐闭合的裂缝中低排量注入酸液，酸液流经裂缝壁面发生酸蚀，形成大规模的不均匀酸蚀通道，改善地层的导流能力。经过多次的导流试验，发现裂缝在闭合条件下进行酸化导流能力的提升是裂缝在张开条件下的好几倍。由于多级注入酸化压裂技术是对地层进行循环压裂酸化，形成的裂缝规模较大且裂缝面十分均匀，在失去支撑裂缝逐渐闭合时，其导流能力急速下降，因此通常这两种酸化压裂技术会配合使用，既可以形成大规模的长裂缝，又能在裂缝面形成不均匀的酸蚀通道，从两方面来增强地层的导流能力
	平衡酸化压裂技术	平衡酸化压裂是目前新型的酸化压裂技术，该技术在最大限度上延长了酸液与裂缝的反应时间。其原理是根据已有的地质钻探资料，计算压裂地层的滤失量，在压开地层裂缝后，根据地层的滤失量来注入酸液，使两者达到平衡，酸液在最大限度上与裂缝发生酸蚀反应来提高裂缝导流能力。但该技术水平要求比较高，很难保证现场施工的操作性，因此通常将该技术与其他酸化压裂技术相结合使用
复合酸化压裂技术		由于地层结构与组成的差异性，同种酸化压裂技术在不同地层中所取得的效果也是大相径庭。我国西北部的碳酸盐岩储层，地层结构复杂且埋藏深，使用一种酸化压裂技术或一种酸液难以取得很好的压裂效果，因此我国逐步把多种单一酸化压裂技术集成为复合酸化压裂技术，这种复合酸化压裂技术在我国的四川盆地与塔里木盆地取得了显著成果

5.1.4　封闭技术的发展现状

随着经济建设的不断发展，工程建设越来越多。在工程建设中由于地下水的影响，一系列的工程事故发生，需要应用一些方法去解决。因为封闭止水技术应用性强，防渗止水、加固效果好，因此长久以来被广泛应用于高速公路、市政工程、水利工程、能源开发等工程实践中[38]。

国内外封闭技术发展十分迅速，已经形成和发展了一系列针对不同施工地层要求的封闭技术，发展出冷冻封闭技术（冷冻墙封闭技术）、气驱止水封闭技术与注浆封闭技术，如表 5.6 所示。由于注浆封闭技术成本低、效果好，在工程施工中被广泛利用，技术得到快速发展。随着国家政策方针对环保越来越重视，绿色环保的注浆技术越来越被重视，并得到了进一步的发展，取得了大量的研究成果，推动了我国注浆技术领域的发展。

油页岩原位开采技术大多需要在油页岩层通过一定技术手段形成传热介质和油页岩热解后产生的油气资源通过的通道。无论是水力压裂还是爆破都很难精确地控制其扩散的范围和方向，这样难免会使产生的裂隙与外界环境相通。油页岩的原位裂解在高温高压的环境中进行，如果裂隙与外界环境相通，无论是热介质或是产生的油气资源的外溢还是外界环境中的水进入开采区域，都会造成一定的经济损失和环境破坏，因此油页岩封闭技术对油页岩开发具有重要意义。

表 5.6　封闭技术分类表

	冷冻墙封闭技术[39]	气驱止水封闭技术[40]	注浆封闭技术[41]
技术特点	冷冻墙封闭技术由美国壳牌公司设计提出，冷冻墙由冷冻井、连接冷冻井的密闭管网及冻结的围岩介质组成。通过冷冻液在密闭系统内循环，系统周围的地下水及围岩介质一起冷冻，形成冷冻墙。冷冻墙封闭技术具有成本低、环保等优点。然而，此项技术需要电加热，电能及制冷封闭的消耗能量大，而且采用电加热元件功率小，受到油页岩渗透性的限制，油气采集率不高，加热区域大，能量损失也较大，加热周期长	气驱止水通过往注气井中不断注入高压气体，提高地层内气体的压力，高压气体会将裂缝中的地下水驱散到周围裂缝或者含水层中，在地层中形成一个高压气体区，此时气体会通过裂缝进入生产井。随着注气井不断注入高压气体，气体不断通过岩层中的裂缝进入生产井，之后缓慢开启生产井，生产井连续返气，而在高压气体的作用下，地下水不会进入裂缝中，最终形成一个动态的气水压力平衡状态	注浆封闭技术将具有较好的填充、胶结性的功能性材料经过精确的配制，形成特殊的浆液体，然后利用泥浆泵将浆液注入地层中的空隙、裂隙或孔洞中去，以便改善地层的水文地质条件，最终达到防渗、堵漏、固结、回填、纠偏目的的技术。浆液通过扩散方式驱走裂隙中的空气、水分等物质，并占据原有的空间之后凝结、硬化，最后形成一个结构相对完整、具有高效防水抗渗性能的稳定性好的结石体或凝胶体
在油页岩储层中应用情况	吉林地区的油页岩储量巨大，曾经与壳牌公司合作来开采油页岩油。但是吉林地区油页岩储层较薄，无法达到大量生产油页岩油效果	吉林大学采用气驱止水封闭技术，利用高温高压气体与地下水之间压力平衡的方式，阻隔油页岩层位加热区域的地下水，成功进行了现场试验	吉林大学在农安油页岩示范基地进行了注浆封闭的现场试验，注浆后地层的透水率测试结果表明：地层的渗透率大幅度下降，满足了注浆前的期望值

5.2　室内水力压裂实验平台

2013 年至 2014 年期间，吉林大学自主设计并研制了 I 型三轴水力压裂实验平台，经过升级改造，开发了II型三轴水力压裂实验平台和III型三轴水力压裂实验平台。

5.2.1　II型三轴水力压裂实验平台

自主研制的II型三轴水力压裂实验平台，能够对中型尺寸的试验样品进行三轴独立加载来模拟地层所受到的各种情况下的地应力条件，能够满足不同压裂液参数泵注，具有有效的裂缝监测手段，其系统如图 5.1 所示。

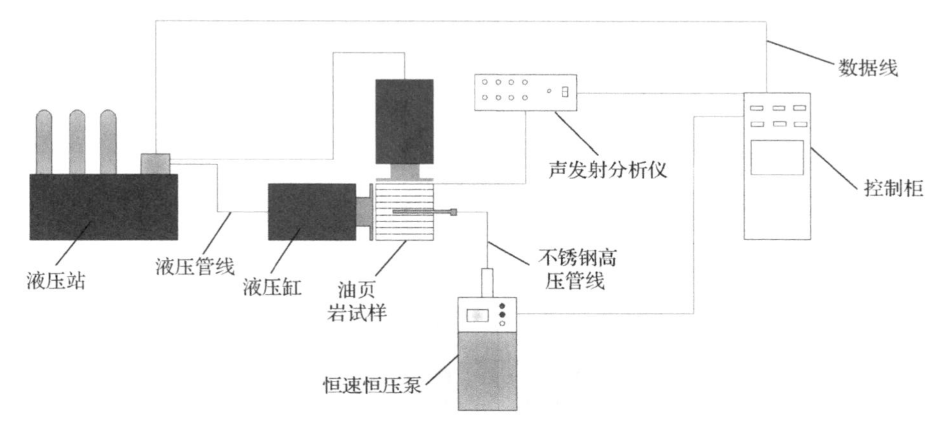

图 5.1 水力压裂物理模拟试验系统示意图

整个水力压裂物理模拟试验系统由四个主要部分组成，分别为三轴压力加载部分、压裂液注入部分、声发射监测部分、控制及信号采集部分。各部分的具体设备仪器如下。

（1）三轴压力加载部分，主要包括液压站、三轴加载主机、压力传感器以及相关压力管线，作用是为压裂试验提供腔体，并在其三个方向上独立加载应力来模拟地层所受到的地应力。

（2）压裂液注入部分，主要包括恒速恒压泵、空气压缩机以及相关压力管线，作用是提供恒定排量或者恒定压力的压裂液。

（3）声发射监测部分，包括声发射主机、声发射传感器、前置放大器、声发射信号分析软件以及相关线路，主要作用是对裂缝的起裂和延伸进行动态无损监测。

（4）控制及信号采集部分，主要包括控制柜、电脑、水力压裂数据采集软件，作用是远程控制液压站、恒速恒压泵等设备，采集三轴加载压力、压裂液注入压力流量等数据。

1. 液压站

液压站的作用是给液压缸提供稳定的压力源，该液压站由液压油箱、主副电机、液压泵组、电磁换向阀、蓄能器等组成，如图 5.2 所示。该型号液压站在三轴油缸的油路中配备的蓄能器能够：①在三轴压力加载到设计值后，及时补充液压缸内的压力损失，保证加载到试样三个轴向的应力保持稳定；②电磁阀在进行换向时，会在液压系统中产生瞬间压力波动，蓄能器能够充分吸收这些压力波动减小对试样的影响；③在试验过程中，声发射分析仪需要在一个低噪声的环境中使用，因此关闭液压站电机后，蓄能器能够作为一个临时液压源为液压缸补充压力。

图 5.2　液压站

2. 三轴加载主机

三轴加载主机包括主体框架、加载液压缸、加载板、退样油缸以及相关液压管线，如图 5.3 所示。主体框架中间位置是放置样品的腔体，腔体内可以放入尺寸为 200mm×200mm×200mm 的立方体试样；X 轴液压缸采用四柱四母预紧，其余两个采用一体结构；在腔体内 6 个面采用 5 面加载板（试样底面直接接触主体框架），加载板连接到液压杆端部；退样油缸位于主体框架后侧，用于将压裂结束后的试样推出腔体。

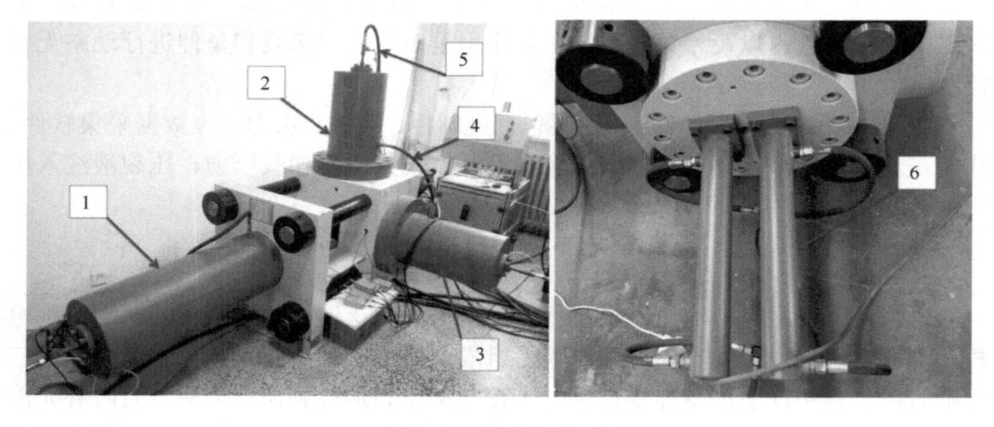

图 5.3　三轴加载主机

注：1-X 轴液压缸；2-Y 轴液压缸；3-Z 轴液压缸；4-液压管线；5-压力传感器；6-退样油缸

三轴加载主机的主要功能是利用液压缸推动液压杆和加载板，三轴同时对试样三个轴线方向施加应力，来模拟地层受到的地应力情况。其主要性能参数如下。

（1）加载设备外形尺寸：2850mm×1520mm×1520mm。

（2）最大加载压力：30MPa。

（3）*X* 轴、*Y* 轴、*Z* 轴油缸吨位：均为 150t（25MPa）。*X* 轴推料油缸吨位：10t。

（4）油缸最大行程：*X* 轴为 600mm；*Y* 轴、*Z* 轴均为 150mm；*X* 轴推料为 450mm。

（5）试样规格尺寸：200mm×200mm×200mm。

（6）压力传感器测量范围：0～45MPa。

3. 恒速恒压泵

本试验采用 KTR-A 型恒速恒压泵作为压裂液注入设备，这种型号恒速恒压泵主要是提供高精度的流体和压力源，也可以作为小规模生产设备的流体和压力源，如图 5.4 所示。KTR-A 型恒速恒压泵具有以下特点。

（1）能够连续提供高精度的恒定排量流体或者恒定压力流体。

（2）操作简单，在使用过程中只需要提供足够量流体，仪器可以自动完成吸液和排液过程。

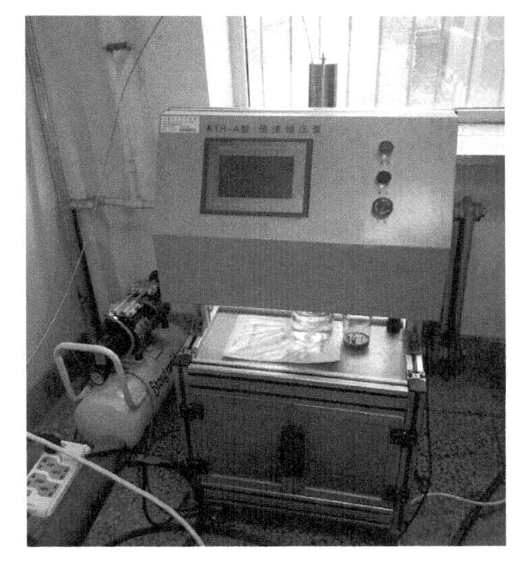

图 5.4　KTR-A 型恒速恒压泵

KTR-A 型恒速恒压泵主要性能参数如下。

（1）排出压力：0～70MPa，精度 0.25 级。

（2）排出流量：0.1～100ml/min，精度≤±0.3%。

（3）累计流量：0～9999.99ml，精度≤±0.5%FS。

（4）单杠容积：250ml。

（5）功率：750W。

（6）使用介质：无颗粒干净流体介质。

KTR-A 型恒速恒压泵只有一个压力缸体，缸体内流体介质的吸入和排出由两位三通气动阀来控制，因此需要给该气动阀提供足够压力的气体才能实现流体介质的吸入和排出。试验中给该恒速恒压泵配备了一台小型无油空气压缩机。

4. 水力压裂数据采集软件

试验样品三个方向的加载压力、压裂液注入压力等数据通过传感器传输到计算机水力压裂数据采集软件中，用于试验数据的显示和储存，图 5.5 为水力压裂数据采集软件界面。

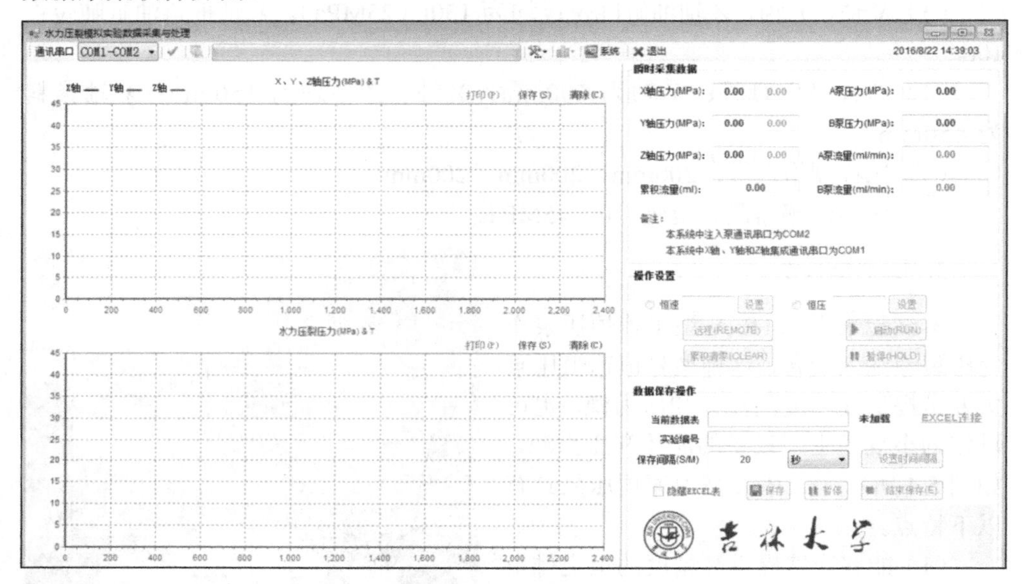

图 5.5　水力压裂数据采集软件界面

水力压裂数据采集软件的主要功能如下：①实时显示三轴应力加载曲线、压裂液泵压曲线、压裂液排量、压裂液累计流量等试验信息；②将以上数据储存到计算机中，并以 Excel 或 text 文件的形式输出数据并保存，便于后期数据分析。

5. 声发射分析仪

采用北京软岛时代科技有限公司的 DS2-8B 型全信息声发射分析仪，如图 5.6 所示。

DS2-8B 型全信息声发射分析仪的主要性能参数如下。

（1）通道数：8 通道。

（2）接口形式：USB2.0 接口。

（3）数据通过率：＞48MB/s。

（4）数据采集方式：多通道同步采集。

（5）波形存储方式：所有通道信号波形数据连续记录。

（6）模数转换精度：16bit。

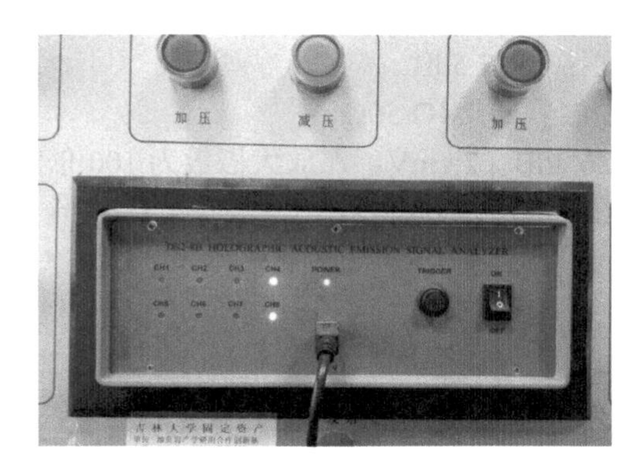

图 5.6　DS2-8B 型全信息声发射分析仪

（7）采样速度：双通道，10MHz；四通道，5MHz、6MHz；八通道，3MHz、2.5MHz、1MHz、500kHz、200kHz、100kHz。

（8）输入信号范围：±10V。

（9）主机系统噪声：±1 个采样分辨率，即±0.308mV。

声发射传感器采用的是 RS-2A 型谐振式声发射传感器，如图 5.7 所示，主要技术指标。

（1）尺寸：高度 15mm，直径 18.8mm 的圆柱体。

（2）接口形式：M5-KY。

（3）外壳及检测面材质：外壳为不锈钢材质，检测面为陶瓷材质。

（4）频率范围：60～400kHz，中心频率为 150kHz。

（5）使用温度：−20～130℃。

图 5.7　RS-2A 型谐振式声发射传感器

声发射前置放大器采用的是 20/40/60dB 增益可调放大器，如图 5.8 所示，可以根据具体试验条件选择合适的增益值，其技术指标如下。

（1）放大器增益：10 倍、100 倍或 1000 倍。

（2）带宽：20～1500kHz。

（3）最大输出电压：±10V。

（4）输出动态范围：＞73.5dB。

（5）输入/输出阻抗：＞10MΩ/50Ω。

（6）输出噪声：26.4dB（2.1mV，在放大倍数为 100 倍时）。

（7）使用温度范围：20～1500kHz。

图 5.8　声发射前置放大器

声发射信号分析软件是全信息声发射信号分析不可缺少的工具，它可以实时显示波形及相关数据信息，还可以储存波形数据用于后期回放、分析等。因此，此软件具有两个窗口，即数据采集窗口和数据回放窗口，数据采集窗口用于波形信号等信息的实时显示，而数据回放窗口用于后期波形数据的处理，如图 5.9 所示。

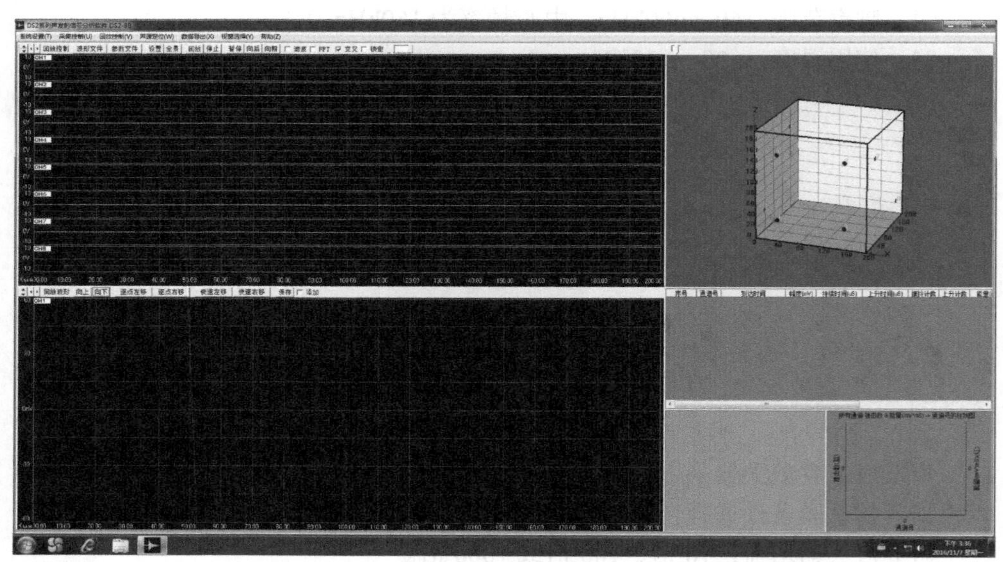

图 5.9　声发射信号分析软件

此声发射信号分析软件的功能如下：①在声发射信号采集过程中实时连续显示声发射信号波形，方便观察声发射信号的全景轮廓及波形细节；②能够提供到达时刻、幅度、持续时间、上升时间、振铃计数、上升计数、能量、有效电压（root-mean-square，RMS）值、平均信号电平（average signal level，ASL）值、质心频率及峰值频率等完整的声发射信号参数，并能够随意设置参数显示方案；③精确的一维、二维、三维定位功能，不仅可以对直线上的声发射点进行定位，还可以在平面上进行二维定位以及三维体中声发射点的精确定位等。

6. 控制柜

控制柜是本试验系统的主要控制部分，能够完成各个试验设备动作控制、数据采集及分析，如图 5.10 所示。其主要功能如下。

图 5.10　压力控制及数据采集控制柜

（1）完成三轴应力的独立加载。通过控制液压站，来完成三轴加载主机三个方向上的应力加载动作，并配备数显压力控制器显示加载压力大小。其中，液压站拥有两个工作挡位——快速挡和慢速挡，快速挡用于快速移动加载板，提高工作效率，慢速挡用于缓慢加载应力，避免加载过快引起的样品破坏。

（2）将试验样品推出加载腔体。可以控制三轴加载主机上的退料油缸，将试验完成后的样品推出加载腔体，节省人力，提高工作效率。

（3）将试验样品推出加载腔体。可以控制三轴加载主机上的退料油缸，将试验完成后的样品推出加载腔体，节省人力，提高工作效率。

（4）声发射信息采集。声发射传感器输出的信号通过前置放大器传输到声发射分析仪主机中，然后储存到计算机中，用于后期波形回放、分析等。

（5）压力、排量等信息采集。可以通过计算机中压力采集软件，将三轴加载历史曲线、泵压曲线、排量数据、累计流量等数据实时显示并储存到计算机中，用于后期分析。

所有设备经过加工、组装以及调试完成后的中型尺寸水力压裂试验系统，如图 5.11 所示。

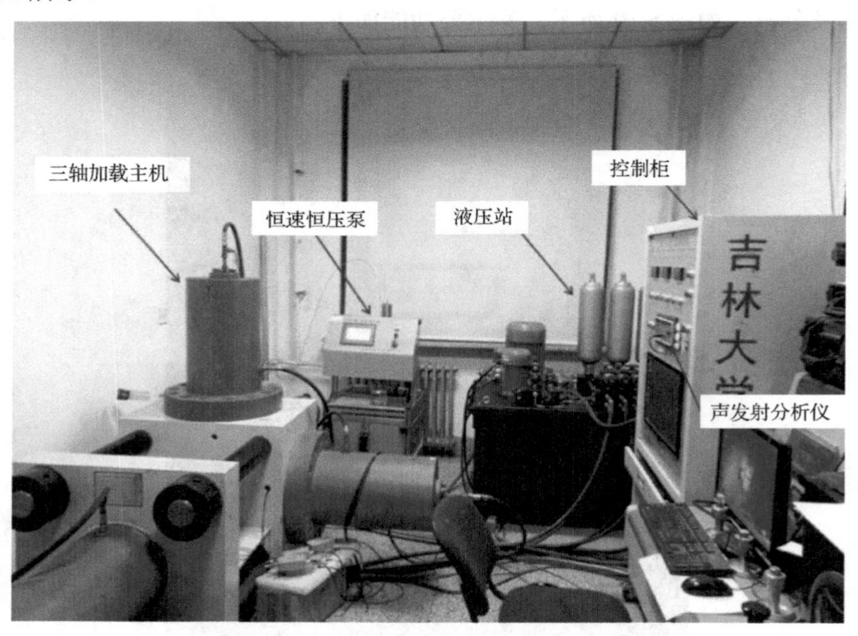

图 5.11　实验室全景

5.2.2　Ⅲ型三轴水力压裂实验平台

可携砂的Ⅲ型三轴水力压裂实验平台是基于液压驱动的Ⅱ型三轴水力压裂实验平台改造升级而成，集成了如图 5.12 所示的真三轴水力压裂实验平台。

KTR-A 型恒速恒压泵工作时流体的吸入和排出是由泵内安装的两位三通气动阀门进行控制，因此该恒速恒压泵的工作流体介质需要满足无颗粒、低黏度的干净流体。这意味着无法单独依靠恒速恒压泵向试样内部注入带有黏度或者混合有支撑剂的双相流体，只能进行纯水的单相流体压裂。

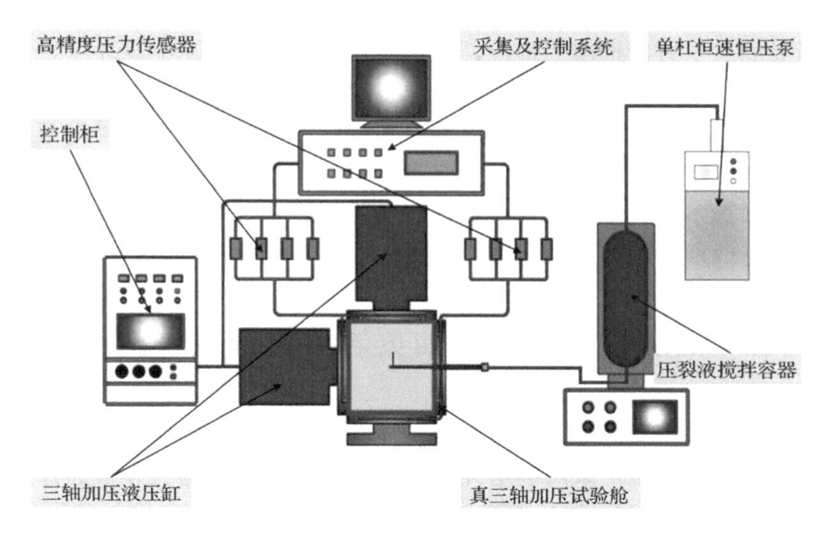

图 5.12　真三轴水力压裂实验平台

为了研究压裂液黏度以及携砂压裂液不同砂比的影响，采用了 ZR-3B 型搅拌容器（图 5.13）与恒速恒压泵配套使用，该压裂液搅拌容器容积为 500ml，最大工作压力为 70MPa，内部腔体内设置有活塞和旋叶，其旋转速度为 1400r/s。试验前将预定黏度的压裂液加入搅拌容器中，以恒速恒压泵作为动力来源，以恒定的流速将纯水泵入搅拌容器中并推动其内部活塞向下运动，使搅拌容器内部的高黏度流体压入到试验样品中，通过这种方式可以进行不同黏度或者携带支撑剂的压裂液的水力压裂试验。

图 5.13　ZR-3B 型搅拌容器

5.2.3　水力压裂实验平台功能及用途

自主研制的 II 型三轴水力压裂实验平台和 III 型三轴水力压裂实验平台能够对 200mm×200mm×200mm 的中型尺寸试验样品进行三个方向上的独立加载，以模拟地层所受的三个方向地应力情况，以恒定排量向试验样品中泵注压裂液，同时采用声发射分析仪对样品中的水力裂缝起裂和扩展信息进行监测。

水力压裂实验平台能够对不同岩性、多种应力条件下，不同排量下的水力裂缝起裂和延伸过程进行监测和观察。其试验目的在于：模拟不同地应力条件下，不同压裂液参数下水力压裂过程中水力裂缝的起裂和延伸形态，以揭示水力压裂裂缝起裂和延伸规律，为水力压裂设计提供借鉴。

5.3 储层改造技术在油页岩原位开发中的应用

油页岩是一种典型的非常规油气资源，其开采方式分为地面干馏法和地下原位转化法。地面干馏法是采用巷道开采、钻孔水力开采或露天开采的方式将地下的油页岩矿开采到地面，然后粉碎油页岩，并利用地表的干馏炉将颗粒加热到450～600℃，使油页岩内有机质裂解产生油页岩油。而地下原位转化法是通过在油页岩矿区钻一口或者多口井，而且井要穿过油页岩层，然后通过地下燃烧或者热传导、对流、辐射等热交换方式将热量传递给油页岩层，使油页岩层温度不断上升，当油页岩层温度达到油页岩中干酪根裂解温度时，干酪根会裂解产出油气，最后通过一定开采手段将裂解的油气从地层输送到地面，进行回收利用。目前，出于环境保护等方面的考虑，地下原位转化法是油页岩开发利用的主要发展趋势。

由于油页岩是一种具有低渗透率、低孔隙度的沉积岩，在原位转化开采过程中亟须储层改造技术构建油气流通通道，以提高油气生产效率。在此目的下，需要研究不同介质的压裂技术对在储层中构建流通通道的影响，以及布井设计和射孔参数等压裂施工参数对储层改造效果的影响。同时，出于保护地下水资源、减少油页岩层加热过程中的热损失等目的，同样需要储层改造技术隔离并封闭生产目标区。在此目的下，需要研究地下冷冻墙封闭技术、注浆隔离技术等隔离保护性的储层改造技术的隔离效果和成本损耗等。本节主要介绍在油页岩原位转化开采时，需要采取的储层改造措施，以及作者团队目前取得的一定成果。

5.3.1 水力压裂技术在油页岩原位开发中的应用

1. 完井方式对水力压裂起裂与扩展的影响分析

1）油页岩水力压裂破裂压力理论计算模型

（1）裸眼完井破裂压力计算。

地层中的岩石处于三维应力状态，如图 5.14 所示，垂直方向上为垂直地应力 σ_V，主要由上覆岩层重力引起；水平方向上，在无重力以外的其他来源时，两个方向的力大小相等，当增加了构造应力后，两者存在差别，并具有方向性，这两个方向上的地应力分别记为最大水平地应力 σ_H，最小水平地应力 σ_h。

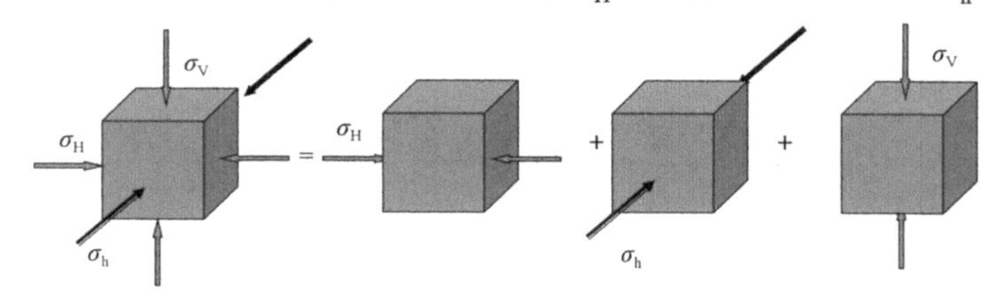

图 5.14　地层三维应力状态

已知地层中各应力大小，岩石破裂时裂缝总是垂直于最小主应力轴，因此裂缝的形态即可被确定。压裂后裂缝的形态取决于地应力中垂直地应力与水平地应力的相对大小，如图 5.15 所示。当 $\sigma_V > \sigma_H$ 时，出现垂直裂缝，此时垂直裂缝的方位还垂直于最小水平地应力 σ_h；当 $\sigma_H > \sigma_V$ 时，出现水平裂缝。裂缝总是垂直于最小主应力，从力学的观点上，裂缝总是产生于强度最弱，抗力最小的地方，地层中的裂缝也是如此[42]。

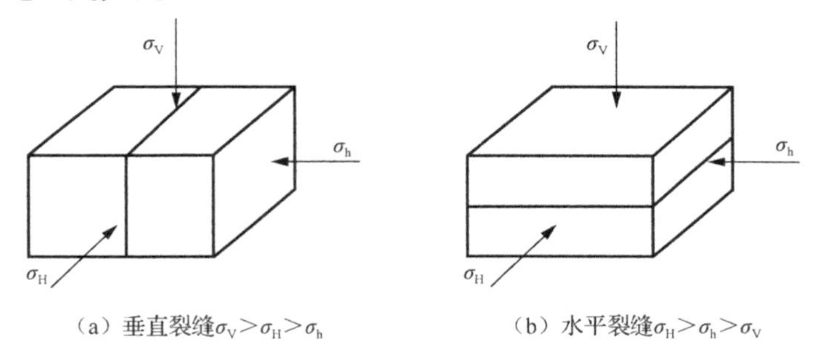

（a）垂直裂缝 $\sigma_V > \sigma_H > \sigma_h$　　（b）水平裂缝 $\sigma_H > \sigma_h > \sigma_V$

图 5.15　裂缝面垂直于最小主应力方向

假设油页岩线弹性，均质各向同性，体力为零，并假设压应力为正。在裸眼完井条件下对井眼进行压裂，垂直裂缝将沿着最大水平主应力的平行方向延伸，见图 5.16。

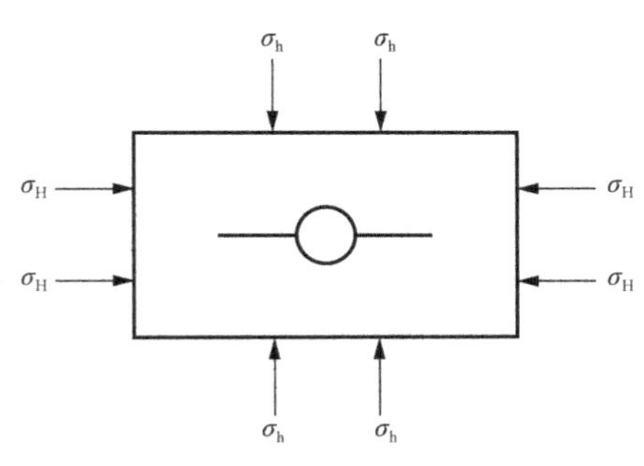

图 5.16　裸眼完井垂直裂缝示意图

井壁上总的最小周向应力主要是由三部分组成，即井筒及原地应力引起的周向应力、压裂液在井筒内形成周向应力以及压裂液渗入地层引起的周向应力，图 5.17 展示了井壁围岩力学模型。设井筒内压为 p_i，基于叠加原理，井筒周围一点的周向应力可表示为

$$\sigma_\theta=\frac{\sigma_H+\sigma_h}{2}\left(1+\frac{R^2}{r^2}\right)-\frac{\sigma_H-\sigma_h}{2}\left(1+\frac{3R^4}{r^4}\right)\cos 2\theta-\frac{R^2}{r^2}p_i+\left[\frac{\alpha(1-2v)}{1-v}-\phi\right](p_i-p_p) \tag{5.1}$$

式中，R 为井眼半径；r 为极坐标半径；θ 为极坐标角；v 为泊松比；ϕ 为孔隙度；p_p 为原始地层孔隙压力；α 为有效应力系数（Biot 系数）。

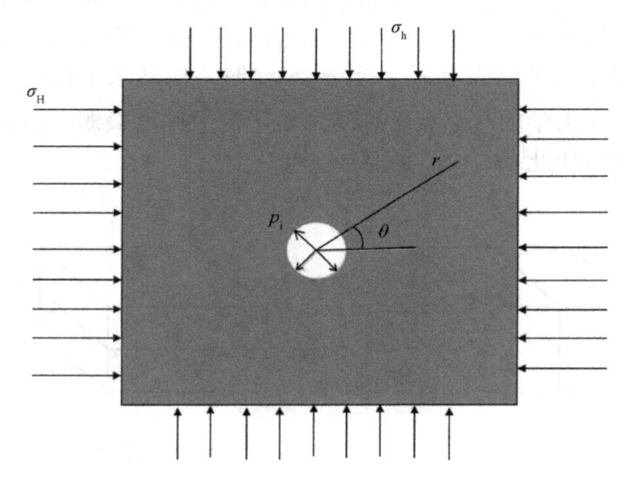

图 5.17　井壁围岩力学模型

当 $\theta=0°$ 或 180° 时，井壁上最小周向应力为

$$\sigma_\theta=3\sigma_h-\sigma_H-p_i+\delta\left[\frac{\alpha(1-2v)}{1-v}-\phi\right](p_i-p_p) \tag{5.2}$$

式中，井壁有渗透时，$\delta=1$；井壁无渗透时，$\delta=0$。

天然的油页岩其渗透率为 0.0001～0.000001mD（$1D=0.986923\times10^{-12}m^2$），其孔隙度也极低，如桦甸地区油页岩常温状态下孔隙率为 2.14%。因此，为了简化计算，认为油页岩钻孔井壁无渗透，$\delta=0$，式（5.2）可写为

$$\sigma_\theta=3\sigma_h-\sigma_H-p_i \tag{5.3}$$

由抗拉强度破裂准则可以知道地层的破裂是井内压裂液压力过大，油页岩所受的周向结构应力超过油页岩的抗拉强度而造成的，即

$$\sigma_\theta=-S_t \tag{5.4}$$

式中，S_t 为岩石抗拉强度。

由式（5.3）和式（5.4）可以得到油页岩在裸眼完井方式下进行水力压裂时其破裂压力的表达式为

$$p_f = p_{\mathrm{i}} = 3\sigma_{\mathrm{h}} - \sigma_{\mathrm{H}} + S_{\mathrm{t}} \tag{5.5}$$

当地层较浅时，有可能会形成水平裂缝，因此对于埋藏较浅的油页岩地层进行水力压裂时，有可能会形成水平裂缝。地下岩石要发生水平破裂必然有压裂液侵入地层，产生垂直方向的力克服上覆岩层压力 σ_{V}、压裂液向地层中滤失而增大的应力分量以及岩石在垂直方向所具有的抗拉强度 $S_{\mathrm{t}}^{\mathrm{V}}$。

井壁周围岩石在垂直方向上的应力为

$$\sigma_z = \sigma_{\mathrm{V}} + \frac{\alpha(1-2v)}{1-v}\left(p_i - p_{\mathrm{p}}\right) \tag{5.6}$$

水平破裂时条件为

$$\sigma_z - \alpha p_{\mathrm{p}} = -S_{\mathrm{t}}^{\mathrm{V}} \tag{5.7}$$

水平裂缝的破裂压力为

$$p_f^{\mathrm{h}} = \frac{\sigma_{\mathrm{V}} - \alpha p_{\mathrm{p}} + S_{\mathrm{t}}^{\mathrm{V}}}{1 - \delta\left[\dfrac{\alpha(1-2v)}{1-v} - \phi\right]} + \alpha p_{\mathrm{p}} \tag{5.8}$$

由于油页岩地层低渗透，因此

$$p_f^{\mathrm{h}} = \sigma_{\mathrm{V}} + S_{\mathrm{t}}^{\mathrm{V}} \tag{5.9}$$

（2）射孔完井破裂压力计算。

对于射孔完井下的破裂压力计算则完全不同。由于油页岩矿层段下入了套管，油页岩层是通过射孔孔眼与井筒连通的。压裂液沿井筒进入射孔孔眼，然后通过孔眼把油页岩层压开。每个单独的射孔孔眼就相当于裸眼完井方式下的 1 个井眼，如图 5.18 所示。在所有的孔眼中，与最小水平主应力垂直或与最大水平主应力平行的孔眼最容易产生垂直裂缝[43, 44]。

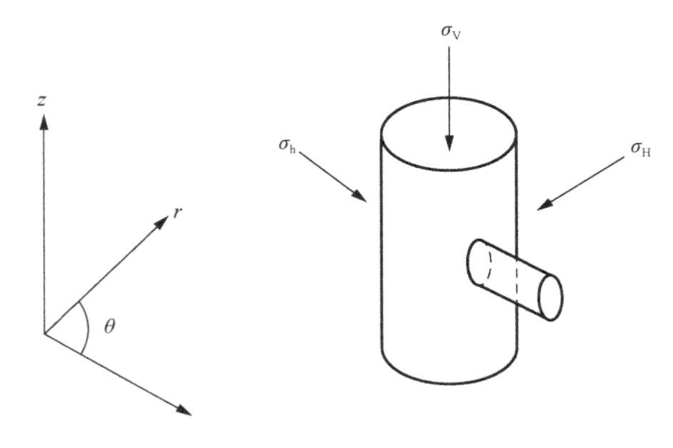

图 5.18　井筒和孔眼几何关系示意图

重新分析射孔孔眼的应力状态可以看出，对于射孔孔眼，应该用距离井轴 r 处的垂向正应力 σ_{zz} 和切向正应力 $\sigma_{\theta\theta}$ 来替代图 5.16 中的 σ_{H} 和 σ_{h}，即对于孔眼，两个主应力是 σ_{zz} 和 $\sigma_{\theta\theta}$，所以其应力状态应如图 5.19 所示，可以得到：

$$p_f = 3\sigma_{\theta\theta} - \sigma_{zz} + S_{\mathrm{t}} \tag{5.10}$$

$$\sigma_{\theta\theta} = -\frac{R^2}{r^2}p_{\mathrm{i}} + \frac{\sigma_{\mathrm{H}}+\sigma_{\mathrm{h}}}{2}\left(1+\frac{R^2}{r^2}\right) - \frac{\sigma_{\mathrm{H}}-\sigma_{\mathrm{h}}}{2}\left(1+\frac{3R^4}{r^4}\right)\cos 2\theta \tag{5.11}$$

$$\sigma_{zz} = \sigma_{\mathrm{V}} - 2\nu\left(\sigma_{\mathrm{H}}-\sigma_{\mathrm{h}}\right)\frac{R^2}{r^2}\cos 2\theta \tag{5.12}$$

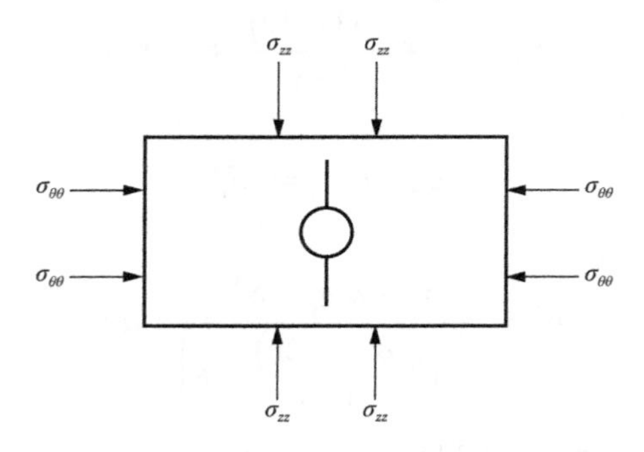

图 5.19　射孔孔眼垂直裂缝示意图

若令 $h_D = \frac{R}{r} = \frac{R}{R+h}$，其中，$h$ 为射孔深度，则 h_D 可取 0～1，将 h_D 以及 σ_{zz} 和 $\sigma_{\theta\theta}$ 表达式代入式（5.10）中，则可得到射孔深度为 h 处孔眼壁面出现破裂所需要注入的压力为

$$p_f = \frac{\dfrac{3\left(\sigma_{\mathrm{H}}+\sigma_{\mathrm{h}}\right)}{2}\left(1+h_D^2\right) - \left(\dfrac{3}{2} - 2\nu h_D^2 + \dfrac{9}{2}h_D^4\right)\left(\sigma_{\mathrm{H}}-\sigma_{\mathrm{h}}\right)\cos 2\theta + S_{\mathrm{t}} - \sigma_{\mathrm{V}}}{1+3h_D^2} \tag{5.13}$$

式中，θ 为射孔孔眼的方位角，由式（5.13）可见，当 θ=0°时，破裂压力最低，即对常规随机射孔完井而言，与最大水平地应力方向平行（θ=0°）的孔眼最容易产生垂直裂缝，此时有

$$p_f = \frac{\dfrac{3\left(\sigma_{\mathrm{H}}+\sigma_{\mathrm{h}}\right)}{2}\left(1+h_D^2\right) - \left(\dfrac{3}{2} - 2\nu h_D^2 + \dfrac{9}{2}h_D^4\right)\left(\sigma_{\mathrm{H}}-\sigma_{\mathrm{h}}\right) + S_{\mathrm{t}} - \sigma_{\mathrm{V}}}{1+3h_D^2} \tag{5.14}$$

由此可知射孔完井方式下，油页岩地层破裂压力与射孔参数、地应力和岩石力学参数等有关。考虑到 h_D 的变化范围，当 h_D=1（h=0）即在射孔孔眼的根部（孔眼与井壁的交界处）位置时，式（5.14）取极小值。因此最终可得到油页岩层垂直井射孔完井条件下地层破裂压力的计算公式为

$$p_f = \frac{9\sigma_{\mathrm{h}} - 3\sigma_{\mathrm{H}} + 2\nu(\sigma_{\mathrm{H}} - \sigma_{\mathrm{h}}) + S_{\mathrm{t}} - \sigma_{\mathrm{V}}}{4} \tag{5.15}$$

（3）工程实例计算。

A. 桦甸油页岩矿区。

桦甸孙家屯 ZK004、ZK007 钻孔取得的油页岩其物理力学性质如下：油页岩的抗压强度 12.02MPa，抗拉强度 0.97MPa，弹性模量 278.65MPa，泊松比 0.27，内聚力 0.68MPa，内摩擦角 33.26°。油页岩埋深约 750m，油页岩上覆岩层岩性为砂岩，其天然密度平均值为 2.2g/cm^3。

裸眼完井方式下，当产生垂直裂缝时，p_f=27.67～29.77MPa；当产生水平裂缝时，p_f=17.47MPa。射孔完井方式下，p_f=16.426～17.71MPa。

B. 农安油页岩矿区。

农安油页岩其物理力学性质如下：油页岩抗压强度 17.14MPa，抗拉强度 0.98MPa，弹性模量 1903MPa，泊松比 0.28，内聚力 2MPa，内摩擦角 25°。油页岩埋深约 70m，油页岩上覆岩层岩性为泥岩，其天然密度平均值为 2.42g/cm^3。

裸眼完井方式下，当产生垂直裂缝时，p_f=4.03～4.14MPa；当产生水平裂缝时，p_f=2.67MPa。射孔完井方式下，p_f=2.12～2.19MPa。

2）裂缝起裂位置的计算模型

在钻井和射孔之前，地层处于应力平衡状态，钻井或射孔后进行压裂作业，此时井眼中是压裂液而不是岩石，因此井周地层应力将会重新分布，井眼附近或者射孔附近将出现应力集中，但是应力集中区域一般小于 5 倍的井眼直径距离。因此需要对井周附近或射孔附近地层应力状态进行分析。建立井眼壁面或者射孔孔眼壁面应力场分布模型的最终目的是要确定该处的水力压裂裂缝起裂角的大小。

假设油页岩地层是均匀、各向同性的线弹性材料，且井壁油页岩处于平面应变状态。设一无限大平板上，中心位置为一圆形井眼，井眼内各处受均匀内压 p_{i}，同时该平板受三个方向的远场地应力作用，即水平方向的最大地应力 σ_{H}、最小地应力 σ_{h} 及垂直方向的地应力 σ_{V}。采用线性叠加原理，井周地层油页岩的应力状态可以用各应力分量对油页岩应力的影响叠加来表达。

（1）裸眼完井起裂位置模型。

选取坐标系(1,2,3)分别与地应力 σ_{H}、σ_{h}、σ_{V} 方向一致，为了方便，建立直角坐标系(x,y,z)和柱坐标系(r,θ,z)，其中 Oz 轴对应于井轴，Ox 轴和 Oy 轴位于与井轴垂直的平面之中，如图 5.20 所示。其应力转换关系可表示为

$$\begin{pmatrix} \sigma_{xx} & \sigma_{xy} & \sigma_{xz} \\ \sigma_{xy} & \sigma_{yy} & \sigma_{yz} \\ \sigma_{xz} & \sigma_{yz} & \sigma_{zz} \end{pmatrix} = L \begin{pmatrix} \sigma_{\mathrm{H}} & 0 & 0 \\ 0 & \sigma_{\mathrm{h}} & 0 \\ 0 & 0 & \sigma_{\mathrm{V}} \end{pmatrix} L^{\mathrm{T}} \tag{5.16}$$

$$L=\begin{pmatrix}\cos\psi\cos\Omega & \cos\psi\sin\Omega & -\sin\psi \\ -\sin\Omega & \cos\Omega & 0 \\ \sin\psi\cos\Omega & \sin\psi\sin\Omega & \cos\psi\end{pmatrix} \tag{5.17}$$

进而，可表达为

$$\begin{gathered}\sigma_{xx}=\sigma_{\mathrm{H}}\cos^2\psi\cos^2\Omega+\sigma_{\mathrm{h}}\cos^2\psi\sin^2\psi+\sigma_{\mathrm{V}}\sin^2\psi \\ \sigma_{yy}=\sigma_{\mathrm{H}}\sin^2\Omega+\sigma_{\mathrm{h}}\cos^2\Omega \\ \sigma_{zz}=\sigma_{\mathrm{H}}\sin^2\psi\cos^2\Omega+\sigma_{\mathrm{h}}\sin^2\psi\sin^2\Omega+\sigma_{\mathrm{V}}\cos^2\psi \\ \sigma_{xy}=-\sigma_{\mathrm{H}}\cos\psi\cos\Omega\sin\Omega+\sigma_{\mathrm{h}}\cos\psi\cos\Omega\sin\Omega \\ \sigma_{xz}=\sigma_{\mathrm{H}}\cos\psi\sin\psi\cos^2\Omega+\sigma_{\mathrm{h}}\cos\psi\sin\psi\sin^2\Omega-\sigma_{\mathrm{V}}\cos\psi\sin\psi \\ \sigma_{yz}=-\sigma_{\mathrm{H}}\sin\psi\cos\Omega\sin\Omega+\sigma_{\mathrm{h}}\sin\psi\cos\Omega\sin\Omega\end{gathered} \tag{5.18}$$

式中，Ω 为井斜方位角；ψ 为井眼轴线与铅垂线的夹角；σ_{xx}、σ_{yy}、σ_{zz}、σ_{xy}、σ_{xz}、σ_{yz} 分别为不同方向的地应力分量。

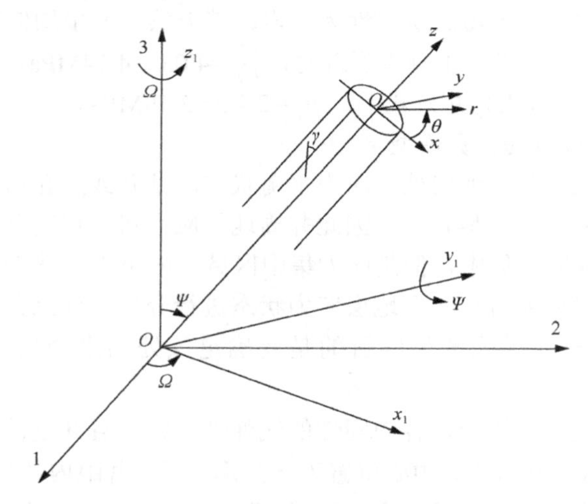

图 5.20　斜井井轴坐标转换

井周地层围岩应力分布的表达式为

$$\begin{aligned}\sigma_r=&\frac{R^2}{r^2}p_{\mathrm{i}}+\frac{\sigma_{xx}+\sigma_{yy}}{2}\left(1-\frac{R^2}{r^2}\right)+\frac{\sigma_{xx}-\sigma_{yy}}{2}\left(1+\frac{3R^4}{r^4}-\frac{4R^2}{r^2}\right)\cos2\theta \\ &-\sigma_{xy}\left(1+\frac{3R^4}{r^4}-\frac{4R^2}{r^2}\right)\sin2\theta+\delta\left[\frac{\alpha(1-2v)}{2(1-v)}\frac{\left(r^2-R^2\right)}{r^2}-\phi\right]\left(p_{\mathrm{i}}-p_{\mathrm{p}}\right)\end{aligned}$$

$$
\begin{aligned}
\sigma_\theta &= -\frac{R^2}{r^2}p_\mathrm{i} + \frac{\sigma_{xx}+\sigma_{yy}}{2}\left(1+\frac{R^2}{r^2}\right) - \frac{\sigma_{xx}-\sigma_{yy}}{2}\left(1+\frac{3R^4}{r^4}\right)\cos 2\theta \\
&\quad - \sigma_{xy}\left(1+\frac{3R^4}{r^4}\right)\sin 2\theta + \delta\left[\frac{\alpha(1-2v)}{2(1-v)}\frac{\left(r^2+R^2\right)}{r^2}-\phi\right](p_\mathrm{i}-p_\mathrm{p}) \\
\sigma_z &= \sigma_{zz} + v\left[-2\left(\sigma_{xx}-\sigma_{yy}\right)\frac{R^2}{r^2}\cos 2\theta + 4\sigma_{xy}\sin 2\theta\right] + \delta\left[\frac{\alpha(1-2v)}{1-v}-\phi\right](p_\mathrm{i}-p_\mathrm{p}) \\
\sigma_{r\theta} &= \sigma_{xy}\left(1-\frac{3R^4}{r^4}+\frac{2R^2}{r^2}\right)\cos 2\theta \\
\sigma_{\theta z} &= \sigma_{yz}\left(1+\frac{R^2}{r^2}\right)\cos\theta - \sigma_{xz}\left(1+\frac{R^2}{r^2}\right)\sin\theta \\
\sigma_{rz} &= \sigma_{xz}\left(1-\frac{R^2}{r^2}\right)\cos\theta + \sigma_{yz}\left(1-\frac{R^2}{r^2}\right)\sin\theta
\end{aligned}
\tag{5.19}
$$

由于油页岩地层渗透性极低，因此设定井壁为不渗透，$\delta=0$。由此得到了井壁上（即 $r=R$）的各应力分量表达式为

$$
\begin{aligned}
\sigma_r &= p_\mathrm{i} \\
\sigma_\theta &= -p_\mathrm{i} + \left(\sigma_{xx}+\sigma_{yy}\right) - 2\left(\sigma_{xx}-\sigma_{yy}\right)\cos 2\theta - 4\sigma_{xy}\sin 2\theta \\
\sigma_z &= \sigma_{zz} - v\left[2\left(\sigma_{xx}-\sigma_{yy}\right)\cos 2\theta + 4\sigma_{xy}\sin 2\theta\right] \\
\sigma_{r\theta} &= 0 \\
\sigma_{\theta z} &= 2\sigma_{yz}\cos\theta - 2\sigma_{xz}\sin\theta \\
\sigma_{rz} &= 0
\end{aligned}
\tag{5.20}
$$

式中，σ_r、σ_θ、σ_z、$\sigma_{r\theta}$、$\sigma_{\theta z}$、σ_{rz} 为柱坐标系中的应力分量。

根据起裂角计算公式可以求得起裂角：

$$
\begin{cases}
\gamma_1 = \dfrac{1}{2}\tan^{-1}\dfrac{2\sigma_{\theta z}}{\sigma_\theta-\sigma_z} \\
\quad = \dfrac{1}{2}\tan^{-1}\dfrac{4\left(\sigma_{yz}\cos\theta-\sigma_{xz}\sin\theta\right)}{-p_\mathrm{i}+\sigma_{xx}\left(1-2\cos 2\theta+2v\cos 2\theta\right)+\sigma_{yy}\left(1-2\cos 2\theta+2v\cos 2\theta\right)-\sigma_{zz}-4\sigma_{xy}(1-v)\sin 2\theta}
\end{cases}
$$

$$
\gamma_2 = \frac{\pi}{2}+\gamma_1 \tag{5.21}
$$

为了确定最大拉伸应力方向，需要研究极值函数：

$$
\sigma_{\max}(\gamma) = \frac{1}{2}\left(\sigma_\theta+\sigma_z\right) + \frac{1}{2}\left(\sigma_\theta-\sigma_z\right)\cos 2\theta + \sigma_{\theta z}\sin 2\theta \tag{5.22}
$$

对极值函数进行二阶求导：

$$
F(\gamma) = 2\left(\sigma_\theta-\sigma_z\right)\cos 2\gamma + 4\sigma_{\theta z}\sin 2\gamma \tag{5.23}
$$

将γ_1与γ_2代入式（5.23）可求得$F(\gamma_1)$与$F(\gamma_2)$，两者符号相反，必然有一个$F>0$，而另一个$F<0$，根据函数的极值定义，能使$F>0$的γ为所求起裂角。

（2）射孔完井起裂位置模型。

在不考虑施工条件的情况下，射孔孔边的切向应力计算式为[45]

$$\begin{aligned}\sigma_{\theta'} &= 2p_{\mathrm{i}}(1+2\cos 2\theta') + \left(\sigma_{xx}+\sigma_{yy}+\sigma_{zz}\right) + 2\left(\sigma_{xx}+\sigma_{yy}-\sigma_{zz}\right)\cos 2\theta' \\ &\quad -2\left(\sigma_{xx}-\sigma_{yy}\right)(1+2\cos 2\theta')\cos 2\theta \end{aligned} \tag{5.24}$$

式中，θ'为从井眼轴向顺时针转到所取单元点在射孔孔眼环向位置处所得到的角度，如图 5.21 所示。

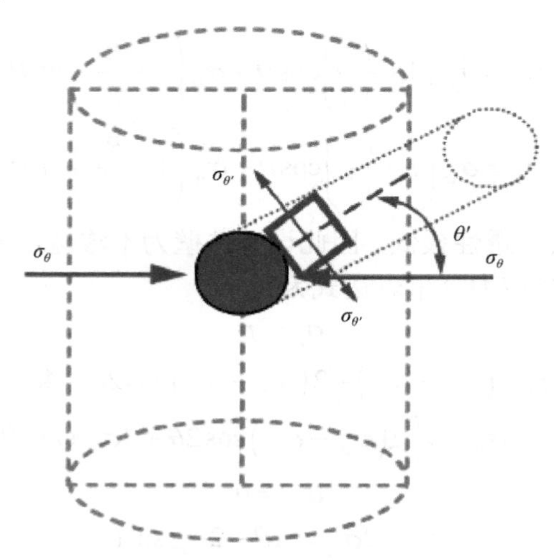

图 5.21　射孔孔边受力示意图

套管射孔完井后，将射孔孔边的切向应力$\sigma_{\theta'}$代替式（5.20）中的σ_θ，其他参数不变。可以得到射孔完井后的油页岩地层孔眼壁上的应力状态可表示为

$$\begin{cases} \sigma_r = p_{\mathrm{i}} \\ \sigma_{\theta'} = -2p_{\mathrm{i}}(1+2\cos 2\theta') + \left(\sigma_{xx}+\sigma_{yy}+\sigma_{zz}\right) + 2\left(\sigma_{xx}+\sigma_{yy}-\sigma_{zz}\right)\cos 2\theta' \\ \qquad -2\left(\sigma_{xx}-\sigma_{yy}\right)(1+2\cos 2\theta')\cos 2\theta \\ \sigma_z = \sigma_{zz} - 2v\left(\sigma_{xx}-\sigma_{yy}\right)\cos 2\theta - 4v\sigma_{xy}\sin 2\theta \\ \sigma_{r\theta} = 0 \\ \sigma_{\theta z} = 2\sigma_{yz}\cos\theta - 2\sigma_{xz}\sin\theta \\ \sigma_{zr} = 0 \end{cases} \tag{5.25}$$

根据岩石张性破裂准则，初始断裂应处于z-θ平面内，由弹性力学理论可得最大拉伸应力为

$$\sigma_{\max}\left(\theta'\right)=\frac{1}{2}\left[\left(\sigma_{\theta'}+\sigma_{z}\right)+\sqrt{\left(\sigma_{\theta'}-\sigma_{z}\right)^{2}+4\sigma_{\theta z}^{2}}\right] \tag{5.26}$$

对 θ' 求导，确定裂缝的起裂方位：

$$\frac{\mathrm{d}\sigma_{\max}\left(\theta'\right)}{\mathrm{d}\theta'}=0 \tag{5.27}$$

式中，θ' 就是井筒附近油页岩地层发生破裂时的起裂方位角。

3）油页岩试样压裂试验

利用桦甸油页岩岩样设计并进行了埋深为 200m、500m、750m 条件下的油页岩裸眼完井的室内水力压裂模拟试验，得到了油页岩试样在不同埋深（200m、500m、750m）条件下的压力与时间关系曲线（图 5.22）及裂缝图（图 5.23）。

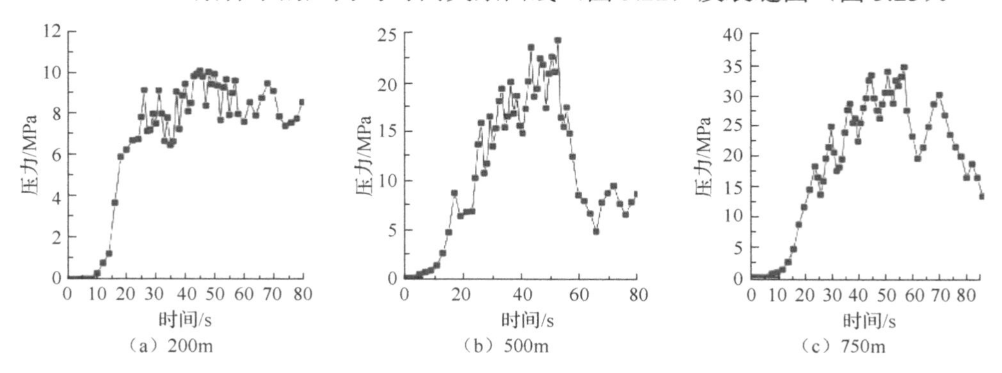

图 5.22　埋深为 200m、500m、750m 条件下的压力与时间关系

（a）水平方向裂缝（200m）　（b）垂直方向裂缝（200m）

（c）水平方向裂缝（500m）　（d）垂直方向裂缝（500m）

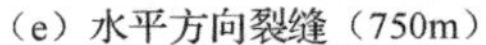

（e）水平方向裂缝（750m）

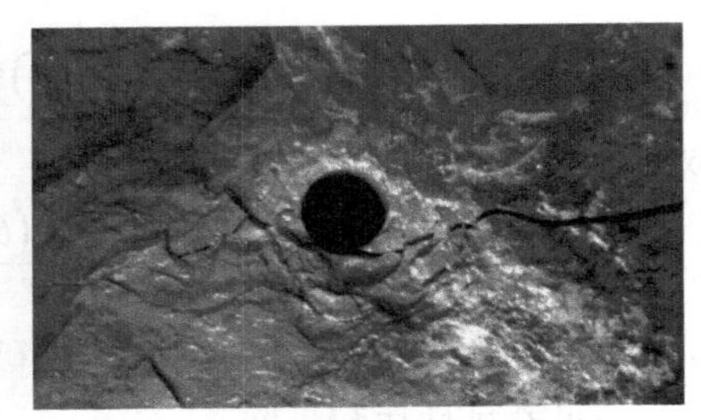

（f）垂直方向裂缝（750m）

图 5.23　埋深为 200m、500m、750m 条件下油页岩试样裂缝图

研究结果表明：埋深为 200m、500m、750m 时，破裂压力分别为 10.09MPa、24.34MPa、34.75MPa；油页岩在裸眼完井条件下进行水力压裂时，在孔眼附近会有垂直裂缝形成，此外裂缝还容易沿水平层理方向进行延伸形成水平方向裂缝。

将不同埋深的地应力及桦甸油页岩基本物理力学参数指标代入式（5.5）中，可以求得裸眼完井条件下水力压裂破裂压力的理论值。将理论计算值与试验结果进行对比，如表 5.7 所示。

表 5.7　裸眼完井不同埋深破裂压力理论计算值与试验值对比表

埋深/m	破裂压力理论计算值/MPa	破裂压力试验值/MPa	相对误差/%
200	8.52	10.09	18
500	19.83	24.34	22.7
700	29.17	34.75	19.1

裸眼完井时，桦甸油页岩在不同埋深的模拟地应力状态下其破裂压力的试验值普遍大于其理论计算值，其破裂压力的理论计算值与试验值最大相对误差为 22.7%。误差的存在主要是因为理论计算时将油页岩认为非渗透性岩石从而忽略了钻孔内液柱压力的影响，这与实际工程情况还是存在一定的误差；此外在进行压裂试验时试样表面的不平整也会导致试样局部应力集中，从而产生误差。

2. 层理面对水力裂缝起裂的影响分析

前文假设油页岩为各向同性均质体，但实际上油页岩富含层理结构，在力学特性等方面存在明显的各向异性。裸眼完井下的室内水力压裂模拟试验结果表明，层理导致了裂缝扩展时易沿水平层理方向进行延伸形成水平方向裂缝。因此，必须研究层理面对裂缝起裂的影响。

1）油页岩水平井水力裂缝起裂模型

基于油页岩层理发育的结构，建立起油页岩储层中的水平井水力压裂模型。忽略天然裂缝等因素的影响，假设油页岩地层中普遍分布着层理面，其简化模型如图 5.24 所示。图中所示的坐标系为地应力坐标系，其中 σ_h 是指最小水平主应力，与 x 轴同向；σ_H 是指最大水平主应力，与 y 轴同向；σ_V 是指上覆岩层压力，与 z 轴同向。引入了地应力坐标系、水平井直角坐标系、层理面坐标系与柱坐标系，以及相对应的坐标系下的井周应力状态 σ_{ICS}、σ_{HCS}、σ_{BCS} 和 σ_{PCS}。

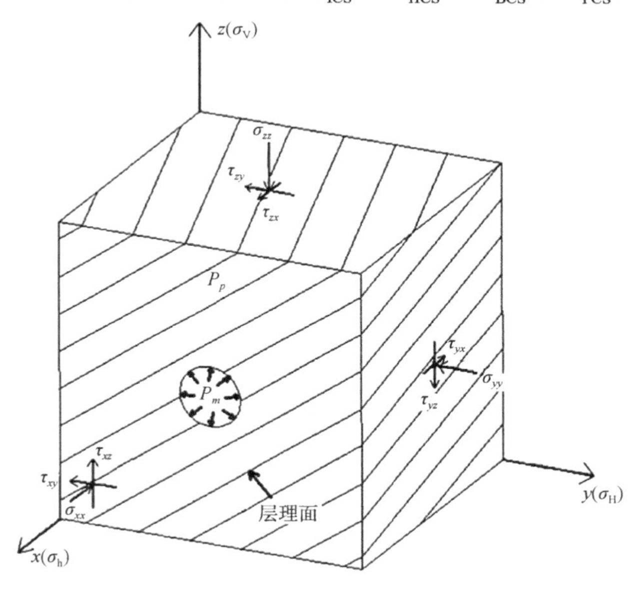

图 5.24　油页岩水平井水力压裂模型

用 Bradely[46]在 1979 年提出的计算公式计算水平井周的应力状态，水平井井壁上某点处的应力分量可用式（5.28）表示。计算 σ_{PCS} 的特征值，可得水平井井壁上各点处的主应力。

$$\sigma_{PCS}=\begin{pmatrix}\sigma_{rr} & \tau_{r\theta} & \tau_{rz}\\ \tau_{r\theta} & \sigma_{\theta\theta} & \tau_{\theta z}\\ \tau_{rz} & \tau_{\theta z} & \sigma_{zz}\end{pmatrix}$$

$$\begin{gathered}\sigma_{rr}=P_m-\alpha P_p\\ \sigma_{\theta\theta}=\sigma_{xx}^H+\sigma_{yy}^H-2\left(\sigma_{xx}^H-\sigma_{yy}^H\right)\cos 2\theta-4\tau_{xy}^H\sin 2\theta-P_m-\alpha P_p\\ \sigma_{zz}=\sigma_{zz}^H-2v\left[\left(\sigma_{xx}^H-\sigma_{yy}^H\right)\cos 2\theta+2\tau_{xy}^H\sin 2\theta\right]-\alpha P_p\\ \tau_{\theta z}=2\left(-\tau_{xz}^H\sin\theta+\tau_{yz}^H\cos\theta\right)\\ \tau_{r\theta}=\tau_{rz}=0\end{gathered}\tag{5.28}$$

式中，σ_{rr}、$\sigma_{\theta\theta}$、σ_{zz} 分别为柱坐标下井壁上一点的径向应力、切向应力和轴向应力；$\tau_{\theta z}$、$\tau_{r\theta}$、τ_{rz} 为柱坐标下井壁上一点不同方向的剪应力；P_m 为注入水压；

P_p 为地层孔隙压力；α 为地层 Biot 系数；v 为岩石泊松比；σ_{xx}^H、σ_{yy}^H、σ_{zz}^H、τ_{xy}^H、τ_{xz}^H、τ_{yz}^H 为水平井直角坐标系下井壁上一点的应力状态的应力分量。

经柱坐标系与水平井坐标系、地应力坐标系与水平井坐标系、层理面坐标系与地应力坐标系转换后，可得层理面上的应力状态。

$$\sigma_{\mathrm{BCS}} = B \times H^{\mathrm{T}} \times P^{\mathrm{T}} \times \sigma_{\mathrm{PCS}} \times P \times H \times B^{\mathrm{T}} \tag{5.29}$$

$$H = \begin{pmatrix} 0 & 0 & 1 \\ -\sin\alpha_H & \cos\alpha_H & 0 \\ -\cos\alpha_H & -\sin\alpha_H & 0 \end{pmatrix} \tag{5.30}$$

$$P = \begin{pmatrix} \cos\theta & \sin\theta & 0 \\ -\sin\theta & \cos\theta & 0 \\ 0 & 0 & 1 \end{pmatrix} \tag{5.31}$$

$$B = \begin{pmatrix} \cos\alpha_B\cos\beta_B & \sin\alpha_B\cos\beta_B & \sin\beta_B \\ -\sin\alpha_B & \cos\alpha_B & 0 \\ -\cos\alpha_B\sin\beta_B & -\sin\alpha_B\sin\beta_B & \cos\beta_B \end{pmatrix} \tag{5.32}$$

式中，α_H 为水平井的钻井方向与最小水平主应力方向的夹角；α_B 为层理面的法线在水平面上的投影与 x 轴之间的夹角，可表征层理面的倾向；β_B 为层理面相对于水平面的倾角。

由于在层理面影响下，油页岩中水力裂缝起裂分别有沿岩石基质起裂与沿层理面起裂两种不同起裂形式。其中，沿层理面起裂可分为沿层理面剪切起裂与沿层理面张性起裂。基于油页岩岩性及前人研究[47-50]，选用 Mogi-Coulomb 破坏准则作为沿岩石基质起裂的岩石破坏准则，如式（5.33）所示；选用 Mohr- Coulomb 破坏准则作为沿层理面剪切起裂的岩石破坏准则，如式（5.38）所示；选用最大抗拉强度准则作为沿层理面张性起裂的岩石破坏准则，如式（5.39）所示。

$$\tau_{\mathrm{oct}} = a + b\sigma_{\mathrm{m,2}} \tag{5.33}$$

$$\tau_{\mathrm{oct}} = \frac{1}{3}\sqrt{(\sigma_1-\sigma_2)^2 + (\sigma_1-\sigma_3)^2 + (\sigma_3-\sigma_2)^2} \tag{5.34}$$

$$\sigma_{\mathrm{m,2}} = \frac{\sigma_1+\sigma_3}{2} \tag{5.35}$$

$$a = \frac{2\sqrt{2}}{3} c_O \cos\varphi_O \tag{5.36}$$

$$b = \frac{2\sqrt{2}}{3} \sin\varphi_O \tag{5.37}$$

式中，τ_{oct} 为八面体应力；$\sigma_{\mathrm{m,2}}$ 为平均法向应力；c_O、φ_O 为岩石基质的黏聚力与内摩擦角。

$$\tau = c_B + \mu_B \sigma_n \tag{5.38}$$

$$\tau = \sqrt{\left(\tau_{xy}^B\right)^2 + \left(\tau_{xz}^B\right)^2}$$

$$\sigma_n = \sigma_{xx}^B$$

$$\mu_B = \tan\varphi_B \tag{5.39}$$

式中，τ 和 σ_n 为作用在层理面上的剪应力和垂直于层理面作用的法向应力；μ_B、φ_B 为层理面的内摩擦系数和内摩擦角；τ_{xy}^B、τ_{xz}^B、σ_{xx}^B 为井壁所受应力在层理面上的剪应力分量和正应力分量。

$$\sigma_n - \alpha P_p = -S_B \tag{5.40}$$

式中，S_B 为层理面抗拉强度；α 为地层 Biot 系数；P_p 为地层孔隙压力。

2）农安油页岩实例分析

基于吉林农安地区已进行的油页岩地质勘察以及现场压裂、原位生产的示范性先导试验，整理得如表 5.8 所示的油页岩赋存条件以及力学参数。本节分别对油页岩沿岩石基质起裂以及沿层理面起裂的起裂压力及起裂位置进行分析，最终确定在不同层理面条件下的油页岩水平井水力压裂起裂的起裂形式与压力随钻进方向的变化。研究参数 α_H、α_B 与 β_B 对农安地区油页岩矿层起裂的起裂压力及起裂位置的影响，总结水力裂缝起裂规律。

表 5.8　农安地区油页岩物理力学性质

变量	数值
埋深/m	200
上覆岩层应力梯度/(MPa/m)	0.03
最大水平主应力梯度/(MPa/m)	0.026
最小水平主应力梯度/(MPa/m)	0.02
岩石基质的黏聚力 c_O /MPa	2
岩石基质的内摩擦角 φ_O /(°)	25
层理面的黏聚力 c_B /MPa	1.4
层理面的内摩擦角 φ_B /(°)	17
泊松比 v	0.3
Biot 系数 α	0.7
孔隙压力 P_p /(MPa/m)	0.01
层理面抗拉强度 S_B /MPa	0.44

（1）沿岩石基质起裂。

井壁表面的应力分布与 θ 有关，井壁上各点处的切向和轴向应力在 $\theta = 0°$ 或 $180°$ 处达到最小值，在 $\theta = 90°$ 和 $270°$ 处达到最大值。随着注入水压 P_m 的增大，

$\sigma_{\theta\theta}$（$\sigma_{\theta\theta}<0$）逐渐减小并接近岩石的极限强度，产生了井壁岩石基质的水力裂缝。

经理论计算模型计算后，得到了不同钻进方向下、油页岩水平井内岩石基质起裂压力变化，如图 5.25 所示。可得：当油页岩沿岩石基质起裂时，起裂位置始终在井壁圆周角为0°或180°的位置上；水平井钻进方向与最大水平主应力方向的夹角越小，沿岩石基质起裂的起裂压力越小。

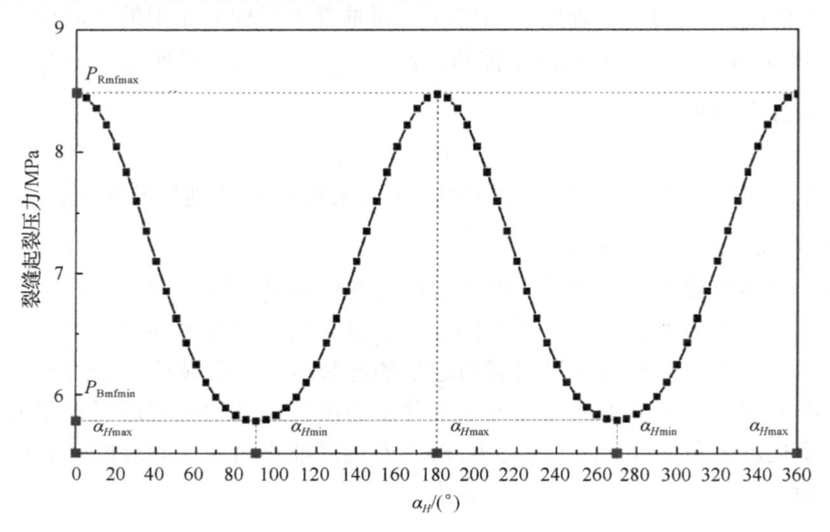

图 5.25　岩石基质起裂的起裂压力随钻进方向的变化

注：P_{Rmfmax}、P_{Bmfmin} 为沿岩石基质起裂压力随 α_H 变化的最大值、最小值

（2）沿层理面起裂。

为简化分析油页岩沿层理面起裂的起裂规律，对不同层理面条件下的岩体沿层理面剪切起裂和张性起裂时，计算了井壁上起裂位置和起裂压力的变化，并绘制了井壁上各点（$\theta=0°\sim360°$）起裂压力的变化曲线（图 5.26）。

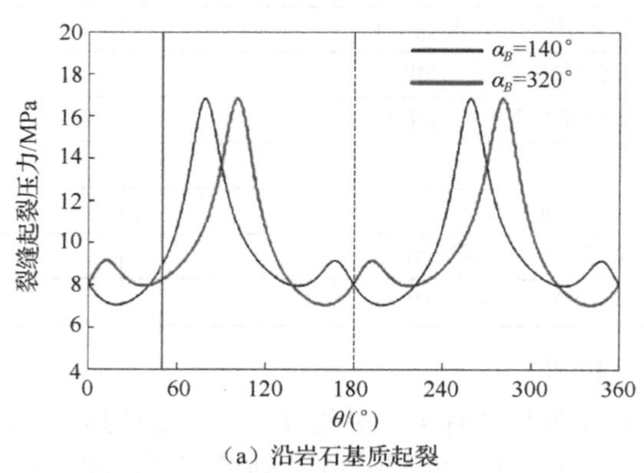

（a）沿岩石基质起裂

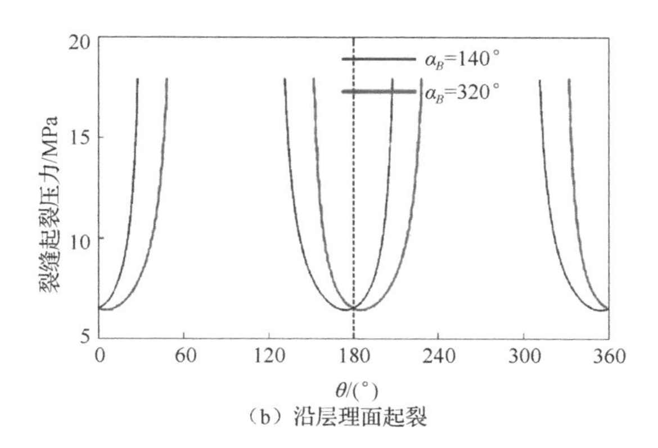

（b）沿层理面起裂

图 5.26　α_H=20°，α_B=140°、320°，β_B=10°条件下沿层理面起裂的井壁起裂压力曲线

结果表明：井壁上起裂压力呈周期性变化，起裂位置具有一定的规律性，可将井壁上起裂位置的研究范围简化为$\theta=-90°\sim90°$；$\alpha_B=x$ 与 $\alpha_B=180°+x$ 时的井壁起裂压力曲线以 $\theta=180°$ 为对称轴对称，且 $\alpha_H=x$ 与 $\alpha_H=180°+x$ 时的井壁起裂压力曲线完全重合，可简化为$\alpha_B=0°\sim180°$，$\beta_B=0°\sim90°$，$\alpha_H=0°\sim180°$ 进行研究。

A. 沿层理面起裂的起裂压力变化。

经理论计算模型计算后，得到在不同层理面条件下，沿层理面起裂的起裂压力随钻进方向的变化（图 5.27），可得以下结论。

层理面条件变化会改变起裂压力随钻进方向变化的趋势。对于沿层理面张性起裂，起裂压力随钻进方向变化的趋势主要由α_B 决定，β_B 的影响较小，且 β_B 越小影响越小；对于沿层理面剪切起裂，起裂压力随钻进方向变化的趋势主要由 α_B 决定且$|\alpha_B-90°|$ 越小影响越小，变化趋势同样受 β_B 变化的影响且 β_B 越大影响越大，当$|\alpha_B-90°|=0°$、β_B 较大（$\beta_B\geqslant75°$）时，起裂压力随钻进方向变化的趋势受 β_B 影响更大。

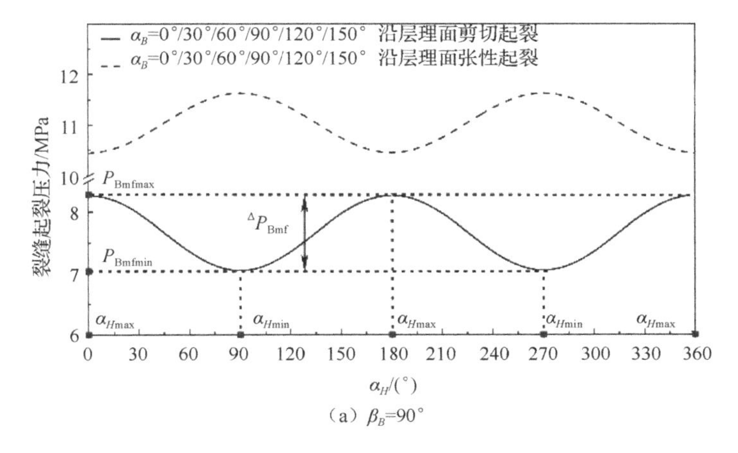

（a）β_B=90°

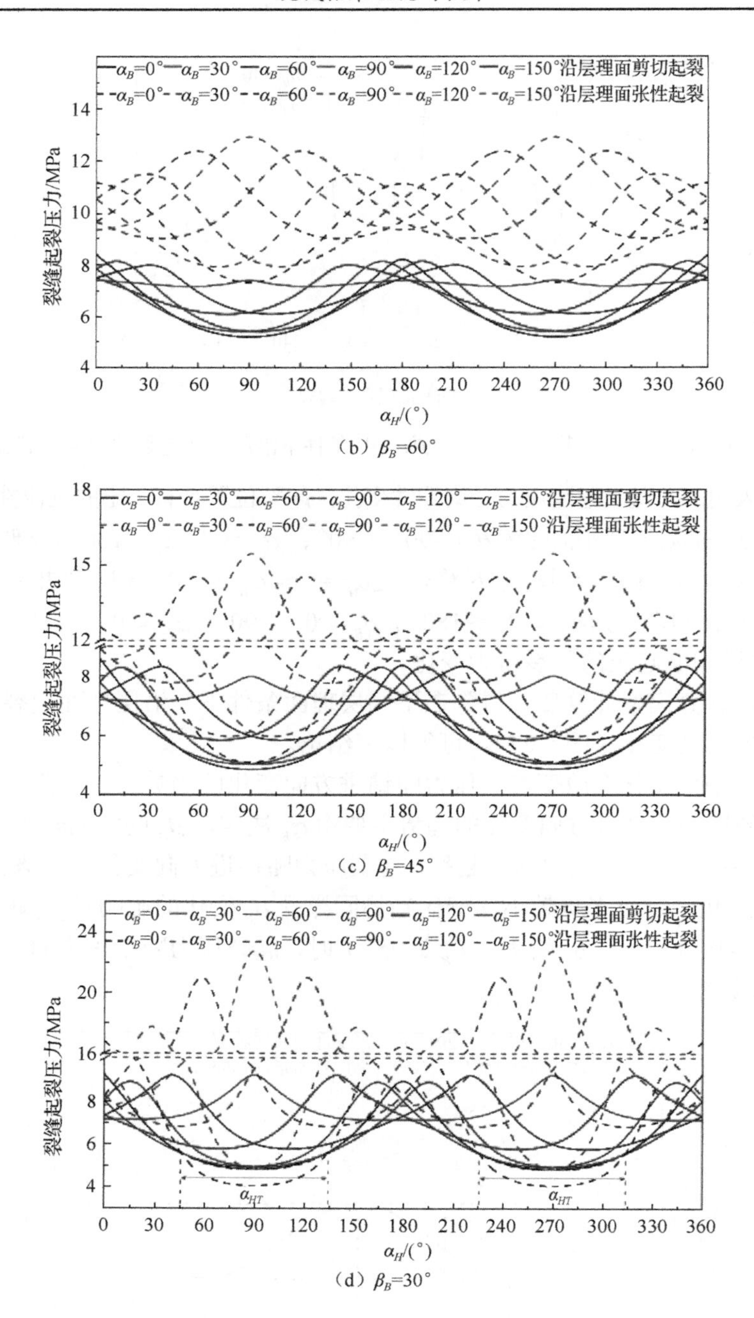

（b）β_B=60°

（c）β_B=45°

（d）β_B=30°

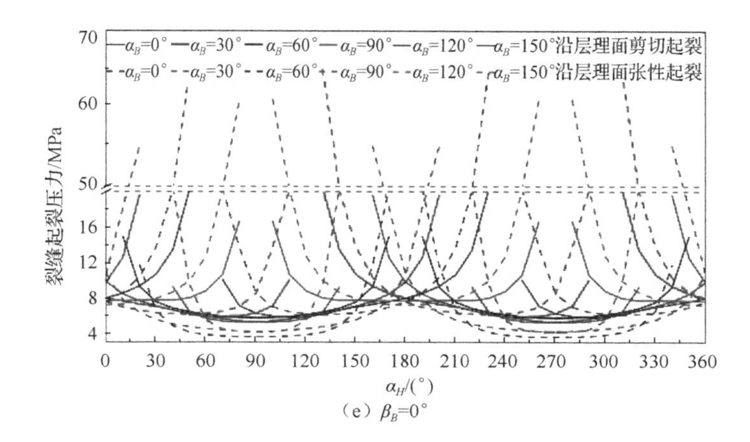

图 5.27　不同层理面条件下，沿层理面起裂的起裂压力随钻进方向的变化

（扫封底二维码查看彩图）

注：P_{Bmfmax}、P_{Bmfmin}、P_{Bmf} 分别为当只考虑裂缝沿层理面剪切起裂时，随钻进方向 α_H 变化下的最大裂缝起裂压力与最小裂缝起裂压力以及两者的差值。余同

层理面条件变化同样会影响不同钻进方向下的起裂压力值。$\alpha_H-\alpha_B$ 是影响某一确定条件下沿层理面起裂的起裂压力的主要因素；β_B 是影响沿层理面起裂的起裂压力变化幅度的主要因素，且沿层理面张性起裂对 β_B 的变化更敏感。

钻进方向不变时，层理面条件会改变沿层理面起裂的起裂形式，其中，倾角是影响起裂形式的主要因素。对于 200m 埋深的农安油页岩，倾角较小时，张性起裂的起裂压力总是明显高于剪切起裂（剪切起裂区），且两种起裂形式的起裂压力之差随倾角的增大而减小；倾角较大时，存在 α_{HT}（分布在 $\alpha_B\pm90^\circ$ 两侧）使得张性起裂的起裂压力低于剪切起裂（剪切起裂区），同时存在拐点 α_{BT}，在 $\alpha_B\geqslant\alpha_{BT}$ 时，不存在 α_{HT} 且 α_{BT} 随着 β_B 的减小而增大；层理面法向在水平面上的投影与最小水平主应力之间的夹角越小，张性起裂区越小，剪切起裂区越大。

B. 沿层理面起裂的起裂位置变化。

经理论计算模型计算后，得到在不同层理面条件下，沿层理面起裂的起裂位置随钻进方向的变化（图 5.28），可得以下结论。

对于沿层理面张性起裂，随着 β_B 的减小和 $|\alpha_B-90^\circ|$ 的增大，起裂位置的绝对值最小值（$|\theta_{T\min}|\neq0^\circ$）越小，发生裂缝起裂的起裂区域（$|\theta_{T\max}|,|\theta_{T\min}|$）越大，起裂区域可表示为 $\left[|\theta_{T\min}|,180^\circ-|\theta_{T\min}|\right]$ 和 $\left[|\theta_{T\min}|,180^\circ-|\theta_{T\min}|\right]$；随着 β_B 的增大与 $|\alpha_B-90^\circ|$ 的减小，起裂区域以 θ=90° 或 −90° 为中心收缩；在 $\beta_B\neq0^\circ$ 时，井壁上只存在两个起裂点，且总是偏离 θ=0° 或180°。

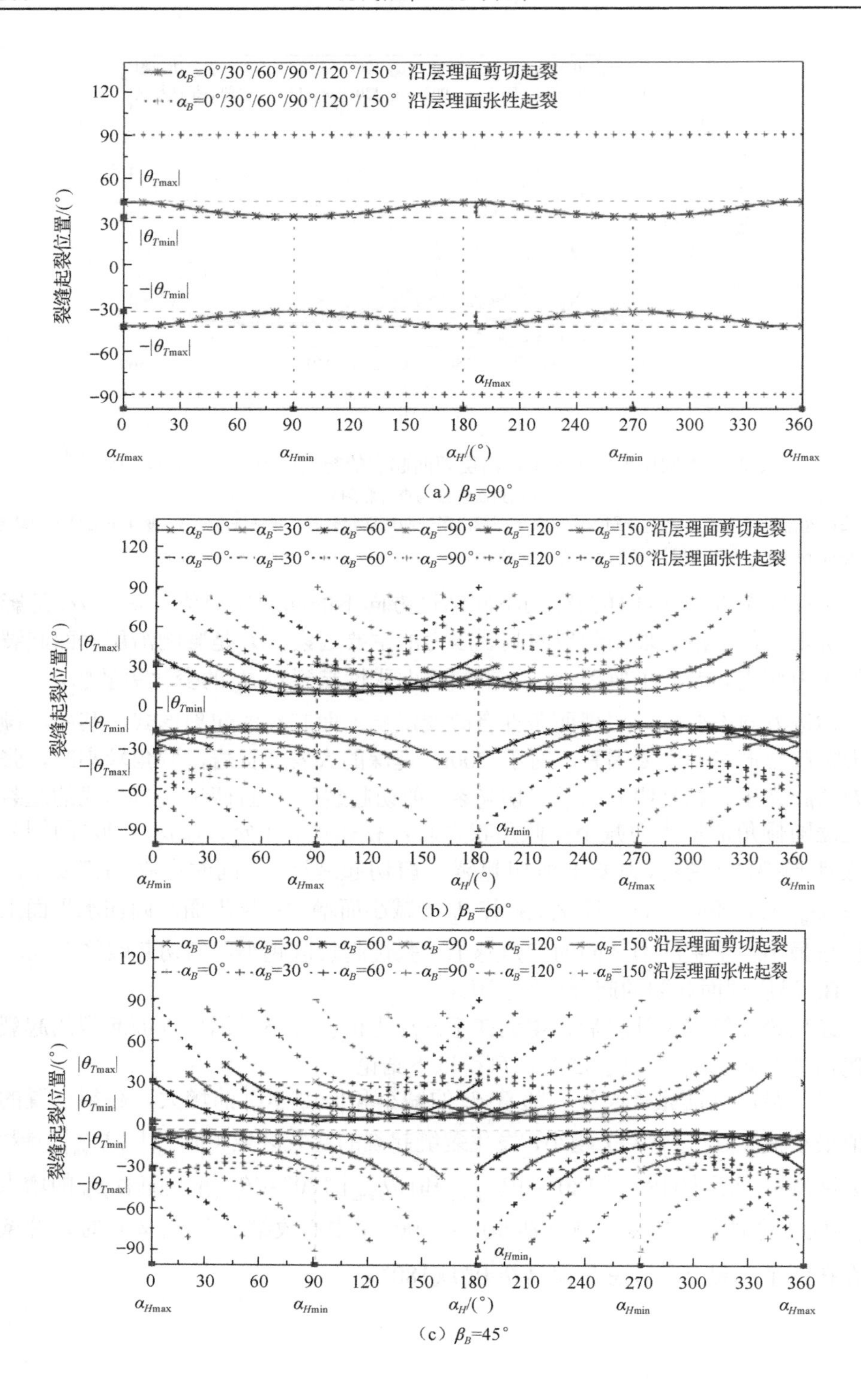

（a）β_B=90°

（b）β_B=60°

（c）β_B=45°

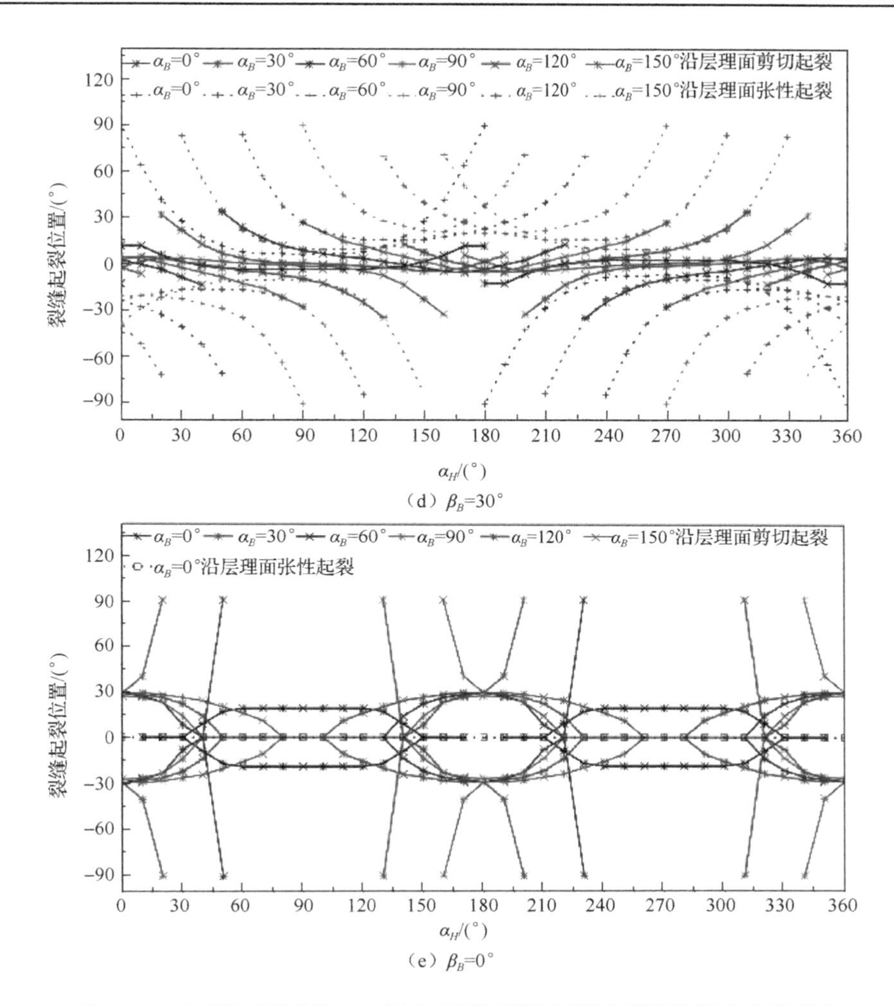

图 5.28　不同层理面条件下，沿层理面起裂的起裂位置随钻进方向的变化
（扫封底二维码查看彩图）

对于沿层理面剪切起裂，当 β_B 等于 $90°$ 时，α_B 不影响井壁上的起裂区域；随着 β_B 的减小，$|\theta_{T\max}|$ 与 $|\theta_{T\min}|$ 逐渐降低，直到 $|\theta_{T\min}|=0°$，且当 $\alpha_H=\alpha_{H\max}$（对应于 $P_{\mathrm{Bmf\,max}}$）时达到了最大值 $|\theta_{T\max}|\neq 90°$；β_B 对起裂压力的影响要大于它对起裂位置的影响。

层理面的倾角是影响井壁上起裂位置偏离 $\theta=0°$ 或 $180°$ 的主要因素，倾角越小，偏移趋势越强；起裂位置随 α_H 变化的趋势主要受 α_B 的影响，这种趋势也受 β_B 的影响，但 β_B 对起裂压力的影响要大于它对起裂位置的影响。

（3）层理面对水力裂缝起裂的影响。

当水压达到这几种起裂形式的最小起裂压力时，油页岩当发生岩体起裂。因此，研究油页岩的裂缝起裂时，必须结合沿岩石基质起裂与沿层理面起裂的研究（图 5.29），可得以下结论。

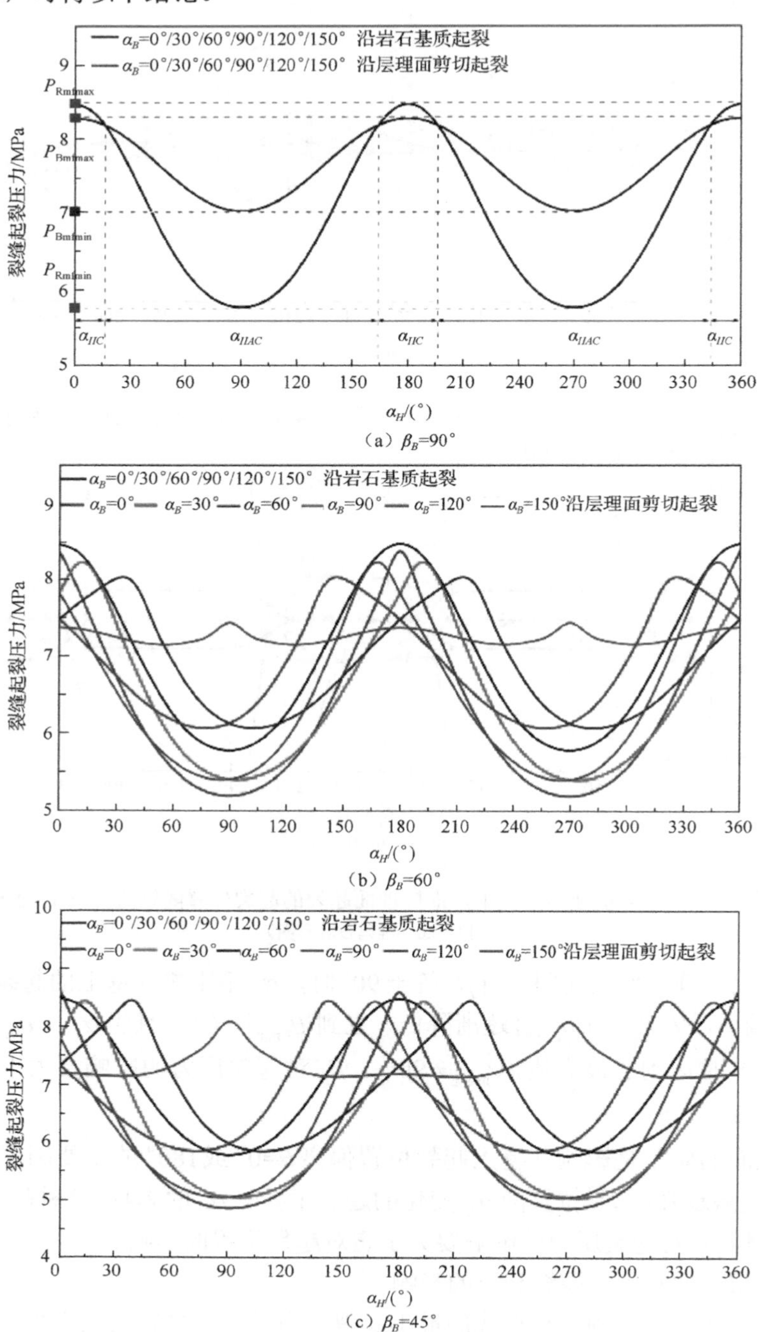

（a）β_B=90°

（b）β_B=60°

（c）β_B=45°

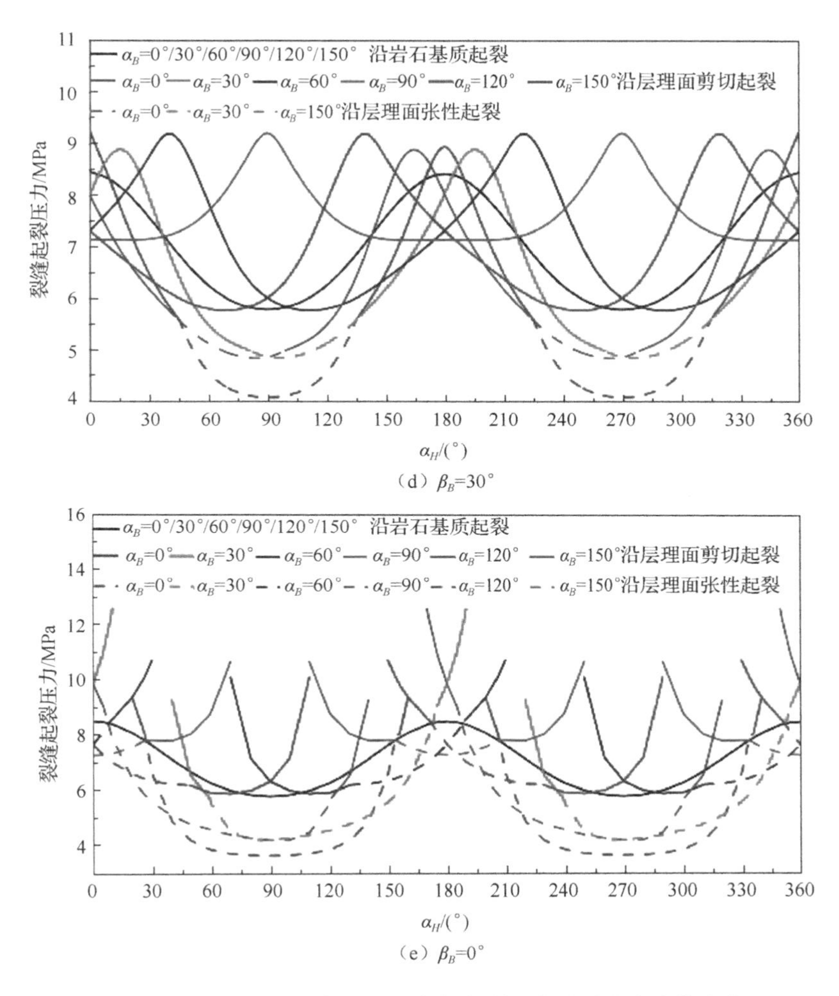

（d）β_B=30°

（e）β_B=0°

图 5.29　不同层理面条件下，岩体起裂压力随钻进方向的变化

（扫封底二维码查看彩图）

层理面对岩体起裂压力的影响主要表现在：α_B 和 β_B 的变化改变了沿层理面起裂压力的变化趋势，从而影响了沿岩石基质起裂的起裂压力最大值、最小值与沿层理面起裂的起裂压力最大值、最小值的关系，因而改变了岩体起裂压力随钻进方向变化曲线上 α_{HC} 和 α_{HAC} 的分布情况（当 $\alpha_H=\alpha_{HC}$ 时，发生沿层理面起裂先于发生沿岩石基质起裂；当 $\alpha_H=\alpha_{HAC}$ 时，发生沿岩石基质起裂先于发生沿层理面起裂）。

α_B 是岩体起裂形式随钻进方向变化趋势（α_{HC} 的分布）的主要影响因素。两种起裂形式的最小起裂压力之间的关系对 α_{HC} 分布具有巨大的影响，而沿层理面起裂的最小起裂压力 $P_{\mathrm{Bmf\,min}}$ 直接受层理面条件 α_B 和 β_B 控制，且 $P_{\mathrm{Bmf\,min}}$ 受 α_B 的影响大于 β_B，最大起裂压力 $P_{\mathrm{Bmf\,max}}$ 受 β_B 的影响大于 α_B。

在研究某层理面条件下的油页岩水力压裂时，首先需确定层理面的倾向和 α_B 以确定 α_{HC} 和 α_{HAC} 的相对分布位置，然后研究层理面的倾角 $90° - \beta_B$ 以确定 α_{HC} 和 α_{HAC} 的区间长度；在确定了两种起裂形式起裂压力的相对关系的基础上，可分析起裂压力与起裂形式变化下的最优水平井钻进方向。

3. 油页岩水平井不同完井方式水力压裂数值模拟研究

1）油页岩水平井裸眼完井水力裂缝扩展数值模拟

基于扩展有限元法（expansion finite element method，XFEM），结合油页岩横向各向同性的特点，采用 ABAQUS 软件模拟研究不同条件对初始裂缝扩展演化规律的影响，根据汪清油页岩力学参数测定的试验结果，可得油页岩地层模拟的材料参数，如表 5.9 所示。

表 5.9　油页岩模拟材料参数

参数	垂直层理	平行层理
抗拉强度 σ_t /MPa	1.80	0.44
弹性模量 E/GPa	8.40	1.40
泊松比 v	0.23	0.34
剪切弹性模量 G/GPa	3.40	0.52
临界能量释放率 G_{IC} /(N/m)	670	402

为了方便计算，建立二维裂缝扩展模型，为了清晰观察裂缝的扩展情况，模型尺寸为 10m×10m，模拟尺度为 10m 厚的油页岩层，地层 x 方向为最大主应力，y 方向为垂直应力，模型如图 5.30 所示。

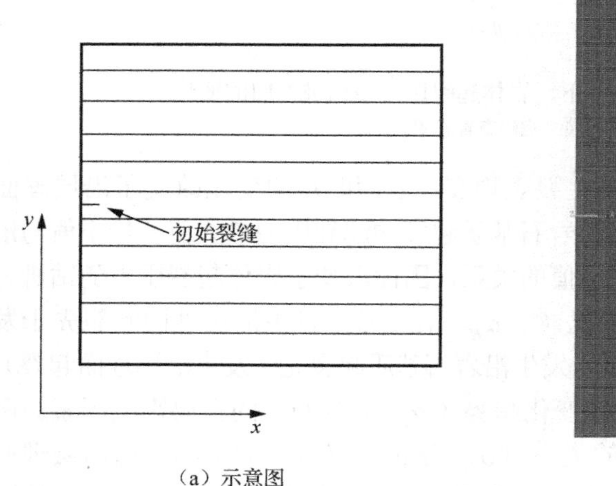

（a）示意图　　（b）数值模型图

图 5.30　XFEM 水力压裂数值模型示意图

（1）地应力对水力裂缝扩展形态的影响。

模拟设置排量为 500ml/min，液体黏度为 80mPa·s，通过设置不同σ_x和σ_y，进行了 14 组模拟，分析不同应力条件下裂缝的扩展情况，具体模拟参数如表 5.10 所示。模拟结果如图 5.31 所示。

表 5.10　不同应力组合模拟参数

编号	σ_x /MPa	σ_y /MPa	预制裂缝与层理方向夹角/(°)
1/1-45	10	7	0/45
2/2-45	10	8	0/45
3/3-45	10	9	0/45
4/4-45	10	10	0/45
5/5-45	9	10	0/45
6/6-45	8	10	0/45
7/7-45	7	10	0/45

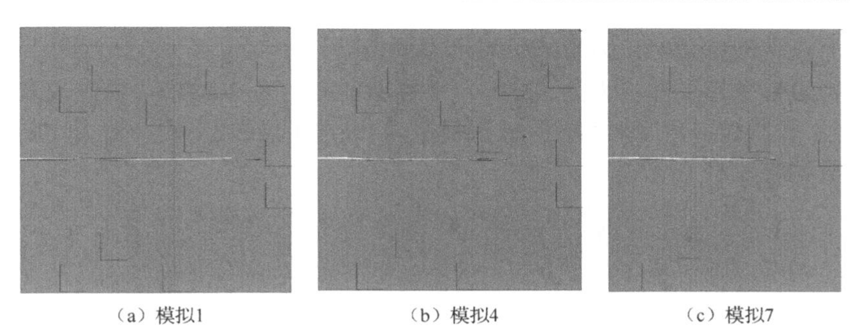

（a）模拟1　（b）模拟4　（c）模拟7

图 5.31　1 组、4 组和 7 组水力压裂数值模拟的裂缝扩展图

从模拟结果可以看出当初始裂缝与层理方向相同时，不同应力条件下裂缝总会沿着层理方向延伸，但是模拟 4 中的裂缝长度要短于模拟 1 中的裂缝长度，而模拟 4 和模拟 7 中的裂缝长度几乎相同，因此上覆压力增大会增大裂缝延伸的断裂韧度，会阻碍裂缝的扩展，裂缝长度也会减小。

输出各个应力组合下裂缝长度、起裂压力、裂缝宽度等数据，如图 5.32 所示。

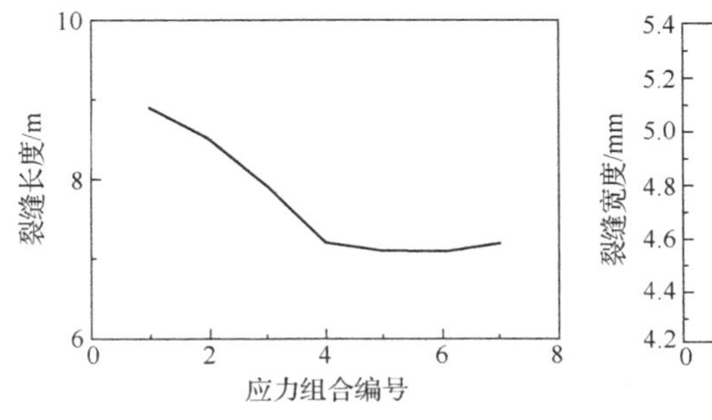

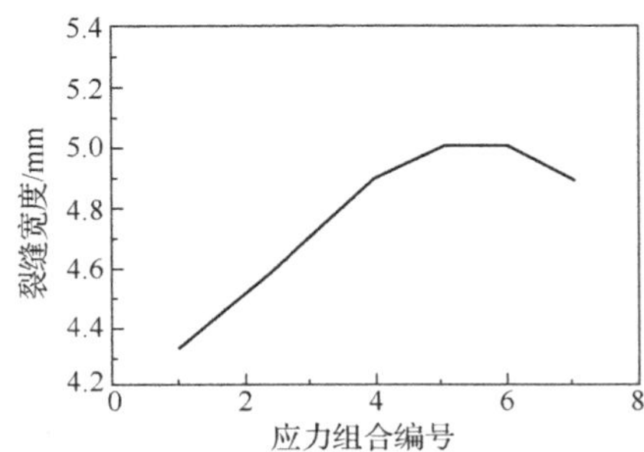

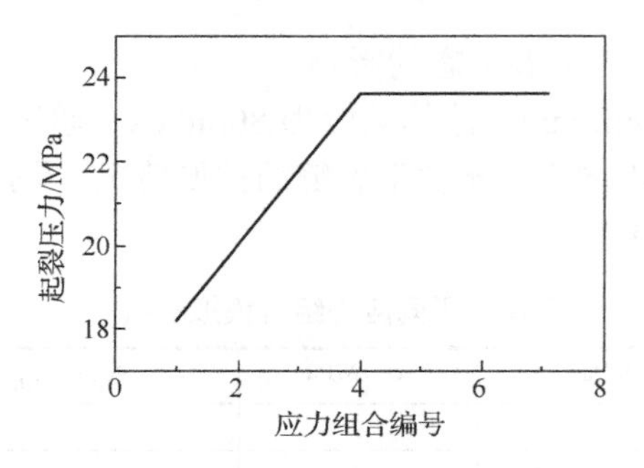

图 5.32　裂缝长度、裂缝宽度及起裂压力随应力变化的曲线

从曲线可知随着 σ_y 数值的增大，裂缝长度明显减小，但是在后四组模拟中 σ_y 不变，裂缝扩展长度也基本保持不变，而起裂压力和裂缝宽度却随着 σ_y 数值的增大而增大，当 σ_y 数值不变时，起裂压力也会保持不变，这也是由于 σ_y 影响了裂缝断裂韧度。

（2）压裂液排量对水力裂缝扩展形态的影响。

模拟设置垂直层理应力为 9MPa，平行层理应力为 10MPa，通过改变不同压裂液排量、预制裂缝角度，设置了 10 组模拟，对裂缝扩展的影响进行分析（图 5.33），具体参数如表 5.11 所示。

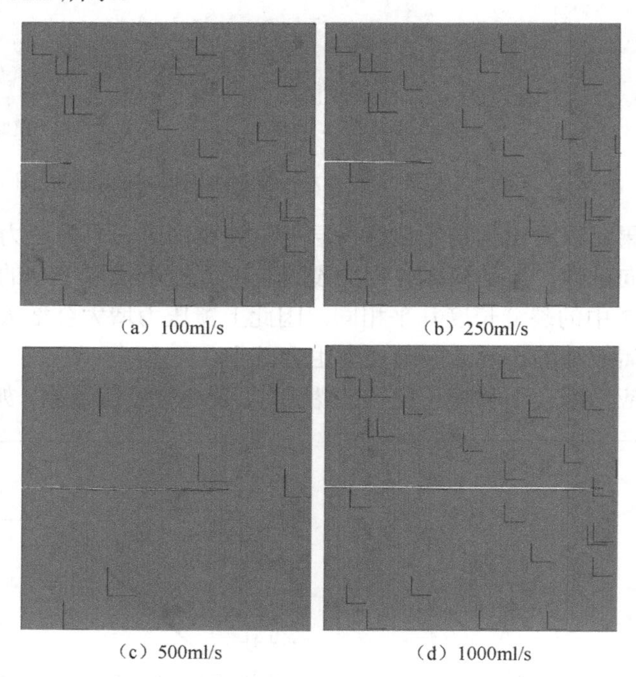

（a）100ml/s　（b）250ml/s

（c）500ml/s　（d）1000ml/s

图 5.33　不同压裂液排量下裂缝扩展情况

表 5.11　不同压裂液排量模拟参数

编号	排量/(ml/min)	黏度/(mPa · s)	预制裂缝与层理方向夹角/(°)
1/1-45	50	80	0/45
2/2-45	100	80	0/45
3/3-45	250	80	0/45
4/4-45	500	80	0/45
5/5-45	1000	80	0/45

预制裂缝与层理方向夹角为 0° 时，裂缝均会沿着层理方向延伸，增加压裂液排量、裂缝长度及宽度迅速增加，但是随着压裂液排量的继续增加，裂缝长度及宽度增长率会逐渐减小。起裂压力会随着压裂液排量的增大迅速提高，但是在超过 200ml/min 后，起裂压力增长非常缓慢，如图 5.34 所示。

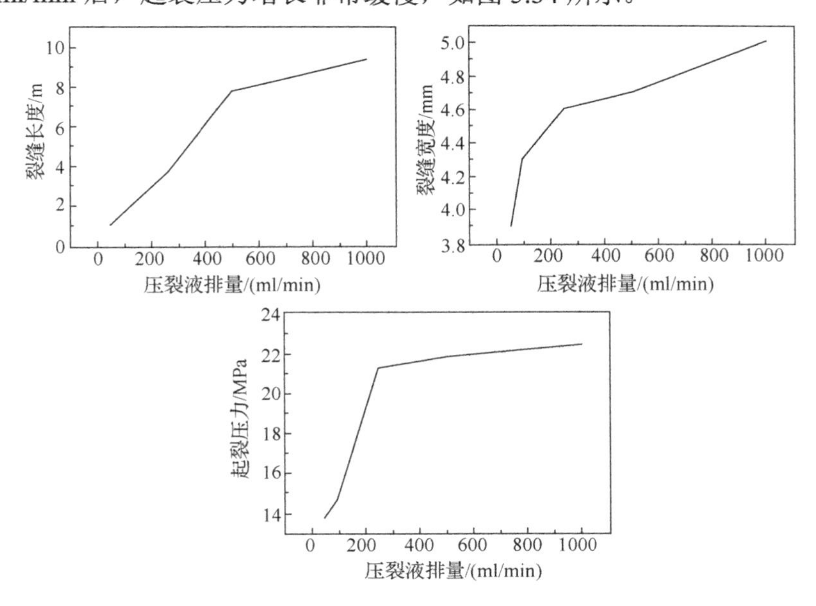

图 5.34　裂缝长度、裂缝宽度及起裂压力随压裂液排量变化的曲线

（3）水平井与层理面的夹角。

模拟设置垂直层理应力为 9MPa，平行层理应力为 10MPa，通过改变预制裂缝与层理方向的夹角，设置了 4 组模拟，研究不同工况下的水力裂缝扩展规律，具体参数设置如表 5.12 所示。

表 5.12　不同夹角模拟参数

编号	排量/(ml/min)	黏度/(MPa·s)	预制裂缝与层理方向夹角/(°)
1	500	80	0
2	500	80	30
3	500	80	45
4	500	80	60

裂缝扩展方向会随着夹角的改变而改变，趋向于沿层理方向扩展，而随着夹角的增大，裂缝扩展长度呈线性减小，而起裂压力和裂缝宽度却呈线性增大，这说明裂缝在偏转过程中要损失一部分流体能量，而且裂缝偏转会增大液体沿程阻力，因此在泵注相同液量的条件下，缩短了裂缝扩展长度，如图 5.35 和图 5.36 所示。

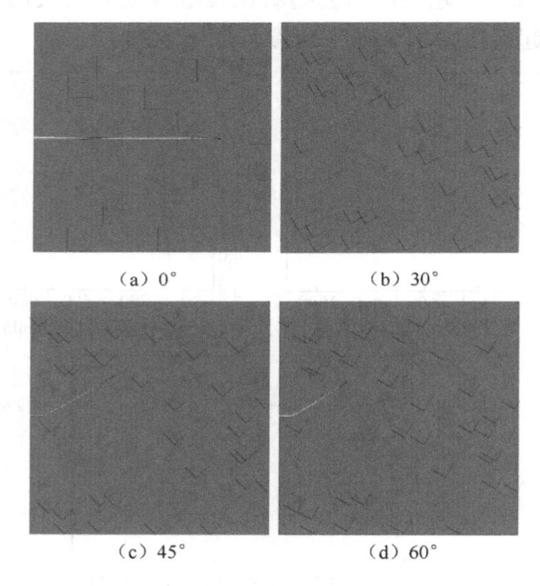

图 5.35　不同夹角下裂缝扩展情况

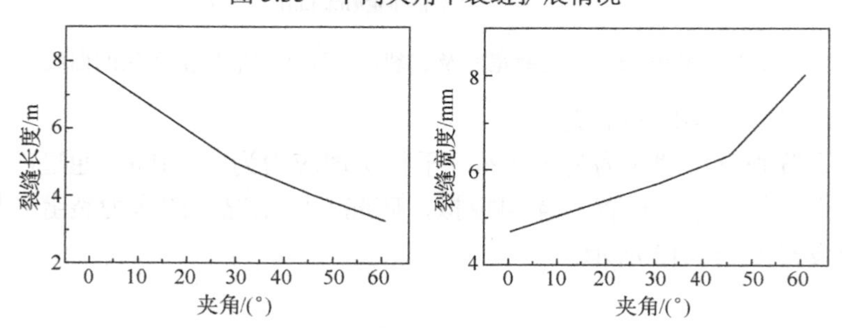

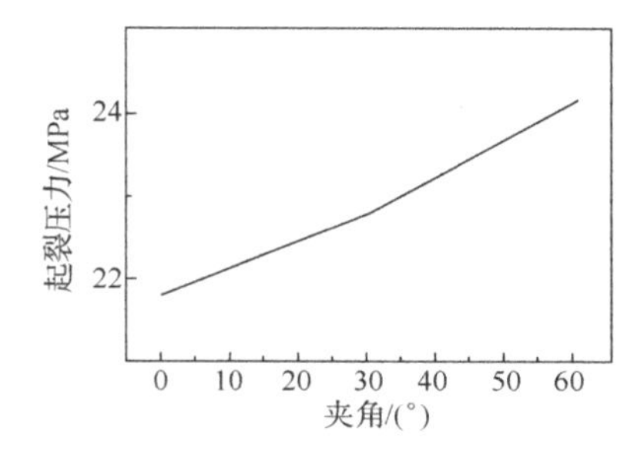

图 5.36 裂缝长度、裂缝宽度及起裂压力随夹角变化的曲线

2）油页岩水平井射孔完井水力裂缝扩展数值模拟

根据层理面和天然裂缝在油页岩储层中的随机分布状态，基于黏结单元法（cohesive zone method，CZM）建立了裂隙型双重介质油页岩储层应力-渗流-损伤场三场耦合的水力压裂模型，数值模拟过程中假设：①二维模型中裂缝高度保持恒定；②水力裂缝是在平面应变的条件下进行扩展的；③压裂流体为不可压缩的牛顿流体。通过 Python 语言编辑随机不连续界面生成程序，该程序可在模型内部自动生成具有不同产状的天然裂缝和层理等不连续结构，并对油页岩基质和不连续结构面分别赋予相应的材料属性，数值计算模型如图 5.37 所示。

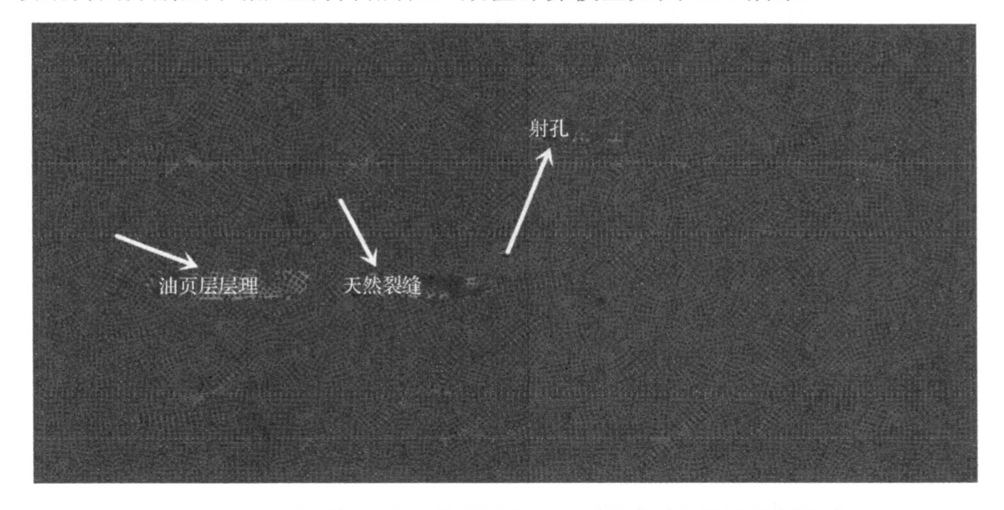

图 5.37 具有随机分布天然裂缝和层理面的油页岩储层数值模型

数值模拟过程中的材料参数与水平井裸眼压裂中采用的材料参数相同，天然裂缝强度取岩石基质强度的 20%，层理面的强度取岩石基质强度的 50%。基于上述有限元模型，分别模拟了不同压裂液排量和射孔方向对水力裂缝扩展形态的影响。

（1）压裂液排量。

在保证地应力状态不变、初始射孔方向为最大地应力方向的条件下，压裂液的排量从 0.0005m^3/s 逐渐增加至 1m^3/s。由于压裂液排量相近时，水力压裂后裂缝形态间的区别不大，因此，仅对水力裂缝形态产生显著变化的数值模拟结果进行展示。模型中长线代表油页岩中分布的层理面，短线代表油页岩中随机分布的天然裂缝，图 5.38（a）、（b）、（c）分别代表水力压裂 10s、60s 和 120s 时的水力裂缝形态。

数值模拟结果表明，油页岩储层内部分布的天然裂缝会对水力裂缝的扩展行为产生诱导，导致水力裂缝向天然裂缝扩展；油页岩本身具有极低的渗透率和孔隙度，当压裂液的排量较小时，油页岩基质和储层内的原生弱面结构（天然裂缝）滤失作用将导致水力裂缝内部的流体压力增加缓慢，限制了水力裂缝的扩展，因此，表现为图 5.38 中水力裂缝对油页岩储层的扰动范围较小。与油页岩基质相比，储层内的原生弱面结构（天然裂缝）具有更高的渗透率以及更低的抗拉强度，可在较低的流体压力作用下被激活并作为水力裂缝的一部分参与水力裂缝扩展。低压裂液排量作用下，当水力裂缝的一侧扩展过程中与弱面结构交汇后，在岩石基质一侧的水力裂缝的扩展将变得极其困难甚至停滞，沟通和激活了弱面结构一侧的水力裂缝迅速扩展，导致水力裂缝整体出现了不对称扩展的双翼裂缝形态，储层上部几乎没有扰动，这显然对油页岩储层原位改造是不利的。

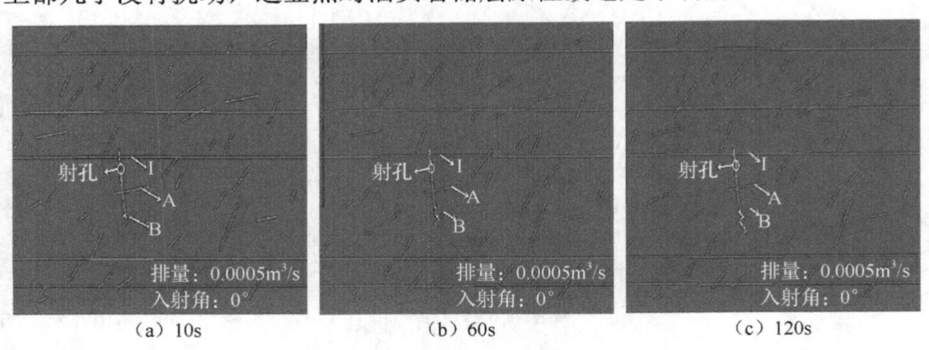

（a）10s　（b）60s　（c）120s

图 5.38　压裂液排量为 0.0005m^3/s 时，不同压裂时间点对应的水力裂缝形态

压裂液排量的增加促进了水力裂缝长度和宽度的增加，更多的天然裂缝和层理面被扰动，水力裂缝的不对称扩展形态逐渐消失，极大地提高了储层改造效果；此外，提高压裂液的排量后，水力裂缝内部的净压力增加，促使了分支裂缝的产生和扩展，本节中的油页岩储层模型内分支裂缝产生的临界压裂液排量为 0.005m^3/s；根据图 5.39 可得，虽然储层内有分支裂缝产生，但是不能维持分支裂缝 a 的持续扩展，分析后认为存在两方面原因导致分支裂缝的扩展受限：一方面，固定排量作用下，模型上部的层理面局部张开以及天然裂缝 E 的张开导致水力裂

缝内部流体压力的降低和波动；另一方面，分支裂缝 a 在天然裂缝的诱导作用下，沿着近似垂直最大地应力的方向扩展，导致分支裂缝 a 的壁面产生了较大的闭合压力，也进一步限制了分支裂缝的扩展。

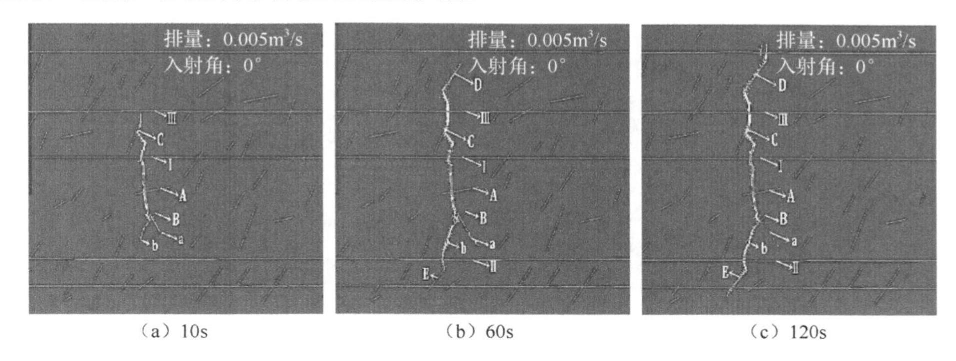

（a）10s　（b）60s　（c）120s

图 5.39　压裂液排量为 $0.005m^3/s$ 时，不同压裂时间点对应的水力裂缝形态

当压裂液排量增加至 $0.01m^3/s$ 后，弱化了水力裂缝由于油页岩基质以及原生弱面滤失作用的影响，水力裂缝整体形态基本保持稳定，在水力裂缝内部流体压力的驱动下，水力裂缝的宽度持续增加。图 5.40 表明，压裂液排量升高后，能够维持分支裂缝的持续扩展，分析认为，由于数值模拟过程中，压裂液是以恒定的排量持续注入模拟地层中，当模拟储层中的水力裂缝扩展后将引起水力裂缝内部体积的增加，单位时间内压裂液的注入体积小于水力裂缝整体扩大的体积时，将表现为水力裂缝内部流体压力的降低和分支裂缝的局部闭合，当压裂液注入体积超过水力裂缝整体扩大的体积时，将表现为维持分支裂缝水力裂缝的持续扩展，因此，当排量增加至 $0.01m^3/s$ 后，能够保持分支裂缝 E 和 F 的持续稳定扩展。

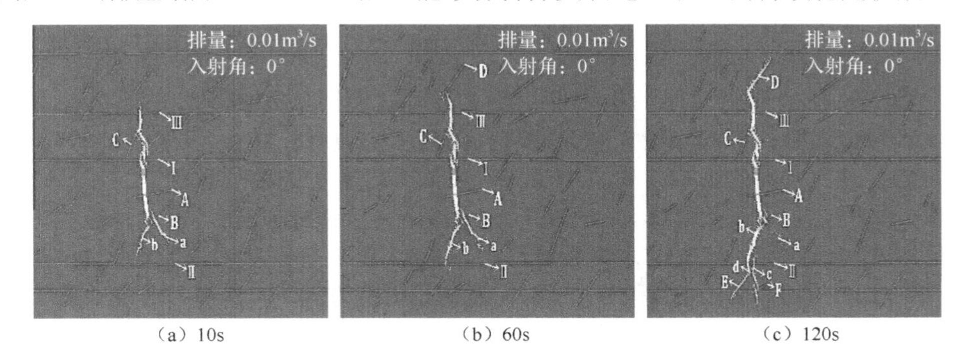

（a）10s　（b）60s　（c）120s

图 5.40　压裂液排量为 $0.01m^3/s$ 时，不同压裂时间点对应的水力裂缝形态

继续增大压裂液排量至 $1m^3/s$，极高的压裂液排量作用下水力裂缝的形态如图 5.41 所示，可在模型中部的射孔附近看到大量的分支裂缝，从图中可以看出射孔附近的地层被过度地压裂，然而，储层其他部分几乎没有扰动也没有水力裂缝形成。

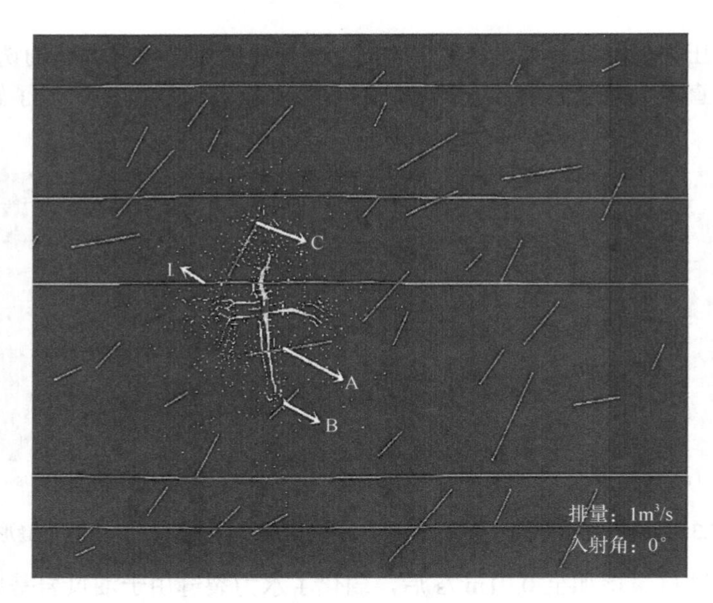

图 5.41　压裂液排量为 $1m^3/s$ 时，不同压裂时间点对应的水力裂缝形态

分析认为，当以极高的压裂液排量进行水力压裂时，井底压力以及射孔内的压裂流体压力瞬间增大，该流体压力将同时超过射孔壁面上多点油页岩基质的破裂压力，导致射孔壁面上的油页岩基质多点同时发生破裂，射孔周围形成了高密度的径向分支裂缝。由于产生的高密度分支裂缝之间的间距极小，分支裂缝扩展过程中将产生极高的缝间干扰行为，这将对储层内部的分支裂缝和水力裂缝的扩展产生极大的抑制作用，最终仅射孔附近的油页岩储层被过度扰动和改造，水力压裂过程中没有形成向储层内部扩展的主水力裂缝，这显然造成了极大的浪费，储层改造效果极低。

（2）初始射孔方向。

基于裂隙型双重介质油页岩储层应力-渗流-损伤场三场耦合的水力压裂模型，研究初始射孔方向与最大地应力的夹角对水力裂缝扩展行为的影响，以下简称为初始射孔方向的影响。模型中长线代表油页岩中分布的层理面，短线代表油页岩中随机分布的天然裂缝，*a*、*b* 和 *c* 分别对应初始射孔方向与最大地应力方向夹角为 0°、45° 和 90° 时的水力裂缝形态，1、2 和 3 分别对应压裂时间为 10s、60s 和 120s，例如，B1、B2 和 B3 分别代表初始射孔方向为 45° 时，水力压裂 10s、60s 和 120s 时对应的水力裂缝形态，如图 5.42 所示。

通过分析各初始射孔方向在低排量压裂液注入条件下的扩展行为可以发现，当初始射孔方向与最大地应力方向存在夹角时，水力裂缝起裂后将会沿着初始射孔方向进行扩展，随后在水力裂缝尖端的局部地应力作用下，水力裂缝会逐渐转向最大地应力方向，射孔方向与最大地应力方向的夹角越大，水力裂缝扩展过程中的弯曲程度越大。水力裂缝扩展过程中的转向行为会增加裂缝内部流体的流动阻力，在同样的压裂液排量作用下，初始射孔方向与最大地应力方向的夹角越大，形成水力裂缝的宽度越小。

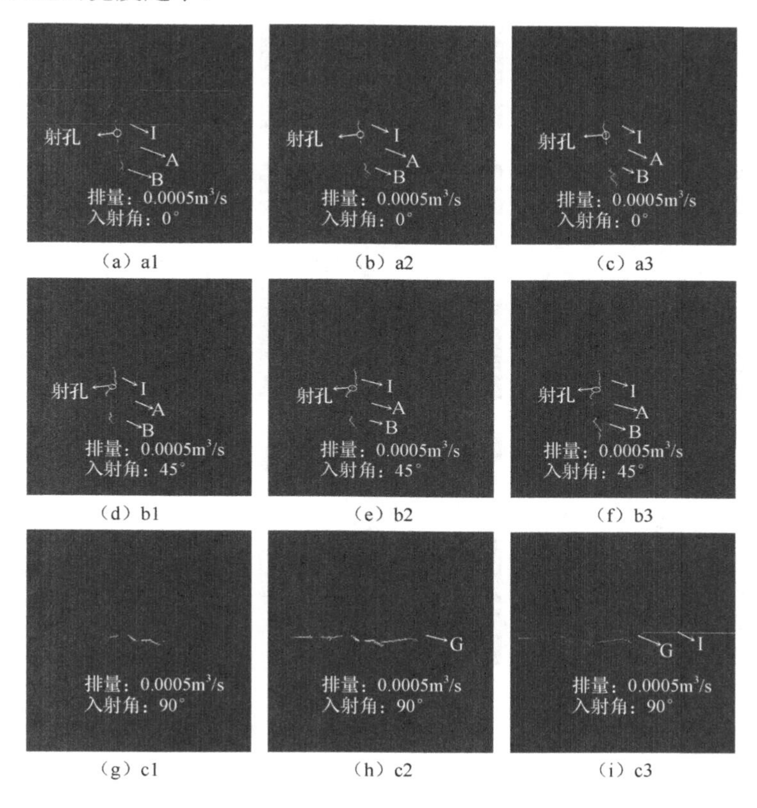

（a）a1　（b）a2　（c）a3
（d）b1　（e）b2　（f）b3
（g）c1　（h）c2　（i）c3

图 5.42　初始射孔方向为 0°、45°、90°条件下对应的水力裂缝形态
（压裂液排量为 $0.0005m^3/s$）

从图 5.43 中同压裂液排量作用下水力裂缝的扩展形态可以看出，在压裂液排量等其他因素相同时，初始射孔方向与最大地应力方向的夹角越大，水力裂缝的形态越单一。分析认为，由于层理面力学强度低，渗透性高，当水力裂缝激活层理面后，大量的压裂液滤失进入层理面，层理面张开并迅速扩展至模拟地层的边缘，缝内流体泄压，进而导致水力裂缝左侧的扩展受到限制，因此，射孔方向为 90°时，出现了非对称形态的水力裂缝，这对扰动储层是不利的，模拟底层内存在大面积未被扰动的区域。

初始射孔方向与最大地应力方向夹角越小，水力压裂后产生的水力裂缝和分支裂缝的形态越复杂。此外，若初始射孔方向与最大地应力方向夹角越大，需要加大压裂液的排量，进而促使该射孔条件下水力裂缝和分支裂缝的扩展（图 5.44）。

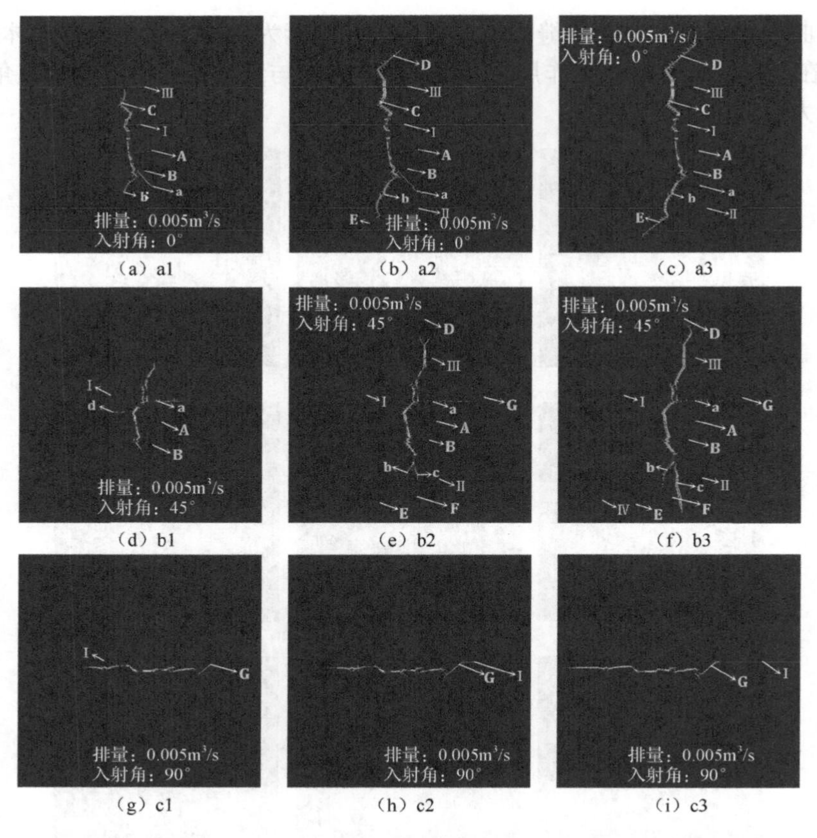

（a）a1　（b）a2　（c）a3

（d）b1　（e）b2　（f）b3

（g）c1　（h）c2　（i）c3

图 5.43　初始射孔方向为 0°、45°、90°条件下对应的水力裂缝形态（压裂液排量为 $0.005m^3/s$）

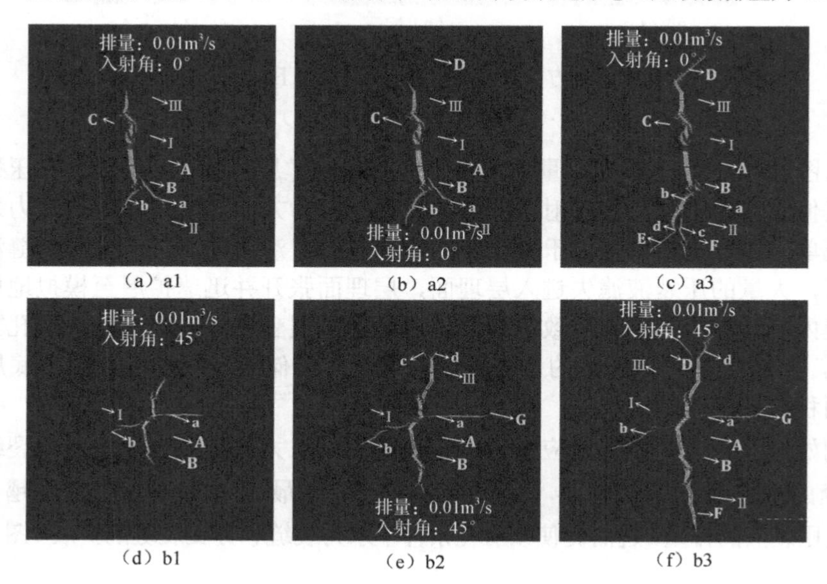

（a）a1　（b）a2　（c）a3

（d）b1　（e）b2　（f）b3

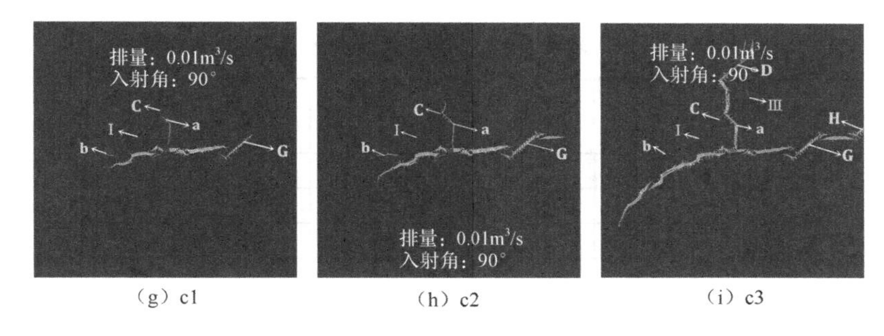

（g）c1　（h）c2　（i）c3

图 5.44　初始射孔方向为 0°、45°、90°条件下对应的水力裂缝形态
（压裂液排量为 $0.01m^3/s$）

4. 油页岩水平井水力压裂裂缝起裂与延伸机理研究

在进行油页岩水平井水力压裂时，水力裂缝的起裂和延伸受原地应力系统、压裂液排量和黏度、水平井筒方位角和倾角等因素的影响，因此根据这些影响因素设计 17 组试验来分析各个影响因素对水平井水力裂缝起裂和延伸的影响规律，如表 5.13 所示。

表 5.13　油页岩水平井水力压裂试验设计

编号	σ_V /MPa	σ_H /MPa	σ_h /MPa	水平应力差异系数	压裂液黏度/(mPa·s)	压裂液排量/(ml/min)	井筒倾角/(°)	井筒方位角/(°)
1	10	8	8	0	5	10	90	90
2	10	8	5	0.6	5	10	90	90
3	10	8	4	1	5	10	90	90
4	8	10	4	1.5	5	10	90	90
5	4	10	8	0.25	5	10	90	90
6	10	8	5	0.6	10	10	90	90
7	10	8	5	0.6	20	10	90	90
8	10	8	5	0.6	30	10	90	90
9	8	10	5	1	5	5	90	90
10	8	10	5	1	5	20	90	90
11	8	10	5	1	5	40	90	90
12	6	4	2.5	0.6	5	10	90	90
13	4	3	1.9	0.58	5	10	90	90
14	5	10	8	0.25	5	10	60	90
15	5	10	8	0.25	5	10	30	90
16	5	10	8	0.25	5	10	0	90
17	10	8	5	0.6	5	10	90	0

制作三组水泥砂浆试验样品作为对照试验，分别与表 5.13 中试验 3、4、5 进行对比试验，对照组试验参数如表 5.14 所示。

表 5.14　对照组试验参数

编号	σ_V /MPa	σ_H /MPa	σ_h /MPa	水平应力差异系数	压裂液黏度/(mPa · s)	排量/(ml/min)	井筒倾角/(°)	井筒方位角/(°)
对照 3	10	8	4	1	5	10	90	90
对照 4	8	10	4	1.5	5	10	90	90
对照 5	4	10	8	0.25	5	10	90	90

1）原位地应力对水力裂缝扩展的影响

（1）水平应力差异系数。

第一组试验共进行了三次，试验编号分别为 1、2、3，三次试验中采用相同压裂液黏度和排量、井筒倾角及方位角，通过改变主应力数值实现不同水平应力差异系数的变化，分别为 0、0.6、1。

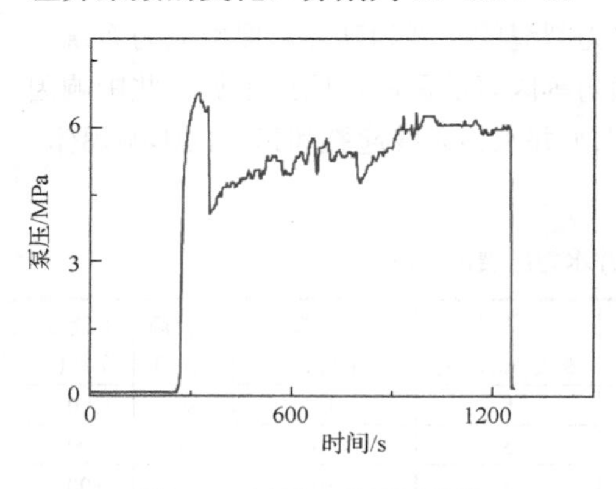

图 5.45　试验 2 的泵压曲线

从试验 2 泵压曲线（图 5.45）可以看出，恒速恒压泵开始泵注压裂液后，孔内压力迅速上升，最大达 6.80MPa，此时，油页岩在孔内液体压力的作用下产生初始裂缝，此压力为此工况下的起裂压力，然后泵压迅速下降，试样内形成主水力裂缝，并贯穿试样。形成贯穿裂缝后，压力大致保持不变，但是继续向孔内泵注压裂液，孔内压力会出现压力波动，分析认为是在水压力作用下，油页岩内的薄弱面或者天然裂缝被打开，形成次生裂缝。

表 5.15 中给出了三次试验的起裂压力，从表中可以看出，在此工况下，水平应力差异系数的增加，起裂压力有下降趋势，分析认为是由于井筒形成后，裂缝附件的应力状态重新分布，而且存在应力集中效应，水平应力系数增加，使井筒附近的应力集中现象更加严重，井筒本身稳定性变差，在井内流体压力作用下更容易失稳破裂。

表 5.15　不同水平应力差异系数试验起裂压力

编号	水平应力差异系数	起裂压力/MPa
1	0	7.91
2	0.6	6.80
3	1	5.34

通过以上分析可以看出，在进行油页岩水平井水力压裂时，水平应力差异系数越小，越容易形成网络状裂缝，水平应力差异系数越大，越趋于形成单一双翼裂缝。而且水力裂缝在延伸过程中如果遇到力学强度大的地层，裂缝会沿着地层交界面发生转向延伸（图 5.46 和图 5.47）。

（a）试样打开后俯视图　　（b）试样打开前俯视图

图 5.46　试验 2 的裂缝形态

（a）试样打开后俯视图　　（b）试样打开前俯视图

图 5.47　试验 3 的裂缝形态

（2）断层类型。

第二组试验编号为 3、4、5，这三次试验采用相同压裂液黏度和排量、井筒倾角及方位角，通过改变地应力条件，建立正断层、滑移断层、逆断层三种地应力构造条件。

从图 5.48 中可以看出，试验 3 和试验 5 的泵压曲线变换趋势基本一致，在孔内憋压，达到孔壁的起裂压力（表 5.16）。但是试验 5 中泵压曲线在后期出现一个明显的上升或下降现象，说明在试样中有新的裂缝产生。

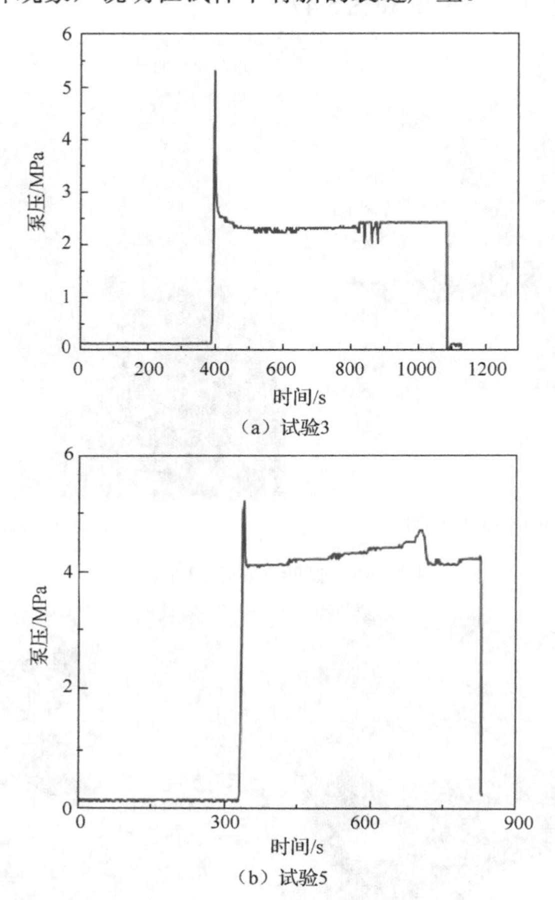

（a）试验3

（b）试验5

图 5.48　试验 3 和试验 5 的泵压曲线

表 5.16　不同断层类型试验起裂压力

编号	断层类型	起裂压力/MPa
3	正断层	5.34
4	滑移断层	5.91
5	逆断层	5.18

在三次试验中的起裂压力滑移断层最大，而逆断层最小，但是在裂缝形态上却相差很大，从裂缝起裂位置和形态也可以看出，试验 3 和试验 4 裂缝垂直油页岩层理起裂，而试验 5 是平行层理起裂（图 5.49 和图 5.50），由于垂直油页岩层理方向抗拉强度要小于平行油页岩层理方向的抗拉强度，因此，试验 5 的起裂压力相对小一些。

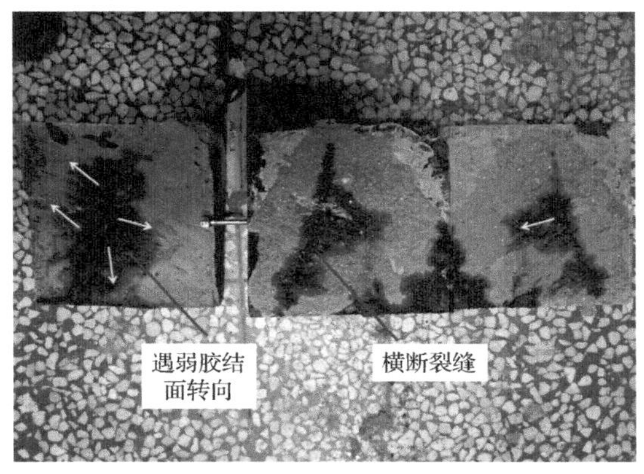

图 5.49　试验 4 的裂缝形态

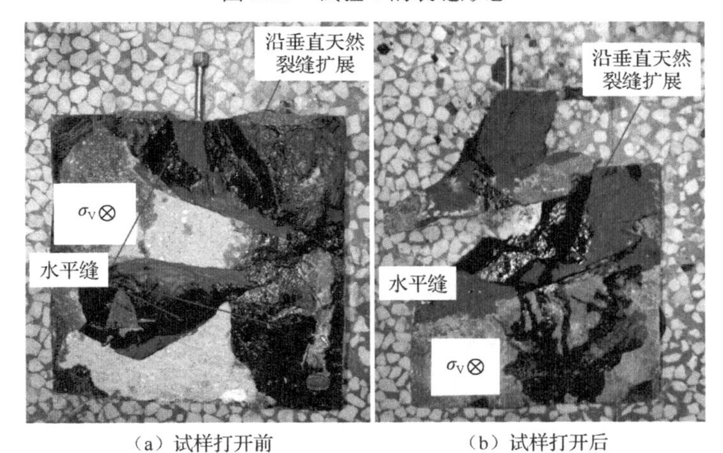

（a）试样打开前　（b）试样打开后

图 5.50　试验 5 的裂缝形态

通过以上分析可以看出，当油页岩地层为正断层或者滑移断层，且井筒方位沿最小主应力方向进行水力压裂施工时，起裂压力相对较高，易形成垂直井筒轴线的横断裂缝，而油页岩地层为逆断层时，起裂压力相对较低，而且易沿油页岩层理形成水平裂缝。

（3）埋深。

第五组试验编号分别为 2、12、13，这三次试验具有相同水平应力差异系数、压裂液黏度和排量、井筒倾角及方位角，改变地应力数值分别为(10,8,5)、(6,4,2.5)、(4,3,1.9)，分别模拟不同埋深的油页岩层。

从不同埋深的起裂压力（表 5.17）可以看出，随着埋深减小，井筒周围受到的地应力减小，裂缝起裂压力下降。从泵压曲线（图 5.51）可以看出，试验 12 中裂缝起裂后，泵压保持稳定，而试验 13 中泵压波动较大，而且有上升的趋势，说明裂缝数量的增加导致复杂裂缝的形成。

表 5.17　不同埋深试验起裂压力

编号	模拟埋深/m	起裂压力/MPa
2	600	6.80
12	350	4.51
13	200	2.83

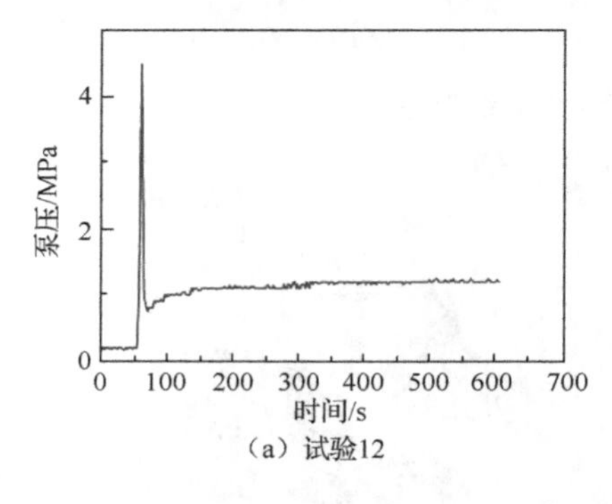

（a）试验12

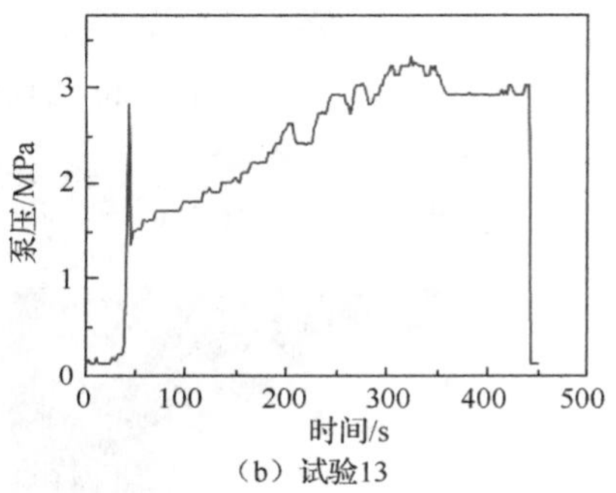

（b）试验13

图 5.51　试验 12 和试验 13 的泵压曲线

从图 5.52 中可以看出，试验 12 中，裂缝从井筒裸眼段上部起裂后形成横断裂缝，并延伸至边界，并没有产生其他裂缝。而试验 13 中裂缝沿井筒轴向起裂形成纵向裂缝，并向平行层理方向延伸，延伸过程中遇到天然裂缝时，延伸方向发生偏转，同时向垂直层理方向延伸遇到层理弱胶结面后，裂缝偏转，形成层理裂缝。试验 13 中所加载的应力相对较小，说明水力裂缝起裂和延伸在埋深较浅时受油页岩本身强度分布、天然裂缝系统或者弱结构面影响更大。

2）泵注参数对水力裂缝扩展的影响

（1）压裂液黏度。

第三组试验编号分别为 2、6、7、8，这四次试验采用相同水平应力差异系数、地应力分布、压裂液排量、井筒倾角及方位角，改变压裂液黏度分别为 5mPa · s、10mPa · s、20mPa · s、30mPa · s，如表 5.18 所示。

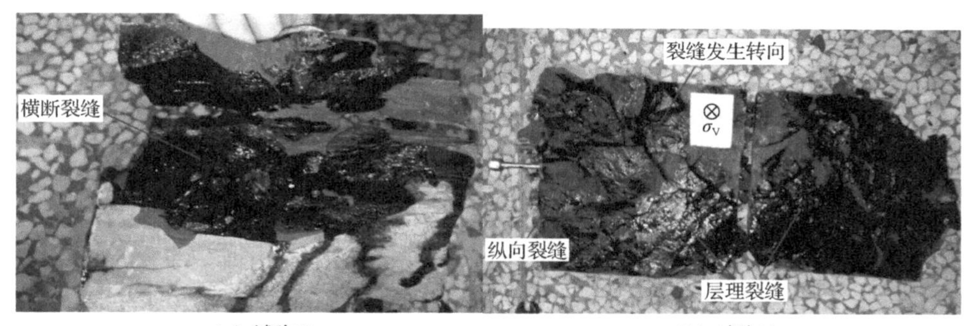

（a）试验12　　（b）试验13

图 5.52 试验 12 和试验 13 的裂缝形态

注：$\otimes$ 表示垂直方向

表 5.18 不同压裂液黏度试验起裂压力

编号	压裂液黏度/(mPa · s)	起裂压力/MPa
2	5	6.8
6	10	7.1
7	20	10.9
8	30	7.6

在这四次试验中，试验 2、6、8 泵压曲线趋势类似，随着压裂液黏度的增大，泵压会有明显的上升趋势，说明压裂液在裂缝中的沿程阻力随着其黏度的增大而增大，而且会增加压裂液在裂缝转向处的局部阻力，双重作用导致裂缝延伸压力增大。此外，试验 7 中压力达到起裂压力后，压力不断上升，甚至超过起裂压力，分析其原因为在试样中裂缝网络发育，平行和垂直层理裂缝相互交错，形成近似垂直的裂缝转向，增大压裂液在裂缝中的局部流动阻力，多个转向处的局部阻力叠加，导致裂缝延伸压力大大增加（图 5.53）。

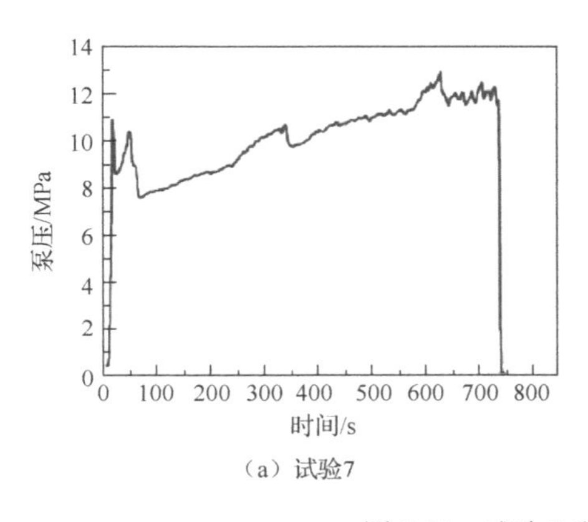

（a）试验7

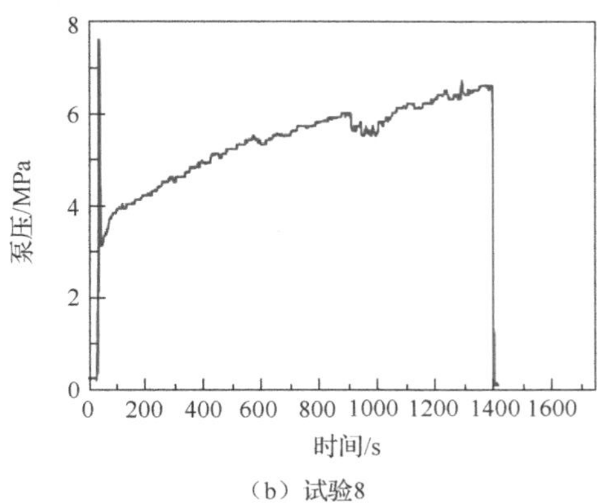

（b）试验8

图 5.53 试验 7 和试验 8 的泵压曲线

压裂液黏度直接影响压裂液在井筒和裂缝内部的压力降，试验 7 中裂缝以层理裂缝为主，一条纵向裂缝贯穿层理裂缝，分析认为，裂缝从井筒处层理起裂，在延伸过程中遇到纵向弱结构面，裂缝并没有穿过该弱结构面，而是发生转向，泵压下降，向垂直层理方向继续延伸，泵压上升，在延伸过程中遇到层理弱结构面又发生转向，产生新的层理裂缝，裂缝经过多次转向，导致压裂液沿程阻力增加，后期泵压增大。

从试验 7 的裂缝形态来看，层理裂缝多出现在灰黑色层理部位，而灰白色层理较少，这是由于灰白色层理抗拉强度和弹性模量相对较大，沉积较均匀，而灰黑色层理沉积层数量多而复杂多变，更容易形成弱结构面，裂缝容易沿水平弱结构面延伸或转向（图 5.54）。

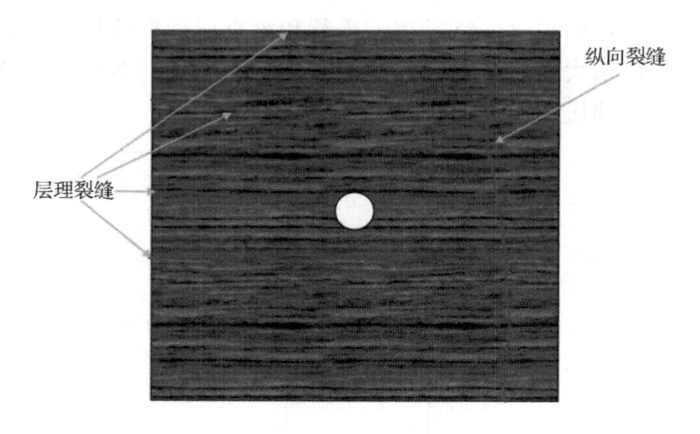

图 5.54　试验 7 的裂缝形态

由以上分析可知，压裂液黏度增加会导致起裂压力的增加，但是影响较小，而油页岩沉积特性会影响层理胶结强度，容易产生层理裂缝，层理裂缝与纵向裂缝相互交叉使水力裂缝形成网络状结构，增大裂缝延伸压力（图 5.54）。

（2）压裂液排量。

第四组试验编号分别为 2、9、10、11，这三次试验采用相同水平应力差异系数、地应力分布、压裂液黏度、井筒倾角及方位角，改变压裂液排量分别为 5ml/min、10ml/min、20ml/min、40ml/min。

从四次试验得到的泵压曲线来看（图 5.55），排量在 5ml/min 时，起裂压力较低，而且没有明显的峰值，稍微下降后又立刻上升，而随着排量的增大起裂压力迅速增大，特别是在 40ml/min 时，起裂压力是 20ml/min 时的 2.5 倍，泵压曲线中起裂压力有明显的峰值，裂缝延伸过程中泵压变化较大，有多处明显的波峰波谷，说明有大量新裂缝萌生（表 5.19）。

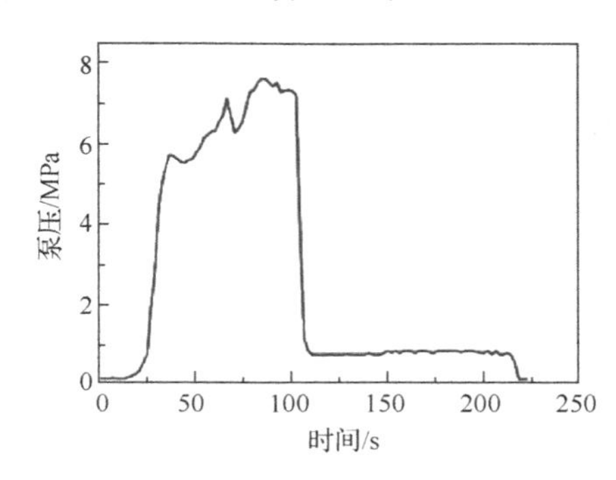

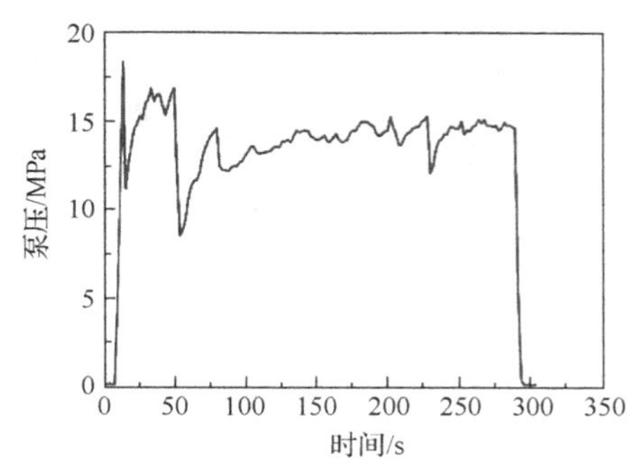

图 5.55　试验 9 和试验 11 的泵压曲线

表 5.19　不同压裂液排量试验起裂压力

编号	排量/(ml/min)	起裂压力/MPa
2	5	5.70
9	10	6.80
10	20	8.45
11	40	21.16

由以上分析可以看出，随着压裂液排量的增大，起裂压力会迅速增大，特别是超过 20ml/min 后，起裂压力呈指数增大。而且排量的增大会使裂缝形态变复杂，三种裂缝形态相互交叉，容易形成立体网络裂缝，同时延伸压力也会出现大幅波动（图 5.56）。

3）井筒参数对水力裂缝扩展的影响

（1）井筒倾角。

第六组试验编号分别为 14、15、16，三次试验具有相同水平应力差异系数、地应力分布、压裂液黏度和排量、井筒方位角，改变井筒倾角（假设油页岩地层倾角为 0°）分别为 60°、30°、0°。试验 14 和试验 15 的泵压曲线如图 5.57 所示。

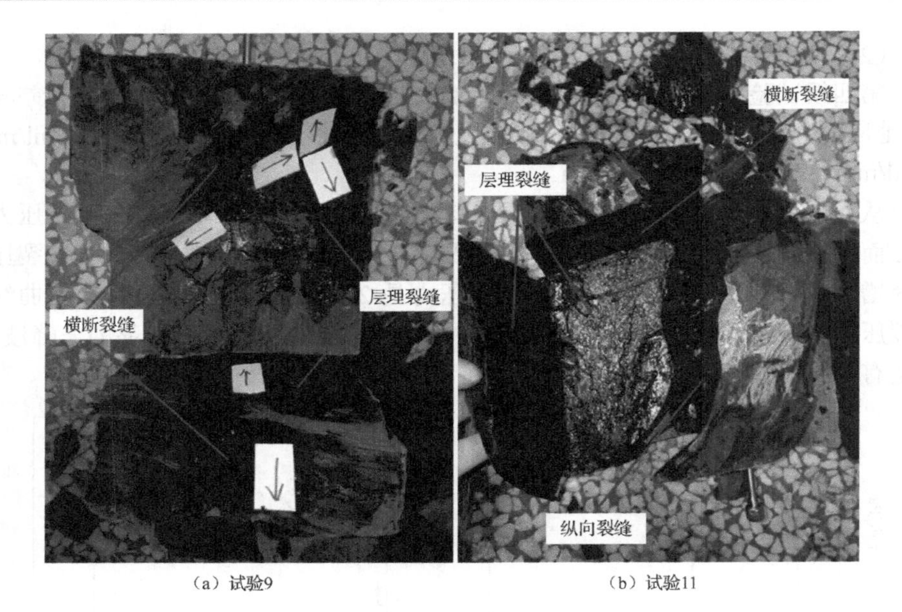

（a）试验9　（b）试验11

图 5.56　试验 9 和试验 11 的裂缝形态

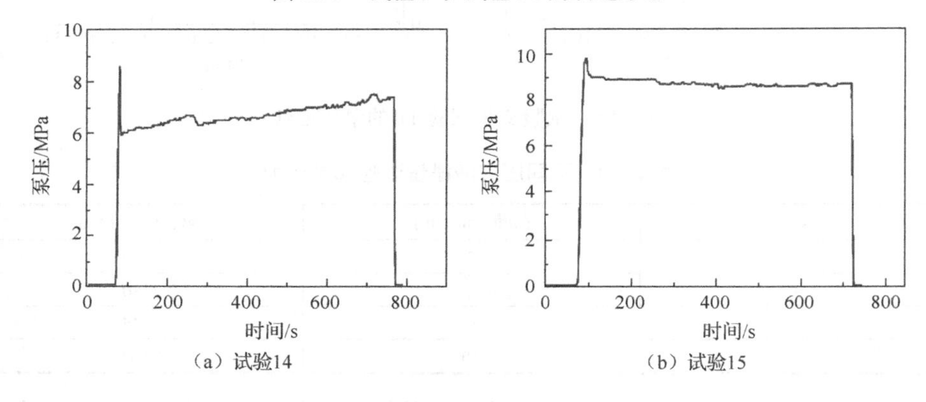

（a）试验14　（b）试验15

图 5.57　试验 14 和试验 15 的泵压曲线

从表 5.20 可以看出，对于断层构造为逆断层的地区，随着井筒倾角的增大，起裂压力会逐渐下降，井筒倾角从 0° 增加到 60° 时，起裂压力由 12.02MPa 下降到 8.56MPa，下降了 28.8%，由此可以说明在逆断层地区，水平井水力压裂施工压力要小于该地区垂直井水力压裂施工压力。

表 5.20　不同井筒倾角试验起裂压力

编号	井筒倾角/(°)	起裂压力/MPa
14	60	8.56
15	30	9.83
16	0	12.02

分析认为，当在逆断层油页岩层位进行水力压裂时，随着井筒倾角的不断增大，起裂压力会减小，而且井筒倾角越小，越倾向于形成层理裂缝，井筒倾角越大(井筒越趋近水平)，更倾向于形成多种裂缝形态相互交叉的裂缝网络(图 5.58)。

（2）井筒方位角。

第七组试验编号分别为 2、17，两次试验具有相同水平应力差异系数、地应力分布、压裂液黏度和排量、井筒倾角，改变井筒方位角分别为 90°、0°（图 5.59 和表 5.21）。

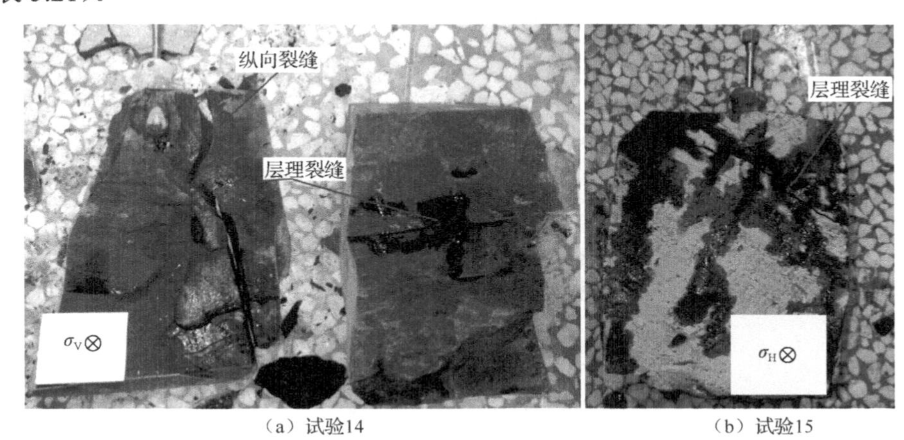

（a）试验14　　（b）试验15

图 5.58　试验 14 和试验 15 的裂缝形态

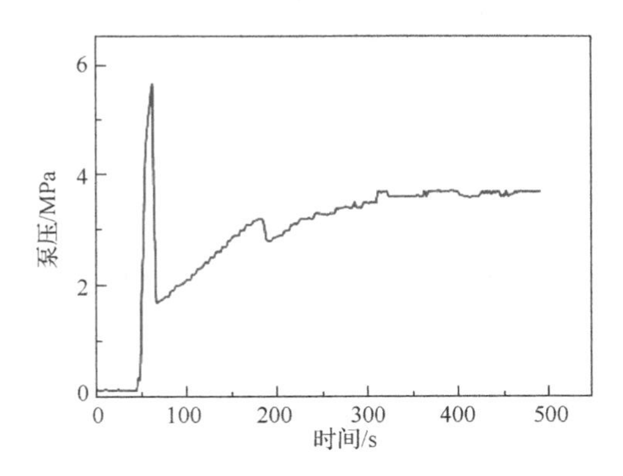

图 5.59　试验 17 的泵压曲线

表 5.21　不同方位角试验起裂压力

编号	井筒方位角/(°)	起裂压力/MPa
2	90	6.92
17	0	5.67

从图 5.60 中可以看出，裂缝沿着井筒纵向并垂直最小主应力方向起裂，形成纵向裂缝，裂缝延伸至水泥砂浆交界面时发生转向，并延伸至油页岩本体层理弱结构面，弱结构面张性起裂后形成层理裂缝。

4）各向同性试样对照试验

第七组试验编号分别为 C-3、C-4、C-5 的三组试验为对照组试验，试验参数分别与第二组中试验 3、4、5 相同，不同的是，此三组试验采用水泥砂浆作为压裂试样，模拟各向同性地层水平井水力压裂，与油页岩水平井水力压裂进行对比分析（表 5.22）。

图 5.60　试验 17 的裂缝形态

表 5.22　对照组试验起裂压力

编号		起裂压力/MPa	
水泥砂浆	油页岩	水泥砂浆	油页岩
C-3	3	10.21	5.34
C-4	4	10.85	5.91
C-5	5	8.27	5.18

图 5.61 为试验 C-3 和试验 C-5 的泵压曲线，从曲线中可以看出，水泥砂浆试样泵压曲线具有相同的趋势，压力达到试样破裂压力后，泵压迅速下降并保持稳定不变，没有出现泵压缓慢上升和压力波动的现象。对比两者起裂压力，水泥砂浆试样起裂压力要大于油页岩起裂压力，是油页岩起裂压力的 1.5～2 倍，这是由于油页岩本身抗拉强度、剪切强度等力学参数要小于水泥砂浆试样，而且水泥砂浆试样为均质各向同性体，内部没有天然裂缝或者弱结构面等缺陷。另外，井筒沿最小主应力方向，在不同断层类型条件下，滑移断层起裂压力最大， 逆断层起裂

压力最小，正断层居中。

从试验 C-3 和试验 C-5 的裂缝形态（图 5.62）来看，水泥砂浆试样中裂缝为单一平面裂缝，而且裂缝基本沿垂直最小主应力方向延伸，例如试验 C-3 中，井筒方向 σ_h 为最小主应力方向，所以裂缝就垂直井筒方向起裂并延伸至边界，而试验 C-5 中，σ_v 为最小主应力方向，裂缝就垂直 σ_v 沿井筒轴向起裂并延伸至边界。

上述论据可用于判断各向同性地层中水力裂缝的起裂方向，但是本试验中，岩石本身为横向各向异性且内部存在各种缺陷，裂缝会不断发生转向、穿过等现象，裂缝复杂程度大大增加，更容易形成网络裂缝。

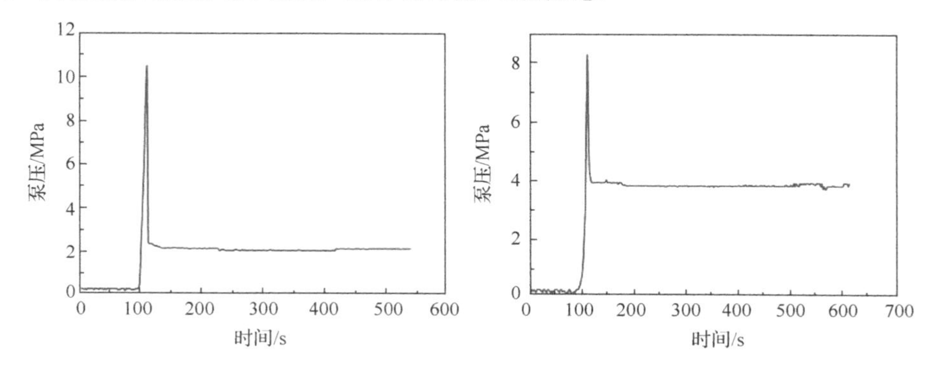

图 5.61　试验 C-3 和试验 C-5 的泵压曲线

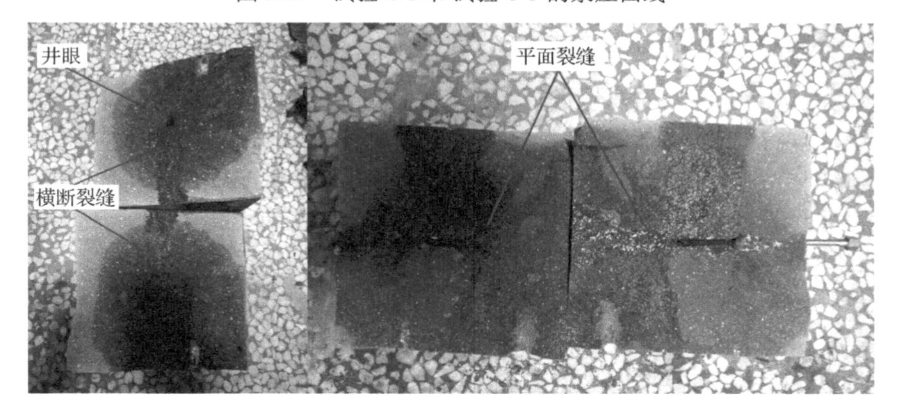

图 5.62　试验 C-3 和试验 C-5 的裂缝形态

5）水力裂缝与声发射信号

在进行试验过程中，裂缝在起裂和延伸过程中，岩石断裂释放出的能量以弹性波的形式传播，声发射信号分析仪监测到这些纵横波来分析声发射的强度和位置信息。但是产生声发射信号的介质不同、裂缝扩展不同，得到的信息也就不同。本节选取试验 2 和试验 C-3 中声发射定位为例，对声发射信息与裂缝关系进行分析（图 5.63）。

从图 5.63 中可以看出，试验 2 中声发射点多而且呈立体分布，在井筒起裂点附近聚集向三个方向分散分布，试验 2 中出现了横断裂缝、纵向裂缝相互交叉的三维立体裂缝，与声发射点的分布位置相对应，也说明如果地层中形成的是裂缝网络，声发射信号会呈密集的立体分布。而试验 C-3 中声发射信号数量较少，而且在 y-z 平面上投影为倾斜分布，试样真实裂缝形态为垂直井筒并少许倾斜的横断裂缝，与声发射点对应。

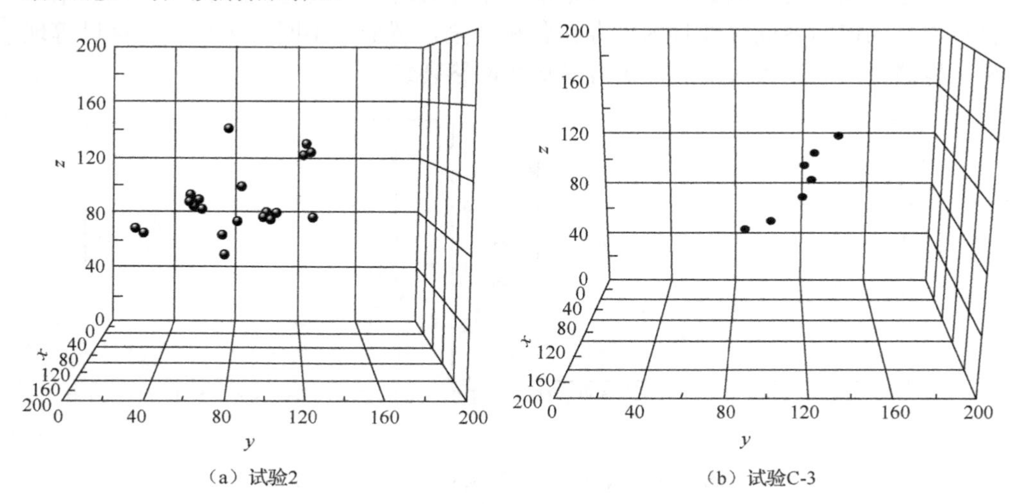

（a）试验2　　（b）试验C-3

图 5.63　试验 2 和试验 C-3 声发射信号定位图

对两次试验中声发射能量进行统计，如图 5.64 所示，从两者声发射能量统计图可以看出，试验 2 中的声发射能量强度要小于试验 C-3 中的声发射能量强度，但是其时间分布广，而试验 C-3 中声发射能量要明显高于试验 2，而且主要在裂缝起裂时断裂能集中释放。试验 C-3 后期的能量集中点时间，试验已经结束，为人为造成的声发射能量集中，不在本节讨论范围之内。

通过以上分析可知，在油页岩地层进行水力压裂时，裂缝越复杂，声发射定位点越呈立体分布，且声发射能量低但持续性强，而在各向同性地层中，裂缝单一，声发射信号分布具有明显的方向性。

5. 现场应用情况

在扶余市永平乡的油页岩现场示范工程中，进行了双井交替压裂的现场试验。井场共布置 4 口井，分别为 FK1、FK2、FK3-1、M1，井场布置如图 5.65 所示。FK1 井深 490.5m，FK2 井深 495.2m，FK3-1 井深 500.8m。FK1 与 FK2 射孔深度 477～486m，四象螺旋布孔，每米 16 孔。FK3-1 未射孔。压裂分为 8 段进行，第 1～2 次压裂以 FK2 为压裂井，第 3～8 次压裂以 FK1 为压裂井。

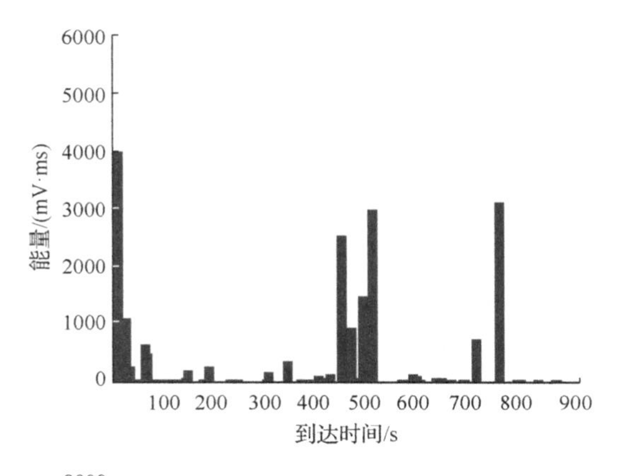

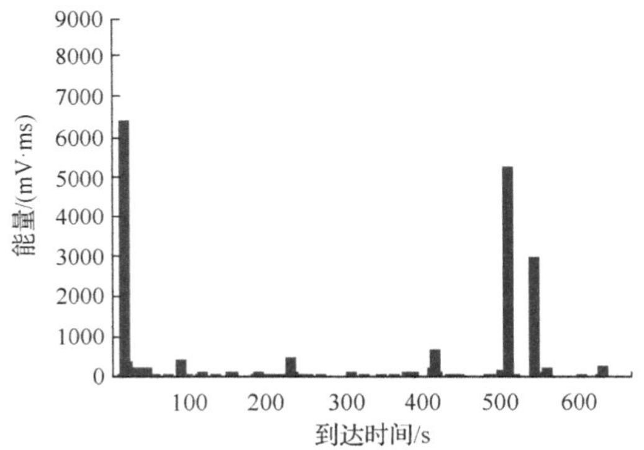

图 5.64　试验 2 和试验 C-3 声发射能量图

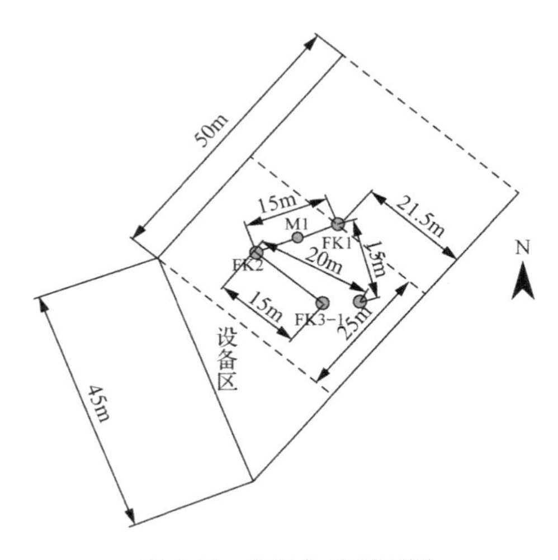

图 5.65　井场位置平面图

在 8 次压裂过程中，获得了如表 5.23 所示的裂缝缝长与缝宽数据（以 FK1 为压裂井）。8 次压裂过程中，采用了不同的压裂液排量。结果表明，随着排量的增加，稳定泵压（起裂压力）随之增加，此现象与室内试验、数值模拟研究结果一致。同时，停泵后的回落泵压均稳定在 6.5MPa 左右。现场试验所得的微地震监测结果表明：以 FK1 为中心，西侧裂缝发育较好，长度达到 40m，东侧的裂缝发育较差，长度达到 20m。在压裂初期，井深为 479m 与 484m 的位置出现两条主要裂缝，后期随着压裂的进行，两条裂缝之间也检测到了很多微地震事件，最终两条裂缝充分连通，形成复杂的裂缝网络，达到了体积压裂的效果。

表 5.23　水力压裂裂缝形成效果

东翼（以 FK1 为压裂井）			西翼（以 FK1 为压裂井）		
方位	缝长	缝宽	方位	缝长	缝宽
北偏东 85°	22m	20m	北偏西 100°	40m	25m

5.3.2　酸化压裂技术在油页岩原位开发中的应用

在油页岩原位开发中，首先需在地面向油页岩层位钻井，然后通过一定方式在原始层位将油页岩加热至干馏温度，待有机质成分裂解产生油气资源后，在另一生产井内将油气资源产物抽取至地面，从而完成油页岩的地下原位干馏。油页岩在加热过程中干酪根受热裂解，裂解产生的油气需要从油页岩空隙裂缝等通道流出，而油页岩的低渗透性以及导热系数的限制，油气不能顺利导出。所以在油页岩原位开采技术中，需要使用压裂技术对油页岩储层进行造缝处理，增加油页岩的渗透率，从而增加油气流通通道，提高油气资源产量。

油页岩中富含多种矿物和有机质，其矿物组分多为黏土矿物及碳酸盐矿物，与传统水力压裂相比，酸化压裂技术中的酸液会与油页岩中的矿物发生酸蚀反应，使其矿物成分大幅度降低，油页岩固体骨架产生化学-应力耦合效应，最终导致油页岩的力学性能发生劣化，降低油页岩抗压强度与抗拉强度，降低油页岩起裂压力，更利于产生大面积裂隙，为油气资源提供运移的通道[51]。

吉林大学油页岩团队使用以盐酸为酸基的酸化压裂液，对汪清矿区油页岩进行酸化处理，研究经酸化后油页岩的宏观力学特性劣化特征，并结合其微观孔隙结构特征，对酸化后油页岩的微观结构进行表征，探究酸化压裂液作用下油页岩的化学损伤特性，从而为油页岩原位压裂技术提供技术借鉴，提高开采效率[52]。

油页岩酸化试验是将预先切好的油页岩岩块进行酸化处理，考虑到油页岩岩层横向层理与纵向层理力学性质差异明显，所以特设平行层理与垂直层理的对照试验，并进行一系列的酸化试验。

通过对比油页岩酸化前后的 X 射线衍射（X-ray diffraction，XRD）谱图（图 5.66），表明酸化后油页岩中的碳酸类矿物的特征峰消失，说明酸化压裂液主要是与油页岩中的碳酸岩类矿物发生了化学反应。

酸化试验后，利用电子万能试验机对酸化不同时间的油页岩进行力学性质的测试。根据油页岩的单轴抗压试验和劈裂试验得出的试验结果，通过计算得出相应的单轴抗压强度和抗拉强度并绘制其与酸化时间关系图，曲线如图 5.67 和图 5.68 所示。

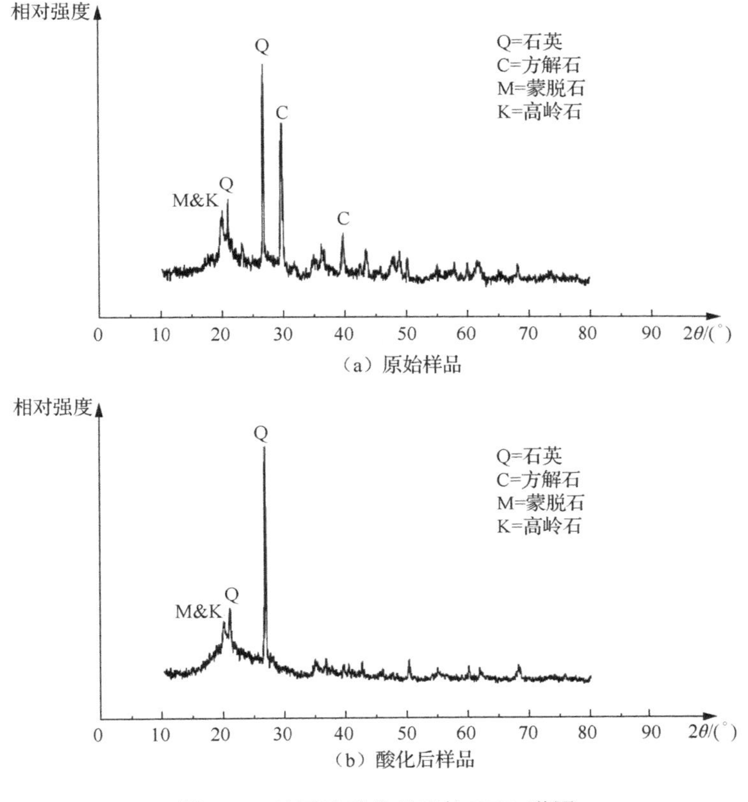

图 5.66 油页岩酸化前后的 XRD 谱图

酸化后油页岩的抗压强度明显降低。就不同油页岩层理而言，在样品未经酸化的情况下，垂直层理方向上油页岩最大抗压强度达 41.61MPa，远大于平行层理方向上油页岩的抗压强度 30.26MPa。就油页岩的破坏形式而言，对垂直层理方向油页岩样品破坏时产生的裂缝没有明显的方向性，出现了与层理方向平行的裂缝，与加载方向成 90°，说明在该方向施加载荷油页岩受到的是剪切力破坏。对加载平行层理油页岩来说，纵向裂缝具有明显的方向性，油页岩发生破裂是沿层理贯穿整个岩心。从酸化效果上看，垂直层理和平行层理随着酸化时间的增加，其抗压强度均会有所减小，总体均呈下降的趋势，垂直层理抗压强度由 41.61MPa 下降至 27.04MPa，酸化的前 3 天，油页岩的抗压强度降低速度较快，3 天之后虽有所减小，但是趋于平稳；而平行层理方向抗压强度由 30.26MPa 下降至 12.61MPa。酸化 4 天开始趋于平稳，随着酸化时间的增加，下降速率也有所减缓。

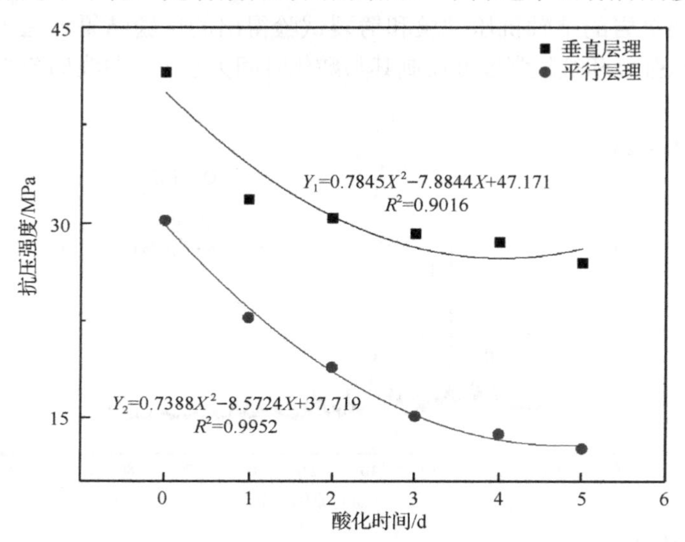

图 5.67　单轴抗压强度与酸化时间的关系

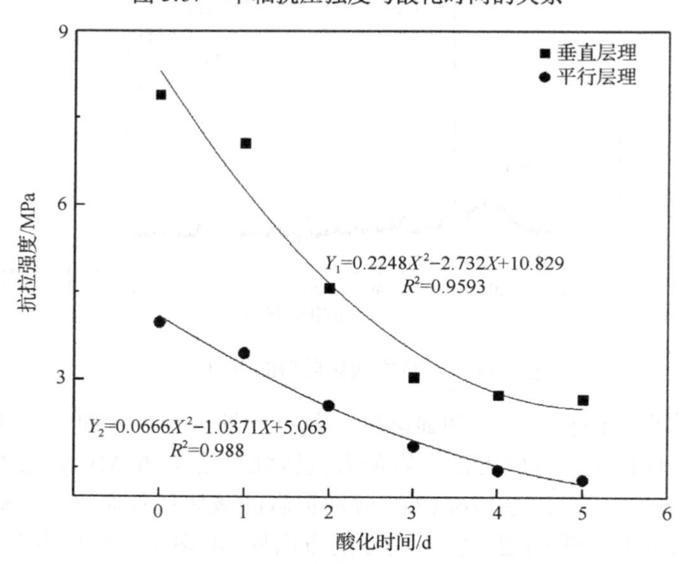

图 5.68　抗拉强度与酸化时间的关系

未酸化的油页岩垂直层理方向上的抗拉强度大于平行层理方向的抗拉强度，分别为 7.90MPa 和 3.98MPa。将垂直层理抗拉强度与平行层理抗拉强度的比值称为各向异性度，那么经酸化压裂液酸化的油页岩各向异性度为 0.504，说明油页岩的各向异性度较高。酸化后的油页岩，垂直层理与平行层理油页岩随酸化时间的增加抗拉强度均呈减小的趋势，最后分别下降到 2.09MPa 和 1.11MPa。对垂直层理来说，下降幅度高达 5.81MPa，而平行层理仅为 2.87MPa，说明酸化压裂液对垂直层理方向油页岩抗拉强度影响更大，就抗拉强度下降趋势而言，两种层理方向上的抗拉强度在 4 天之后下降趋势均变缓，说明在 4 天后，酸化压裂液作用下的油页岩已经接近极限值，之后的酸化对油页岩的抗拉强度影响并不大。

利用核磁共振技术对酸化不同时间的油页岩试块进行了测量，试验研究表明：经历不同天数酸化的油页岩的谱峰面积和孔隙度随酸化时间的增加而变大，孔隙度由原来的 0.355%增加到了 4.436%，谱峰面积则由原来的 41.06 增加到了 750.62，但变大趋势逐渐变缓。

通过核磁共振采样得到的弛豫时间和分量两组数据，通过对样品反演数据处理，选择孔隙模型为球形，反演选取 18000 个点，选点的方式是前面多后面相对少的方式，表面弛豫率数据取 10，得出相应的孔径分布数据。对孔径分布数据进行整合，整合范围分别取 0～0.25μm、0.25～1m、1～40μm、40～100μm、大于 100μm，为了方便研究，以上孔径分为四个孔径等级，分别为微孔（0～0.25μm）、过渡孔（0.25～1μm）、中孔（1～40μm）、大孔（>4μm），根据所得数据绘制成图，如图 5.69 所示。

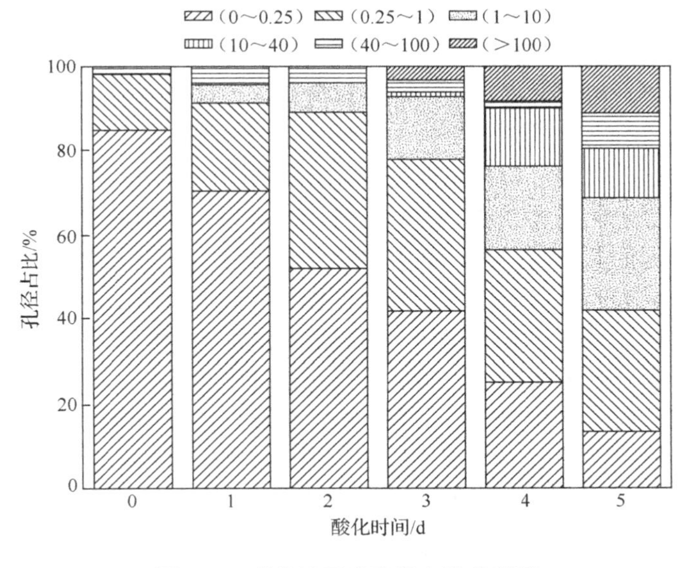

图 5.69　酸化油页岩孔径占比关系图

随着酸化时间的增加，微孔孔径占比不断减小，而大孔径所占比例不断增加。就酸化油页岩各个孔隙演化特征进行具体分析。

（1）微孔演化特征。

随着酸化时间的增加，油页岩试样孔隙中，微孔所占比例呈明显的下降趋势，下降的原因可能来自两个方面，一方面是在酸化压裂液的酸蚀作用下与无机矿物反应，使得微孔扩展转化为过渡孔，进而使得微孔所占比例减小，另一方面是随酸化时间的增加，新生孔隙不断增大并且迅速扩展为较大孔隙，微小孔隙虽然总量多，但是所占总孔隙体积的比例，会随着新生孔隙的增加而减少。

（2）过渡孔演化特征。

过渡孔的孔径占比由原始样品的 13.22%增加到最大值 35.81%，随之又减小到 20.85%，出现这种现象是因为随着油页岩酸化时间的增加，油页岩被酸蚀，会有大量微小孔隙的产生和扩展，使得 0.25～1μm 的孔径所占比例变大，随之比例减小是因为原有孔隙和新生孔隙随着酸化时间的增加，孔隙间相互连通、串联、扩展，使得该孔径所占比例减小，转化为孔径大的孔隙。

（3）中孔演化特征。

未酸化的油页岩中，中孔所占比例非常小，随着酸化时间的增加，中孔孔径所占比例由原来的 4.43%发展为 33.33%。从酸化时间上来看中孔的大量增加是在酸化第三天开始的，此时中孔孔径所占比例迅速增加，之后发育变缓。中孔的产生是由于酸化压裂液中的盐酸将无机碳酸盐矿物分解所留下的酸蚀孔洞。

（4）大孔演化特征。

油页岩原始孔径中，大孔占比为 2.15%，而大孔所占比例的增加是在酸化后的第三天开始出现的，并且不断增加，说明酸化压裂对于促进油页岩孔隙的产生和扩展效果显著。根据数据显示，油页岩酸化后大孔径占比由原来的 2.15%增加到了 21.65%。

以上试验结果表明，如果在油页岩的原位转化过程中，使用酸化压裂技术对油页岩储层进行酸化压裂改造，会产生更好的效果。在形成大量的宏观裂隙后，压裂液可以深入油页岩的内部，其中的酸性成分进一步进入裂隙内部溶蚀碳酸类矿物，改变油页岩的结构，压裂后的油页岩层内部变得疏松多孔。油页岩孔隙率提高后也使渗透性得到改善，有利于提高后期的注热裂解效率和油气采收率。孔隙连通性好有利于产生的油气资源运移直至被抽吸至地表，提高了油页岩原位裂解过程中的能量利用率和油气采收率，是对整个工艺的一种优化措施。

5.3.3 冻融循环技术在油页岩原位开发中的应用

选取来自吉林省桦甸地区的油页岩试块进行试验，桦甸油页岩分布于整个桦甸盆地大面积区域内，桦甸油页岩按矿层沉积年代划分为新生代古近纪[53, 54]。取样方法为露天开挖取出油页岩试块，然后在实验室采用水钻法钻取岩心，按高径比 2∶1 的要求加工成圆柱体试样，并从中挑选出 24 块完整性较好的岩样，所选的岩样如图 5.70 所示，其基本物理参数如表 5.24 所示。

图 5.70　试验所用试样

表 5.24　基本物理参数表

干密度 ρ /(g/cm^3)	自然含水率/%	孔隙度/%
0.35	5.5490	1.7972

1. 试验仪器

试验所用到的仪器及其参数指标如下。

（1）冻融试验机采用苏州市东华试验仪器有限公司生产的 TDS-300 型冻融试验机，如图 5.71 所示，该冻融试验机最低工作温度可达−40℃，采用空气中冷冻、水中解融的工作原理，进行周期性的冻融试验。冻融过程实现自动控制，一次设置参数后能自动完成多次冻融循环试验，在试验过程中不再需要进行任何操作，就能满足相关标准对试件冻融试验的要求。

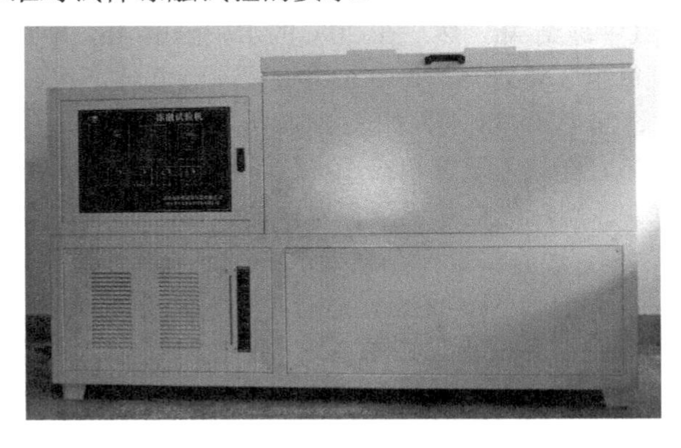

图 5.71　TDS-300 型冻融试验机

（2）万能试验机采用 DNS100 型微机控制电子万能试验机，如图 5.72 所示。该种万能试验机主要用于各种金属、非金属及复合材料试样的拉伸、压缩、弯曲、剪切、剥离、撕裂等力学性能试验，可求出试验最大力、抗拉强度、弯曲强度、压缩强度、弹性模量、断裂延伸率、屈服强度等参数，适合于实验室的材料力学特性试验。

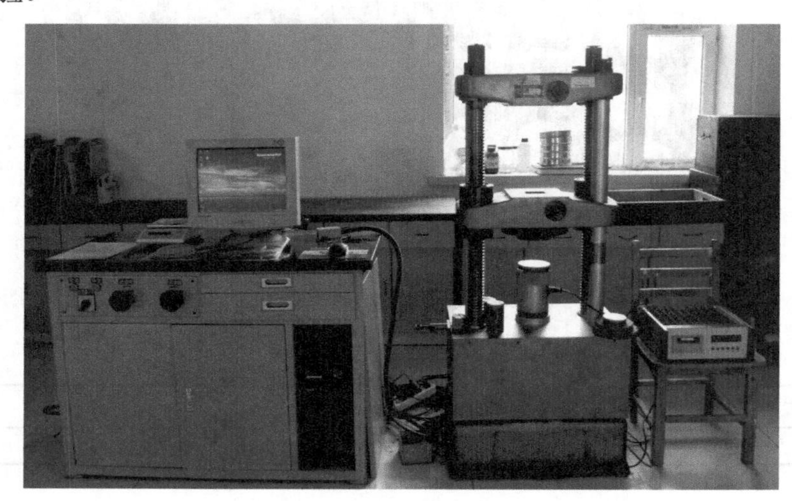

图 5.72　DNS100 型微机控制电子万能试验机

（3）ZBL-U520 非金属超声检测仪、电子天平（精度 0.0001g）、游标卡尺、干燥箱等。

2. 试验方法及方案

参照《水利水电工程岩石试验规程》（SL/T 264—2020）中冻融循环试验的操作规程，以-20℃为冻结温度，20℃为融解温度，进行冻融循环试验。试验步骤为：岩样在-20℃的空气中冻结 4h，然后在 20℃的水中融解 4h，即每个冻融循环周期为 8h，如此反复。每组 3 块岩样，其中 6 组进行冻融循环，循环次数分别为 2 次、4 次、8 次、16 次、24 次和 48 次，如表 5.25 所示。

试验前，将全部岩样放入干燥箱在 105℃环境中烘干 48h 至恒重（24h 内其质量变化不超过 0.1%），然后称量并记录各岩样的质量。对 2～8 组岩样进行持续抽气 4h 至试件内无气泡，然后将岩样在蒸馏水中浸泡 48h 以上至饱和，称量并记录各组岩样的质量。除了 1、2 组样品直接进行单轴抗压强度试验外，其余组样品放入冻融试验机进行冻融循环试验，如图 5.73、图 5.74 所示。每完成预设冻融循环次数后，取出该组岩样并进行称重，以记录其质量变化规律，称重完成后进行单轴压缩试验，其余组岩样则继续进行冻融试验，直至试验完成，试验流程如图 5.75 所示。

表 5.25　各组岩样情况

组别	含水情况	冻融循环次数
1 组	干燥	0 次
2 组	饱和	0 次
3 组	饱和	2 次
4 组	饱和	4 次
5 组	饱和	8 次
6 组	饱和	16 次
7 组	饱和	24 次
8 组	饱和	48 次

图 5.73　试样放入冻融试验机

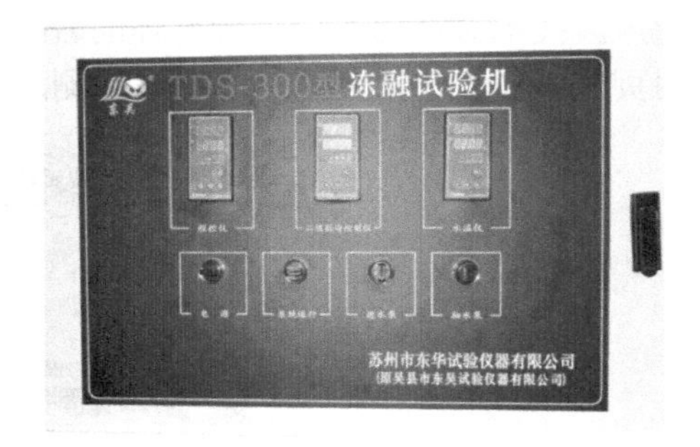

图 5.74　冻融试验机工作后仪表显示

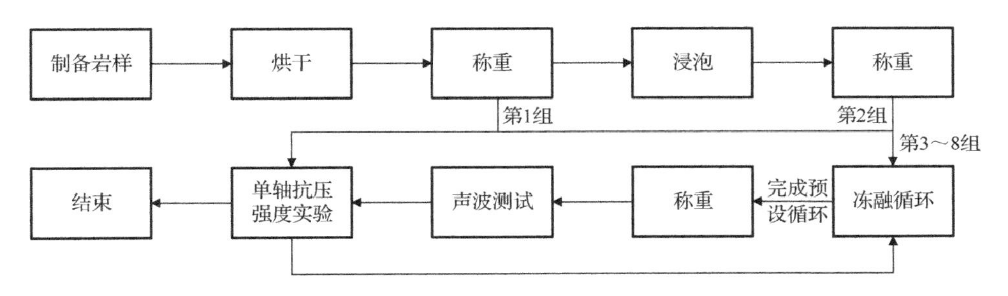

图 5.75　试验流程图

3. 单轴压缩试验

在室温下，对经历不同冻融循环次数后的岩样进行了单轴压缩试验，试验是在吉林大学建设工程学院岩石力学实验室 DNS100 型微机控制电子万能试验机上进行的，试验采用轴向加载速率控制，加载速率为 0.5MPa/s。部分试样破坏情况见图 5.76。

（a）试验前

（b）试验后

图 5.76 单轴压缩试验前后岩样

4. 超声波探测

超声波探测原理是在不同“密度”的材料中，超声波的传播速度不同，裂纹扩展时，密度发生变化，据此可探测出由裂纹扩展而引起的材料结构变化。应用超声波技术对经历不同冻融循环的岩样进行超声纵波无损检测，分析循环冻融对油页岩纵波波速的影响，超声波探测过程如图 5.77 所示。

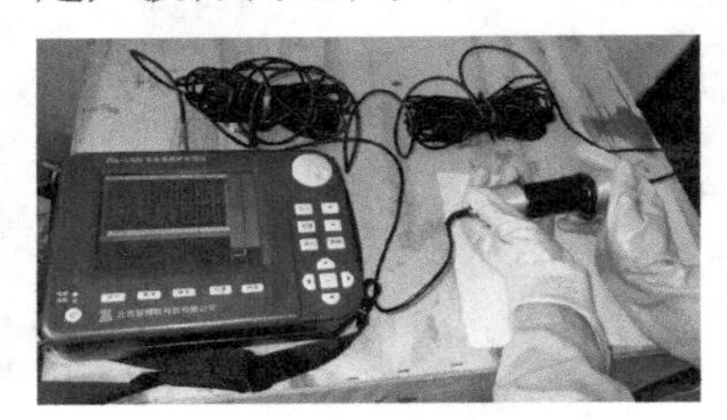

图 5.77 超声波探测过程

5. 试验结果分析

1）质量变化

表 5.26 为经历不同冻融循环次数后的岩样剩余质量测定结果，结果表明：各岩样的质量在冻融后均出现了增大，其中 OS-6-2 号样品的变化最大，增大值为 4.38%。这主要是由于岩样在每次冻结之后，由于冰的冻胀和融缩作用，造成岩石内部微孔隙的不断增大，以及在岩样内部产生了新的微孔隙，从而使得水分向岩石内部迁移，导致质量增大。此外，在小于 24 次冻融循环时，每组岩样的平均质量变化率会随着冻融循环次数的增加而增大，但从 24 次冻融循环开始平均质量变化率开始下降，说明油页岩在 24 次冻融阶段后，微孔隙发育缓慢，裂隙受到挤压，水分进入岩石较为困难。因此，本节着重对冻融循环次数不超过 24 次的油页岩相关性质进行了研究。究其本质，当岩石孔隙中的赋存水或外部水进入岩石裂缝后，冻结成冰块，体积会增大约 9%。冰块向裂缝两侧施力，导致裂缝加深、加宽。当冰块融化后，水会再流入到新产生的裂缝中，当温度降低至冰点以下时再冻结，又会令裂缝继续扩展，如此重复，不断出现冻融作用弱化岩石，直至完全破坏。

表 5.26　冻融前后油页岩试样的质量变化

冻融循环次数/次	试件编号	冻融前质量/g	冻融后质量/g	质量变化率/%	平均质量变化率/%
0	OS-2-1	139.5024	—	—	—
	OS-2-2	147.6156	—	—	
	OS-2-3	138.8170	—	—	
2	OS-3-1	138.2813	141.5362	2.35	2.22
	OS-3-2	134.1621	136.6143	1.83	
	OS-3-3	145.2909	148.9062	2.49	
4	OS-4-1	137.6229	141.5727	2.87	2.75
	OS-4-2	139.3990	143.5113	2.95	
	OS-4-3	145.2748	148.8195	2.44	
8	OS-5-1	138.0036	142.5931	3.33	3.20
	OS-5-2	146.2784	151.6432	3.67	
	OS-5-3	135.9549	139.5099	2.61	
16	OS-6-1	138.2125	143.9026	4.12	4.20
	OS-6-2	139.4651	145.5730	4.38	
	OS-6-3	142.9672	148.8533	4.12	
24	OS-7-1	134.2431	139.8679	4.19	4.26
	OS-7-2	147.3052	153.5951	4.27	
	OS-7-3	141.9107	148.0412	4.32	
48	OS-8-1	138.8485	141.8060	2.13	2.27
	OS-8-2	135.6381	139.3410	2.73	
	OS-8-3	140.9224	143.6704	1.95	

2）应力-应变曲线

根据各组岩样单轴抗压强度试验的结果，得到了不同冻融循环次数后每组花岗岩岩样的应力-应变曲线，如图 5.78 所示。

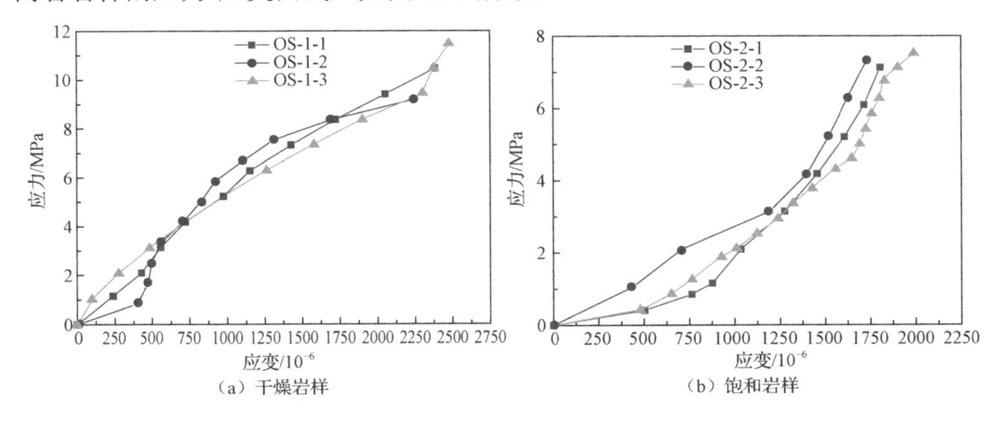

（a）干燥岩样　　（b）饱和岩样

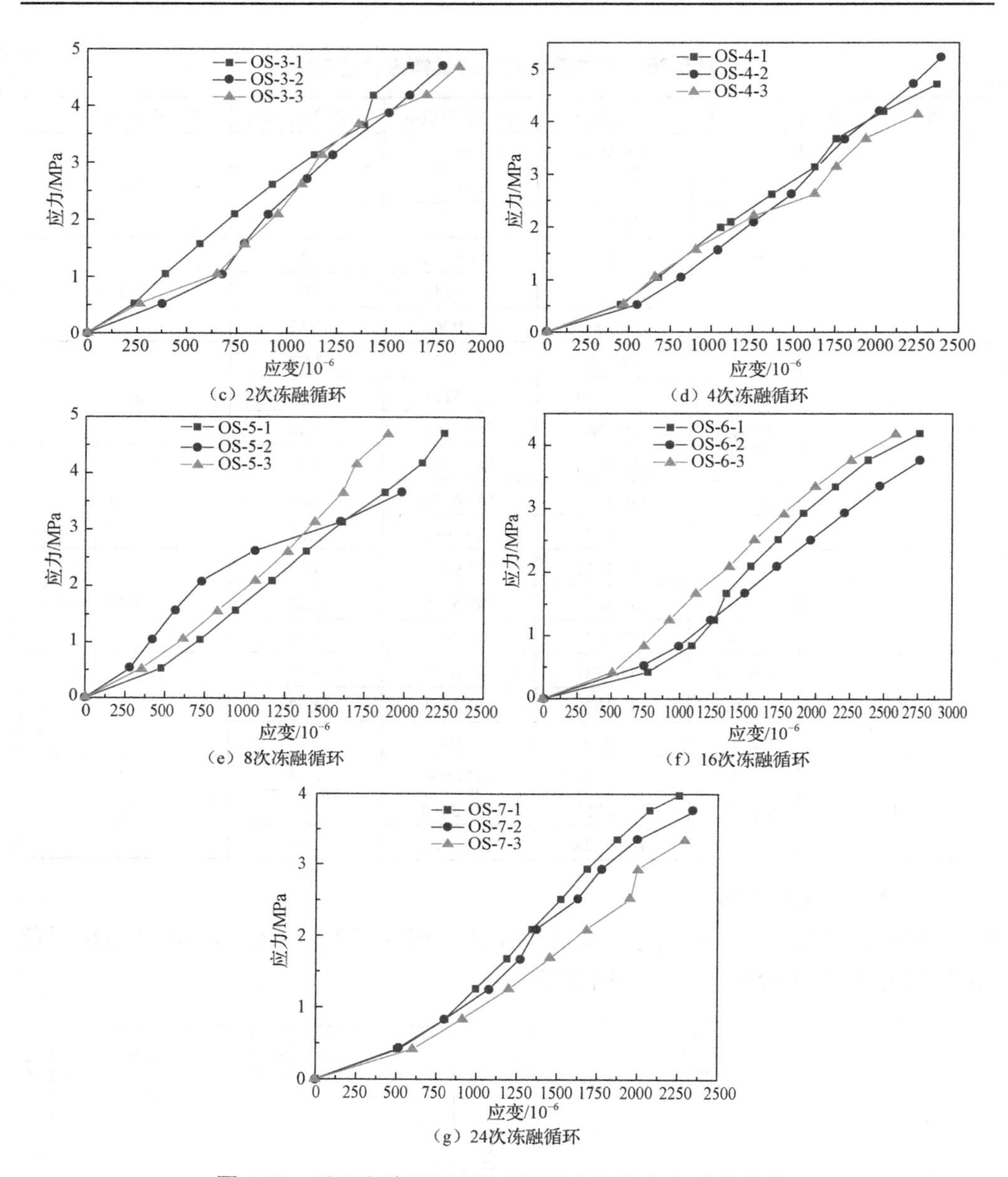

图 5.78　不同冻融循环次数后油页岩单轴应力-应变曲线

注：OS-1-1、OS-1-2、OS-1-3 等为干燥岩样试验编号

从图 5.78 可以看出，由于岩样的个体差异性，同组内各个岩样的应力-应变曲线有一定的差异。油页岩硬度较低，不是坚硬岩石，内部结构属于疏松型结构，因此 48 次的冻融循环对岩样的损伤较强。在冻融循环作用下，岩样的单轴抗压强度和弹性模量都出现了明显的下降，损伤劣化明显，尤其是在初期循环过程中，

岩样的损伤劣化幅度较大。

对比冻融前后各岩样在破坏前的应力-应变曲线，在形状上具有整体相似的特点，均可分为压密、弹性变形、裂纹扩展 3 个阶段。

3）冻融系数

岩石抵抗冻融破坏的能力，可以采用冻融系数来表示，参照《水利水电工程岩石试验规程》（SL/T 264—2020），岩石冻融系数的公式为

$$K_f = \frac{\overline{R_f}}{\overline{R_s}} \tag{5.41}$$

式中，K_f 为冻融系数；$\overline{R_f}$ 为冻融试验后饱和单轴抗压强度，MPa；$\overline{R_s}$ 为冻融试验前饱和单轴抗压强度，MPa。油页岩的冻融系数计算如表 5.27 所示。

表 5.27　冻融系数与冻融循环次数之间的关系

冻融循环次数	冻融系数
0 次（新鲜干燥）	—
0 次（新鲜饱和）	1
2 次	0.64
4 次	0.64
8 次	0.60
16 次	0.55
24 次	0.50

由表 5.27 可知，随着冻融循环次数的增加，油页岩的冻融系数会明显降低。在前 2 次冻融循环作用下，岩样的冻融系数迅速减小，在之后的冻融循环作用下，岩样的冻融系数继续减小，但是减小速率较前 2 次冻融循环明显下降。

4）单轴抗压强度、弹性模量

根据表 5.28 中各冻融循环次数的单轴抗压强度，得到了单轴抗压强度与冻融循环次数的关系曲线，如图 5.79 所示。

表 5.28　单轴抗压强度、弹性模量与冻融循环次数之间的关系

冻融循环次数	单轴抗压强度/MPa	平均弹性模量/GPa
0 次（新鲜干燥）	10.3941	4.371
0 次（新鲜饱和）	7.3274	3.9822
2 次	4.7087	2.6942
4 次	4.6953	2.1367
8 次	4.3599	2.0031
16 次	4.046	1.6045
24 次	3.6972	1.4961

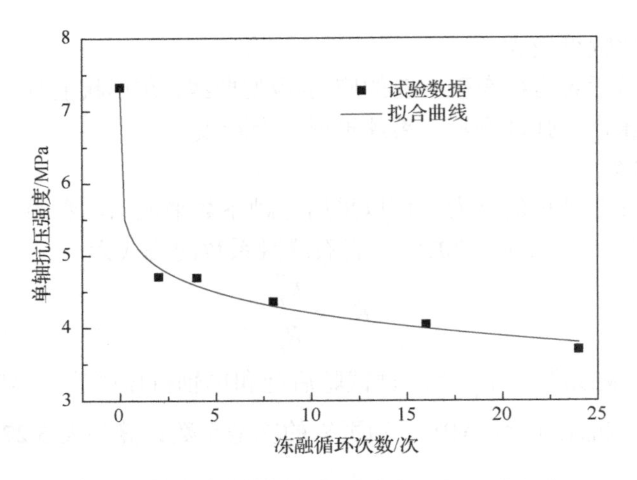

图 5.79　单轴抗压强度与冻融循环次数的关系

从图 5.79 可以看出，在 24 次的冻融过程中，油页岩的单轴抗压强度受冻融循环次数的影响较大，趋势是逐渐降低的。而且在前 2 次冻融循环过程中降幅较大，之后降幅变小，呈现线性减小的趋势。

对单轴抗压强度与冻融循环次数进行了数据拟合，拟合结果如下：

$$\sigma = -19.82058 + 27.14498 / (1 + n \times 10^{0.15905} / 11.09104) \tag{5.42}$$

式中，σ 为单轴抗压强度，MPa；n 为冻融循环次数；相关系数为 0.98587。

根据每组冻融循环的应力-应变曲线，得出不同冻融循环次数后的岩石弹性模量，弹性模量为岩石的切线模量。弹性模量与冻融循环次数的关系曲线如图 5.80 所示。

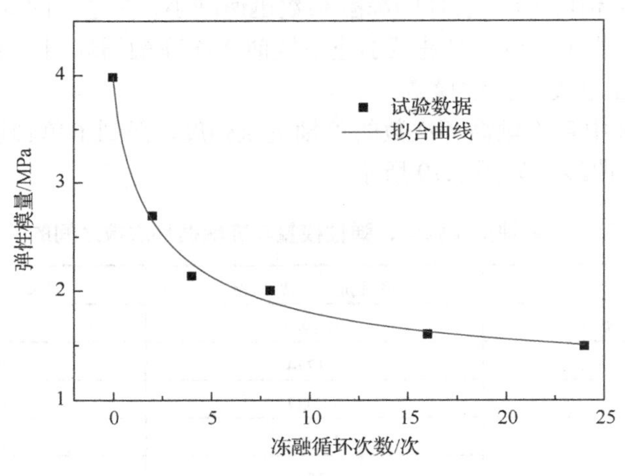

图 5.80　弹性模量与冻融循环次数的关系曲线

对弹性模量与冻融循环次数进行了数据拟合，拟合结果如下：

$$E = 1.14961 + 2.83426 / (1 + n \times 10^{0.82524} / 1.99395) \qquad (5.43)$$

式中，E 为单轴抗压强度，MPa；n 为冻融循环次数；相关系数为 0.98423。

5）超声波纵波波速

根据表 5.29 中各冻融循环次数的纵波波速，得到了纵波波速与冻融循环次数的关系曲线，如图 5.81 所示。

表 5.29　超声波纵波波速与冻融循环次数之间的关系

冻融循环次数	平均纵波波速/(km/s)
0 次（新鲜干燥）	2.4644
0 次（新鲜饱和）	2.6751
2 次	2.4991
4 次	2.2418
8 次	2.0581
16 次	1.9055
24 次	1.6025

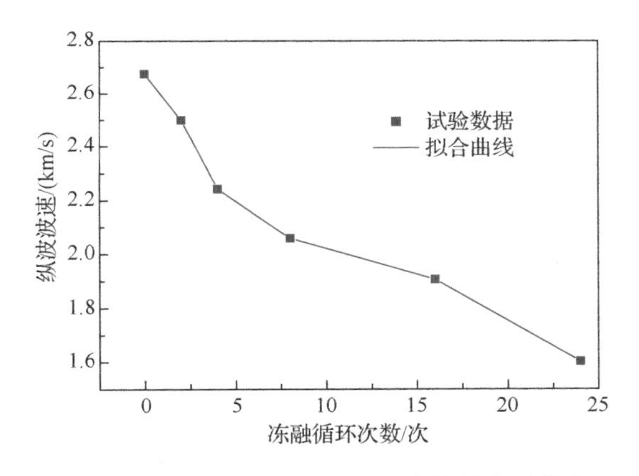

图 5.81　纵波波速与冻融循环次数的关系曲线

从图 5.81 可以看出，在冻融循环作用下，岩样的纵波波速出现了明显的下降。

6）软化系数

岩石浸水后强度降低的性能称为岩石的软化性。岩石的软化性常用软化系数来衡量。软化系数是岩样饱水状态的抗压强度与自然风干状态抗压强度的比值，用小数表示，即

$$\eta_c = \frac{\sigma_{cw}}{\sigma_c} \qquad (5.44)$$

式中，η_c 为岩石的软化系数；σ_{cw} 为饱水岩样的抗压强度，MPa；σ_c 为自然风干岩样的抗压强度，MPa。本次试验样品的 η_c=0.7050。

5.3.4 封闭技术在油页岩原位开发中的应用

油页岩原位转化主要采用热传导加热、对流加热、热辐射加热、反应热加热四种形式。无论哪一种形式的加热方式，若原位裂解区存在地下水，地下水会将油页岩裂解的热量带走，严重影响加热效率；同时，地下水会混合油气被提取到地面，增加油水分离的负担，也会造成大量的废水，增加污水处理的负担。

因此，在油页岩原位开采的过程中，不能走先污染后治理的老路，研究原位裂解区的止水防渗具有重大意义，一个良好封闭体系的形成有利于热介质与油页岩的充分换热；同时，封闭体系的形成可以使油页岩反应区域免受外界地下水的干扰以及油页岩裂解产物由于逃逸而造成的经济损失；最后，封闭体系的形成有利于地下土壤和地下水环境保护。

1. 注浆封闭技术的应用

吉林大学油页岩团队对注浆封闭技术进行了深入研究，并进行了一系列试验与模拟。为了取得更好的注浆止水效果，课题组选用能够注入 2mm 以下裂缝的 k1340 型超细硅酸盐水泥。为了提高纯水泥浆液的稳定性，选用 1500 目钠基膨润土（蒙脱石质量分数 90%，密度 $2g/cm^3$）作为浆液稳定剂。为了降低水泥颗粒的吸附水量，提升浆液的流动性，提高浆液的可注性，选用密度为 $1g/cm^3$ 的聚羧酸高效减水剂。由于水泥水化产生氢氧化钙，会降低结石体的抗压强度，选用微硅粉（SiO_2 质量分数 96.74%）作为水泥结石体增强剂。

为得到最佳浆液配比，采用正交试验对试验方案进行有效分析，最终得出更优方案。试验选取 4 因素 3 水平正交试验（4 种因素，每种因素 3 组试验），各因素的水平数如下：水灰比为 0.75、0.8、0.85；微硅粉配比为 4%、6%、8%；钠基膨润土配比为 4%、3%、2%；聚羧酸减水剂为 0.5%、0.6%、0.7%，取出配置好浆液进行一系列性能测试。

（1）性能测试。

性能分析包括析水率测试、结实率测试、标准漏斗黏度测试与抗压强度测试，分别对不同配方的浆液进行以上四种性能测试，进行正交试验，根据试验结果选出最优配方。

（2）正交试验综合分析。

基于浆液性能的测试结果，浆液性能的优良不能用一个指标进行分析。因此根据工程实际寻找主次因素，满足主要因素的同时兼顾次要因素；对浆液性能进行综合评价，选出最优配方。

根据不同指标浆液性能的测试结果，优选出最优配方，浆液顺利进入裂缝是浆液发挥防渗作用的前提，其中黏度影响了浆液在裂隙中扩散的距离。因此，在综合分析中以浆液黏度作为主要指标，以结实率和析水率作为较主要指标，因为结实体抗压强度在 3 天时已经达到了抗压要求，所以将强度指标作为次要指标。

通过综合平衡分析后，选取浆液最优配方为水灰比 0.85，微硅粉 6%，膨润土 4%，减水剂 0.5%。并测出最优配方浆液析水率、结实率、黏度、抗压强度测试结果，记录在表 5.30。

表 5.30　最优配方浆液性能测试结果

指标	第 1 次	第 2 次	第 3 次	均值
析水率/%	0.6	0.6	0.7	0.6
结实率/%	99.3	99.4	99.2	99.3
黏度/s	36.22	35.91	35.12	35.75
3d 抗压强度/MPa	9.8	10.1	11.1	10.3
14d 抗压强度/MPa	23.1	23.8	23.5	23.4
28d 抗压强度/MPa	26.9	25	25.8	25.9

通过调研，发现在一些大型工程上，例如汉口水电站、考德拉迪斯大坝、黄河小浪底水利枢纽工程、润扬长江公路大桥等，使用稳定浆液的性能应满足如下条件：3h 析水率≤5%、漏斗黏度＜40s、28d 抗压强度＞17MPa，根据表 5.30 中所测得最优浆液的测试值满足已有工程经验中的浆液性能指标，可用于油页岩原位裂解区的止水防渗工程。

（3）地应力对劈裂注浆裂隙扩展的数值模拟。

实际工程中的具体问题，通过合理的简化，利用数值模拟软件可以有效进行仿真计算，用于规律性探索。吉林大学油页岩课题组对单孔渗透注浆和劈裂注浆裂隙进行理论推导，以 $k=\dfrac{\sigma_{\mathrm{H}}-\sigma_{\mathrm{h}}}{\sigma_{\mathrm{h}}}$ 为不同应力水平对裂隙扩展影响的指标，利用数值模拟软件对单孔劈裂注浆裂缝扩展的数值模拟研究；同时，为了对劈裂注浆裂缝的扩展实施有效的诱导，对注浆孔内进行射孔，对裂隙的扩展进行定向诱导，并采用软件研究射孔对裂缝的诱导作用，以 $k=\dfrac{\sigma_{\mathrm{H}}-\sigma_{\mathrm{h}}}{\sigma_{\mathrm{h}}}$ 为不同应力水平对裂隙扩展影响的指标，对地应力变化下的有射孔的双孔劈裂注浆裂缝扩展进行数值模拟。

A. 单孔劈裂注浆裂缝扩展数值模拟。

当 $k=0$ 时，如图 5.82 所示单孔劈裂注浆的起裂位置首先出现在孔壁的薄弱位置，随着注浆压力的升高，从声发射场图可以看出，孔壁周边的拉伸破坏圆越来越多且越来越密集，在孔壁四周薄弱位置裂隙不断延伸，随着注浆压力的持续增加，小而密集的声发射大量出现，微裂缝的扩展沿着某一方向的薄弱基元不断向前扩展延伸，最大主应力图表明裂隙扩展与声发射场图相一致。通过几组应力组合的孔隙压力云图，可以得到注浆劈裂的起裂压力值和失稳压力值，如图 5.83 所示。图 5.83 表明注浆孔起裂压力与模型的失稳压力随着围压的增加也在不断增加。

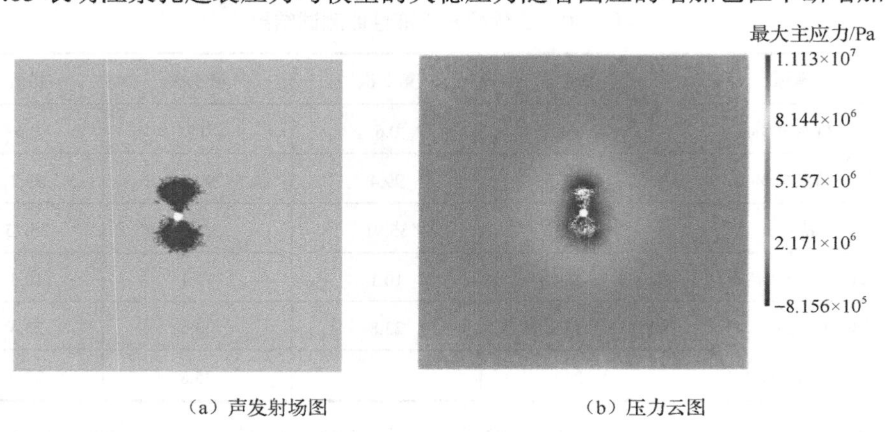

图 5.82　单孔注浆的起裂（k=0）时的声发射场图和压力云图
（扫封底二维码查看彩图）

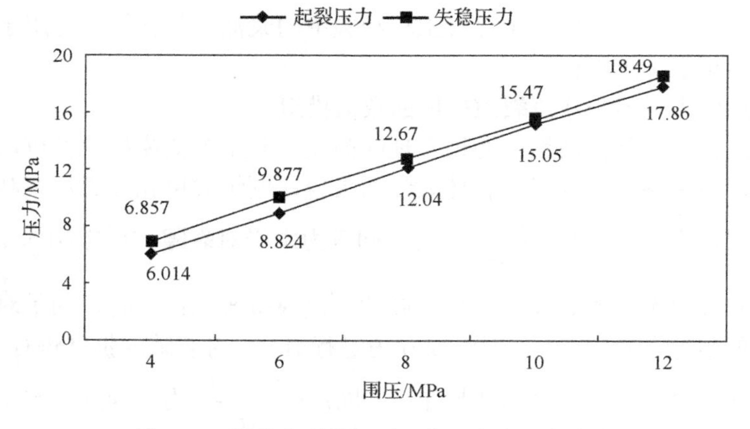

图 5.83　注浆劈裂的起裂压力和失稳压力曲线

当 $k>0$ 时，单孔劈裂注浆裂隙的起裂位置位于最大主应力的方向，即图 5.84 中注浆孔的左右两侧，注浆压力的增加首先使这两个位置产生微裂缝，随着压力的增加，声发射拉伸破坏越来越多，并且沿着最大主应力方向的薄弱基元开始延伸。从模拟结果的孔隙压力云图可以得到起裂压力和失稳压力，其随着 k 的变化曲线如图 5.85 所示。图 5.85 表明随着 k 值的增加，孔壁的起裂压力和模拟扩展的失稳压力值不断减小，注浆压力应大于起裂压力，且不应超过失稳压力。

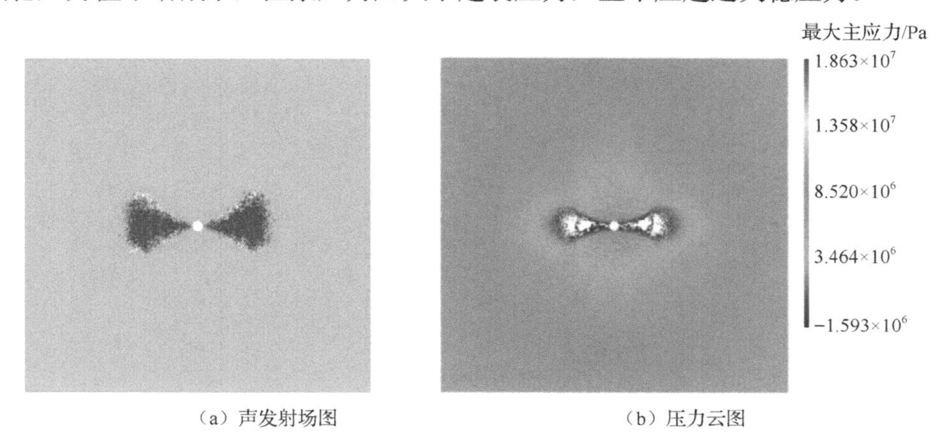

（a）声发射场图 （b）压力云图

图 5.84 单孔注浆的起裂（$k>0$）时的声发射场图和压力云图

（扫封底二维码查看彩图）

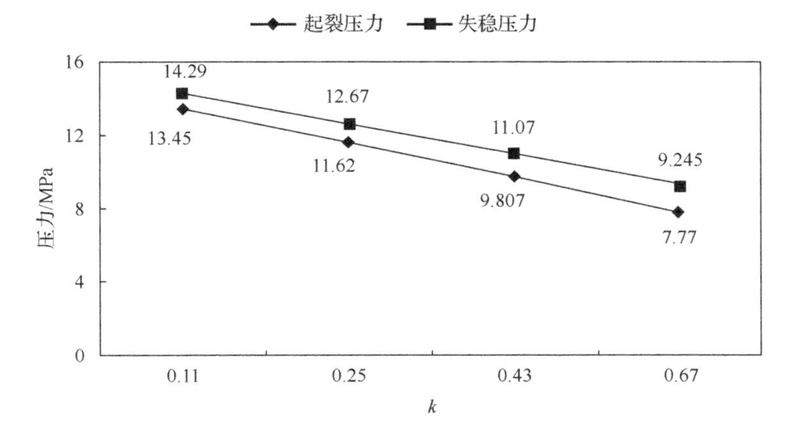

图 5.85 注浆劈裂的起裂压力和失稳压力曲线

B. 双孔劈裂注浆裂缝扩展数值模拟。

当 $k=0$ 时，如图 5.86 所示，裸眼注浆裂隙的起裂位置在注浆孔四周薄弱的位置，其破坏形式以拉伸破坏为主，随着孔隙压力的不断增大，裂缝会向地层中的薄弱位置继续扩展，图中表明直至受另一个注浆孔的应力影响向水平方向扩展，实际工程中不容易控制注浆的方向。图 5.87 的声发射场图和最大主应力图表明，裂缝的起裂位置首先出现在射孔的尖端、右注浆孔的右侧和左注浆孔的左侧。随着注浆压力的增大，裂缝会在射孔的尖端继续扩展，同时在左注浆孔的左侧、右注浆孔的右侧也会出现裂缝，但是，裂隙的扩展主要集中在射孔之间的地层，裂隙扩展的方向具有一定的方向性，射孔可以通过应力的影响对裂隙的扩展起到诱导的作用，而且通过射孔可以定时劈裂注浆扩展，减小浆液形成止水帷幕的距离。

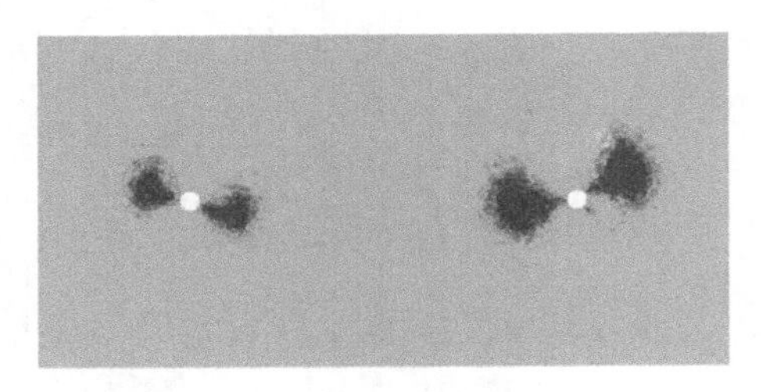

（a）声发射场图

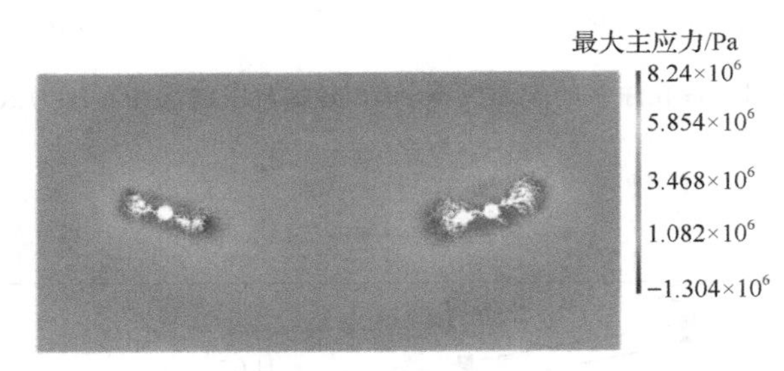

（b）最大主应力图

图 5.86　无射孔注浆裂隙扩展过程中声发射场图与最大主应力图
（扫封底二维码查看彩图）

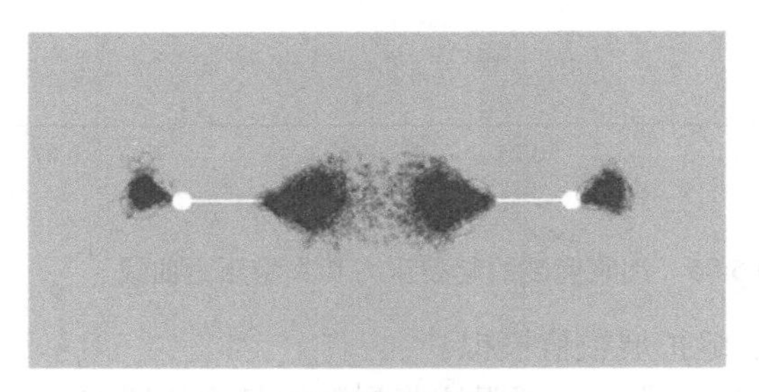

（a）声发射场图

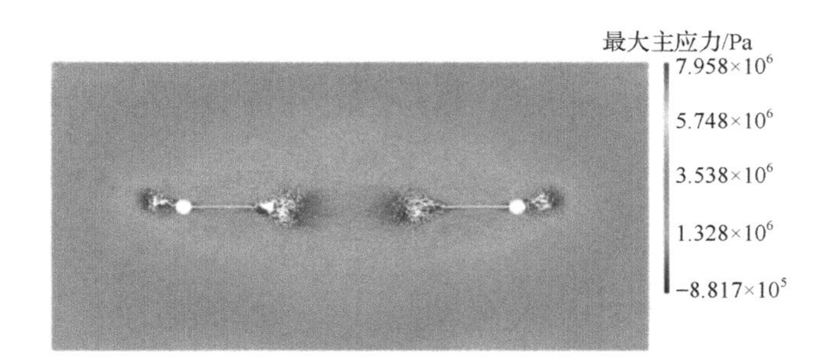

（b）最大主应力图

图 5.87 有射孔注浆裂隙扩展过程中声发射场图与最大主应力图
（扫封底二维码查看彩图）

通过后处理孔隙压力云图可得到不同围压下的裂隙起裂压力值，根据不同围压下的起裂压力绘制图 5.88。图 5.88 表明无论注浆孔内是否射孔，起裂压力均会随着围压的增加而不断增加；还表明在不同的围压下，有射孔的双孔注浆的起裂压力均小于无射孔注浆，其原因主要是射孔尖端形成更大的应力集中，对同一种岩石材料，应力集中越大，越容易发生张拉破坏。综上，有射孔进行劈裂注浆可以定向诱导裂缝扩展并且可以减小起裂压力，减少能量消耗。

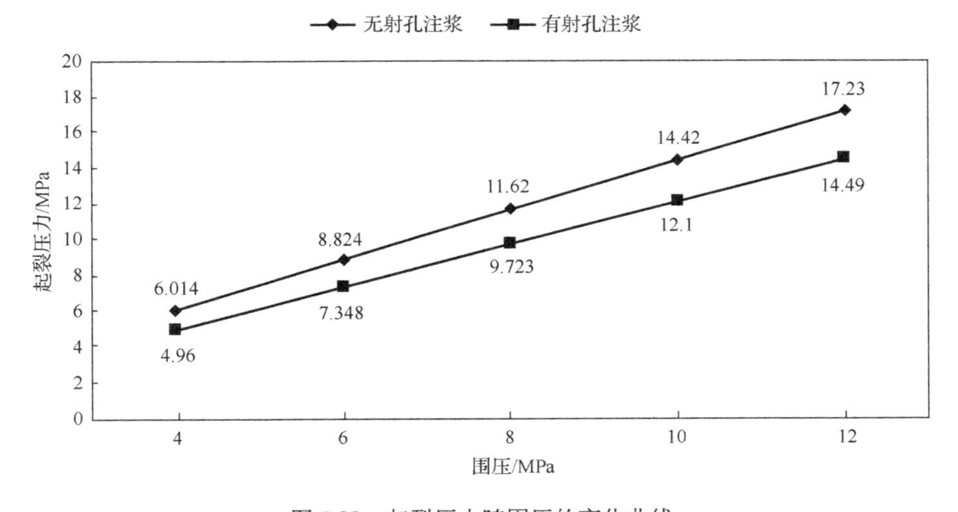

图 5.88 起裂压力随围压的变化曲线

当 k>0 时，如图 5.89 所示，射孔尖端和注浆孔一侧出现较其他区域大的张拉应力，随着注入压力的不断增大，裂隙起裂的位置首先出现在射孔尖端以及注浆孔的对立侧。注入压力的升高使得射孔尖端的应力集中更为显著，与此同时，伴随射孔端大量裂缝的产生，注浆孔一侧也有一些裂隙及微裂隙的出现，但是，由于两个注浆孔同时注入压力，使得射孔尖端的应力场彼此相互叠加，产生的主拉应力也较注浆孔另一侧的拉应力大，最终裂隙的扩展以射孔尖端的扩展为多。

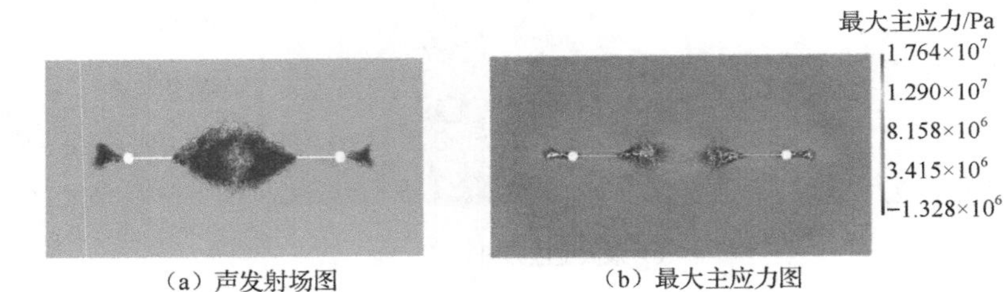

（a）声发射场图　（b）最大主应力图

图 5.89　有射孔注浆裂隙扩展过程中声发射场图与最大主应力图（$k>0$）

（扫封底二维码查看彩图）

当 $k<0$ 时，k 值由−0.1 减小至−0.2 的过程中，如图 5.90 所示，由于射孔之间的裂隙扩展受到 y 方向的主应力和射孔之间的主拉应力共同作用，随着 k 值变小，裂隙扩展向最小阻力方向偏转，但是，x 方向和 y 方向的应力差异不大，随着注浆压力的增大，主拉应力区相互叠加起主导作用，致使两个射孔之间的裂隙能够相连形成有效的止水帷幕。通过孔隙压力云图可得此两组模拟试验的起裂压力为 12.15MPa、12.0MPa，失稳压力值为 12.36MPa、12.0MPa。当 k 值从−0.2 减小到−0.4 的过程中，由于 x 方向和 y 方向应力差异的影响占主导因素，主拉应力区随着注浆压力的增大也未能有效叠加，不能为射孔之间裂隙的扩展提供应力条件，裂隙起裂也未能在射孔尖端开始，射孔之间未能形成有效的止水帷幕。因此，在 k 值小于−0.2 时应根据地应力的方向合理布置注浆孔及射孔的方向。

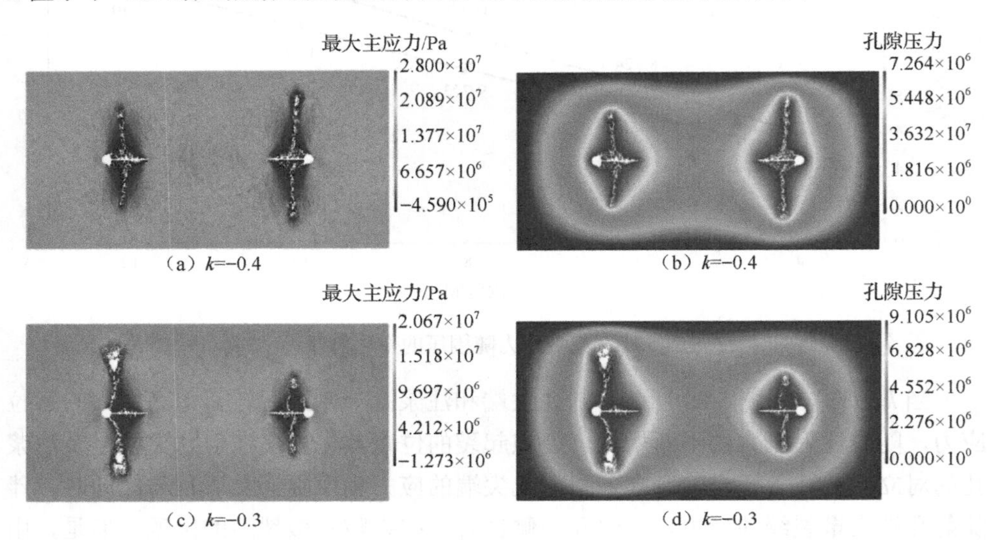

（a）$k=-0.4$　（b）$k=-0.4$

（c）$k=-0.3$　（d）$k=-0.3$

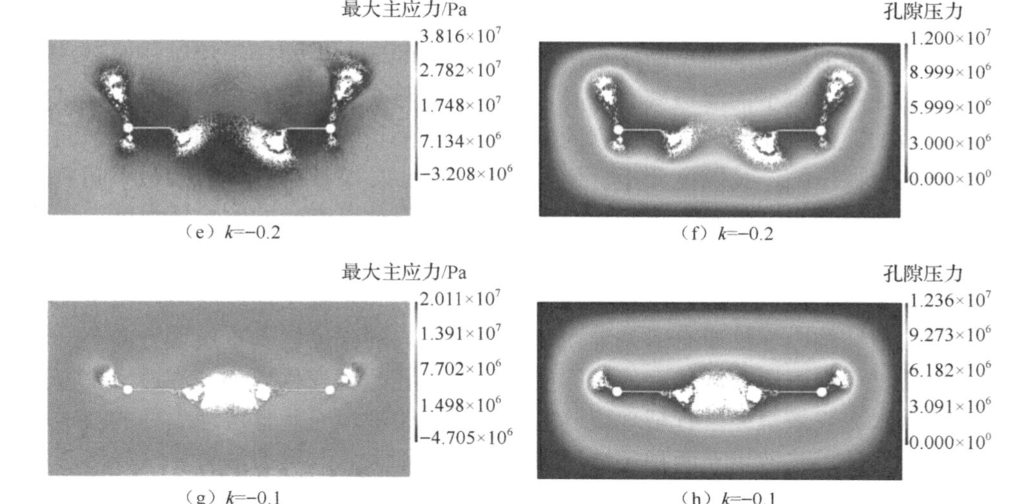

（e）$k=-0.2$ （f）$k=-0.2$

（g）$k=-0.1$ （h）$k=-0.1$

图 5.90 不同 k 值的最大主应力云图（左）与孔隙压力云图（右）

（扫封底二维码查看彩图）

（4）浆液封闭的室内试验。

浆液在外部压力驱动下进入岩体裂隙，浆液最终凝固在裂隙中，起到加固岩体和防渗的作用。最优配方浆液与岩体形成统一的整体是起到防渗目的的关键。因为油页岩力学性质受层理影响，试验中将浆液填充的裂缝分为垂直层理裂缝和平行层理裂缝，所以针对不同围压的劈裂油页岩试样、水泥试块及浆液填充油页岩裂缝试样进行对比分析，在此基础上提出油页岩原位裂解区防渗止水方法。

试验制备三种试样：劈裂油页岩试样、最优配方水泥试样及充填有浆液的油页岩（平行层理裂缝和垂直层理裂缝）。吉林大学油页岩课题组以汪清油页岩为研究对象，采用 AP-608 覆压孔隙度渗透率仪，测定在常温不同围压条件下，劈裂油页岩试样、最优配方水泥试样及充填有浆液的油页岩试样（平行层理裂缝和垂直层理裂缝）的渗透率。基于已经配置好的浆液，进行浆液封闭的室内试验。得到渗透率测试结果，如表 5.31 所示。

表 5.31 渗透率测试结果

岩样编号	渗透率/mD			
	围压 6MPa	围压 8MPa	围压 10MPa	围压 12MPa
最优配方水泥试样	0.048	0.043	0.040	0.037
浆液填充平行层理裂缝试样	0.305	0.184	0.134	0.096
浆液填充垂直层理裂缝试样	0.152	0.130	0.108	0.104
劈裂油页岩试样	5.186	1.643	0.471	0.164

不同试样渗透率随围压变化曲线如图 5.91 所示。图 5.91 表明：随着围压的变大，不同试样的渗透率均不断变小，且随着围压的增大不断趋于相近。但是，不同试样在不同围压下的渗透率有差异，从整体趋势来看，带有裂缝的油页岩试样渗透率最大，但是随着油页岩受到的围压增大，油页岩本身的结构及裂隙表面的粗糙结构会被压缩，孔隙度变小，使其渗透率变小。浆液结石体的渗透率随着围压的增大不断减小，但是变化平缓，由此可知结石体具有较好的抗压强度。试验数据也表明，结石体是几种试样中渗透率最小的，浆液结石体具有很好的防渗性能。从试验数据可以看出，浆液填充水平层理裂缝和垂直层理裂缝后，由于油页岩本身层理结构力学性质有所差异，平行层理方向的强度较垂直层理方向小，因此，试验过程中围压的施加会使平行层理方向的孔隙度变化更大，渗透率变得更小，使得水泥浆液填充平行层理裂缝的渗透率与浆液填充垂直层理裂缝的渗透率有差异，但是，浆液填充两种裂缝后渗透率相差不大。与劈裂油页岩试样渗透率进行比较，无论哪种裂缝的填充都可以起到很好的防渗作用。综上可知，浆液在填充裂缝后，可以与油页岩进行较好的结合形成很好的防渗体系，起到防渗止水的效果。

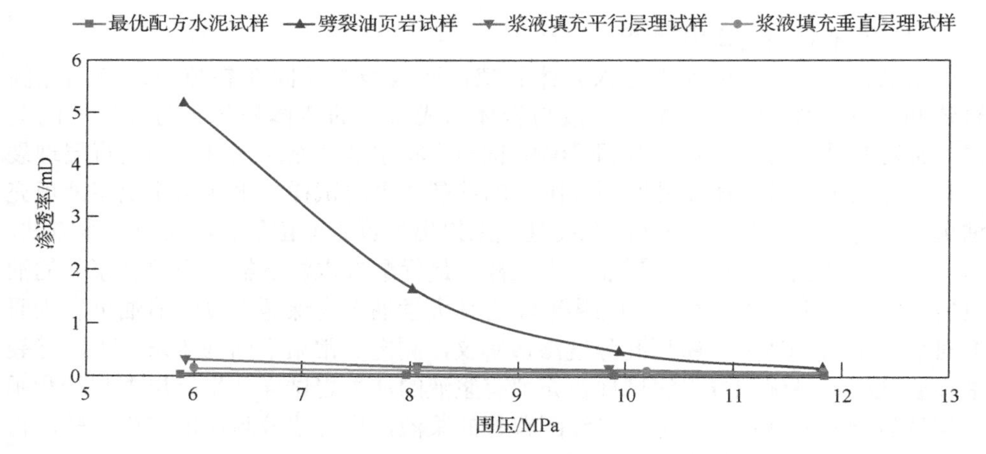

图 5.91　不同试样渗透率随围压变化曲线

（5）注浆封闭技术在现场的应用。

吉林大学油页岩课题组在农安示范基地进行了现场试验，首先对注浆封闭的场地进行勘探，了解地下水的方位并做出相应的设计，设计路线图如图 5.92 所示。

根据水文地质报告所提供的地下水流动方向，在油页岩开采区域迎水方向设置封闭止水注浆孔，形成一侧帷幕用于引导地下水的流向，其具体做法是，分别在油页岩顶板、底板及油页岩开采区域周边设置注浆孔，使油页岩原位开采区域形成与外界隔绝的环境，注浆孔布置图如图 5.93 所示。

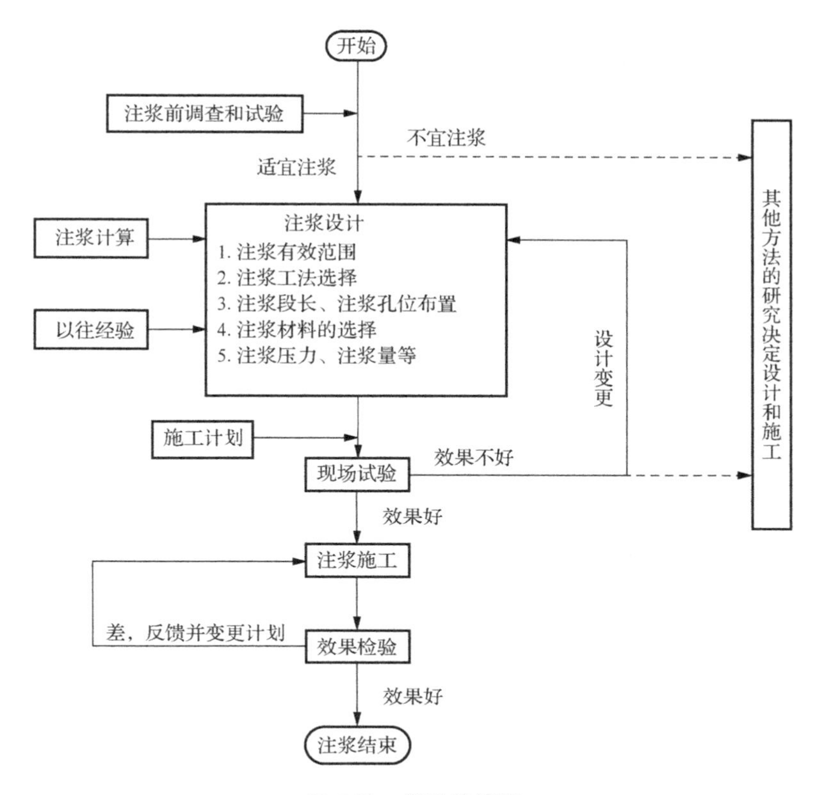

图 5.92 设计路线图

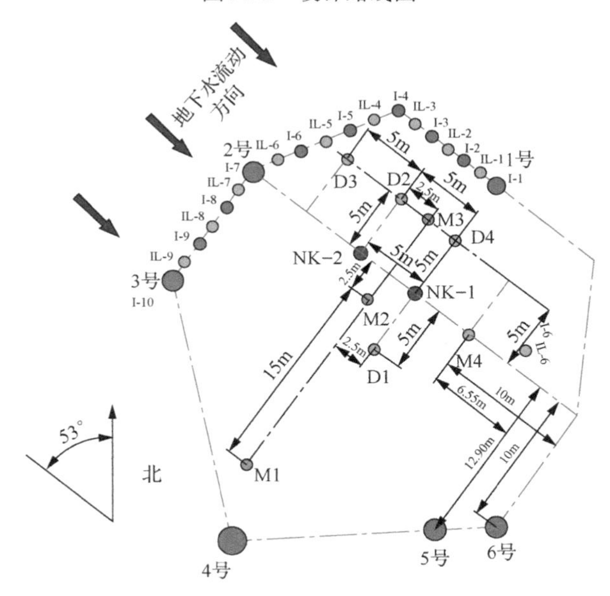

图 5.93 注浆孔布置图

如图 5.93 所示，NK-1、NK-2 为两口生产井，D1～D4、M1～M4 为生产监测井，其余均为注浆井。注浆井孔分为四种：先导孔、Ⅰ序孔、Ⅱ序孔、效果监测孔。设置先导孔两个，分别为 1（Ⅰ-1）号孔和 4 号孔，先导孔的作用是为注浆施工获取油页岩层及各地层的相关参数，主要包括油页岩开采区域裂隙的空隙率、透水率、渗透系数等参数。设置Ⅰ序孔 10 个，先导 1 号孔与Ⅰ-1 号孔为同一孔位。Ⅰ序孔用于初步注浆施工，其相邻孔位间距 2m。Ⅱ序孔共设置 9 个孔位，每个孔设置在两个相邻Ⅰ序孔中点位置，与相邻两个Ⅰ序孔的距离为 1m，Ⅱ序孔的主要作用是巩固Ⅰ序孔的注浆效果。效果监测孔共设置 4 个，分别为 2 号孔、3 号孔、5 号孔和 6 号孔，其中 2 号孔与Ⅰ-7 孔为同一孔位，用于评价Ⅰ序孔施工过程中的止水效果，3 号与Ⅰ-10 孔重复，用于评价Ⅰ序孔施工结束后的注浆效果，5 号孔和 6 号孔评价整个注浆工程的止水效果。

在农安国家油页岩原位开采先导试验工程基地进行油页岩原位裂解止水注浆试验之前，需要在区域内进行先导孔注浆试验，其目的是验证实验室研制的配方浆液是否能够被注入油页岩压裂裂隙，同时取得油页岩层的透水率以及注浆材料在油页岩压裂区域的扩散范围等数据，以便为注浆孔位的布置提供参考。

注浆先导试验孔应选在帷幕线上，并照顾到不同的地质特点。或者选在帷幕区的上游位置，这样不仅不会影响下游的排水，还会加强封闭止水注浆的效果。试验孔的布置方式有多种：单排直线式、单排折线式、双排式、三排式。为了解油页岩层的参数及浆液在油页岩层裂隙的可注入性，设置先导孔进行试验，先导孔孔深 78m，压水试验及注浆试验时采取自下而上的方式进行，全孔分段进行，每段 5.9m，共 10 段。试验孔的验证，实验室优化的配方浆液在油页岩层具有良好的可注性，经过先导同时配方浆液具有良好的稳定性，不易析水，胶凝时间较纯超细水泥浆液略有延长。

通过对Ⅰ序孔的压水试验所得数据进行分析可知，油页岩开采区域 0～37m 地层较为破碎，透水率较大，37～47m 为含水层，透水率为弱透水；47～62m 段，油页岩透水率较低，即油页岩顶板较完整；62～77m 油页岩段透水率较高，判断这种情况是由水力压裂造成的；油页岩底板透水率较低，油页岩底板完整；油页岩层压裂后，裂缝主要的延伸方向为 NK-1—Ⅰ-4 号孔—张福兴屯方向。

通过对Ⅰ序孔各段注浆量及单位注浆量的分析，结合压水试验所得到的岩层透水率的结果可知单位注浆量的变化与地层透水率基本吻合，47～62m 油页岩顶板段的单位注浆量较小，20～40m 段岩层注浆量较大，根据透水率及试验区地质条件调查结果综合分析，该层段油页岩地层较为破碎。

对Ⅱ序孔的压水试验测得Ⅱ-1 至Ⅱ-9 序孔各岩层的透水率在 0.06～2.47Lu（1Lu=1L/(MPa·m·min)），注浆后油页岩层位基本属于微透水岩层，与注浆施工前相比相同岩层的透水率大幅度下降，由此说明浆液在油页岩裂隙中扩散范围与设计时基本一致，油页岩层裂隙注浆效果明显，同时与注浆前相比各注浆孔各层的透水率均有明显下降，说明Ⅰ序孔的注浆效果明显。

对Ⅱ序孔的注浆试验及注浆后总体的透水率测试结果表明：经过Ⅰ序孔及Ⅱ序孔的施工，地层的渗透率大幅度下降，同时大部分裂隙已被浆液填充，注浆施工取得了良好的效果。油页岩原位开采区域的出水量在注浆后骤减，由注浆施工前的 21～25m^3/d 下降到了 1m^3/d，满足了注浆前的期望值。

2. 其他封闭技术的应用

1）冷冻墙封闭技术的应用

吉林大学油页岩课题组利用冷冻墙封闭技术对油页岩进行室内试验研究，通过建立试验台，进行一系列冷冻试验。试验台的建立为模拟在油页岩矿区周边建立安全可靠的冷冻止水墙，确保油页岩在原位无水的条件下进行高温开采的可行性。通过自然空气冷能冻结试验，研究利用风冷冻结形成地下冷冻墙的可行性、经济性；研究冻结壁的形成规律；根据矿区的工程地质及水文地质条件，油页岩地层的热物性，优化冻结孔的直径与深度、冻结管间距，优化冷冻系统的方案及运行参数。试验台主要由地表制冷系统、循环管路、地下冻结系统、温度测量系统、控制系统等组成。试验台可以单独利用自然空气冷源的风冷制冷模拟冻结试验；结合风冷机组及制冷机组的联合制冷模拟冻结试验；单独利用制冷机组制冷的模拟冻结试验。试验验证了油页岩原位开采地下冷冻墙试验台用于冻结试验是可行的，为将自然空气冷能用于地下冷冻墙的制冷提供了技术支撑。

但在进行现场试验时，由于吉林地区油页岩层较薄，无法达到大量开采油页岩油的效果，研究终止。

2）气驱止水封闭技术的应用

2015 年，吉林大学在吉林省进行了农安油页岩原位开采先导试验，采用油页岩原位注高温气体方法进行油页岩原位开采。试验中，对生产井油页岩层位进行水力压裂，然而经过水力压裂后的生产井内出现大量地下水，严重影响了试验进程。通过农安现场水文地质调查数据可知，经过压裂后的生产井井出水量在 5～6m^3/h，出水量大，而天然油页岩层渗透性极差。根据水文地质调查可知，油页岩层的渗透系数小于 0.01m/d，油页岩层本身可以认为是不透水层。而生产井内出现大量地下水的情况，说明油页岩层进行水力压裂后，裂缝延伸到了上覆或下伏含水层，含水层中的地下水通过裂缝进入到油页岩层及生产井、注气井内。这样的情况下，注入高温气体所携带的热量大部分被地下水带走，油页岩层加热效果甚微，严重影响了油页岩原位注气体开采工艺的进行。

为解决这一问题，吉林大学采用气驱止水封闭技术，利用高温高压气体与地下水之间压力平衡的方式，阻隔油页岩层位加热区域的地下水，并对此方案进行了试验。

气水动态平衡试验采用原位注气开采油页岩设备中的一部分，包括供气部分、井口部分、数据采集部分三部分。其中供气部分由供气站及相关管路组成；井口部分由井口阀门、管汇、套管、中心管组成；数据采集部分由压力传感器、无纸记录仪组成，如图 5.94 所示。

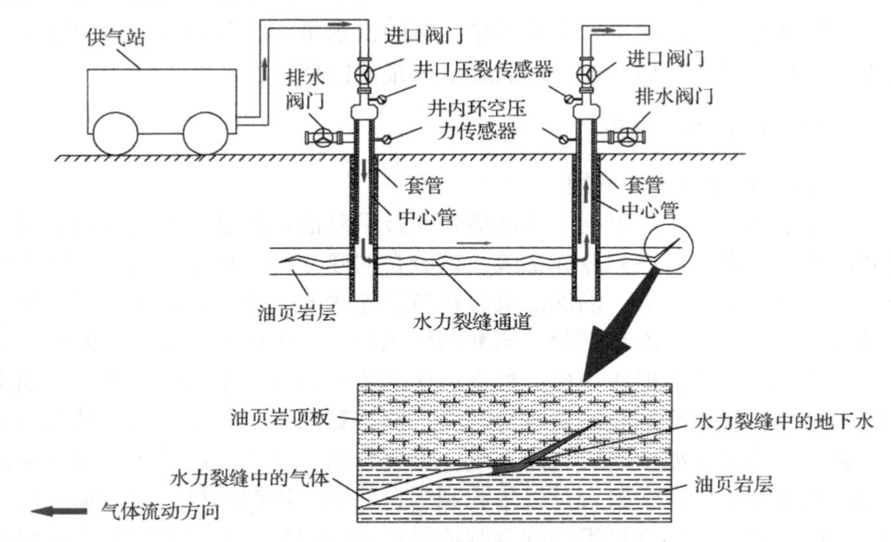

图 5.94　试验原理图及裂缝中的气水界面

试验通过提高地层裂缝内气体压力，将地层裂缝中的水驱散到周围地层中，形成气水压力动态平衡，完成气水压力动态平衡工艺，保证油页岩原位注气体开采的顺利进行。首先，从注气井中心管道向井内注入气体，通过气举的方式将井内地下水从中心管与套管之间的环空排出，用同样的方式，将生产井中的水排出。排出注气井中地下水的目的是可以缩短气体将井内地下水驱散到地层的时间，加快试验速度，而排出生产井中地下水可以减小生产井中静水柱压力，减小气体进入生产井井内的阻力，使气体更快地进入生产井。

井内的地下水排出后，生产井与注气井之间油页岩层裂缝还是充满地下水，并且含水层中的地下水还会沿着裂缝进入油页岩层裂缝中，此时，向注气井中注入高压气体，井内气体压力不断升高，气体从注气井中射孔孔眼进入油页岩层中的裂缝，气体压力大于裂缝闭合压力时，油页岩层中的裂缝缝宽还会增大，提高两井之间的连通性，同时缝隙中的地下水会被驱散到远处裂缝或者含水层中，形成气水边界，气水边界不断扩大，直到生产井被包含在高压气体区内，气体进入生产井井内。此时油页岩层裂缝中的地下水被驱走，两井之间油页岩层的连通性得到改善，两井的气体流通通道成功建立。

生产井、注气井之间的裂缝连通之后，从注气井注入的气体会通过裂缝不断进入生产井中，生产井的气体压力会不断上升，当生产井中气体压力与油页岩层裂缝中的地下水压力达到平衡状态时，裂缝中的水就不会再进入井内。生产井井内气体压力继续上升，生产井周围地层裂缝中的地下水就会被驱散得更远，甚至驱散到含水层中。在保证生产井压力不下降的同时，缓慢打开生产井出气阀门，部分气体从生产井中返出，从生产井返出的气体进入其他分离设备。这样就保证油页岩层开采区不会有地下水侵入，保证原位注气开采工艺的顺利进行。

试验过程中，实时采集试验中的数据，用于后期进行分析。农安油页岩原位开采先导试验中气驱止水存在气水静态平衡阶段和气水动态平衡阶段。

（1）建立气水静态平衡阶段。

首先，供气站开始工作，向注气井内注入高压气体。由图 5.95 可以看出，注气井的进口压力和环空压力经过二次剧烈波动，这是因为对注气井进行了 2 次气举排水操作。排水之后注气井内保持高压力，气体开始将裂缝中的地下水向周围地层驱散。在 35min 时，监测井 M2 中井内压力上升，此时高压气体已经进入监测井 M2 中，其他三口井没有明显变化，由水力压裂数据可以知道，在监测井 M2 位置裂缝比较发育，因此由注气井注入的高压气体首先进入裂缝较发育的监测井 M2 中。在 45min 时，生产井内压力上升，裂缝中的高压气体进入生产井内。

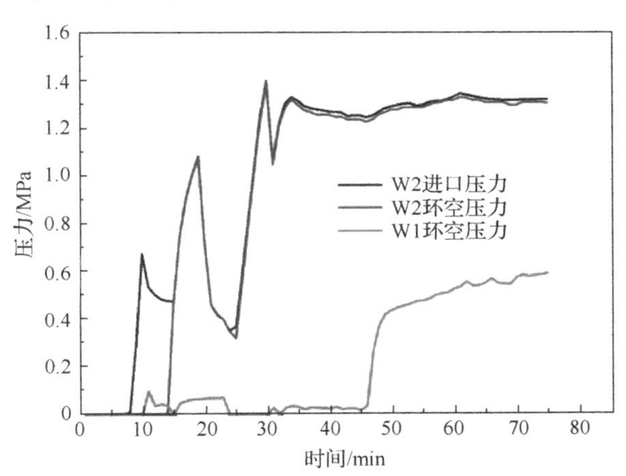

图 5.95　注气井和生产井压力曲线

（扫封底二维码查看彩图）

如图 5.96 和图 5.97 所示，在 100min 时，监测井 M3、M4 的压力和水位埋深均上升，而地层中高压气体和裂缝中的地下水一旦达到稳定后，两口井内压力和水位埋深又恢复到之前水平。这是由于在裂缝中的气水界面不断前进，地层不能及时吸收裂缝中的地下水，M3、M4 井地层中钻孔内液柱压力上升，地下水首先涌入附近的井内（M3、M4），造成井内压力和水位埋深的暂时上升。而监测井 M1 距离注气井距离较远，它的井内压力和水位埋深没有变化。

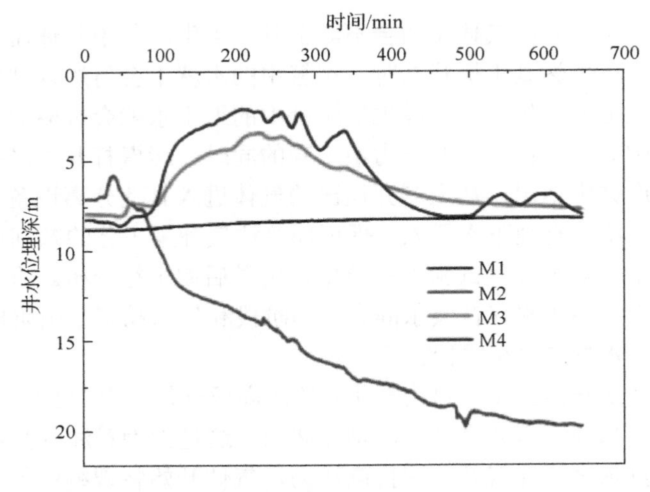

图 5.96　监测井水位埋深曲线
（扫封底二维码查看彩图）

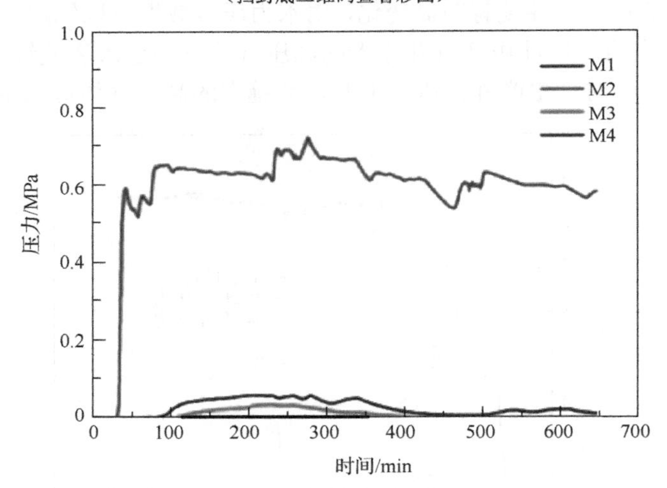

图 5.97　监测井井内压力曲线
（扫封底二维码查看彩图）

气体不断由注气井注入地层裂缝中，随着气水界面的不断移动，当气体经过井筒位置时，相对于高压气体，井筒会是一个低压区，气体会首先进入井筒，此时井筒内气压与液柱压力之和与井筒裂缝处压力平衡相等。而且气体从注气井经过裂缝进入开采井过程中压力损失严重。生产井内的压力升高之后，缓慢释放生产井中的气体，既保证井内压力平衡，又能使气体从生产井中释放。

（2）建立气水动态平衡阶段。

随着高压气体的不断注入，注气井环空压力逐渐降低，而生产井的环空压力保持不变，因此两者的压力差逐渐减小，在 25 天后，三个压力基本保持不变，达到平衡状态（图 5.98）。由此可以看出，随着高压气体不断经过油页岩层中的裂缝，裂缝周围的油页岩层在温度、风力等复杂作用下产生更多的微裂缝，裂缝的导流能力增强。

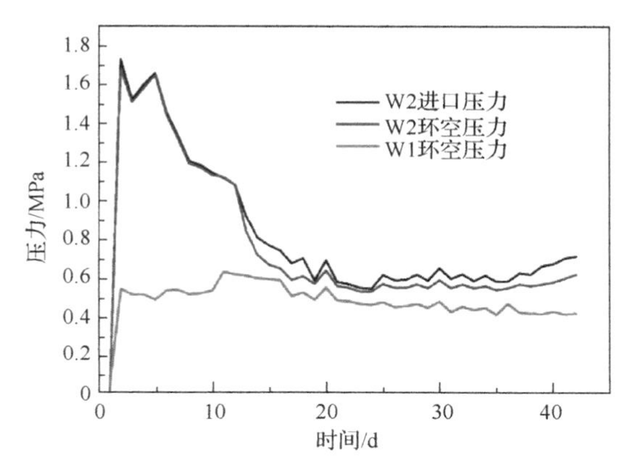

图 5.98　注气井和生产井压力曲线
（扫封底二维码查看彩图）

随着试验不断进行，监测井 M2 井内压力逐渐降低，最后降低至 0MPa（图 5.99），此时水位埋深也缓慢上升至一个稳定水位，其他三口井的水位最终也趋于稳定（图 5.100）。随着注气井与开采井之间裂缝导流能力的增强，注气井注气压力降低，裂缝中气水界面后退，裂缝中高压气体区范围减小，气水界面稳定在注气井和生产井之间气流流动路径范围内，此时从注气井注入的大部分气体从生产井中流出。

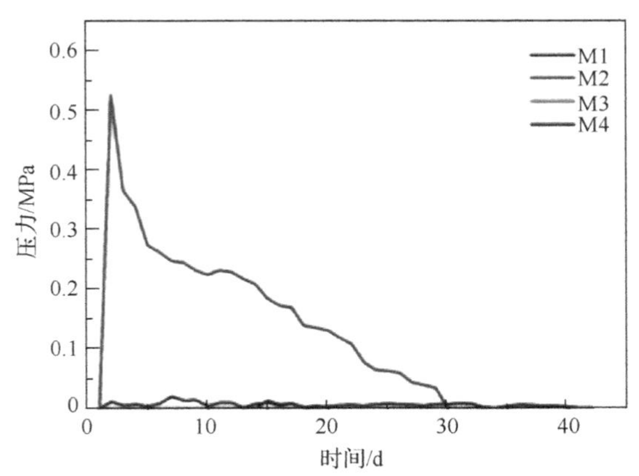

图 5.99　监测井井内压力曲线
（扫封底二维码查看彩图）

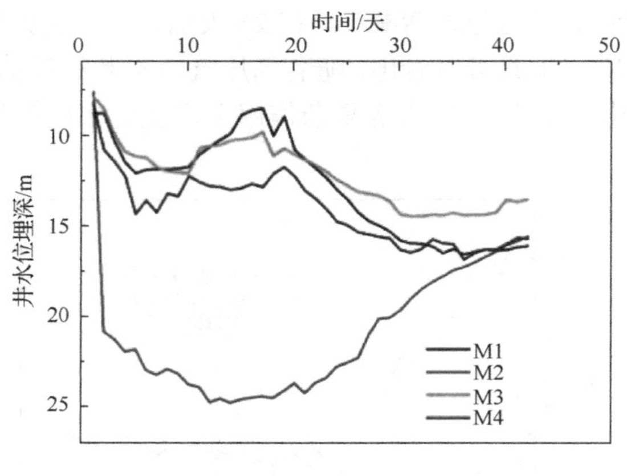

图 5.100　监测井水位埋深曲线
（扫封底二维码查看彩图）

随着气体在油页岩层中裂缝的流动，裂缝的导流能力会增强，注气井的注气压力下降，导致气水界面后退，只能维持在很小的范围内，由于气体的流动性强以及裂缝的不均匀性等因素，此时可能会有少量地下水随气体流动进入生产井内。建立气水动态平衡之后，生产井 W1 的井出水量由之前的 $6m^3/h$ 减少为 $0.75m^3/h$，大大减少了生产井 W1 的井出水量，基本满足油页岩原位注气开采工艺的需求。

气水压力动态平衡方法使用油页岩原位注气开采中的设备，因此气水压力动态平衡方法可以与油页岩原位注气开采同时进行，在气水压力动态平衡建立后，即可进行油页岩原位注气开采，在进行油页岩原位注气开采的同时又可维持气水压力动态平衡，保持地下水不进入油页岩层，防止加热热量损失。

5.4　在水合物开发中的储层改造技术及其效果研究

5.4.1　海洋水合物储层改造必要性

2017 年 5 月 18 日，我国在南海神狐海域实现了世界首次对资源量全球占比 90%以上、开发难度最大的泥质粉砂型天然气水合物（以下简称“水合物”）安全可控开采。2020 年 2 月 17 日，我国在南海神狐海域成功实施天然气水合物第二轮试采，创造了“产气总量 86.14 万 m^3，日均产气量 2.87 万 m^3”两项新的世界纪录。在第二轮试采中，我国突破了从“垂直井”到“水平井”开采核心技术，实现了从“探索性试采”向“试验性试采”的重大跨越，天然气水合物的商业化开采的可行性得到了进一步验证。

天然气水合物是由水分子和甲烷在一定的温压条件下化合而成的笼形化合物，在自然界中，其以固态化合物的形式充填在水合物储层的孔隙中，这种固相充填使得天然气水合物储层具有低孔、低渗的特性，这一特性会严重抑制降压法中压降的传递和热激法中热量的扩散以及储层内流体的运移。这给降压法、注热法和联合开采法的开采效率均带来了极为不利影响。大量的研究表明，在储层规模的水合物开采中，储层的有效渗透率是水合物开采效率的主要决定因素。一些数值研究显示在低渗透率的水合物储层中，水合物储层的分解范围不足 15m，即使通过降压联合注热开采，产气效率依然远远低于商业化开采标准。因此，改善水合物储层的渗流条件是提高水合物开采效率的关键，也是水合物实现商业化开采亟待解决的挑战。

因此，近年来越来越多的研究聚焦于将储层改造技术应用于水合物储层的开发，这些研究包括含储层改造技术在水合物储层中应用的可行性分析评价[55-60]，也包括储层改造技术对水合物开发的增产潜力的探究[61-67]。当前的室内试验研究已经初步证明了储层改造技术在水合物储层中的应用具备一定的可行性。中国于2020 年海域水合物第二次试采中成功应用了水平井多段储层改造技术，这进一步证实了储层改造技术在水合物储层中积极的应用前景。在这一背景下，本节介绍储层改造技术对水合物降压开采以及降压联合注热开采的增产潜力。

5.4.2　储层改造对水合物降压开采的增产效果

利用 TOUGH + HYDRATE V1.0 数值模拟软件，对比了水力压裂技术和水射流割缝技术两种储层改造方式对海洋天然气水合物降压开采效率的影响，并探究了不同裂缝参数（包括裂缝数量和裂缝间距）对水合物开发动态的影响[61, 62]。

1. 地质背景及模型建立

以南海北部神狐海域的水合物储层作为地质背景，以 SH7 井的测井资料作为建模参数基础。该区域海水深度为 1108m，水合物储层位于海底以下 155～177m。钻探及测井资料显示，该水合物储层以甲烷水合物为主（99%），在模型中，假设该区域水合物的气体组分为 100%甲烷；储层厚度为 22m，储层底界的温度为 14.15℃，压力为 13.83MPa，水合物饱和度为 44%，水合物层孔隙度为 38%，绝对渗透率为 $7.5\times10^{-14}\,m^2$（75mD）。模型选用的储层基本物性参数及相关的计算参数见表 5.32。

表 5.32　储层基本物性参数及相关的计算参数

参数名称	参数值
水合物层初始压力 P_0	13.83MPa
储层底界的温度 T_0	14.15℃
海水深度	1108m
地温梯度	0.0433℃/m

续表

参数名称		参数值
水合物层厚度 Z_H		22m
水合物层深度 H_1		155～177m
水合物饱和度 S_H		44%
气体组分		100%CH_4
孔隙度（储层及上覆层、下伏层）Φ		38%
绝对渗透率（储层及上覆层、下伏层）$k_x = k_y = k_z$		7.5×10^{-14} m^2
密度（储层及上覆层、下伏层）ρ_R		1.600kg/m^3
干岩石热导率（储层及上覆层、下伏层）K_{dry}		1.0W/(kg·℃)
岩石饱水热导率（储层及上覆层、下伏层）K_{wet}		3.1W/(kg·℃)
生产压力 P		7MPa
毛管力计算模型①	S_{irA}	0.29
	λ	0.45
	P_0	105Pa
相对渗透率计算模型②	n	3.572
	n_G	3.572
	S_{irA}	0.30
	S_{irG}	0.05

注：S_A 为液相饱和度，无量纲；S_{irA} 为束缚水饱和度，无量纲；S_{mxA} 为最大含水饱和度，无量纲；S_G 为气相饱和度，无量纲；S_{irG} 为束缚气饱和度，无量纲。

① $P_{cap} = -P_0[(S^*)^{(-1/\lambda)} - 1]^{(1-\lambda)}$；$S^* = (S_A - S_{irA})/(S_{mxA} - S_{irA})$。

② $K_{rA} = (S^*)^n$；$K_{rG} = (S_G^*)^{n_G}$；$S_A^* = (S_A - S_{irA})/(1 - S_{irA})$；$S_G^* = (S_G - S_{irG})/(1 - S_{irG})$。

地质模型的示意图如图 5.101 所示，模型半径 r = 50m，高度 z = 80m；上覆层厚度为 30m，下伏层厚度为 28m，水合物层厚度为 22m；采用直井进行降压开采，生产井筒半径为 0.1m，生产井段位于水合物层中部，高度为 6m；利用水力压裂的方式进行储层改造是一个复杂的过程，压裂裂缝形态不仅受到地层应力分布的影响，还与岩石自身物理力学性质和压裂参数等诸多因素有着密切的联系。因此，为模拟改造后天然气水合物储层的降压开采效率，对射流割缝和压裂裂缝系统进行适当的合理简化：①水合物层为各向同性体，裂缝仅沿水平方向扩展，并忽略水合物开采过程中的地质力学响应；②只考虑水平主裂缝的影响，忽略二次裂缝和次生裂缝的影响；③沉积物颗粒不对裂缝内支撑剂的性质造成影响。

在上述假设的基础上，模型中裂缝和射流割缝的布置方式以生产井的中心为基点向两侧对称分布。裂缝和射流割缝的渗透率取值参考裂缝支撑剂的导流能力，通过相关资料确定裂缝和射流割缝的渗透率 $k = 2.5\times10^{-12}$ m^2；射流割缝裂缝宽度与长度分别为 50mm 与 5m，压裂裂缝宽度与长度分别为 10mm 与 40m。裂缝的参数设置见表 5.33。

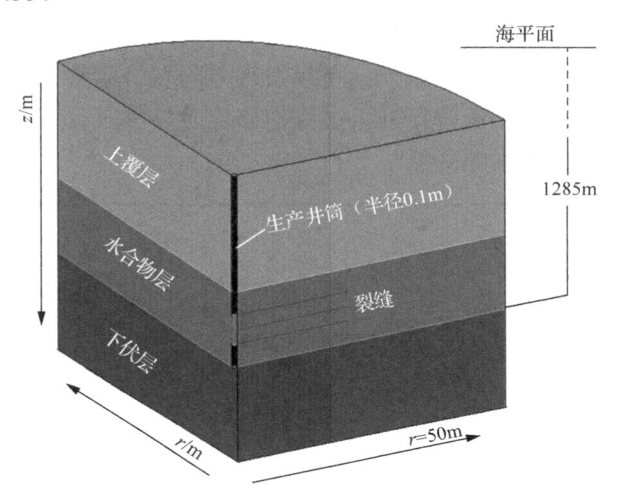

图 5.101　地质模型的示意图

表 5.33　裂缝参数表

裂缝参数	压裂裂缝参数取值	射流割缝参数取值
裂缝宽度 h_c/长度 L_c	10mm/40m	50mm/5m
裂缝数量 N	1、3、5	3
裂缝间距 Δl	1m、2m、3m、5m	3m
裂缝渗透率 k	$2.5\times10^{-12}\mathrm{m}^2$	$2.5\times10^{-12}\mathrm{m}^2$

2. 射流割缝与压裂裂缝对降压开采的增产效果对比

图 5.102 为未进行储层改造、射流割缝改造与压裂改造下产气速率和累计产气量的变化。数值模拟表明，开采前 300 天，两种储层改造的产气速率基本一致，且明显高于未改造的水合物储层。随着开采的进行，水力压裂改造方式的产气速率下降幅度较小，产气速率相对稳定，而水射流割缝储层改造方式的产气速率迅速减小，相比于未改造情况，增产效果不再明显。对比两种储层改造开采五年的累计产气量可知，压裂的累计产气量比割缝提高了 23.06%。由此可见，相比于射流割缝，水力压裂对于水合物降压开采具有更好的增产潜力。

3. 压裂裂缝数量对水合物降压开采的影响

1）储层内水合物饱和度的分布

图 5.103 为未改造水合物层（1-1）、含 1 条（1-2）、3 条（1-3）和 5 条裂缝（1-4）时，降压开采一个月（A）和一年（B）时水合物饱和度的分布。数值模拟表明，

在开采前期，如图 5.103（a)、(c)、(e)、(g）所示，随着裂缝数量的增加，裂缝的控制区域更大，裂缝控制区域内水合物分解速率更高，水合物分解前缘的推进速度更快，裂缝对水合物开采具有显著的增产效果。但是在开采后期，如图 5.103（b)、(d)、(f)、(h）所示，可以发现不同裂缝数量下水合物分解区域的面积相差不大。这表明由于降压开采过程中储层显热供应有限，开采后期裂缝对水合物分解的改善能力大幅降低。

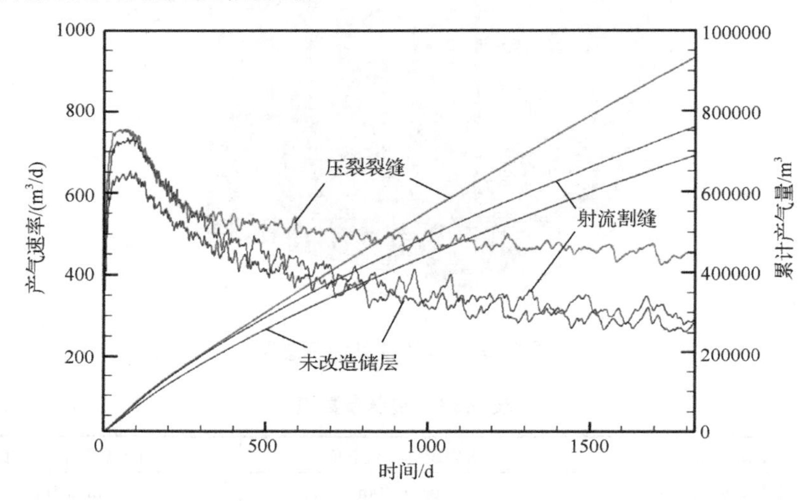

图 5.102　未进行储层改造、射流割缝改造与压裂改造下产气速率和累计产气量变化

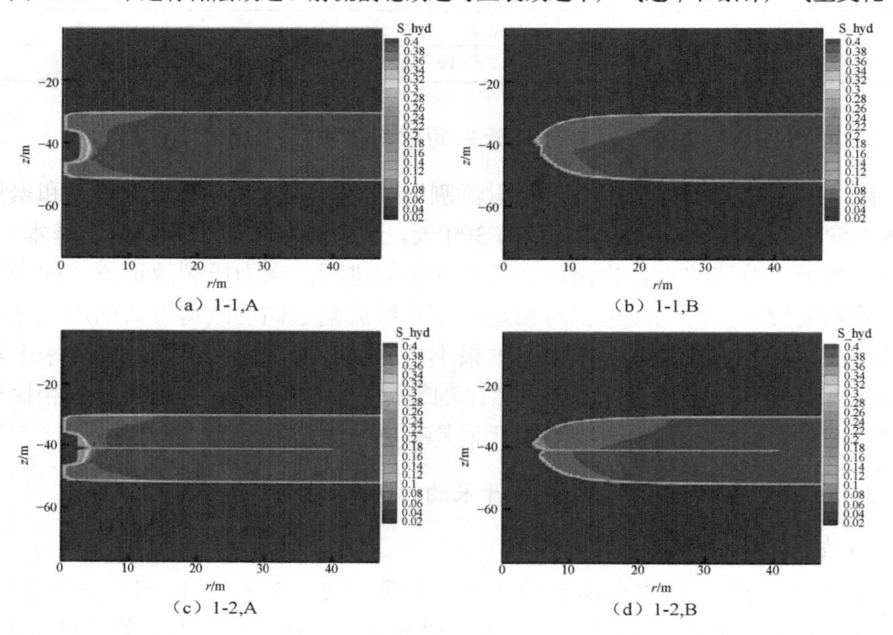

(a) 1-1,A　(b) 1-1,B

(c) 1-2,A　(d) 1-2,B

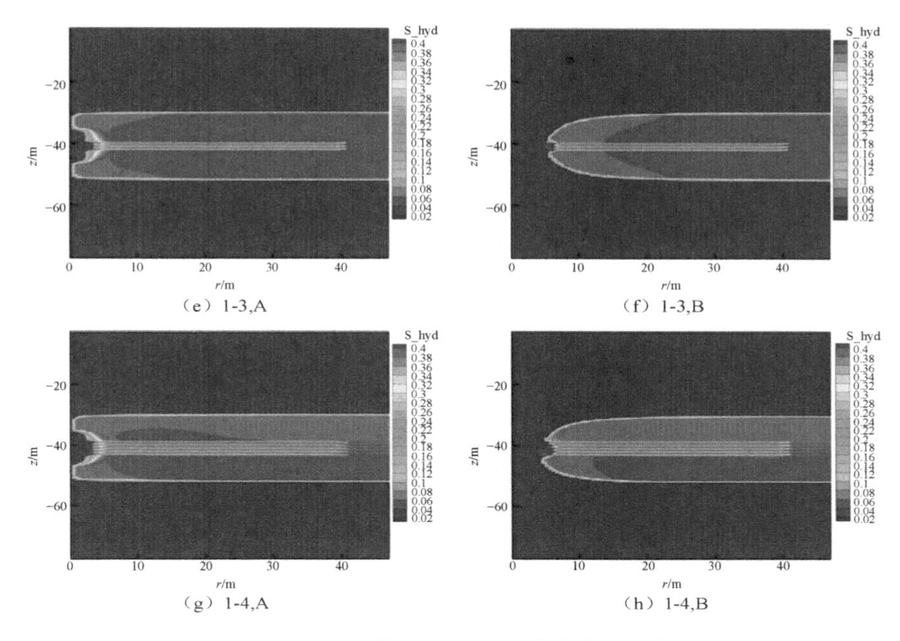

图 5.103　不同裂缝数量下储层水合物饱和度分布

注：S_hyd 表示水合物饱和度

（扫封底二维码查看彩图）

2）CH_4的产气速率和累计产气量的变化

图 5.104 为生产压力 7MPa，不同裂缝数量条件下，开采五年 CH_4的产气速率和累计产气量的变化。数值模拟表明，在裂缝数量较少时，裂缝对产气的改善作用较弱，并且存在改善期短的问题。当裂缝数量较多时，裂缝呈现出了很好的增产效果，并且在开采后期，压裂后的储层产气速率下降速率小于未压裂储层，这表明在水合物储层压裂中，裂缝数量对于水合物的产气动态有着重要的影响，裂缝数量不足会导致开发后期增产能力降低甚至无增产能力，充足的裂缝数量会大幅提高产气速率，并且会减小产气速率的降低速率，有助于保持产气的稳定。因此，对水合物降压开采的压裂增产而言，要尽量增加裂缝数量，以提高增产效果。

4. 裂缝间距对降压开采效率的影响

图 5.105 为裂缝间距分别为 1m（2-1）、2m（2-2）、3m（2-3）与 5m（2-4）时，开采一年（A）和五年（B）时的水合物饱和度分布。数值模拟表明，开采一年后，图 5.105（a）～（d）中裂缝控制范围内水合物分解面积逐渐减小，这表明在开采前期，随着裂缝密度的增加即裂缝间距的减小，有利于相邻裂缝之间的水力沟通从而有利于增强水合物的分解。但是从图 5.105（e）～（h）中可以看到，

开采五年后，裂缝间距为 1m 和 2m 的裂缝中出现了二次水合物，这表明在开采后期会面临储层显热供应不足的问题，裂缝间距过小会使裂缝附近储层温度和压力下降过快，从而在裂缝内形成二次水合物，这会严重抑制水合物的分解和气体的产出。这一现象明显区别于页岩气和致密气等非常规气藏。

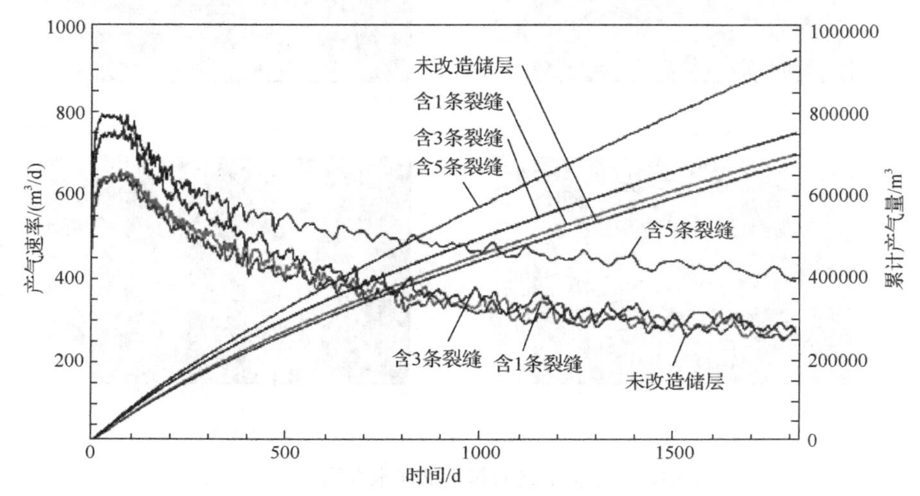

图 5.104　不同裂缝数量条件下 CH_4 的产气速率和累计产气量变化

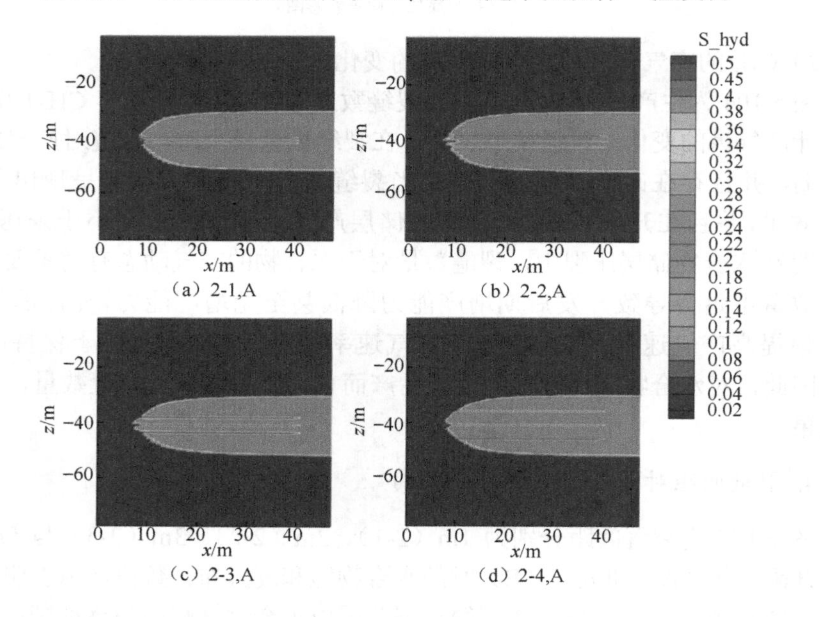

（a）2-1,A　（b）2-2,A

（c）2-3,A　（d）2-4,A

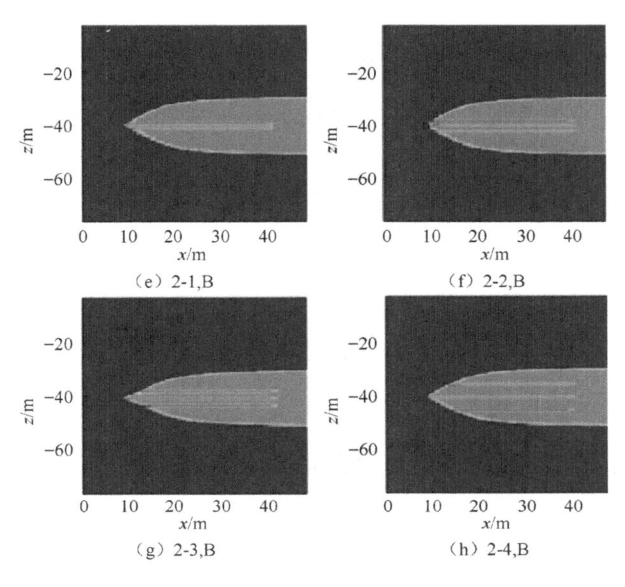

（e）2-1,B　（f）2-2,B

（g）2-3,B　（h）2-4,B

图 5.105　不同裂缝间距条件下的水合物饱和度分布云图
（扫封底二维码查看彩图）

图 5.106 为不同裂缝间距下 CH_4 的产气速率和累计产气量变化。数值模拟表明，裂缝间距为 3m 的产气速率在开采后期远高于其他三种情况。从累计产气量中也可以发现，裂缝间距为 3m 的累计产气量比裂缝间距为 5m 的累计产气量提高了 35.87%。但是裂缝间距为 1m、2m 的累计产气量却与 5m 几乎没有区别。这表明仅从技术指标的角度考虑，二次水合物在裂缝合成这一特殊的现象会导致裂缝密度对增产效果的影响存在最优值。因此，在水合物降压开采中采用压裂增产时，依据储层物性合理设置裂缝密度对于增产效果至关重要。

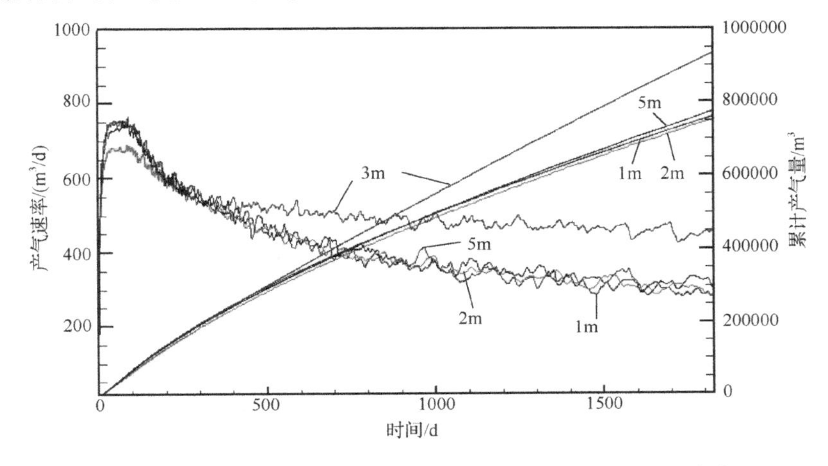

图 5.106　不同裂缝间距下 CH_4 的产气速率和累计产气量变化

5.4.3 单一裂缝对水合物降压联合注热开采的增产效果

水合物开采经历的第一个过程是固态水合物分解释放游离的 CH_4。在降压开采中，水合物的分解依赖压降的传递和储层显热的能量供应。在低渗的水合物储层中，压降的传递能力较差，同时储层显热供应有限，因此，在低渗水合物储层中，采用降压联合注热开采相比于降压开采具有更强的水合物分解能力。但是，很多研究表明，由于注采井间储层流体的有效渗透率极低，在注采井间水合物分解区域连通以前，注采井间的流体流动并不明显。该方案的产气能力也因此而受到极大的抑制。针对这一问题，本节讨论单一裂缝对低渗水合物注采开发的增产潜力[65]。

1. 地质背景及模型建立

本节以南海北部神狐海域的水合物储层作为地质背景，以 SH2 井的测井资料作为建模参数依据。该区域海水深度为 1235m 左右，水合物储层位于海底 185m 以下。该区域水合物储层厚度最大为 44m，储层底界的温度为 14.15℃，压力为 13.83MPa，水合物饱和度为 26%～48%，水合物层孔隙度为 0.33～0.48，渗透率为 $1.0\times10^{-14}\,m^2$（10mD）。模型中选用的储层物性参数及相关的计算参数见表 5.34。

表 5.34　模型中选用的储层物性参数及相关的计算参数

参数	数值	参数	数值
上覆层厚度	30m	岩石颗粒密度 ρ_R（所有沉积物）	$2600kg/m^3$
下伏层厚度	30m	渗透率 k_W（井筒）	$1.0\times10^{-9}m^2$（1000D）
水合物储层厚度	40m	裂缝宽度	6mm
固有渗透率 $k_x=k_y=k_z$（所有沉积物）	$1.0\times10^{-14}m^2$（10mD）	相对渗透率模型	$k_{rA}=\left(S_A^*\right)^n$ $k_{rG}=\left(S_A^*\right)^{n_G}$ $S_A^*=\dfrac{S_A-S_{irA}}{1-S_{irA}}$ $S_G^*=\dfrac{S_G-S_{irG}}{1-S_{irG}}$
水合物储层初始饱和度	$S_H=0.4, S_A=0.6$	n	3.572
孔隙度 Φ_W（井筒）	1.0	n_G	3.572
地温梯度	0.047	S_{irA}	0.30
水合物储层气体组分	$CH_4$100%	S_{irG}	0.03
孔隙度 $\Phi_O=\Phi_H=\Phi_U$（所有沉积物）	0.38	毛管力模型	$P_{cGW}=-P_0\left[\left(\dfrac{S_A-S_{irA}}{1-S_{irA}}\right)^{-1/\lambda}-1\right]^{1-\lambda}$
孔隙度 Φ_F（裂缝）	0.38	S_{irA}	0.29

续表

参数	数值	参数	数值
干岩石导热系数 $k_{\Theta RD}$（所有沉积物）	1.0W/(m·K)	λ	0.45
饱水岩石导热系数 $k_{\Theta RW}$（所有沉积物）	3.1W/(m·K)	P_0	10^5Pa

图 5.107 为本节的地质模型示意图。模型在 x 方向和 z 方向的长度分别为 200m 和 100m。水合物层厚度为 40m，上覆层和下伏层厚度为 30m 以确保准确模拟模型的温度和演化。水平井方向为 y 方向。中间井的中心坐标(x,z)为(100,−50)，其余两口井分布在模型两侧。假设储层物性和生产条件在整个水平井内是均质的，则在水平井方向上只考虑单位厚度。

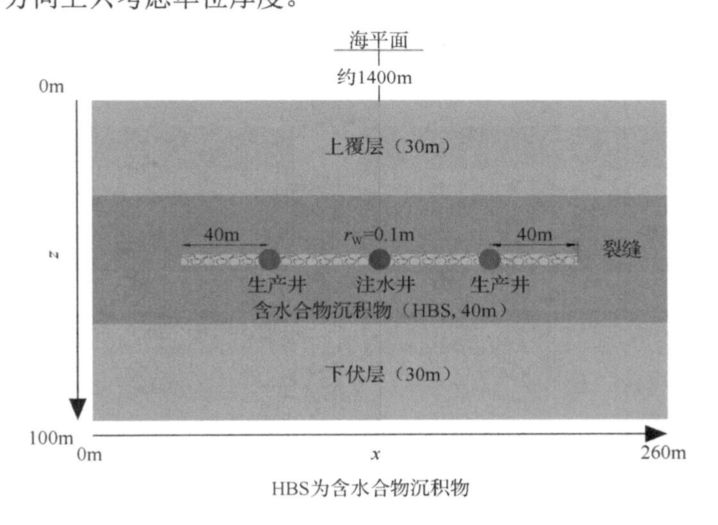

图 5.107　本节地质模型示意图

2. 模拟方案

注水井选择中间井，采用恒压注水。注水温度为 60℃，注水压力为 20MPa。两侧的井为生产井。其生产压力为 4.5MPa，与日本南海海槽首次试采工程一致。探究裂缝渗透率、井距对水合物开发动态的影响以及水力压裂对不同井距的增产效果，模拟方案如表 5.35 所示。

表 5.35　模拟方案

	裂缝渗透率/D	井距/m
案例 1-1	无裂缝	50
案例 1-2	1	50
案例 1-3	1.5	50

续表

	裂缝渗透率/D	井距/m
案例 1-4	2	50
案例 2-1N	无裂缝	40
案例 2-2N	无裂缝	50
案例 2-3N	无裂缝	60
案例 2-1	2	40
案例 2-2	2	50
案例 2-3	2	60

3. 单一裂缝对水合物降压联合注热开采的影响

1）对水合物分解能力的影响

图 5.108 为案例 1-1 和案例 1-4 储层水合物饱和度的分布，图 5.109 为不同裂

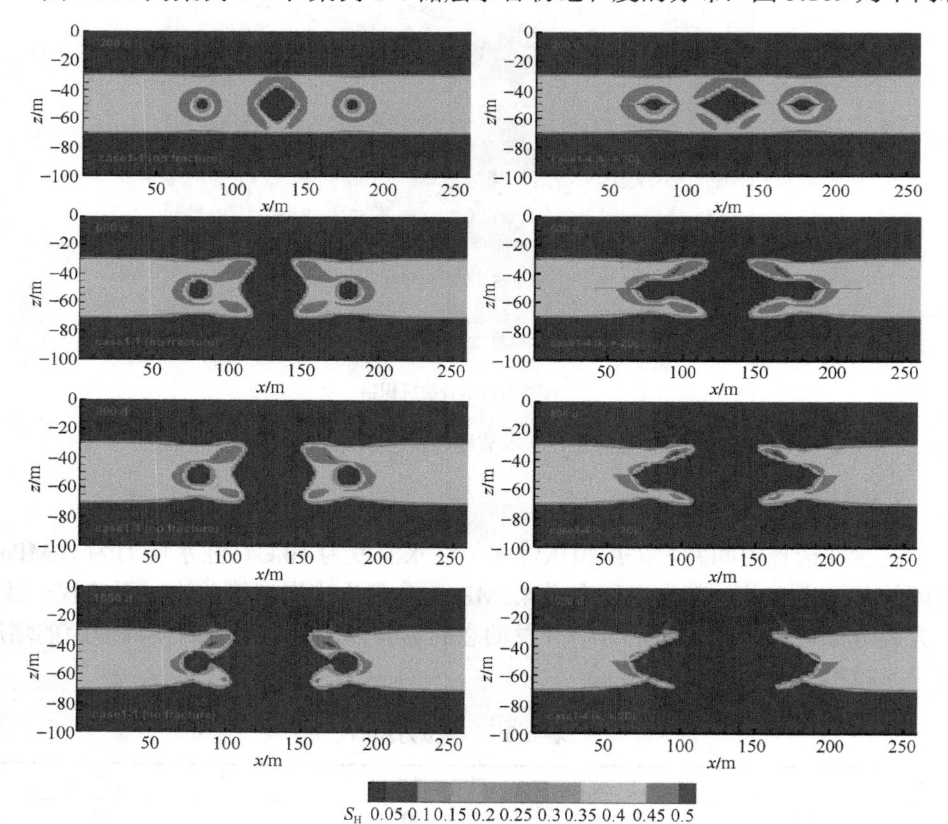

图 5.108　案例 1-1 和案例 1-4 储层水合物饱和度的分布
（扫封底二维码查看彩图）

缝渗透率 CH_4 释放速率（水合物分解释放 CH_4 的速率）Q_R 和累计 CH_4 释放体积 V_R 的变化。数值模拟表明，注热井附近的水合物分解前缘扩展速度明显快于降压井，表明水合物在热激作用下的分解行为大幅优于降压分解。裂缝的存在对热水的导流和水合物的分解有明显的促进作用。带裂缝的情况下水合物分解前缘在 x 方向的推进速度明显快于无裂缝的情况。在开采前期，水合物分解速率明显随裂缝渗透率的增加而增加，但后期趋势相反。压裂后水合物分解量明显提升（案例 1-4 较案例 1-1 高 13.1%），表明裂缝对水合物注采开发的水合物分解能力有很好的改善作用。水合物累计分解量随着裂缝渗透率的增加而增加，但增长幅度逐渐减小。

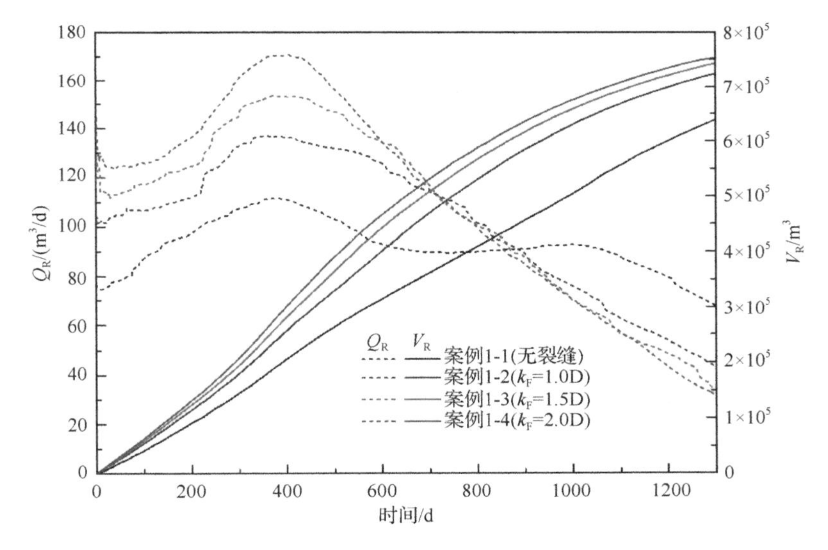

图 5.109　不同裂缝渗透率 CH_4 释放速率 Q_R 和累计 CH_4 释放体积 V_R 的变化

（扫封底二维码查看彩图）

2）对产气能力的影响

图 5.110 为不同裂缝渗透率 CH_4 生产速率（生产井产出 CH_4 的速率）Q_P 和累计 CH_4 生产体积 V_P 的变化。图 5.110 中，产气速率开始快速上升时对应的时间为注热井附近水合物分解释放的 CH_4 运移至生产井的时间。数值模拟结果表明裂缝的存在极大地促进了注热井附近的 CH_4 向生产井的运移，案例 1-1 注热井附近的 CH_4 运移至生产井需要 510 天，而案例 1-4 只需 240 天。开采前期，产气速率明显随裂缝渗透率的增加而增加，但后期趋势相反。压裂后产气量明显提升（案例 1-4 较案例 1-1 高 38.5%），累计产气量随着裂缝渗透率的增加而增加，但与水合物分解量相似，增长幅度逐渐减小。

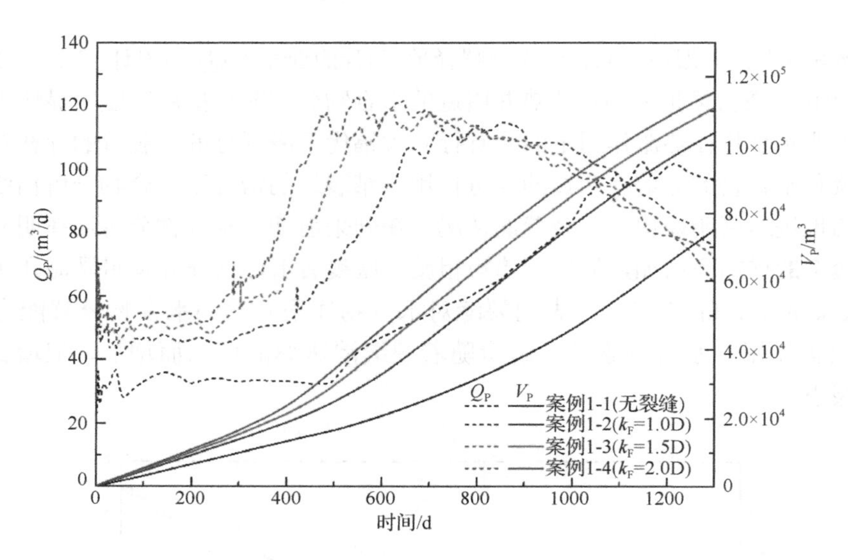

图 5.110　不同裂缝渗透率 CH_4 生产速率 Q_P 和累计 CH_4 生产体积 V_P 的变化

（扫封底二维码查看彩图）

4. 井距对水合物降压联合注热开采的影响以及单一裂缝对不同井距的增产效果

1）对水合物分解能力的影响

图 5.111 为带裂缝与不带裂缝不同井距下水合物的分解速率变化，图 5.112 为带裂缝与不带裂缝不同井距下水合物的累计分解量变化。数值模拟结果表明，随着井距的增加，水合物分解速率的峰值逐渐降低，但由于井距增加会增加注采井之间的水合物量，因此水合物平稳分解阶段持续的时间随之增大。案例 2-1N、案例 2-2N 和案例 2-3N 水合物的累计分解量在 1300 天后分别达到 $1.11\times10^5m^3$、$1.22\times10^5m^3$、$1.11\times10^5m^3$。这表明在一定的开采期内，适当增加井距可以提高水合物的分解量，但井距过大反而会降低水合物的分解量。案例 2-1、案例 2-2 和案例 2-3 水合物的累计分解量在 1300 天后分别达到 $1.22\times10^5m^3$、$1.44\times10^5m^3$ 和 $1.57\times10^5m^3$。与无裂缝相比，相应的增幅分别为 10%、18%和 41.4%。这表明在不同井距下，水合物的分解速率都由于压裂而得到了大幅提高，并且井距越大，提高效果越显著。

2）对产气能力的影响

图 5.113 为带裂缝与不带裂缝不同井距下 CH_4 的产气速率，图 5.114 为带裂缝与不带裂缝不同井距下的累计产气量变化。数值模拟表明，井距的增加对于产气速率有着严重抑制作用，这体现在两个方面：第一，井距的增加会大幅延长注入井附近 CH_4 向生产井扩散的时间，大幅延长低产气速率持续的时间。第二，产气速率上升阶段的曲线斜率明显降低。在无裂缝的情况下，即案例 2-1N～案例 2-3N 的产气量分别为 $8.72\times10^4m^3$、$7.51\times10^4m^3$ 和 $5.08\times10^4m^3$，呈现出了逐渐降低的规

律。裂缝在不同井距下对产气速率均有良好的改善作用，体现在两个方面：首先，大幅缩短了注入井附近 CH_4 向生产井扩散的时间；其次，明显提高了产气速率的峰值。在有裂缝的情况下，即案例 2-1～案例 2-3 的产气量分别为 $1.10\times10^5m^3$、$1.16\times10^5m^3$、$1.05\times10^5m^3$，与案例 2-1N～案例 2-3N 相比对应的增长幅度分别为 26.5%、53.8%和 106.9%。这表明在不同井距下，裂缝的存在均能大幅改善产气量，并且井距越大，提高效果越显著。

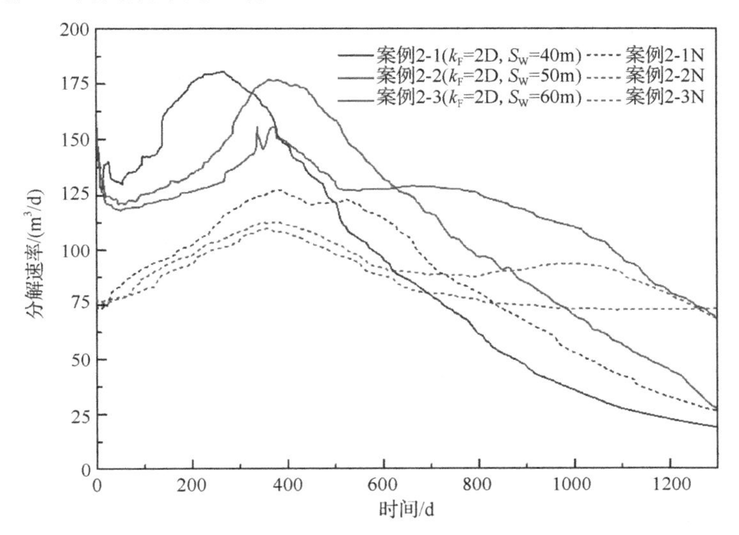

图 5.111　带裂缝与不带裂缝不同井距下水合物的分解速率变化
（扫封底二维码查看彩图）

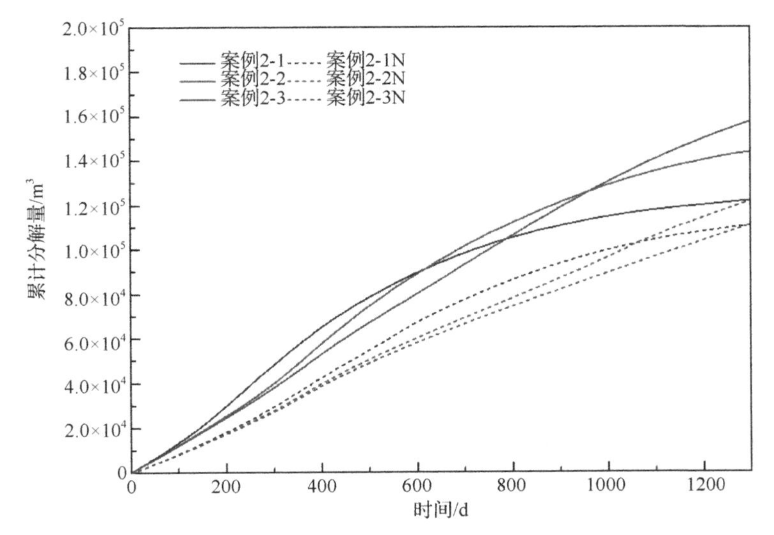

图 5.112　带裂缝与不带裂缝不同井距下水合物的累计分解量变化
（扫封底二维码查看彩图）

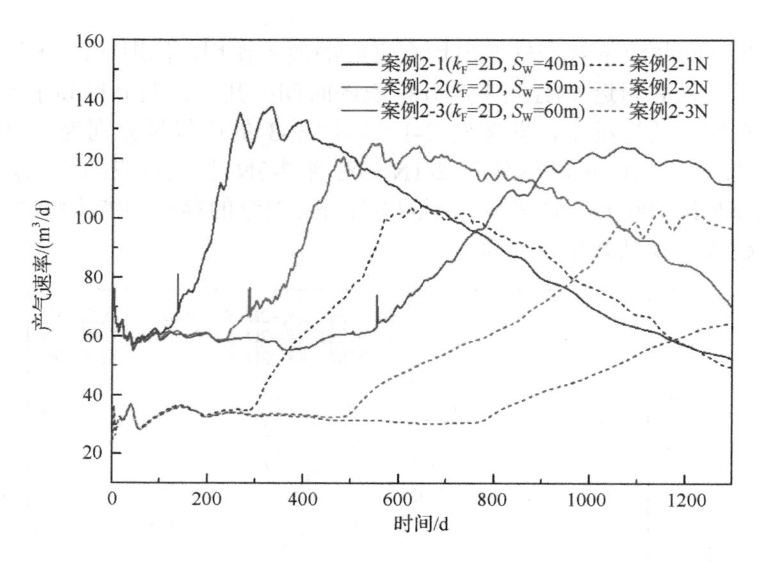

图 5.113　带裂缝与不带裂缝不同井距下 CH_4 的产气速率

（扫封底二维码查看彩图）

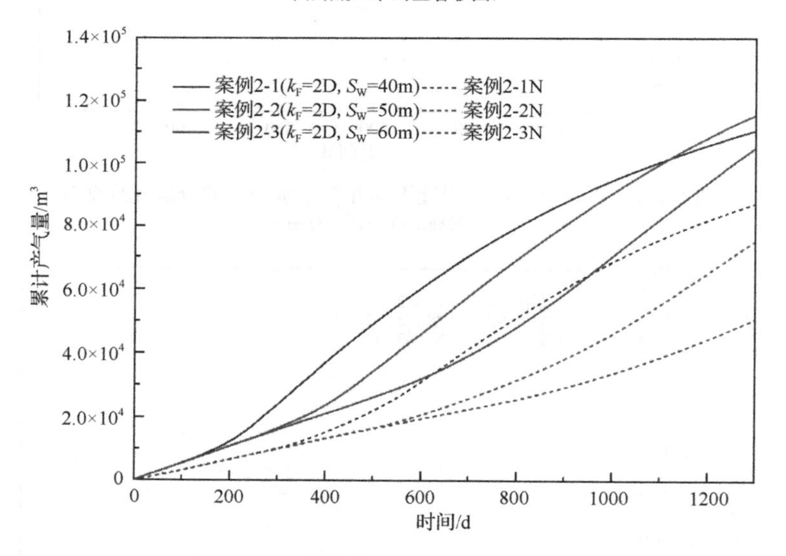

图 5.114　带裂缝与不带裂缝不同井距下的累计产气量变化

（扫封底二维码查看彩图）

5.4.4　缝网对水合物降压联合注热开采的增产效果

水平井多段多簇压裂技术是超低渗的非常规气藏成功实现商业化开采的关键。水平井多段多簇压裂形成的缝网可以大幅改善储层的渗流条件、增大储层的泄流面积。鉴于此，本节讨论缝网对水合物注采开发的增产效果，以及主要的缝网参数对水合物开发动态的影响规律[66]。

本节中建立地质模型的地质背景与 5.4.2 节中的一致。但是，为了揭示缝网参数对水合物开发动态的影响规律，将水合物储层厚度增大到 40m。地质模型示意图如图 5.115 所示。注采参数与 5.4.3 节中的一致。本节包括两部分内容，一部分是缝网增产能力的评价；另一部分是缝网参数包括裂缝导流能力和裂缝间距对水合物开发动态的影响。模拟方案见表 5.36。

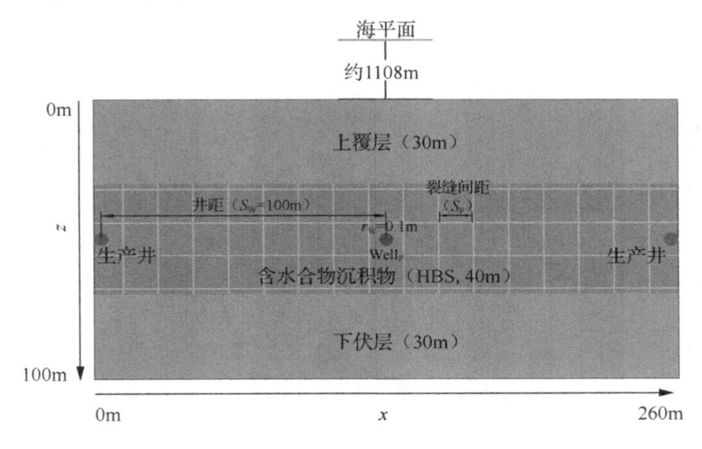

图 5.115　开采模型示意图

表 5.36　模拟方案

	生产方案		裂缝导流能力 C_F/(D·cm)		裂缝间距/m
案例 1-1	降压	案例 2-1	5	案例 4-1	2
案例 1-2	注采开发	案例 2-2	10	案例 4-2	4
案例 1-3	带缝网的注采开发（$C_F = 20$D·cm, $S_F = 4$m）	案例 2-3	15	案例 4-3	8
		案例 2-4	20	案例 4-4	12

1. 缝网的增产能力

1）不同开发方案水合物的分解能力

图 5.116 为案例 1-1～案例 1-3 的水合物饱和度分布，图 5.117 案例 1-1～案例 1-3 的水合物分解速率和累计分解量变化。数值模拟表明，相比于降压法，注采方案中注热井对水合物分解的贡献占主导地位，且注采方案的水合物累计分解量是降压法的 3.4 倍，这表明注采方案相比降压法具有更好的水合物分解能力。将缝网引入注采方案中以后，注入井附近的水合物分解前缘的推进速度明显加快，水合物的分解速率在开采前期相比于无缝网提高了 2.4 倍，表明缝网对注采方案的水合物分解能力有很好的改善作用。

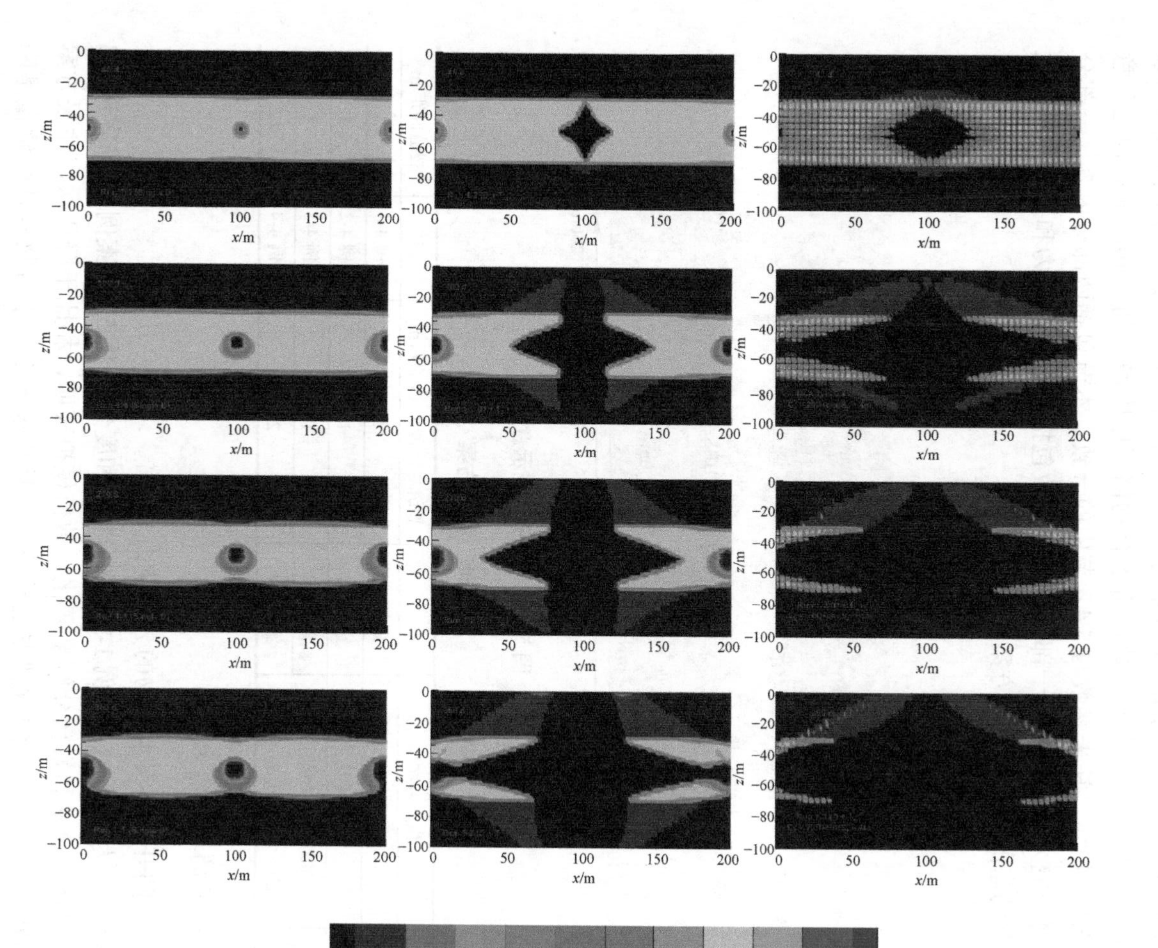

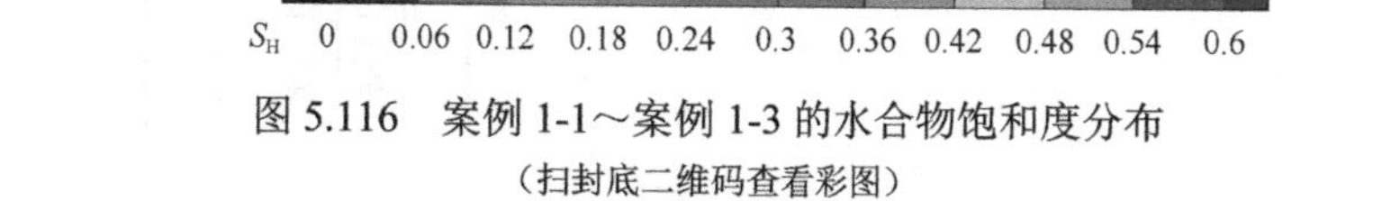

图 5.116　案例 1-1～案例 1-3 的水合物饱和度分布

（扫封底二维码查看彩图）

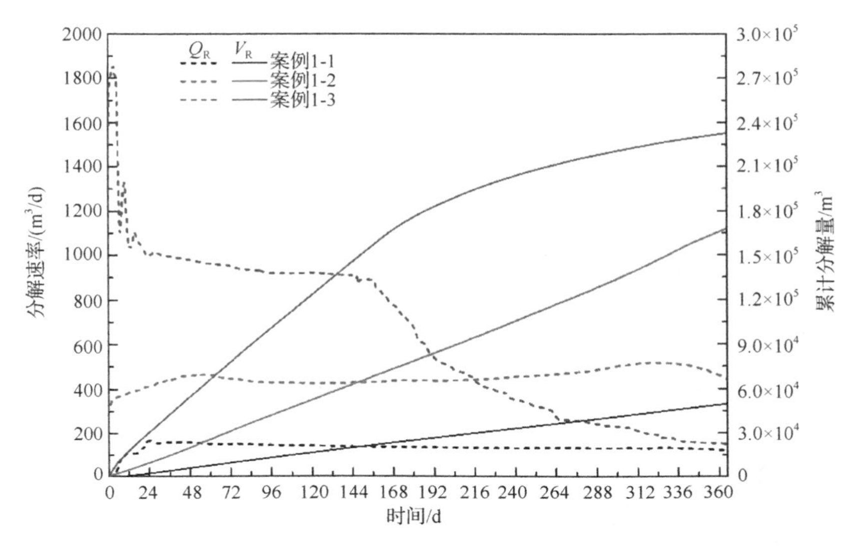

图 5.117 案例 1-1～案例 1-3 的水合物分解速率和累计分解量变化
（扫封底二维码查看彩图）

2）不同开发方案的产气能力

图 5.118 为案例 1-1～案例 1-3 CH4 饱和度的分布，图 5.119 为案例 1-1～案例 1-3 CH_4 的产气速率和累计产气量变化。数值模拟表明，注采井间低的有效渗透率会阻碍注热井附件的 CH_4 向生产井运移。即使注采方案的水合物分解能力远高于降压方案，但累计产气量仅比降压方案高出 10%。由于水合物储层的低有效渗透率，注采方案具有较低的产气能力。在注采方案引入缝网后，极大地促进了注热井附近的 CH_4 向生产井的运移，最终的累计产气量是无缝网的 3.61 倍。结合水合物的分解动态表明，缝网对于注采开发具有极大的增产潜力。

2. 裂缝导流能力对水合物开发动态的影响

1）对水合物分解动态的影响

图 5.120 为案例 2-1～案例 2-4 的水合物分解速率和累计分解量变化。数值模拟表明，水合物分解速率出现了两个阶段，在第一阶段，水合物分解速率相对稳定，在第二阶段，分解速率快速下降。第二阶段的出现是注采井间水合物分解区域连通，注入的热水开始流入生产井导致的。在这里，将第二阶段出现的时间定义为生产井进水的时间。从图 5.120 中可以看出，在生产井见水前，随着裂缝导流能力的增加，水合物分解速率逐渐增加，但在生产井见水后，水合物分解速率反而会随着裂缝导流能力的增加而逐渐降低。这也导致了一个现象：尽管最终的水合物分解率随着裂缝导流的增加而增加，但相应的增长幅度却逐渐减小。

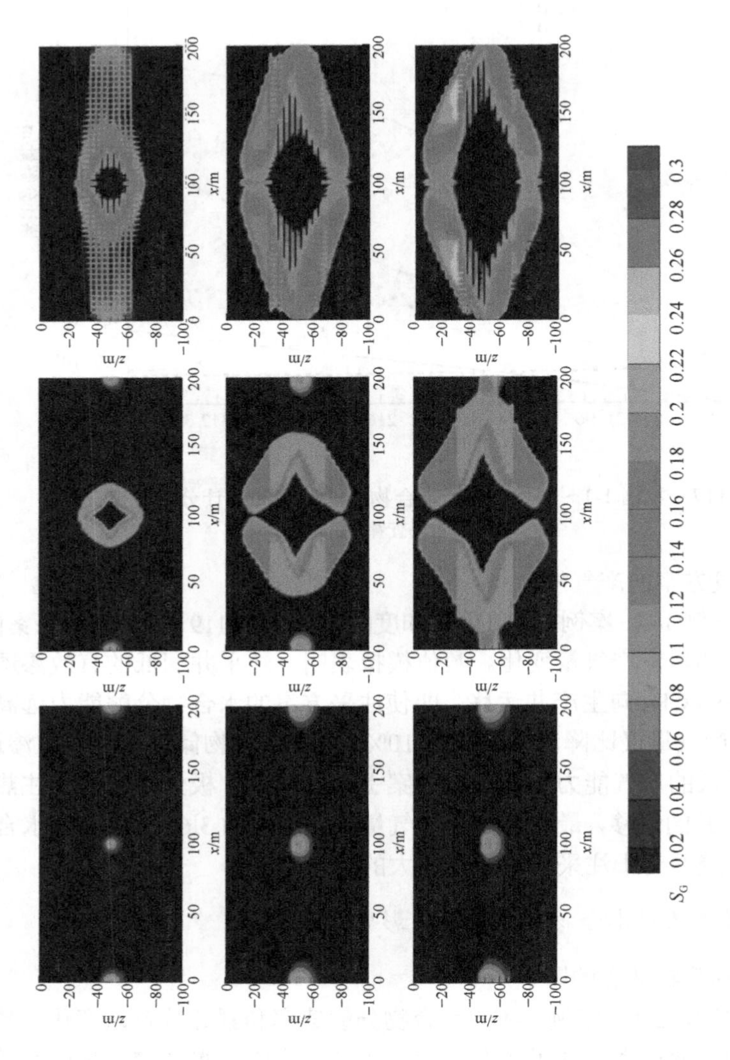

图 5.118　案例 1-1～案例 1-3 CH_4 饱和度的分布

（扫封底二维码查看彩图）

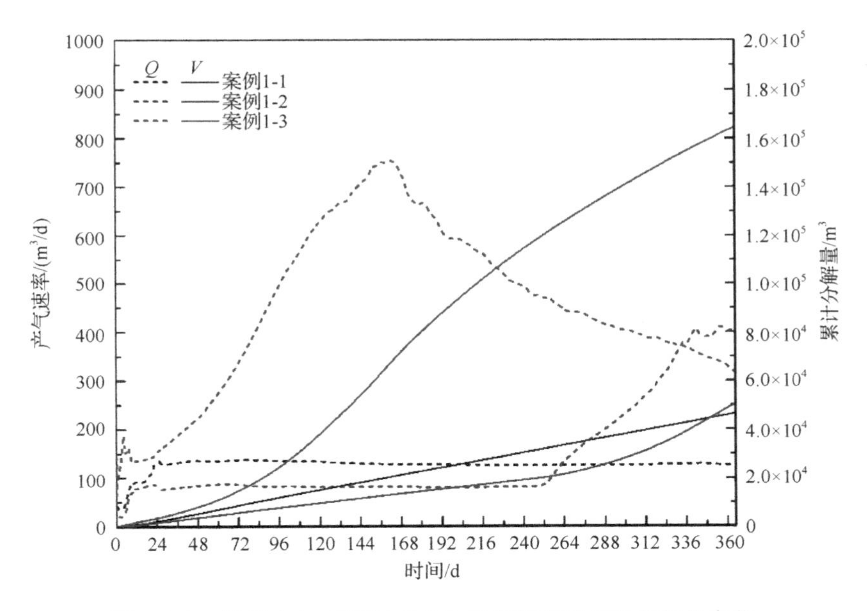

图 5.119　案例 1-1～案例 1-3 CH_4 产气速率和累计产气量变化

（扫封底二维码查看彩图）

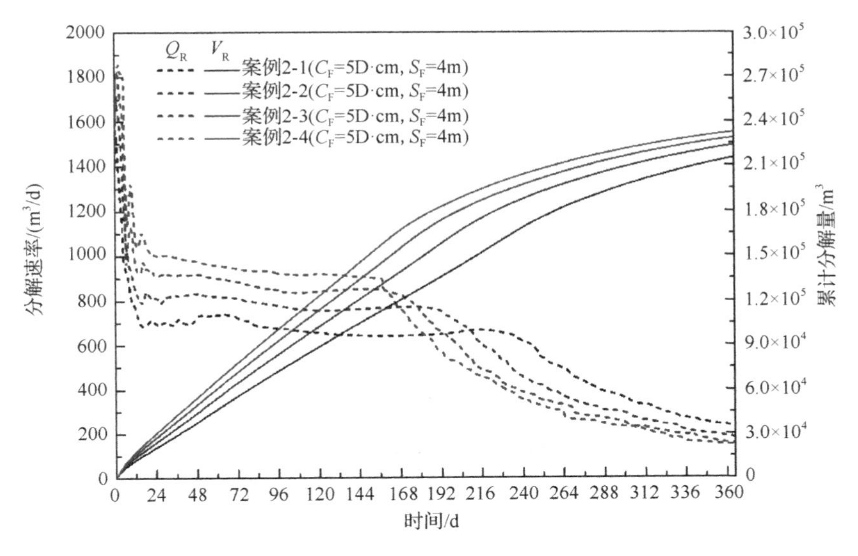

图 5.120　案例 2-1～案例 2-4 的水合物分解速率和累计分解量变化

（扫封底二维码查看彩图）

2）对产气动态的影响

图 5.121 为案例 2-1～案例 2-4 CH_4 产气速率和累计产气量变化。数值模拟表明，在生产井见水前，随着裂缝导流能力的增加，产气速率明显增加，但增加的

幅度逐渐减小；在生产井见水后，产气速率受裂缝导流能力的影响较小。裂缝导流能力对于累计产气量具有很大的影响，随着裂缝导流能力的增加，累计产气量明显增加，但是相应的增长幅度也呈现出了逐渐降低的趋势。

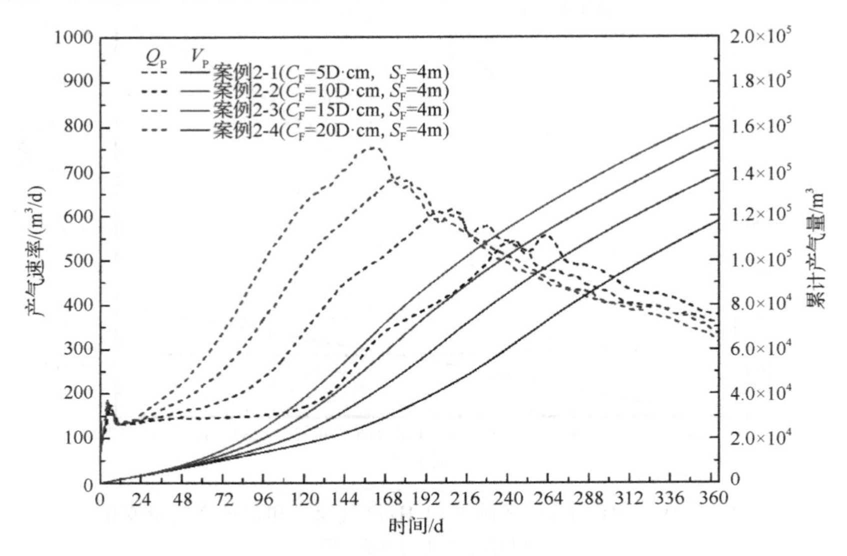

图 5.121　案例 2-1～案例 2-4 CH_4产气速率和累计产气量变化

（扫封底二维码查看彩图）

3. 裂缝间距对水合物开发动态的影响

1）对水合物分解动态的影响

图 5.122 为案例 1-1、案例 4-1～案例 4-4 的水合物分解速率和累计分解量变化。数值模拟表明，裂缝间距对水合物分解动态的影响展现出三个特征：首先，在生产见水前，水合物分解速率随着裂缝间距的减小而逐渐增加，但在生产井见水后，水合物分解速率随着裂缝间距的减小而逐渐减小；其次，在裂缝间距较大时，水合物分解速率和累计分解量受裂缝间距变化的影响较小，但当裂缝间距较小时，水合物分解速率和累计分解量会得到大幅提升；最后，与无缝网的情况相比，即使最大的裂缝间距依然对水合物的分解起到了明显的改善效果。

2）对产气动态的影响

图 5.123 为案例 1-1、案例 4-1～案例 4-4 的产气速率和累计分解量变化。数值模拟表明，与水合物分解动态相似，裂缝间距对水合物分解动态的影响也展现出了三个相似的特征：首先，在生产井见水前，产气速率随着裂缝间距的减小而逐渐增大，生产井见水后，情况出现反转；其次，当裂缝间距较大时，产气速率受裂缝间距的影响较小，但当裂缝间距较小时，产气速率和累计产气量急剧上升；最后，与无缝网的情况相比，即使最大的裂缝间距也大幅提高了累计产气量。结

合裂缝间距对水合物分解动态的影响表明，对水合物注采开发而言，缝网具有极大的增产潜力；同时，高的裂缝密度对增产而言至关重要。

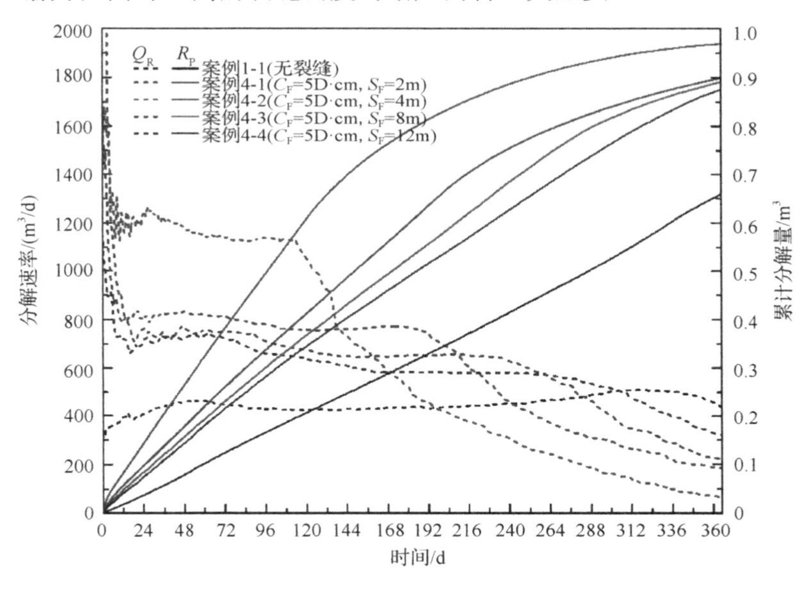

图 5.122 案例 1-1、案例 4-1～案例 4-4 的水合物分解速率和累计分解量变化

（扫封底二维码查看彩图）

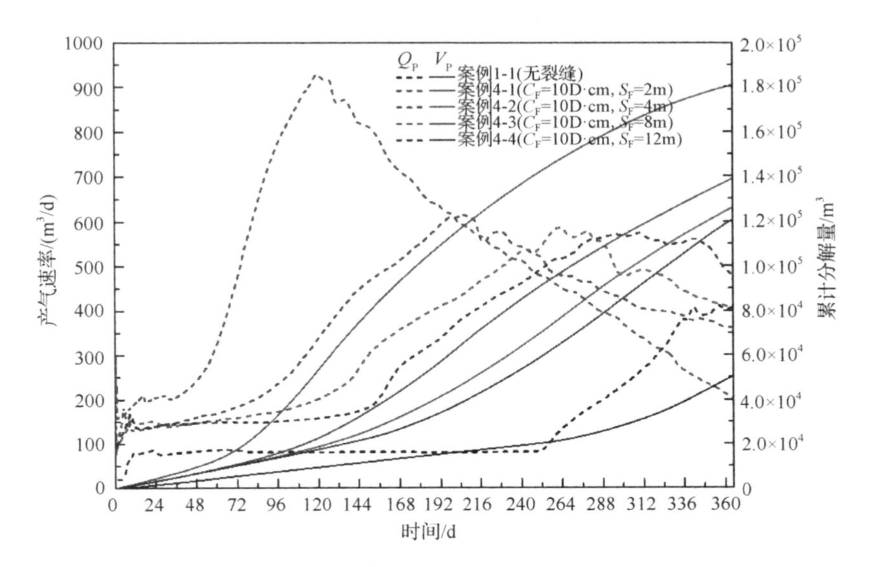

图 5.123 案例 1-1、案例 4-1～案例 4-4 的产气速率和累计分解量变化

（扫封底二维码查看彩图）

参 考 文 献

[1] 杨秀夫, 刘希圣, 陈勉, 等. 国内外水力压裂技术现状及发展趋势[J]. 钻采工艺, 1998, 21(4): 27-31, 4.

[2] 陈作, 刘红磊, 李英杰, 等. 国内外页岩油储层改造技术现状及发展建议[J]. 石油钻探技术，2021, 49(4): 1-10.

[3] 田浩然. 水平井分段压裂完井管柱技术研究[D]. 青岛：中国石油大学(华东), 2017.

[4] 孙晗森. 我国煤层气压裂技术发展现状与展望[J]. 中国海上油气, 2021, 33(4): 120-128.

[5] 徐健. 页岩气水平井压裂滑套开关工艺研究[D]. 荆州：长江大学, 2016.

[6] 蒋廷学, 王海涛. 中国石化页岩油水平井分段压裂技术现状与发展建议[J]. 石油钻探技术, 2021, 49(4): 1-11.

[7] 王臣君. 低密度高强度水力压裂支撑剂的制备研究[D]. 唐山：华北理工大学, 2018.

[8] Koji Y, Tatsuo S, Shunichi S. Multiple fracture propagation model for a three-dimensional hydraulic fracturing simulator[J]. International Journal of Geomechanics, 2004, 4(1): 46-57.

[9] 贺宇廷. 考虑流固热耦合的二氧化碳压裂裂缝三维延伸模型研究[D]. 成都: 西南石油大学, 2019.

[10] 陈铭, 张士诚, 胥云, 等. 水平井分段压裂平面三维多裂缝扩展模型求解算法[J]. 石油勘探与开发, 2020, 47(1): 163-174.

[11] 那志强. 水平井压裂起裂机理及裂缝延伸模型研究[D]. 北京：中国石油大学, 2009.

[12] 唐慧莹, 张东旭, 刘环竭, 等. 页岩气藏水平井分段压裂缝间应力干扰全三维模拟[J]. 西安石油大学学报(自然科学版), 2019, 34(5): 37-44.

[13] 贾利春, 陈勉, 金衍. 国外页岩气井水力压裂裂缝监测技术进展[J]. 天然气与石油, 2012, 30(1): 44-47, 101-102.

[14] 赵斌. 井下压裂作业过程监测技术研究[D]. 大庆: 东北石油大学, 2011.

[15] 张喆. 水力压裂裂缝形态检测与分析[D]. 西安: 西安石油大学, 2014.

[16] 张辉. 储层改造裂缝缝高控制技术[J]. 内蒙古石油化工, 2012, 38(20): 60-62.

[17] 安崇清. 底水油藏水力压裂缝高控制技术实验研究[D]. 西安: 西安石油大学, 2014.

[18] 黄超, 李威明, 李雪原, 等. 水力压裂缝高控制技术发展现状[J]. 西部探矿工程, 2011, 23(1): 37-39.

[19] 胡永全, 任书泉. 水力压裂裂缝高度控制分析[J]. 大庆石油地质与开发, 1996, 15(2): 55-58, 77-78.

[20] 姜瑞忠, 蒋廷学, 汪永利. 水力压裂技术的近期发展及展望[J]. 石油钻采工艺, 2004, 26(4): 52-57, 84.

[21] 张鑫, 金立平, 董建安. 页岩气井水力压裂技术的研究进展[J]. 中国高新技术企业, 2016(2): 157-158.

[22] 唐颖, 唐玄, 王广源, 等. 页岩气开发水力压裂技术综述[J]. 地质通报, 2011, 30(Z1): 393-399.

[23] 孙张涛, 吴西顺. 页岩气开采中的水力压裂与无水压裂技术[J]. 国土资源情报, 2014(5): 51-55.

[24] 康一平. 国内外无水压裂技术研究现状与发展趋势[J]. 石化技术, 2016, 23(4): 73.

[25] 李颖虹. 全球页岩气无水压裂技术特点及研发策略分析[J]. 世界科技研究与发展, 2016, 38(3): 465-470.

[26] 毛金成, 张照阳, 赵家辉, 等. 无水压裂液技术研究进展及前景展望[J]. 中国科学:物理学力学天文学, 2017, 47(11): 52-58.

[27] 陈晨, 朱颖, 翟梁皓, 等. 超临界二氧化碳压裂技术研究进展[J]. 探矿工程(岩土钻掘工程), 2018, 45(10): 21-26.

[28] 刘合, 王峰, 张劲, 等. 二氧化碳干法压裂技术：应用现状与发展趋势[J]. 石油勘探与开发, 2014, 41(4): 466-472.

[29] 宋远飞, 孙鹏勃. 液态二氧化碳压裂技术研究现状与展望[J]. 科技与创新, 2016(19): 14.

[30] 韩烈祥, 朱丽华, 孙海芳, 等. LPG 无水压裂技术[J]. 天然气工业, 2014, 34(6): 48-54.

[31] 刘鹏, 赵金洲, 李勇明, 等. 碳烃无水压裂液研究进展[J]. 断块油气田, 2015, 22(2): 254-257.

[32] 张云鹏. 煤层气井液氮压裂技术研究[D]. 成都: 西南石油大学, 2015.

[33] 杨良泽, 陈璨, 王一乐, 等. 液氮压裂技术及其前景分析[J]. 科技创新与生产力, 2019(2): 66-68.
[34] 蔡承政, 任科达, 杨玉贵, 等. 液氮压裂作用下页岩破裂特征试验研究[J]. 岩石力学与工程学报, 2020, 39(11): 2183-2203.
[35] 江怀友, 李治平, 卢颖, 等. 世界海洋油气酸化压裂技术现状与展望[J]. 中外能源, 2009, 14(11): 45-49.
[36] 韩演涛, 张永国, 岳翰林. 酸化压裂技术在油气田开发中的现状及应用[J]. 中国石油和化工标准与质量, 2011, 31(11): 175.
[37] 朱丽君, 刘国良. 酸化压裂工艺技术综述[J]. 安徽化工, 2015, 41(2): 9-12.
[38] 容步向. 浅析注浆技术实践应用[J]. 中小企业管理与科技(下旬刊), 2010(24): 267-268.
[39] 杨林, 赵大军, 张金宝, 等. 油页岩原位高温开采地下冷冻墙的研究[C]//第十七届全国探矿工程(岩土钻掘工程)学术交流年会, 中国江西南昌, 2013: 247-252.
[40] 刘召. 油页岩原位开采气驱止水特征实验和数值模拟及应用研究[D]. 长春: 吉林大学, 2021.
[41] 陈晨, 张颖, 朱江, 等. 油页岩原位开采区注浆封闭浆液优化及其防渗效果实验[J]. 吉林大学学报(地球科学版), 2021, 51(3): 815-824.
[42] 刘鑫鹏, 陈晨, 严轩辰, 等. 吉林省桦甸地区油页岩物理力学性能及裂隙开启压力的确定[J]. 中国矿业, 2013, 22(1): 83-85, 96.
[43] 李传亮. 射孔完井条件下的岩石破裂压力计算公式[J]. 石油钻采工艺, 2002, 24(2): 37-38.
[44] 李培超. 射孔完井条件下地层破裂压力修正公式[J]. 上海工程技术大学学报, 2009, 23(2): 157-160.
[45] Hossain M M, Rahman M K, Rahman S S. A comprehensive monograph for hydraulic fracture initiation from deviated well bores under arbitrary stress regimes[C]//Society of Petroleum Engineers, Jakarta, 1999: 54360.
[46] Bradely W B. Failure of inclined boreholes[J]. Journal of Energy Resources Technology, 1979, 101(4): 232-239.
[47] Al-Ajmi A M, Zimmerman R W. Relation between the Mogi and the Coulomb failure criteria[J]. International Journal of Rock Mechanics and Mining Sciences, 2005, 42(3): 431-439.
[48] Al-Ajmi A M, Zimmerman R W. Stability analysis of vertical boreholes using the Mogi-Coulomb failure criterion[J]. International Journal of Rock Mechanics and Mining Sciences, 2006, 43(8): 1200-1211.
[49] Colmenares L B, Zoback M. A statistical evaluation of rock failure criteria constrained by polyaxial test data for five different rocks[J]. International Journal of Rock Mechanics and Mining Sciences, 2002, 39(6): 695-729.
[50] Gholami R, Moradzadeh A, Rasouli V, et al. Practical application of failure criteria in determining safe mud weight windows in drilling operations[J]. Journal of Rock Mechanics and Geotechnical Engineering, 2014, 6(1): 13-25.
[51] 姜鹏飞. 油页岩酸化压裂注热裂解原位转化实验研究[D]. 长春: 吉林大学, 2016.
[52] 刘书源. 酸化压裂液作用下油页岩的损伤特性[D]. 长春: 吉林大学, 2019.
[53] 龙翔, 陈晨, 彭炜, 等. 油页岩试样在循环冻融条件下破裂实验研究[J]. 探矿工程(岩土钻掘工程), 2016, 43(3): 19-22.
[54] 刘招君, 柳蓉. 中国油页岩特征及开发利用前景分析[J]. 地学前缘, 2005, 12(3): 315-323.
[55] Too J L, Cheng A, Linga P. Fracturing methane hydrate in sand: A review of the current status[C]//Proceedings of the Offshore Technology Conference Asia, Kuala Lumpur, 2018.
[56] Too J L, Cheng A, Khoo B C, et al. Hydraulic fracturing in a penny-shaped crack. Part II: Testing the frackability of methane hydrate-bearing sand[J]. Journal of Natural Gas Science and Engineering, 2018, 52: 619-628.
[57] Konno Y, Jin Y, Yoneda J, et al. Hydraulic fracturing in methane-hydrate-bearing sand[J]. Rsc Advances, 2016, 6(77): 73148-73155.
[58] 曹钦亚. 冻土带水合物储层可压裂性研究[D]. 青岛: 中国石油大学(华东), 2017.
[59] 杨柳, 石富坤, 张旭辉, 等. 含水合物粉质黏土压裂成缝特征实验研究[J]. 力学学报, 2020, 52(1): 224-234.

[60] Zhang W D, Shi X, Jiang S, et al. Experimental study of hydraulic fracture initiation and propagation in highly saturated methane-hydrate-bearing sands[J]. Journal of Natural Gas Science and Engineering, 2020, 79(77): 103338.

[61] Chen C, Yang L, Jia R, et al. Simulation study on the effect of fracturing technology on the production efficiency of natural gas hydrate[J]. Energies, 2017, 10(8):1241-1257.

[62] Yang L, Chen C, Jia R, et al. Influence of reservoir stimulation on marine gas hydrate conversion efficiency in different accumulation conditions[J]. Energies, 2018,11(2):339.

[63] Feng Y C, Chen L, Suzuki A, et al. Enhancement of gas production from methane hydrate reservoirs by the combination of hydraulic fracturing and depressurization method[J]. Energy Conversion and Management, 2019, 184: 194-204.

[64] Sun J X, Ning F L, Liu T L, et al. Gas production from a silty hydrate reservoir in the South China Sea using hydraulic fracturing: a numerical simulation[J]. Energy Science & Engineering, 2019, 7(4):1106-1122.

[65] Zhong X P, Pan D B, Zhai L H, et al. Evaluation of the gas production enhancement effect of hydraulic fracturing on combining depressurization with thermal stimulation from challenging ocean hydrate reservoirs[J]. Journal of Natural Gas Science and Engineering, 2020, 83(7): 103621.

[66] Zhong X P, Pan D B, Zhu Y, et al. Fracture network stimulation effect on hydrate development by depressurization combined with thermal stimulation using injection-production well patterns[J]. Energy, 2021, 228(4): 120601.

[67] Zhong X P, Pan D B, Zhu Y, et al. Commercial production potential evaluation of injection-production mode for CH-Bk hydrate reservoir and investigation of its stimulated potential by fracture network[J]. Energy, 2022, 239: 122113.

第 6 章　极地冰层钻探孔壁稳定技术研究

极地拥有丰富的自然资源和战略军事价值，其冰雪消融导致的气候变化、丰富的海洋资源及生物基因资源更与人类的生产生活息息相关。也正是这种相互竞争及影响，极地已然成为现阶段世界关注的“新焦点”。“加快建设海洋强国”已经上升至国家层面，成为新时期的国家战略，拓展极地“战略新疆域”势在必行。中国极地事业在新时期的主要任务则围绕着如何全面地了解极地、合理地利用极地资源及积极响应国际的号召以保护极地环境来展开。我国也将继续以“人类命运共同体”为主导思想，为人类和平利用极地做出自己的贡献。

我国自改革开放以来积极地参与极地各项事务。1985 年 10 月，中国成功成为《南极条约》协商国，从此奠定了中国作为南极事务重要参与国的地位。1986 年，中国成为南极研究科学委员会（Scientific Committee on Antarctic Research，SCAR）的成员国，我国科学家能够通过该科学委员会积极地贡献智慧与知识，共享极地探索的成果等。随着时代的发展，我国积极开辟北极航道，同时也有条不紊地在南极建立多个考察站积极探索极地。

从科学层面上来说，极地冰盖及冰下环境记录着地球气候环境变化的信息及气候演变历史，被誉为地球环境数据的“时间容器”，这些信息能够阐明地球气候变化机制及地球气候变化对生物演化和生物界的影响，进而预测未来全球气候变化。而冰芯则是再现这些地球气候环境变化的信息及气候演变历史的最好媒体。

随着极地战略地位的提升，南北极科学钻探与北极油气勘探的工作日益得到各国重视。由于极地冰川运动与气候变化愈加活跃，需获取大量冰芯用以分析自然与生态环境历史变迁。为满足大量冰芯需求，仍需进行大规模的极地冰层钻进工作；目前，北极油气资源成为各国关注的焦点，多处油气田即将进入开发热潮，因此也将开展相当数量的冰层钻进工作。随着极地冰层钻探需求的骤增，冰孔稳定的安全保障工作及控制措施需高度重视。

6.1　极地冰层钻探孔壁稳定技术的研究现状

6.1.1　冰孔孔壁稳定性研究现状及意义

冰层在孔内压力差作用下，孔壁会出现相应的应变，引起冰孔变形甚至孔壁失稳，导致孔壁崩塌、破裂并最终导致扩孔或卡钻等严重事故。深部冰层钻进过程中，钻井液的最大作用便是尽量保持孔壁压差的平衡。当孔壁出现负压差时，钻孔可能会产生缩径甚至孔壁坍塌掉块现象，导致卡钻；当孔壁出现正压差时，钻孔的孔径扩大，同时伴随孔壁产生裂纹，导致钻井液漏失和环境污染。因此采用合理的钻井液能够平衡冰孔内的冰层压力，防止孔壁产生韧性变形甚至脆性破坏。与此同时，孔内的钻井液能有效冲刷钻头处的冰屑并保持冰芯处于湿式的状态，使得钻具持续高效地钻进同时最大可能保证了冰芯的完整性。

尽管大部分冰孔都采用了适当的钻井液，但与孔壁稳定性相关的事故仍时有发生，如表 6.1 所示。在这些事故中，钻孔经常穿过脆性行为明显的“脆冰区”，该区域由于钻孔快速打开后，冰层应力与钻孔内液柱压力不能平衡，过大的压力差使得孔壁周围一定区域内冰层的应变速率过大，甚至超过冰的韧脆转变应变速率范围（一般为 $10^{-4}\sim10^{-3}s^{-1}$），此时孔壁表现为明显的脆性行为，孔壁损伤累积并发展产生裂纹。在钻孔内液柱压力与渗流场的作用下，裂纹在冰层中进一步扩展，钻井液进入裂纹中，引起了钻井液的漏失，进而导致孔内钻井液液柱压力降低，进一步加剧了孔壁的不稳定。

表 6.1　孔壁稳定性事故

时间	钻孔	事故
1990～2015 年	俄罗斯（苏联）南极东方站的“5G”钻孔	深度 550m、2502m 及 3668m 处，孔壁失稳
1996 年	日本南极 Dome F	2503m 处，出现卡钻事故
1997 年	丹麦 Dye-3 孔	2037.63m 处，钻孔底部扩大
1999 年	意大利-法国南极 Dome C 钻孔	740m 处，出现卡钻事故
2016～2017 年	西南极 Pirrit Hills 项目的冰孔	钻井液漏失导致项目暂停

在井（孔）壁稳定性研究方面，1940 年 Westergaard[1]首先基于弹塑性理论得出了孔内无钻井液且水平地应力均匀分布情况下钻孔周围的应力分布表达式，在此基础上，结合 Mohr-Coulomb 准则，给出了维持孔壁稳定的临界压力表达式。1941 年，Biot 创新性地定义了井壁“微裂纹”角色，提出了经典的多孔弹性介质理论[2-4]。1943 年，Terzaghi [5]提出了有效应力原理，该原理考虑地层中地下水的作用，该理论不断被优化后表现出良好的适用性。此外，一些学者开始研究利用岩石本身的破坏准则来获取维护钻孔孔壁稳定的孔内钻井液压力。例如，Fuh 等[6]利用弹性理论，设计了一个数值模型，实际评估了钻井作业前和钻井过程中井孔的稳定性。1991 年，Aadnoy 等[7]重点研究了高倾斜井穿越各向异性地层的稳定性，并给出了相应的解析解。2006 年，Al-Ajmi 等[8]重点对比研究了 Mogi-Coulomb 准则、Mohr-Coulomb 准则及 Drucker-Prager 准则对于直井内钻井液安全压力范围，得出在岩层中 Mogi-Coulomb 准则计算得出的结果更加符合实际情况。2014 年，Hashemi 等[9]分析研究了岩石的强度破坏准则对钻孔孔壁稳定的影响并给出了实际钻井过程中维持孔壁稳定的安全钻井液压力窗口。随着石油钻井的发展和井壁

失稳分析理论的进步，井壁失稳考虑的因素也越来越多，但主要围绕着 5 类影响因素（结构场、应力场、渗流场、化学场以及温度场）展开。总之，地质勘探与油气井中关于孔壁稳定的研究与控制比较成熟[10]。

与此同时，通过损伤连续力学和断裂力学理论研究弱面结构是井壁稳定性研究中的重要一环。2003 年，Chen 等[11]引入连续性力学模型对岩石中可能存在的层理、裂缝问题进行分析研究。2012 年，Lee 等[12]通过应力坐标转换来评价地理坐标系下存在某一方向地质弱面时的井壁稳定情况。2013 年，刘志远等[13]充分考虑了岩体的各向异性特征，分析研究最优钻井方向以及确定安全钻井泥浆密度的方法。2017 年，丁立钦[14]在考虑不同强度准则适用性的基础上，综合地应力及地层弱面两种因素，重点研究了它们之间的相互作用关系。

然而，国内外在冰孔孔壁稳定性方面的研究却不多见。1976 年，Korotkevich 与 Kudryashov 最早开始使用钻井液来维持冰层钻进过程中孔内的压力平衡[15]。2002 年，Talalay 等[16]重点研究了深冰芯钻探中常用的不同低温钻井液特性。2007 年，Talalay 等[17]研究了冰孔孔壁变形的影响因素。关于冰孔孔壁水压致裂破坏现象的研究则最早开始于 1994 年俄罗斯东方站的“5G”钻孔中，直至 2002 年，Kudryashov 等[15]才开始研究讨论冰孔水压致裂破坏的产生原因。2014 年，Talalay 等[18]针对冰层钻探中的孔壁应力状态以及钻井液液柱压力控制等进行了较为详细的研究，提出了防止孔壁缩径的钻井液控制方案。2016 年，Vasilev 等[19]针对水压致裂破坏现象进行了相应的现场试验并提出避免孔壁水压致裂破坏的措施等。2016 年，作者团队[20]研究了冰层钻探孔壁水压致裂及相关孔壁保护技术，分析得出了冰孔孔壁一定距离条件下的应力分布，并通过理论与试验得出了冰孔孔壁水压致裂起裂的经验公式。

冰孔内钻井液液柱压力与冰层压力不平衡所导致的一系列失稳问题严重影响着钻进工程进展，乃至造成放弃钻孔的重大损失，因此冰孔内脆性区稳定性研究对极地钻进安全稳定性有重大影响。有效控制冰孔孔壁稳定，将保障冰层钻探工作安全高效地开展，为获取冰芯进行后续相关研究提供可靠的技术手段。

6.1.2　冰体内裂纹扩展研究现状

自然界中冰体的破裂及裂纹扩展普遍存在，小到细观尺度条件下的微裂纹扩展，大到超过几百公里的冰山裂解、冰架断裂。冰体内裂纹的扩展由于受到内部与外部等多种因素的作用而非常复杂，研究人员目前还没有得出通用的能够描述这些复杂冰体裂纹延伸扩展问题统一的数学模型，根据实际情况从损伤-断裂力学的角度参数化描述这些物理过程能够一定程度上解释及预测裂纹的延伸扩展规律。

冰体内裂纹扩展的研究重点最早集中在冰盖表层裂隙的扩展及冰山裂解等冰

盖动力学问题中。1957 年，Nye[21]最早提出利用零拉应力模型能够用来预测冰川上相距不远的表层裂缝延伸深度（基于裂缝延伸主要决定于水平拉应力的假定）。1972 年，Weertman[22]认为 Nye 的理论忽略了裂纹尖端的应力分布，并不适用于单条裂缝的扩展，同时他提出裂缝内的水力作用会加剧裂缝的扩展甚至导致贯穿裂缝的产生。1976 年，Smith[23]提出利用断裂力学的方法来研究冰体内裂纹的扩展。1996 年，Rist 等[24]试验测量了南极冰的断裂韧性并将其与断裂力学相结合研究冰架表面裂纹的临界扩展条件，该研究结果能够很好地契合冰川表面裂缝的形态。1998 年，van der Veen[25]提出了利用线性断裂力学的方法将多种因素作用于裂纹本体的应力强度因子进行叠加处理，来研究冰体内部裂纹的扩展。然而，这些模型忽略了冰体材料的黏弹性、冰川和冰盖的破裂对应变速率以及应变场的作用等重要因素。

近些年，科研工作者开始研究损伤对于冰体内裂纹扩展的影响，重点考虑冰体的流变特性导致的冰体内部损伤对冰层裂解位移的影响程度。2005 年，Pralong 等[26]提出了基于蠕变破坏的模型，他们将冰体视为不可压缩的黏性流体，并且利用该模型来分析冰川近海岸处的剥离现象。2013 年，Duddu 等[27]选用黏弹性模型，利用拉格朗日有限元框架的非局部破坏公式来确保热力学的相容性，并将这些理论引入冰山裂解的模型中。2014 年，Krug 等[28]开始尝试结合损伤与断裂力学来研究建立冰盖的裂解行为。2015 年，Humbert 等[29]使用黏弹性模型中的麦克斯韦（Maxwell）模型来计算杰尔巴特（Jelbart）冰架表层的位移，获取的结果与观察到的结果相吻合，证明了模型的相对准确性。2016 年，Mobasher 等[30]基于连续损伤原理及小应变假设，将冰裂隙中存在的水压作为一个额外的破坏因素（流体静力学破坏），建立了多晶冰黏弹性连续破坏演变模型，并以此为依据模拟研究了冰盖表层裂隙扩展、冰盖表层和底部裂隙同时扩展两种情况，该方法为冰体内部裂纹的延伸扩展提供了新思路。

6.2　深部冰孔孔壁坍塌及起裂机理

当钻井液的液柱压力大于冰层围压时，孔内会出现较大正压差，使冰孔孔壁扩大、过大的压差甚至会产生水压致裂破坏现象，进而导致钻井液的漏失、冰层的污染等问题。产生这种水压致裂破坏现象的本质是冰体在不同受力条件下达到本体的强度极限。其中，冰的强度准则、冰孔所在位置的冰盖内部应力分布、冰孔中钻井液液柱压力分布及冰孔孔壁的完整状态等共同决定着冰孔孔壁是否会产生水压致裂破坏现象。

6.2.1　冰体破坏准则的选择概述

半个多世纪以来，大量的学者针对冰体这种特殊的材料进行了大量的单轴、三轴、剪切等试验研究。但由于冰的形成条件、成分、内部结构及试验条件等不同，导致冰体的力学行为表现出较大的差异。总结来说，当冰的应变速率大于 $10^{-3}s^{-1}$ 时，冰表现出明显的脆性；当应变速率逐渐减小时，冰由脆性向韧性转变；当应变速率达到 $10^{-5}s^{-1}$ 甚至更小时，冰基本表现出韧性行为。

针对冰孔孔壁水压致裂破坏中破坏起裂这一过程，应从冰体的脆性破坏角度来解释。目前学术界还未形成统一的冰体脆性破坏准则，因此选取建立合适准确的冰体脆性破坏准则是研究冰孔孔壁水压致裂破坏起裂的前提条件。

冰体的破坏准则代表一种冰体破坏时的临界应力状态，在冰孔孔壁中引入不同的破坏准则，其反算得出的安全钻井液密度窗口都是不同的。因此，需要首先研究确定哪种准则更加适用于冰孔孔壁的脆性破坏。

冰体的破坏准则可以参照岩体的强度准则进行类比，当不考虑中主应力的影响时，该破坏模式通常被定义为线性破坏准则，典型的破坏准则包括 Mohr-Coulomb 准则与 Hoek-Brown 准则；考虑中主应力的影响时，破坏模式则被定义为非线性的破坏准则，典型的破坏准则包括 Drucker-Prager 准则和 Mogi-Coulomb 准则[14]，具体描述见第 2 章。以上这些针对岩石的脆性破坏准则在进行冰体破坏的研究中常被提及。而针对冰这种特殊的材料，考虑静水压力的 Teardrop（T）准则以及考虑温度、应变率的 Derradji-Aouat（D-A）准则在一定程度上能更好地表达冰体破坏的临界状态。

关于破坏准则的准确性研究均基于单轴或多轴试验数据，因此不同研究者在不同试验条件、不同类型冰的试验数据上提出的破坏准则均有所不同。本节通过不同准则计算得到的水压致裂压力值来评判及建立合适的孔壁水压致裂破坏起裂模式，在此基础上进一步确定钻井液安全密度窗口上限值。

6.2.2　深部冰孔孔壁稳定性分析

1. 不同状态下钻孔周边应力分布

冰层钻孔形成后，在冰层应力与钻井液液柱压力的相互作用下，孔壁应力重新分布。图 6.1 为钻孔周边受力示意图，假设在 r 处冰孔孔壁处于无破坏的弹性区，根据弹性力学可得

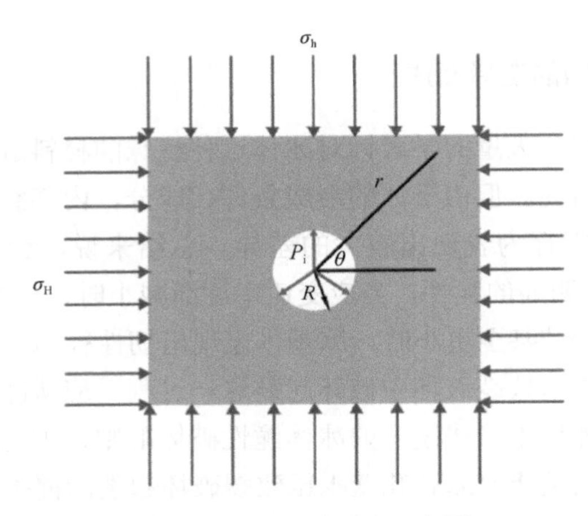

图 6.1　钻孔周边受力示意图

$$\sigma_r = \frac{1}{2}(\sigma_H - \sigma_h)\left(1 - \frac{R^2}{r^2}\right) + \frac{1}{2} - \sigma_h\left(1 - 4\frac{R^2}{r^2} + \frac{3R^4}{r^4}\right)\cos 2\theta - P_i\frac{R^2}{r^2} \tag{6.1}$$

$$\sigma_\theta = \frac{1}{2}(\sigma_H - \sigma_h)\left(1 + \frac{R^2}{r^2}\right) - \frac{1}{2}(\sigma_H - \sigma_h)\left(1 + \frac{3R^4}{r^4}\right)\cos 2\theta - P_i\frac{R^2}{r^2} \tag{6.2}$$

$$\sigma_z = \sigma_V - 2v(\sigma_H - \sigma_h)\cos 2\theta \tag{6.3}$$

式中，σ_r、σ_θ、σ_z 分别表示钻孔转换成极坐标时的径向、周向及钻孔轴向压力；σ_V 表示垂向地应力；σ_H、σ_h 表示某深度处钻孔的最大、最小主应力；R 表示钻孔的半径；P_i 表示钻孔内液柱压力；v 是冰层的泊松比。

关注钻孔孔壁的应力集中现象，当 $r = R$ 时，式（6.1）～式（6.3）为

$$\sigma_r = P_i \tag{6.4}$$

$$\sigma_\theta = (\sigma_H + \sigma_h) - 2(\sigma_H - \sigma_h)\cos\theta - P_i \tag{6.5}$$

$$\sigma_z = \sigma_v - 2v(\sigma_H - \sigma_h)\cos 2\theta \tag{6.6}$$

由此可知钻孔周边的应力分布与该点相对于钻孔中心的角度有关，当 $\theta = \pm\frac{\pi}{2}$ 时，钻孔的径向与周向应力达到最大；当 $\theta = 0, \pi$ 时，对应的应力最小。

对于冰孔孔壁的坍塌与水压致裂破坏对应的应力组合需要结合极坐标条件下具体条件进行讨论。

（1）当钻孔内液柱压力 P_i 逐渐减小时，σ_θ 逐渐增大并接近冰体的压缩强度。当液柱压力减小到某一临界值时，在脆性破坏的条件下，孔壁产生剥落、坍塌。对应有三种情况：①$\sigma_z \geqslant \sigma_\theta \geqslant \sigma_r$；②$\sigma_\theta \geqslant \sigma_z \geqslant \sigma_r$；③$\sigma_\theta \geqslant \sigma_r \geqslant \sigma_z$。而此时 $\theta = \pm\frac{\pi}{2}$ 时，钻孔的径向与周向应力达到最大，即

$$\sigma_r = P_i，\ \sigma_\theta = A - P_i，\ \sigma_z = B \tag{6.7}$$

式中，$A=3\sigma_{\mathrm{H}}-\sigma_{\mathrm{h}}$，$B=\sigma_{\mathrm{V}}+2\nu(\sigma_{\mathrm{H}}-\sigma_{\mathrm{h}})$。

（2）当钻孔内液柱压力 P_{i} 逐渐增大时，σ_{θ} 逐渐减小并接近冰体的抗拉强度。当达到脆性破坏极限时，产生孔壁的水压致裂破坏。对应有三种情况：① $\sigma_r \geqslant \sigma_z \geqslant \sigma_{\theta}$；② $\sigma_z \geqslant \sigma_r \geqslant \sigma_{\theta}$；③ $\sigma_r \geqslant \sigma_{\theta} \geqslant \sigma_z$。此时对应的 $\theta=0,\pi$ 时，钻孔的径向与周向应力达到最小，即

$$\sigma_r=P_{\mathrm{i}},\quad \sigma_{\theta}=D-P_{\mathrm{i}},\quad \sigma_z=E \tag{6.8}$$

式中，$D=3\sigma_{\mathrm{h}}-\sigma_{\mathrm{H}}$，$E=\sigma_{\mathrm{V}}-2\nu(\sigma_{\mathrm{H}}-\sigma_{\mathrm{h}})$。

2. 冰孔孔壁脆性行为下坍塌与水压致裂压力

为了确定冰孔孔壁的脆性坍塌压力及水压致裂压力，选取合适的破坏准则。由上面分析可知，在岩石钻孔中 Mogi-Coulomb 准则相比较 Mohr-Coulomb 准则更加精确，因此选取 Mogi-Coulomb 为代表同适用于冰层的 T 准则与 D-A 准则进行比较。

1）基于 Mogi-Coulomb 准则的冰孔孔壁坍塌压力与水压致裂压力

孔壁的坍塌压力与水压致裂压力的计算流程相同，仅仅是三向主应力的分布不同。以下讨论选取一种情况下水压致裂压力的计算，其他情况的计算过程省略，计算结果直接见表 6.2。

表 6.2　基于 Mogi-Coulomb 准则的冰孔孔壁水压致裂压力

情况分类	$\sigma_1 \geqslant \sigma_2 \geqslant \sigma_3$	孔壁水压致裂压力
1	$\sigma_r \geqslant \sigma_z \geqslant \sigma_{\theta}$	$\dfrac{D}{2}+\dfrac{\sqrt{D^2-4Z_1}}{2}$
2	$\sigma_z \geqslant \sigma_r \geqslant \sigma_{\theta}$	$\dfrac{X_1}{2}+\dfrac{\sqrt{X_1^2-4Y_1}}{2}$
3	$\sigma_r \geqslant \sigma_{\theta} \geqslant \sigma_z$	$\dfrac{X_2}{2}+\dfrac{\sqrt{X_2^2-4Y_2}}{2}$

注：$D=3\sigma_{\mathrm{h}}-\sigma_{\mathrm{H}}$；

$E=\sigma_{\mathrm{V}}-2\nu(\sigma_{\mathrm{H}}-\sigma_{\mathrm{h}})$；

$Z_1=\dfrac{(D+E)^2}{3}-DE-\dfrac{3a^2+3abD+0.75b^2D^2}{2}$；

$X_1=\dfrac{6D-9ab-4.5b^2(D+E)}{6-2.25b^2}$；

$Y_1=\dfrac{(2-2.25b^2)(D+E)^2-6DE-9a^2-9ab(D+E)}{6-2.25b^2}$；

$X_2=\dfrac{6D+9ab+4.5Eb^2}{6-2.25b^2}$；

$Y_2=\dfrac{2(D+E)^2-6DE-9a^2-9abE-2.25(bE)^2}{6-2.25b^2}$。

对于确定孔壁的水压致裂压力，首先要确定三向主应力，即确定孔壁周向、径向及轴向的相对大小。以最常见的$\sigma_r \geqslant \sigma_z \geqslant \sigma_\theta$为例分析，可以得到：$\sigma_1 = \sigma_r = P_{\mathrm{i}}$；$\sigma_2 = \sigma_z = E$；$\sigma_3 = \sigma_\theta = D - P_{\mathrm{i}}$［$D = 3\sigma_{\mathrm{h}} - \sigma_{\mathrm{H}}$，$E = \sigma_{\mathrm{V}} - 2\nu(\sigma_{\mathrm{H}} - \sigma_{\mathrm{h}})$］。

对于 Mogi-Coulomb 准则：

$$\tau_{\mathrm{oct}} = \frac{1}{3}\sqrt{(\sigma_1 - \sigma_3)^2 + (\sigma_1 - \sigma_2)^2 + (\sigma_2 - \sigma_3)^2} \tag{6.9}$$

$$\sigma_{\mathrm{m},2} = \frac{\sigma_1 + \sigma_3}{2} = \frac{P_{\mathrm{i}} + D - P_{\mathrm{i}}}{2} = \frac{D}{2} \tag{6.10}$$

代入破坏准则中可得

$$\frac{1}{3}\sqrt{\left[P_{\mathrm{i}} - (D - P_{\mathrm{i}})\right]^2 + (P_{\mathrm{i}} - E)^2 + \left[E - (D - P_{\mathrm{i}})\right]^2} = a + b\frac{D}{2} \tag{6.11}$$

求解该表达式，定义第一应力、第二应力不变量I_1、I_2为

$$I_1 = \sigma_1 + \sigma_2 + \sigma_3 \tag{6.12}$$

$$I_2 = \sigma_1\sigma_2 + \sigma_1\sigma_3 + \sigma_2\sigma_3 \tag{6.13}$$

注意到$\tau_{\mathrm{oct}} = \frac{1}{3}\sqrt{2\left(I_1^2 - 3I_2\right)}$，$\sigma_{\mathrm{m},2} = \frac{\sigma_1 + \sigma_3}{2} = \frac{I_1 - \sigma_2}{2}$，通过化简可得

$$\frac{1}{3}\sqrt{2\left(I_1^2 - 3I_2\right)} = a + b\frac{D}{2} \tag{6.14}$$

综合可得

$$P_{\mathrm{i}}^2 - DP_{\mathrm{i}} + \frac{(D+E)^2}{3} - DE - \frac{3a^2 + 3abD + 0.75b^2D^2}{2} = 0 \tag{6.15}$$

令$Z_1 = \frac{(D+E)^2}{3} - DE - \frac{3a^2 + 3abD + 0.75b^2D^2}{2}$，可得此种情况下的$P_{\mathrm{i}}$即为该情况下冰孔水压致裂破坏的起裂压力$P_{wf}$。计算可得

$$P_{wf} = P_{\mathrm{i}} = \frac{D}{2} \pm \frac{\sqrt{D^2 - 4Z_1}}{2} \tag{6.16}$$

利用相同的方法可得冰孔水压致裂压力的另外两种情况，这里不再赘述详细推导过程，推导结果如表 6.2 所示。

对于确定孔壁的坍塌压力，同样也是确定三个主应力的大小。通过类比法同样能够得到孔壁坍塌的临界压力，如表 6.3 所示。

表 6.3　基于 Mogi-Coulomb 准则的冰孔孔壁坍塌压力

情况分类	$\sigma_1 \geqslant \sigma_2 \geqslant \sigma_3$	孔壁坍塌压力
1	$\sigma_\theta \geqslant \sigma_z \geqslant \sigma_r$	$\frac{A}{2}-\frac{\sqrt{A^2-4Z_2}}{2}$
2	$\sigma_\theta \geqslant \sigma_r \geqslant \sigma_z$	$\frac{X_3}{2}-\frac{\sqrt{X_3^2-4Y_3}}{2}$
3	$\sigma_z \geqslant \sigma_\theta \geqslant \sigma_r$	$\frac{X_4}{2}-\frac{\sqrt{X_4^2-4Y_4}}{2}$

注：$A=3\sigma_{\mathrm{H}}-\sigma_{\mathrm{h}}$；

$B=\sigma_{\mathrm{V}}+2v(\sigma_{\mathrm{H}}-\sigma_{\mathrm{h}})$；

$Z_2=\frac{(A+B)^2}{3}-AB-\frac{3a^2+3abA+0.75b^2A^2}{2}$；

$X_3=\frac{6A-9ab-4.5b^2(A+B)}{6-2.25b^2}$；

$Y_3=\frac{(2-2.25b^2)(A+B)^2-6AB-9a^2-9ab(A+B)}{6-2.25b^2}$；

$X_4=\frac{6A+9ab+4.5Bb^2}{6-2.25b^2}$；

$Y_4=\frac{2(A+B)^2-6AB-9a^2-9abB-2.25(bB)^2}{6-2.25b^2}$。

2）基于 T 准则的孔壁坍塌压力与水压致裂压力

对于孔壁水压致裂压力，同样以最常见的$\sigma_r \geqslant \sigma_z \geqslant \sigma_\theta$为例分析，可以得到：$\sigma_1=\sigma_r=P_{\mathrm{i}}$；$\sigma_2=\sigma_z=E$；$\sigma_3=\sigma_\theta=D-P_{\mathrm{i}}$ [$D=3\sigma_{\mathrm{h}}-\sigma_{\mathrm{H}}$，$E=\sigma_{\mathrm{V}}-2v(\sigma_{\mathrm{H}}-\sigma_{\mathrm{h}})$]。代入 T 准则的方程中：

$$q=\frac{3\sqrt{2}}{2}a_0(b_0-p)\left(1+\frac{p-b_0}{b_0-\sigma_{\mathrm{t}}}\right)^{0.5} \tag{6.17}$$

$$q=\sqrt{\frac{1}{2}\left[(\sigma_1-\sigma_3)^2+(\sigma_1-\sigma_2)^2+(\sigma_2-\sigma_3)^2\right]}=\sqrt{{I_1}^2-3I_2} \tag{6.18}$$

$$p=\frac{1}{3}\sigma_1+\sigma_3+\sigma_3=\frac{D+E}{3} \tag{6.19}$$

式中，p表示平均应力或静水压力；q为偏应力。

化简得到：

$$P_{\mathrm{i}}^2-DP_{\mathrm{i}}+3p^2-1.5a_0^2(b_0-p)^2\left(1+\frac{p-b_0}{b_0-\sigma_{\mathrm{t}}}\right)-DE=0 \tag{6.20}$$

令$Z_{\mathrm{TF}}=3p^2-1.5a_0^2(b_0-p)^2\left(1+\frac{p-b_0}{b_0-\sigma_{\mathrm{t}}}\right)-DE$，可得方程的解，较大的为 T 准则对应的孔壁水压致裂压力。在一定的温度下，T 准则右侧为定值，左侧无论

主应力的大小如何变化，都是同样的含有 P_i 的表达式，因此 3 种情况下对应的起裂压力应相同，结果如表 6.4 所示。

表 6.4　基于 T 准则的孔壁水压致裂压力

情况分类	$\sigma_1 \geqslant \sigma_2 \geqslant \sigma_3$	孔壁水压致裂压力
1	$\sigma_r \geqslant \sigma_z \geqslant \sigma_\theta$	$\frac{D}{2}+\frac{\sqrt{D^2-4Z_{TF}}}{2}$
2	$\sigma_z \geqslant \sigma_r \geqslant \sigma_\theta$	
3	$\sigma_r \geqslant \sigma_\theta \geqslant \sigma_z$	

注：$D=3\sigma_h-\sigma_H, E=\sigma_v-2\nu(\sigma_H-\sigma_h)$；

$p=\frac{D+E}{3}$；

$Z_{TF}=3p^2-1.5a_0^2(b_0-p)^2\left(1+\frac{p-b_0}{b_0-\sigma_t}\right)-DE$。

孔壁坍塌压力的计算方式同上，经计算其表达式如表 6.5 所示。

表 6.5　基于 T 准则的孔壁坍塌压力

情况分类	$\sigma_1 \geqslant \sigma_2 \geqslant \sigma_3$	孔壁坍塌压力
1	$\sigma_\theta \geqslant \sigma_z \geqslant \sigma_r$	$\frac{A}{2}-\frac{\sqrt{A^2-4Z_{TC}}}{2}$
2	$\sigma_\theta \geqslant \sigma_r \geqslant \sigma_z$	
3	$\sigma_z \geqslant \sigma_\theta \geqslant \sigma_r$	

注：$A=3\sigma_H-\sigma_h$，$B=\sigma_V+2\nu(\sigma_H-\sigma_h)$；

$p=\frac{A+B}{3}$；

$Z_{TC}=3p^2-1.5a_0^2(b_0-p)^2\left(1+\frac{p-b_0}{b_0-\sigma_t}\right)-AB$。

对于应用 T 准则计算的各压力，在计算过程中需要重点考虑温度的影响。在不同温度下，冰的相变（平衡）压力有较大的不同，不同温度下，冰的抗拉强度也会因冰的生长方式不同而有所差异。在计算中，需要结合孔中温度分布曲线进行准确计算。相对于 Mogi-Coulomb 准则来说，T 准则考虑的温度与抗拉强度两方面因素更加全面，但需要引入更多的参数。

3）基于 D-A 准则的孔壁坍塌压力与水压致裂压力

对于孔壁水压致裂压力，同样以最常见的 $\sigma_r \geqslant \sigma_z \geqslant \sigma_\theta$ 为例进行分析，可以得到：$\sigma_1=\sigma_r=P_i$；$\sigma_2=\sigma_z=E$；$\sigma_3=\sigma_\theta=D-P_i$ [$D=3\sigma_h-\sigma_H$，$E=\sigma_V-2\nu(\sigma_H-\sigma_h)$]。基于 D-A 准则的屈服面是椭圆球面，λ_s 是该所选平面内椭圆的圆心坐标的 y 值；$q_{s\text{-max}}^2$ 与 p_{sc}^2 分别表示椭圆的短轴与长轴。代入 D-A 准则的一般形式中：

$$A_1J_2-A_2I_1+I_1^2+A_3=0 \tag{6.21}$$

式中，$I_1=\sigma_1+\sigma_2+\sigma_3=D+E$；$J_2=\frac{1}{6}\left[(\sigma_1-\sigma_3)^2+(\sigma_1-\sigma_2)^2+(\sigma_2-\sigma_3)^2\right]$；

$A_1 = 27p_{sc}^2 / q_{s\text{-max}}^2$； $A_2 = 6\lambda_s$； $A_3 = 9\left(\lambda_s^{\ 2} - p_{sc}^2\right)$。

代入可得

$$P_{\rm i}^2 - DP_{\rm i} - DE + \frac{1}{3}(D+E)^2 - \frac{q_{s\text{-max}}^2}{27p_{sc}^2}\left[6\lambda_s(D+E) - (D+E)^2 - 9\left(\lambda_s^{\ 2} - p_{sc}^2\right)\right] = 0$$

令 $Z_{\rm DAF} = \frac{1}{3}(D+E)^2 - DE - \frac{q_{s\text{-max}}^2}{27p_{sc}^2}\left[6\lambda_s(D+E) - (D+E)^2 - 9\left(\lambda_s^{\ 2} - p_{sc}^2\right)\right]$，则求解 $P_{\rm i}$ 可得

$$P_{\rm i} = \frac{D}{2} + \frac{\sqrt{D^2 - 4Z_{\rm DAF}}}{2} \tag{6.22}$$

同样的方法对于其他两种情况，与上述结果一致，结果如表 6.6 所示。

表 6.6　基于 D-A 准则的孔壁水压致裂压力

情况分类	$\sigma_1 \geqslant \sigma_2 \geqslant \sigma_3$	孔壁水压致裂压力
1	$\sigma_r \geqslant \sigma_z \geqslant \sigma_\theta$	$\frac{D}{2} + \frac{\sqrt{D^2 - 4Z_{\rm DAF}}}{2}$
2	$\sigma_z \geqslant \sigma_r \geqslant \sigma_\theta$	
3	$\sigma_r \geqslant \sigma_\theta \geqslant \sigma_z$	

注：$D = 3\sigma_{\rm h} - \sigma_{\rm H}$， $E = \sigma_{\rm V} - 2v(\sigma_{\rm H} - \sigma_{\rm h})$；

$q_{s\text{-max}} = \left[\dot{\varepsilon}/\xi\right]^{1/n}$；

$\xi = 5\times10^{-6}\exp\left[-10.5\times10^{-3}\left(\frac{1}{T} - \frac{1}{273}\right)\right]$；

$p_{sc} + \lambda_s = b_0$；

$Z_{\rm DAF} = \frac{1}{3}(D+E)^2 - DE - \frac{q_{s\text{-max}}^2}{27p_{sc}^2}\left[6\lambda_s(D+E) - (D+E)^2 - 9\left(\lambda_s^{\ 2} - p_{sc}^2\right)\right]$。

孔壁坍塌压力的计算方式同上，经计算其表达式如表 6.7 所示。

表 6.7　基于 D-A 准则的孔壁坍塌压力

情况分类	$\sigma_1 \geqslant \sigma_2 \geqslant \sigma_3$	孔壁坍塌压力
1	$\sigma_\theta \geqslant \sigma_z \geqslant \sigma_r$	$\frac{A}{2} - \frac{\sqrt{A^2 - 4Z_{\rm DAC}}}{2}$
2	$\sigma_\theta \geqslant \sigma_r \geqslant \sigma_z$	
3	$\sigma_z \geqslant \sigma_\theta \geqslant \sigma_r$	

注：$A = 3\sigma_{\rm H} - \sigma_{\rm h}$；

$B = \sigma_{\rm V} + 2v(\sigma_{\rm H} - \sigma_{\rm h})$；

$q_{s\text{-max}} = \left(\dot{\varepsilon}/\xi\right)^{1/n}$；

$\xi = 5\times10^{-6}\exp\left[-10.5\times10^{-3}\left(\frac{1}{T} - \frac{1}{273}\right)\right]$；

$p_{sc} + \lambda_s = b_0$；

$Z_{\rm DAC} = \frac{1}{3}(A+B)^2 - AB - \frac{q_{s\text{-max}}^2}{27p_{sc}^2}\left[6\lambda_s(A+B) - (A+B)^2 - 9\left(\lambda_s^{\ 2} - p_{sc}^2\right)\right]$。

D-A 准则相比较 Mogi-Coulomb 准则与 T 准则，其最大的特点是引入应变速率这个变量。从考虑的综合性角度来说，D-A 准则更加全面、准确，因为对于冰这种特殊的材料，在不同应变速率作用下，表现出完全不同的特性（韧性与脆性）。但该准则在精确性提高的基础上，大大增加了参数的引入量。

3. 基于细观力学的冰孔孔壁脆性破碎区受力分析

在冰盖内部，由于各类地质因素的相互作用，冰体内部存在随机分布的微裂纹或破碎区裂纹。这种随机分布的微裂纹或破碎区裂纹在长期地质应力的积累作用下，微裂纹或破碎区裂纹会逐渐扩展、延伸，并最终导致宏观大裂纹的产生。在冰孔孔壁的稳定性分析中，当钻遇该深度冰层，孔壁微裂纹或破碎区裂纹在钻井液液柱压力与冰层应力不平衡的作用下，随着时间的推移也会产生坍塌及水压致裂破坏现象。从宏观的角度来看，本节计算得出的坍塌压力与水压致裂压力应均小于完整孔壁所对应的压力。

1）代表元应力强度因子

选择一个代表元进行应力分析，假定其内部存在一个长度为 $2l_0$ 的裂纹（图 6.2）[31]。

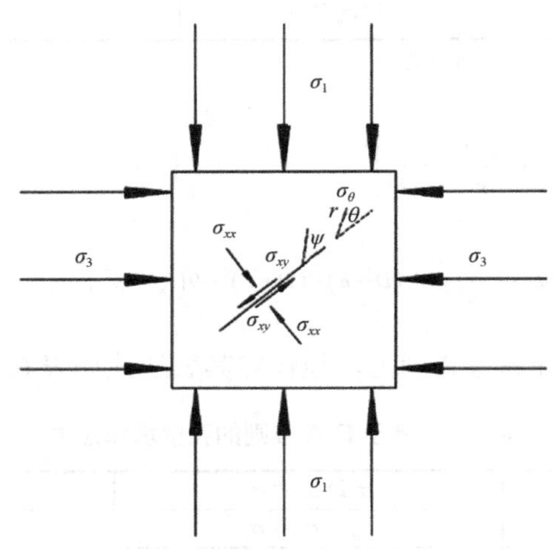

图 6.2　含微小裂纹单元受力示意图

注：θ 表示裂纹的扩展方向，表示裂纹与最大主应力方向的夹角

首先计算该裂纹表面的应力：

$$\sigma_{xx} = \sigma + \tau\cos 2\varphi \tag{6.23}$$

$$\sigma_{xy} = \tau\sin 2\varphi \tag{6.24}$$

式中，$\sigma = \dfrac{\sigma_1 + \sigma_3}{2}$；$\tau = \dfrac{\sigma_3 - \sigma_1}{2}$；$\varphi$ 表示裂纹与最大主应力方向之间的夹角。

裂纹表面的正应力与剪应力是造成裂纹扩展的根本原因，在各个方向应力的综合作用下，裂纹表面会有不同的状态。

（1）当 $\sigma_{xx}>0$ 时，裂纹表面处于拉伸的状态，此时裂纹的表面不存在摩擦力，不用考虑由正压力导致的附加作用。以裂纹端点建立相应的极坐标系，则

$$\sigma_{\theta}=-\frac{3}{2}\left(\sigma_{xy}\frac{\sqrt{\pi l_0}}{\sqrt{2\pi r}}\sin\theta\cos\frac{\theta}{2}+\sigma_{xx}\frac{\sqrt{\pi l_0}}{\sqrt{2\pi r}}\cos^3\frac{\theta}{2}\right) \tag{6.25}$$

在断裂力学研究中，根据式（6.25）可定义：

$$K_{\mathrm{I}}=\lim_{r\to 0}\sqrt{2\pi r}\sigma_{\theta} \tag{6.26}$$

即

$$K_{\mathrm{I}}=\lim_{r\to 0}\sqrt{2\pi r}\sigma_{\theta}=-\frac{3}{2}\sqrt{\pi l_0}\cos\frac{\theta}{2}\left(\sigma_{xy}\sin\theta+\sigma_{xx}\cos^2\frac{\theta}{2}\right) \tag{6.27}$$

将其转化为主应力条件下，I 型裂纹的应力强度因子可得

$$K_{\mathrm{I}}=\lim_{r\to 0}\sqrt{2\pi r}\sigma_{\theta}=-\frac{3}{2}\sqrt{\pi l_0}\cos\frac{\theta}{2}\left(\sigma_{xy}\sin\theta+\sigma_{xx}\cos^2\frac{\theta}{2}\right) \tag{6.28}$$

求解该方程，即临界 φ 与临界 θ 对应的 K_{I} 的最大值，方程有两个根，分别为

$$K_{\mathrm{I}}=\begin{cases}\sigma_3\sqrt{\pi l_0},\ \ \varphi=0\\ \dfrac{\sigma_1\sqrt{\pi l_0}\left(\varGamma-1\right)\left(\dfrac{\varGamma+1}{\varGamma-1}+\cos 2\varphi\sin 2\varphi\tan 2\varphi\right)}{2\left(9+\tan^2 2\varphi\right)^{1.5}},\varphi\neq 0\end{cases} \tag{6.29}$$

式中，$\varGamma=\dfrac{\sigma_3}{\sigma_1}$。

（2）当 $\sigma_{xx}<0$ 时，裂纹表面处于压缩的状态，此时需要考虑在正压力作用下产生的摩擦力。此时，假定冰体裂纹之间的摩擦系数为 μ_{c}，裂纹若产生扩展，则临界正应力依然为 σ_{xx}，临界切向应力为 $\sigma'_{xy}=\sigma_{xx}+\mu_{\mathrm{c}}\sigma_{xx}$

对于 I 型裂纹，可得

$$\sigma_{\theta}=\frac{3}{2}\sigma'_{xy}\frac{\sqrt{\pi l_0}}{\sqrt{2\pi r}}\sin\theta\cos\frac{\theta}{2}=\frac{3}{2}\left(\sigma_{xx}+\mu_{\mathrm{c}}\sigma_{xx}\right)\frac{\sqrt{\pi l_0}}{\sqrt{2\pi r}}\sin\theta\cos\frac{\theta}{2} \tag{6.30}$$

此时对应的应力强度因子为

$$K_{\mathrm{I}}=\lim_{r\to 0}\sqrt{2\pi r}\sigma_{\theta}=\frac{3}{2}\left(\sigma_{xx}+\mu_{\mathrm{c}}\sigma_{xx}\right)\sqrt{\pi l_0}\sin\theta\cos\frac{\theta}{2} \tag{6.31}$$

同样地，求解该方程，即临界 φ 与临界 θ 对应的 K_{I} 的最大值。求解可得

$$K_{\mathrm{I}}=-\frac{\sigma_1\sqrt{\pi l_0}}{\sqrt{3}}\left[\left(1-\varGamma\right)\left(1+\mu_{\mathrm{c}}^2\right)^{0.5}-\left(1+\varGamma\right)\mu_{\mathrm{c}}\right] \tag{6.32}$$

综上所述，可以得到内部含有长度为 $2l_0$ 的裂纹，其应力强度因子为

$$K_{\mathrm{I}}=K_{\mathrm{a}}\sigma_1\sqrt{\pi l_0},\quad K_{\mathrm{a}}=\begin{cases}-\dfrac{1}{\sqrt{3}}(1-\Gamma)\left(1+\mu_{\mathrm{c}}^2\right)^{0.5}-(1+\Gamma)\mu_{\mathrm{c}},\sigma_{xx}\leqslant 0\\ \dfrac{(\Gamma-1)\left(\dfrac{\Gamma+1}{\Gamma-1}+\cos 2\varphi\sin 2\varphi\tan 2\varphi\right)}{2\left(9+\tan^2 2\varphi\right)^{1.5}},\sigma_{xx}>0\end{cases} \tag{6.33}$$

2）钻遇冰层脆性破碎区孔壁裂纹状态判定

在冰层孔壁状态中，首先判定内部裂纹上下两表面处于拉伸或者压缩的状态，需要注意的是，我们在计算孔壁应力状态过程时没有考虑应力方向与符号的问题，因而在这个部分 σ_{xx} 都应取相应的负值。

（1）对于水压致裂破坏现象，以 $\sigma_r\geqslant\sigma_z\geqslant\sigma_\theta$ 为例，则

$$\sigma=\frac{\sigma_1+\sigma_3}{2}=\frac{\sigma_r+\sigma_\theta}{2}=\frac{D}{2} \tag{6.34}$$

$$\tau=\frac{\sigma_3-\sigma_1}{2}=\frac{\sigma_\theta-\sigma_r}{2}=\frac{D-2P_{\mathrm{i}}}{2} \tag{6.35}$$

代入 $\sigma_{xx}=\sigma+\tau\cos 2\varphi$ 中，可得

$$\sigma_{xx}=-\frac{D(1+\cos 2\varphi)-2P_{\mathrm{i}}\cos 2\varphi}{2}\ll-\frac{2D\cos 2\varphi-2P_{\mathrm{i}}\cos 2\varphi}{2}<0 \tag{6.36}$$

以此类推，同样可得其他两种水压致裂破坏的情况下，裂纹是否张开的情况如表 6.8 所示。

表 6.8　孔壁水压致裂破坏条件下内部微裂纹的状态

情况分类	$\sigma_1\geqslant\sigma_2\geqslant\sigma_3$	σ_{xx}
1	$\sigma_r\geqslant\sigma_z\geqslant\sigma_\theta$	<0
2	$\sigma_z\geqslant\sigma_r\geqslant\sigma_\theta$	
3	$\sigma_r\geqslant\sigma_\theta\geqslant\sigma_z$	

（2）对于孔壁坍塌，以 $\sigma_\theta\geqslant\sigma_z\geqslant\sigma_r$ 为例，则

$$\sigma=\frac{\sigma_1+\sigma_3}{2}=\frac{\sigma_r+\sigma_\theta}{2}=\frac{A}{2} \tag{6.37}$$

$$\tau=\frac{\sigma_3-\sigma_1}{2}=\frac{\sigma_r-\sigma_\theta}{2}=\frac{2P_{\mathrm{i}}-A}{2} \tag{6.38}$$

代入 $\sigma_{xx}=\sigma+\tau\cos 2\varphi$ 中，可得

$$\sigma_{xx}=-\left(\frac{A}{2}+\frac{2P_{\mathrm{i}}-A}{2}\cos 2\varphi\right)\ll\frac{A}{2}\cos 2\varphi-\frac{2P_{\mathrm{i}}+A}{2}\cos 2\varphi<0 \tag{6.39}$$

以此类推，同样可得其他两种孔壁坍塌情况下，裂纹是否张开的情况。具体情况如表 6.9 所示。

表 6.9　孔壁坍塌条件下内部微裂纹的状态

情况分类	$\sigma_1 \geqslant \sigma_2 \geqslant \sigma_3$	σ_{xx}
1	$\sigma_\theta \geqslant \sigma_z \geqslant \sigma_r$	<0
2	$\sigma_\theta \geqslant \sigma_r \geqslant \sigma_z$	
3	$\sigma_z \geqslant \sigma_\theta \geqslant \sigma_r$	

综上所述，在孔壁附近的区域内，裂纹都处于闭合的状态。对于闭合裂纹，存在正压力，计算其断裂韧性的公式为

$$K_{\mathrm{I}} = -\frac{\sigma_1\sqrt{\pi l_0}}{\sqrt{3}}\left[(1-\mathit{\Gamma})\left(1+\mu_{\mathrm{c}}^2\right)^{0.5}-(1+\mathit{\Gamma})\mu_{\mathrm{c}}\right] \tag{6.40}$$

当通过该计算方式得出的应力强度因子大于该条件下冰体的断裂韧性 K_{IC} 时，冰孔发生孔壁失稳现象。

4. 冰孔孔壁脆性破碎区初始坍塌及水压致裂破坏起裂分析

首先假定，钻遇脆性破碎区，在各向应力的作用下，孔壁冰体达到其断裂韧性 K_{IC}，则

$$K_{\mathrm{IC}} = -\frac{\sigma_1\sqrt{\pi l_0}}{\sqrt{3}}\left[(1-\mathit{\Gamma})\left(1+\mu_{\mathrm{c}}^2\right)^{0.5}-(1+\mathit{\Gamma})\mu_{\mathrm{c}}\right] \tag{6.41}$$

（1）对于水压致裂破坏现象，以 $\sigma_r \geqslant \sigma_z \geqslant \sigma_\theta$ 为例，则

$\sigma_1=\sigma_r=P_{\mathrm{i}}$；$\sigma_2=\sigma_z=E$；$\sigma_3=\sigma_\theta=D-P_{\mathrm{i}}$ [$D=3\sigma_{\mathrm{h}}-\sigma_{\mathrm{H}}$，$E=\sigma_{\mathrm{V}}-2\nu\cdot(\sigma_{\mathrm{H}}-\sigma_{\mathrm{h}})$]；$\mathit{\Gamma}=\dfrac{\sigma_3}{\sigma_1}=\dfrac{D-P_{\mathrm{i}}}{P_{\mathrm{i}}}$。

考虑拉正压负，将上面公式代入式（6.41）可得

$$K_{\mathrm{IC}} = \frac{P_{\mathrm{i}}\sqrt{\pi l_0}}{\sqrt{3}}\left[(1-\mathit{\Gamma})\left(1+\mu_{\mathrm{c}}^2\right)^{0.5}-(1+\mathit{\Gamma})\mu_{\mathrm{c}}\right] \tag{6.42}$$

化简可得

$$P_{\mathrm{i}} = \frac{\dfrac{K_{\mathrm{IC}}\sqrt{3}}{\sqrt{\pi l_0}}+D\left(\sqrt{1+\mu_{\mathrm{c}}^2}+\mu_{\mathrm{c}}\right)}{2\sqrt{1+\mu_{\mathrm{c}}^2}} \tag{6.43}$$

同样根据公式计算其他两种水压致裂破坏情况对应的压力，如表 6.10 所示。

表 6.10　孔壁破碎区水压致裂压力

情况分类	$\sigma_1 \geqslant \sigma_2 \geqslant \sigma_3$	孔壁水压致裂压力
1	$\sigma_r \geqslant \sigma_z \geqslant \sigma_\theta$	$\dfrac{\dfrac{K_{IC}\sqrt{3}}{\sqrt{\pi l_0}}+D\left(\sqrt{1+\mu_c^2}+\mu_c\right)}{2\sqrt{1+\mu_c^2}}$
2	$\sigma_z \geqslant \sigma_r \geqslant \sigma_\theta$	$D+\dfrac{\dfrac{K_{IC}\sqrt{3}}{\sqrt{\pi l_0}}-E\left(\sqrt{1+\mu_c^2}-\mu_c\right)}{\sqrt{1+\mu_c^2}+\mu_c}$
3	$\sigma_r \geqslant \sigma_\theta \geqslant \sigma_z$	$\dfrac{\dfrac{K_{IC}\sqrt{3}}{\sqrt{\pi l_0}}+E\left(\sqrt{1+\mu_c^2}+\mu_c\right)}{\sqrt{1+\mu_c^2}-\mu_c}$

注：$D=3\sigma_h-\sigma_H$；$E=\sigma_V-2\nu(\sigma_H-\sigma_h)$；$K_{IC}$ 为冰的断裂韧性；μ_c 为冰体裂纹之间的摩擦系数；l_0 表示冰体内裂纹长度的一半。

（2）对于孔壁坍塌，以 $\sigma_\theta \geqslant \sigma_z \geqslant \sigma_r$ 为例，则 $\sigma_r = P_i$，$\sigma_\theta = A-P_i$，$\sigma_z = B$，$\varGamma=\dfrac{\sigma_3}{\sigma_1}=\dfrac{P_i}{A-P_i}$。

$$K_{IC}=\frac{(A-P_i)\sqrt{\pi l_0}}{\sqrt{3}}\left[(1-\varGamma)\left(1+\mu_c^2\right)^{0.5}-(1+\varGamma)\mu_c\right] \tag{6.44}$$

化简可得

$$P_i=\frac{A}{2}-\frac{A\mu_c+\dfrac{K_{IC}\sqrt{3}}{\sqrt{\pi l_0}}}{2\sqrt{1+\mu_c^2}} \tag{6.45}$$

同样根据公式计算其他两种孔壁坍塌情况对应的压力，如表 6.11 所示。

表 6.11　孔壁破碎区坍塌压力

情况分类	$\sigma_1 \geqslant \sigma_2 \geqslant \sigma_3$	孔壁坍塌压力
1	$\sigma_\theta \geqslant \sigma_z \geqslant \sigma_r$	$\dfrac{A}{2}-\dfrac{A\mu_c+\dfrac{K_{IC}\sqrt{3}}{\sqrt{\pi l_0}}}{2\sqrt{1+\mu_c^2}}$
2	$\sigma_\theta \geqslant \sigma_r \geqslant \sigma_z$	$A-\dfrac{\dfrac{K_{IC}\sqrt{3}}{\sqrt{\pi l_0}}+B\left(\sqrt{1+\mu_c^2}+\mu_c\right)}{\sqrt{1+\mu_c^2}-\mu_c}$
3	$\sigma_z \geqslant \sigma_\theta \geqslant \sigma_r$	$\dfrac{\dfrac{-BK_{IC}\sqrt{3}}{\sqrt{\pi l_0}}+B\left(\sqrt{1+\mu_c^2}-\mu_c\right)}{\sqrt{1+\mu_c^2}+\mu_c}$

注：$A=3\sigma_H-\sigma_h$；$B=\sigma_V+2\nu(\sigma_H-\sigma_h)$；$K_{IC}$ 为冰的断裂韧性；μ_c 为冰体裂纹之间的摩擦系数；l_0 表示冰体内裂纹长度的一半。

以上讨论的部分是基于脆性破碎区假定，其中涉及冰的断裂韧性、微裂纹的尺寸以及冰体裂纹之间的摩擦系数等参数。冰晶体的生长与所处环境的温度、水中离子的含量、受力的长期作用等有着密切的关系，不同性质的冰体，该物理参数有着明显的不同，因此在确定孔壁状态之前，需要结合实际情况具体分析。

6.2.3　冰孔稳定区与破碎区坍塌及水压致裂压力对比分析

本节讨论稳定区与破碎区对应的坍塌及水压致裂压力。需要注意的是，对于稳定区，重点比较各个破坏准则之间的相对大小；而对于破碎区，重点还是围绕裂纹展开计算，因此重点考虑冰的断裂韧性、微裂纹的尺寸以及冰体裂纹之间的摩擦系数等参数对孔壁坍塌及水压致裂破坏起裂的影响。在比较之前，首先对公式中涉及的各个具体参数进行讨论、分析。

1. 参数取值与讨论

对于冰川及极地冰盖冰，冰组构是经过雪层的压实致密、分子间扩散以及重结晶等作用转化而来。我们通过密度将冰雪层划分成三个部分：冰川及极地冰盖上部积雪层（snow）；随着压实致密作用，当密度达到 550kg/m^3 左右时，成为粒雪层（firn）；随着密实化的增加以及融水的重结晶等作用，冰体的密度逐渐增加到 830kg/m^3 左右时，称为冰层（ice）。

常见的冰基本为多晶体，根据 C 轴取向可以将其分为：①晶体 C 轴没有明显的取向，随机生长的多晶冰表现出各向同性的多晶冰；②晶体 C 轴有明显的取向，此时表现出各向异性的柱状冰。

对于各向同性多晶冰，Gammon 等[32]计算得出了温度在−16℃下的一些弹性性质取值，如表 6.12 所示。

表 6.12　各向同性多晶冰−16℃时的弹性性质

弹性性质	单位	取值
杨氏模量 E	Pa	9.33×10^{9}
压缩系数 K	m^2/N	112.4×10^{-12}
体积弹性模量 B	Pa	8.9×10^{9}
剪切模量 G	Pa	3.52×10^{9}
泊松比 v	—	0.325

对于各向异性的冰，其物理弹性性质与冰的生长方向有密切的联系。在不同方向上，有着明显的区别，图 6.3 为冰组构示意图。

由于冰组构之间存在较大的差异性，本节总结归纳现有的各文献中关于冰物理力学各参数的研究并给出相应的参数取值。

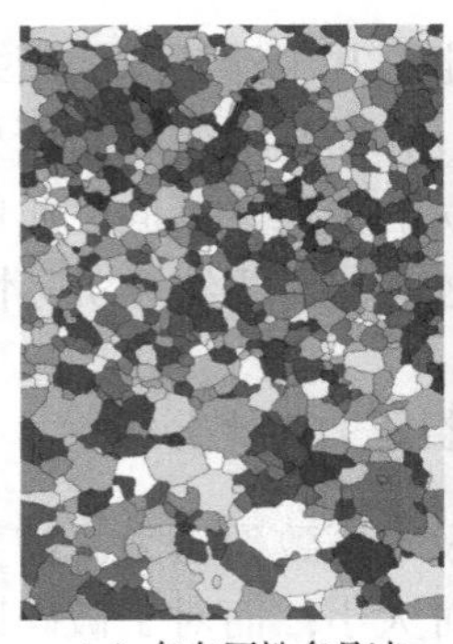
（a）各向同性多晶冰

（b）各向异性柱状冰

图 6.3 冰组构示意图

1）加载应变速率、冰的黏聚力、内摩擦角及摩擦系数

本节考虑冰的脆性行为，即加载的应变速率一般大于 $10^{-3}s^{-1}$，在这个阶段，冰的单轴压缩强度随着应变速率的增大而逐渐减小。

单仁亮等[33]对不同温度下多晶冰及柱状冰进行了系统的三向受力的压缩试验，通过典型的应力-应变曲线分析了各个温度下的强度特性，并得出来了各种冰的内摩擦角及黏聚力规律，如表 6.13 所示。

表 6.13 不同温度下多晶冰与柱状冰内摩擦力及黏聚力

<table>
<tr><th rowspan="2">温度/℃</th><th colspan="2">多晶冰</th><th colspan="2">柱状冰</th></tr>
<tr><th>内摩擦角/(°)</th><th>黏聚力/MPa</th><th>内摩擦角/(°)</th><th>黏聚力/MPa</th></tr>
<tr><td>−5</td><td>2.45</td><td rowspan="4">1.9</td><td>6.47</td><td>0.884</td></tr>
<tr><td>−10</td><td>—</td><td>9.228</td><td>1.204</td></tr>
<tr><td>−15</td><td>15.4</td><td>10.95</td><td>1.738</td></tr>
<tr><td>−20</td><td>—</td><td>16.402</td><td>2.124</td></tr>
</table>

冰与冰之间的摩擦系数是用来判定微裂纹扩展的重要参数。Kennedy 等[34]与 Montagnat 等[35]的研究发现，对于淡水冰，摩擦系数与表面接触的粗糙度、温度及滑动速度有关。对于光滑的表面，摩擦系数的数值范围是 0.05～0.8，在−40～−30℃温度范围内中等滑动速度的时候达到最大。对于粗糙的滑动面，摩擦系数的数值会相应地增加，综合有限的文献记载，摩擦系数的数值如表 6.14 所示。

表 6.14 不同类型粗糙冰面的摩擦系数

材料	摩擦系数值
−3℃淡水柱状冰	0.66±0.04
−10℃淡水柱状冰	0.98±0.04
−10℃第一年海冰	0.92±0.07

2）冰的抗拉强度、断裂韧性与相变压力

对于淡水柱状冰，冰的抗拉强度随着温度的降低仅仅有小尺度的增加，Butkovich[36]、Carter[37]的试验表明，在−30～0℃内，其抗拉强度值为 1～1.1MPa。关于冰抗拉强度的后续试验表明，温度与应变速率对其影响较小，而冰晶体大小对其有重要的影响（随着晶粒尺寸的增加抗拉强度逐渐减小）。Orowan[38]提出在低应变速率的情况下，抗拉强度与晶粒大小 d 的关系如下：

$$\sigma_t = Kd^{-0.5} \tag{6.46}$$

式中，d 是晶粒大小；K 是与材料有关的常数值，在−10℃时，取 0.052MPa·m$^{1/2}$。

同样，在高应变速率条件下，Hall[39]、Petch[40]提出：

$$\sigma_t = \sigma_0 + k_t d^{-0.5} \tag{6.47}$$

式中，σ_0 与 k_t 是跟材料有关的常数，在−10℃时，$\sigma_0 = 0.52\text{MPa}$，$k_t = 0.030\,\text{MPa·m}^{1/2}$。

淡水冰的断裂韧性与温度、晶粒尺寸、冰的组构及气泡含量等都有关系。Schulson 等[41]的研究表明，断裂韧性的取值范围为 0.1～0.4MPa · m$^{1/2}$。关于冰的相变压力，前文 D-A 准则部分已有相关讨论，这里不作深入分析。

2. 冰孔孔壁完整区稳定临界条件对比分析

为了直观地比较冰孔孔壁产生孔壁坍塌以及水压致裂破坏现象各压力的临界条件，本节以−10℃冰孔为例进行讨论。根据 Hooke[42]的理论，冰层中三个方向的主应力相差不大，而这三个主应力相互作用产生的有效应力则是产生冰层蠕变的根本原因。为了简化计算，假定在冰层钻孔内，上覆冰层压力 $\sigma_V = 9\text{kPa/m}$，最大水平主应力 $\sigma_H = 8.8\text{kPa/m}$，最小水平主应力 $\sigma_h = 8.5\text{kPa/m}$。表 6.15 给出了其他参数取值。

表 6.15　−10°C 冰孔内各参数取值

参数	取值	单位
内聚力	1.204	MPa
内摩擦角	9.228	°
抗拉强度	0.81	MPa
相变压力	115	MPa
应变速率	10^{-3}	s^{-1}
泊松比	0.31	—
D-A 准则椭圆长轴 p_{sc}	55	MPa

对于完整孔壁，我们对比分析基于 Mogi-Coulomb 准则、T 准则以及 D-A 准则的冰孔孔壁坍塌及水压致裂压力的相对大小，同时为了更加直观地判断在该条件下，孔壁是否会产生冰孔孔壁失稳现象，同样绘制出冰孔内的钻井液液柱压力

曲线（取冰钻中常用的钻井液密度923kg/m^3，同时忽略钻井液密度受温度、压力的影响），如图6.4所示。

（1）对于完整孔壁，在以上条件下，采用的钻井液能够正常钻进，满足冰层钻孔安全稳定的要求。

（2）在低应力区域（冰孔深度小于1000m），T准则计算得出的孔壁稳定钻井液安全密度窗口最宽，D-A准则计算得出的钻井液安全密度窗口最为保守；随着深度的增加，T准则所预测的结果逐渐趋于保守，D-A准则则给出了更加宽泛的钻井液安全密度窗口区间；Mogi-Coulomb准则得出的结果较以上两准则更加稳定，在孔深1200～1500m范围内较为保守。

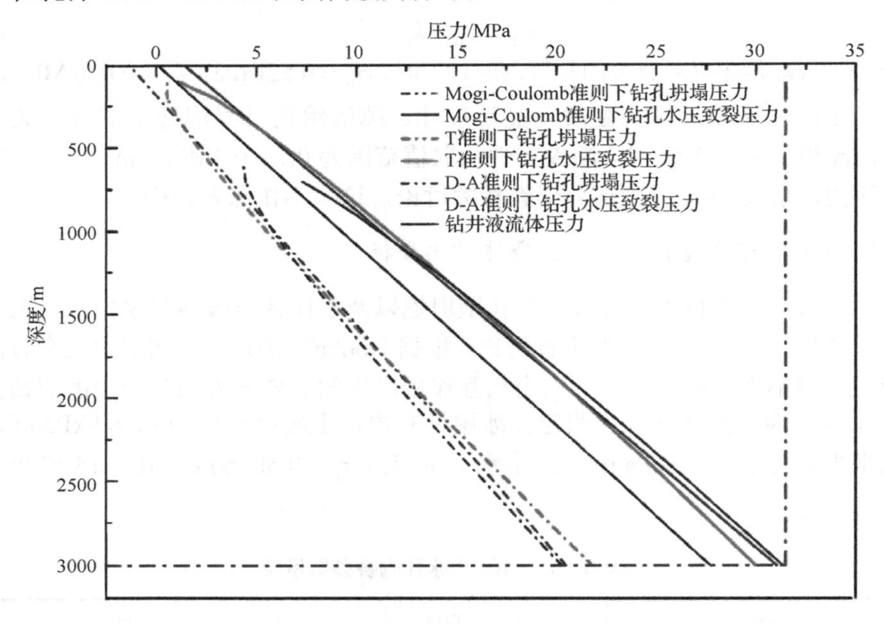

图6.4　完整孔壁各准则对应的孔壁坍塌及水压致裂压力对比分析图

（扫封底二维码查看彩图）

通过各准则中参数的赋值及计算过程，我们可知冰层的温度、应力分布、冰体应变速率大小3个因素对T准则及D-A准则的计算结果具有较大的影响，因此以下重点讨论各个因素的影响程度。

（1）冰层温度的不同导致了冰体的抗拉强度、相变压力及D-A准则中椭圆的长轴等发生变化，从而导致孔壁产生失稳的临界值发生相应的变化。

基于Mogi-Coulomb准则计算时，冰的内摩擦力与黏聚力虽然也随着温度的变化而变化，但幅度较小，本节不进行讨论。T准则与D-A准则计算得出的冰孔孔壁稳定临界条件随温度的变化趋势图如图6.5所示（除温度变化外，以上条件均不变）。

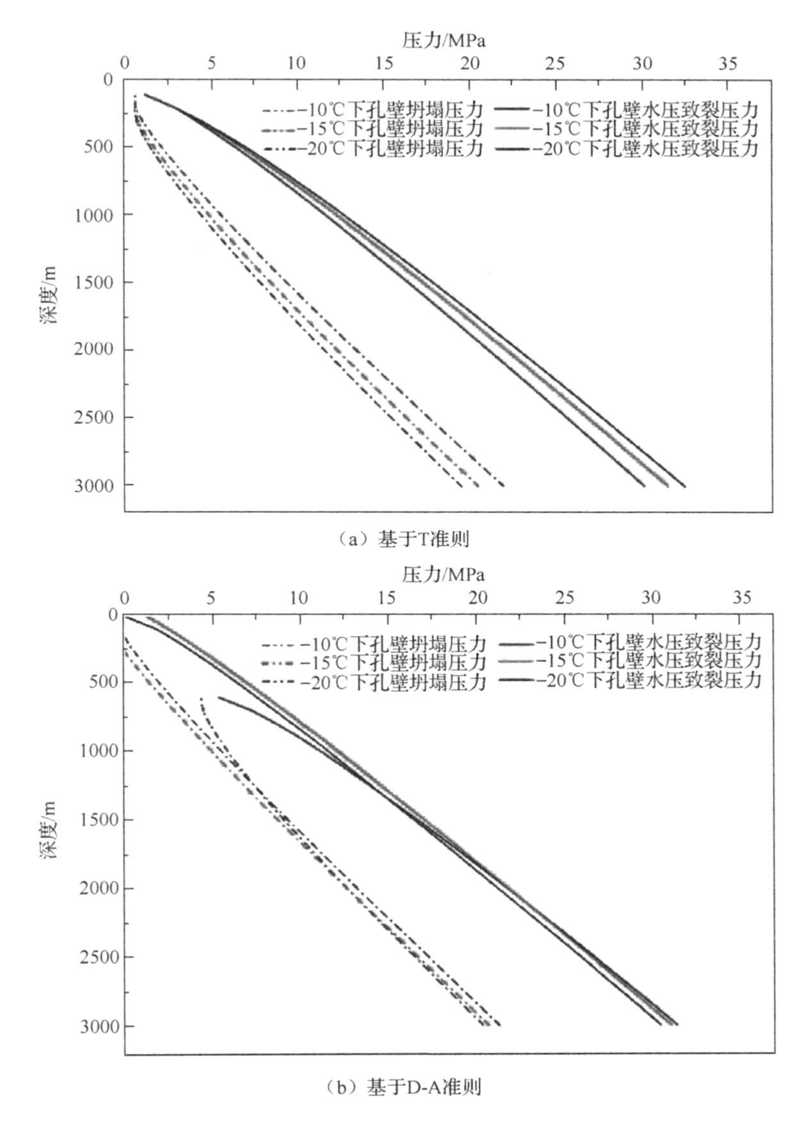

（a）基于T准则

（b）基于D-A准则

图 6.5　冰孔孔壁稳定临界条件随温度变化图
（扫封底二维码查看彩图）

由图 6.5 可知，对 T 准则来说，当仅考虑温度变化时，温度的降低扩大了孔壁稳定的区间，即更低的温度可以增加孔壁的稳定性。而 D-A 准则计算得出的不同温度下冰孔孔壁稳定临界条件随着深度的变化（孔壁应力的增加）而有所改变：在高应力的情况下，冰体的温度越高，孔壁稳定的区间越大。

通过冰层温度对冰孔稳定影响的分析可知，T 准则更多还是考虑温度降低对于冰体材料的硬化作用，即更低的温度能够增加孔壁周围冰体的强度，增加孔壁稳定性；而 D-A 准则更加注重考虑冰体本身受到的应力大小，即当冰体处于高应力区间时，更低温度的冰体表现出更强的脆性，因此稳定区间相对较窄，而较高温度的冰体由于其较高的塑性导致更宽的孔壁稳定区间。

（2）冰层内部不同的应力作用导致不同的冰流速。

在冰流速较慢的区域，冰层内部最大水平主应力、最小水平主应力相差不大；而较大的水平主应力差值则会导致较快的冰层流动。为了研究冰层内部应力对冰孔稳定性的影响，将最大水平主应力 $\sigma_H = 8.8\text{kPa/m}$ 、最小水平主应力 $\sigma_h = 8.5\text{kPa/m}$ 修改为最大水平主应力 $\sigma_H = 8.5\text{kPa/m}$ 、最小水平主应力 $\sigma_h = 7\text{kPa/m}$ ，孔壁稳定临界压力值如图 6.6 所示。

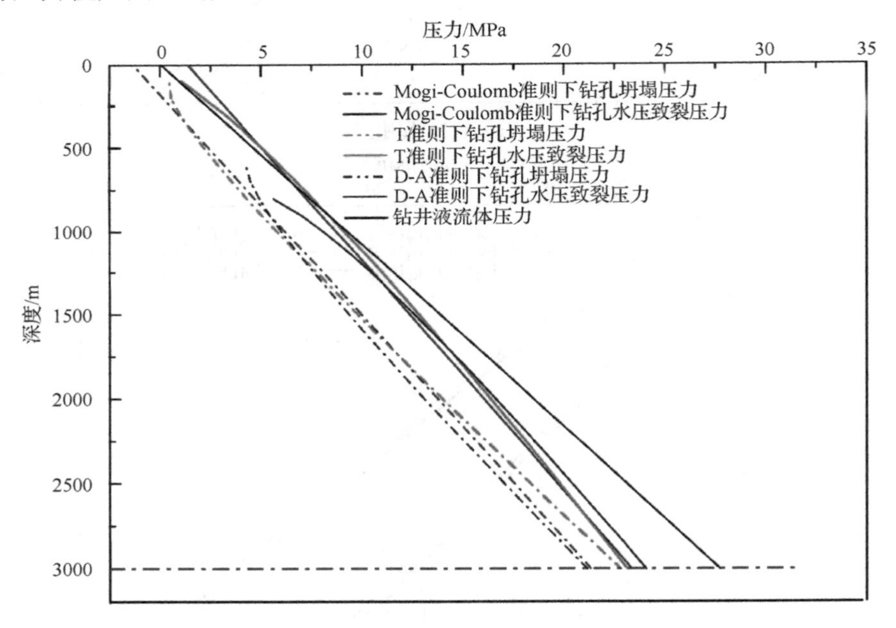

图 6.6　高应力差条件下冰孔孔壁稳定临界条件对比分析图

（扫封底二维码查看彩图）

由图 6.6 可知，此时若还是采用之前密度的钻井液，随着孔深的增加，孔壁必然会发生失稳现象，冰层的应力分布对孔壁的稳定性有着重要的影响。在实际钻取深冰芯的过程中，通常会选择冰穹区域，该区域冰流速缓慢，使用常规钻井液体系，冰孔稳定性更高。

（3）冰体应变速率主要是对 D-A 准则计算得出的冰孔孔壁稳定临界条件有着重要的影响。

通常来说，当冰体的应变速率达到 10^{-3}～10^{-4}s^{-1} 时，冰体会产生相应的脆性破坏，不同应变速率对应的临界条件如图 6.7 所示。

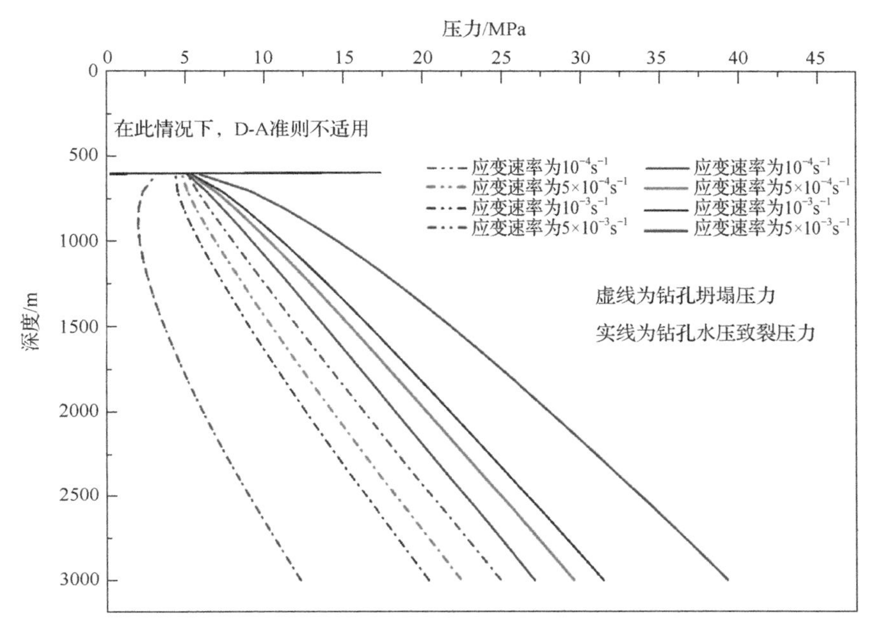

图 6.7　不同应变速率对冰孔孔壁稳定临界条件的影响（基于 D-A 准则）
（扫封底二维码查看彩图）

由图 6.7 可知，随着应变速率的增加，冰孔的坍塌压力逐渐减小，水压致裂压力逐渐增大。其原因是，要满足快速率的脆性破坏，需要更高的瞬时压力；而相对慢速率的脆性破坏仅仅需要很小的压力。对于实际情况，冰孔内的钻井液不循环，因此若考虑钻井液作用下的孔壁脆性破坏，则必然是相对慢速率的破坏，其需要的钻井液液柱压力要更小，换言之，孔内钻井液安全密度窗口更窄。

3. 冰孔破碎区孔壁稳定临界条件对比分析

当冰孔穿过脆冰区或破碎区时，孔壁会出现各尺寸的微裂纹。若钻井液液柱压力长时间过大，会导致微裂纹的持续扩展并最终导致孔壁失稳。这一类的失稳前提所要求的临界压力往往要低于前文讨论的完整孔壁稳定临界压力。

1）孔壁水压致裂压力

对于冰层应力，同样还是取值上覆冰层压力 $\sigma_V = 9\text{kPa/m}$，最大水平主应力 $\sigma_H = 8.8\text{kPa/m}$，最小水平主应力为 $\sigma_h = 8.5\text{kPa/m}$，冰孔深度 3000m。影响孔壁水压致裂压力的各因素取值如下：对于冰孔裂纹的尺寸，选取 l_0=0.01～0.1m，冰的断裂韧性 K_{IC}=0.1～0.4MPa·$m^{1/2}$，冰体裂纹之间的摩擦系数 μ_c=0.1～0.2，对比计算孔深 3000m 处的钻孔水压致裂压力。图 6.8 为各因素变化导致的孔壁水压致裂压力变化。

由图 6.8 可知，冰的断裂韧性大小对于孔壁的水压致裂压力有一定的影响，相同条件下，冰的断裂韧性越高，冰孔越稳定；孔壁裂纹尺度越大，产生水压致裂破坏的临界值则越小，孔壁越不稳定；而影响因素最为明显的是冰裂纹间的摩擦系数，随着摩擦系数的增大，冰孔的水压致裂压力大幅度增加。在这里需要注意的是，破碎区水压致裂压力的计算还是基于岩石研究中的断裂力学以及摩尔-库伦滑动条件的，而将该计算方式应用于冰层钻探中并未考虑温度、应变速率等情况，后续仍需深入研究。本节重点在于阐述孔壁裂纹存在而导致临界条件变化的特征。

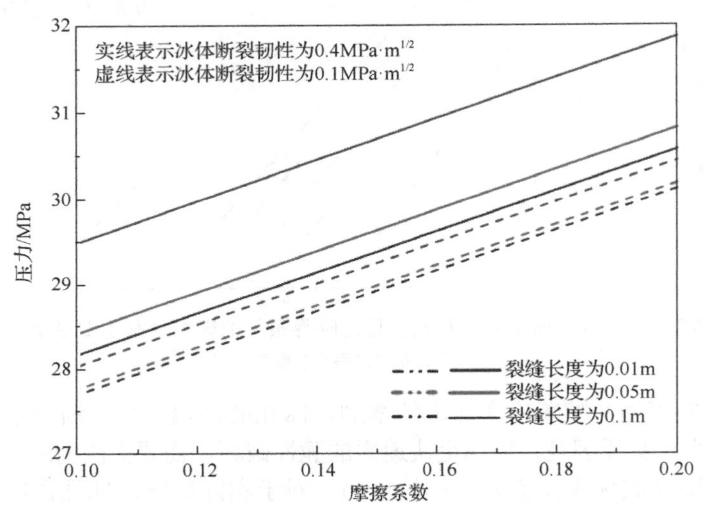

图 6.8　孔深 3000m 处孔壁水压致裂压力变化示意图
（扫封底二维码查看彩图）

2）孔壁坍塌压力

对于孔壁坍塌压力的计算，采取上述同样的条件，如图 6.9 所示，孔壁的坍塌压力随着冰裂纹摩擦系数的增大而减小，表明摩擦系数越大，孔壁越稳定；当冰的断裂韧性越大时，孔壁的坍塌压力同样越小，表明孔壁的自我稳定维护作用更加明显；同样地，孔壁处裂纹越多，要求的临界坍塌压力越高，表明孔壁越不稳定。

为了直观比较钻井液安全窗口的变化，将完整与非完整孔壁计算得出的临界条件进行对比，如图 6.10 所示。

由图 6.10 可知，孔壁存在裂纹（不完整）会减小钻井液安全压力窗口，增加冰孔的不稳定性。在上述条件下，钻井液液柱压力非常接近非完整孔壁的水压致裂破坏临界条件，若孔壁的不完整度再增加或者钻井液密度调控不当，易产生孔壁失稳现象。

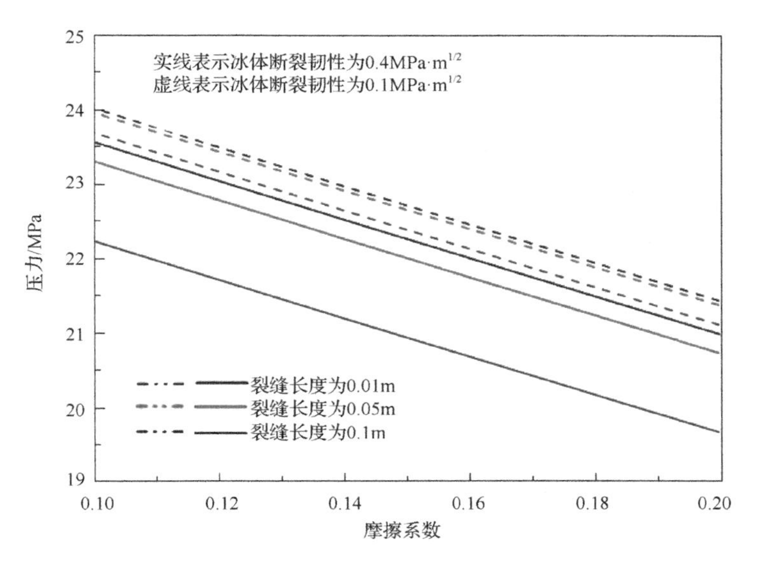

图 6.9　孔深 3000m 处孔壁坍塌压力变化示意图
（扫封底二维码查看彩图）

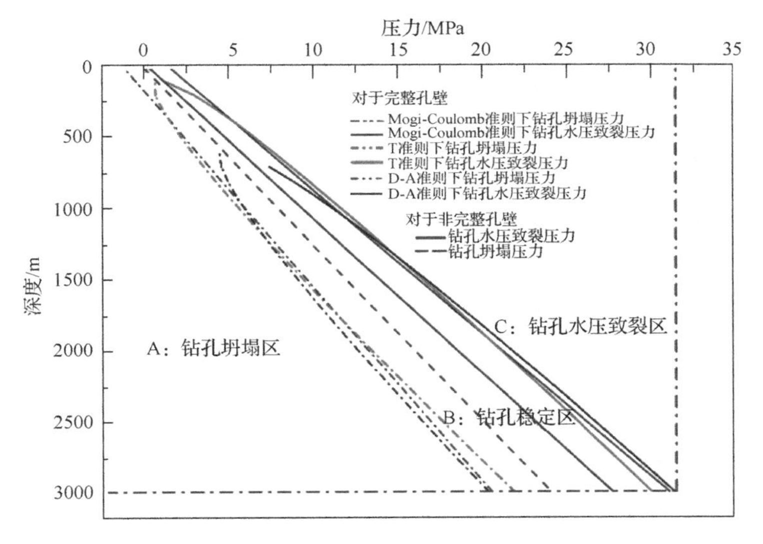

图 6.10　完整与非完整孔壁稳定临界条件对比图
（扫封底二维码查看彩图）

6.3　深部冰孔孔壁裂纹扩展机理研究

6.3.1　基于断裂力学的冰孔孔壁裂纹扩展判定条件

油气钻探领域关于水压致裂的研究表明，水力裂缝的扩展基本属于 I 型张拉裂纹扩展类型。van der Veen[43]在研究冰川表面及底部裂纹延伸扩展机理时，提出可以将决定冰裂纹扩展的因素分解成三个分量：①由冰盖内部存在的张力或者压力造成的裂纹张开或闭合；②由于上覆冰层压力造成的裂纹闭合；③由裂纹内部水压造成的裂纹扩展。分别计算三种情况下产生的应力强度因子，并通过应力强度因子的叠加来代替三种情况得出最终状态，通过与冰的临界断裂韧性相比较，最终确定临界扩展条件。本节在此思路的基础上，结合冰孔实际受力条件，得出孔壁裂纹持续扩展的临界条件。

1. 考虑孔壁单裂纹作用

（1）如图 6.11 所示，假定裂纹（长度 l）沿着最大主应力方向扩展（水压致裂的研究表明水力裂缝在后续扩展过程中会沿着最大主应力方向发展）。冰层的最小主应力会阻止裂纹的扩展，而裂纹内部的钻井液压力促使裂纹的延伸。

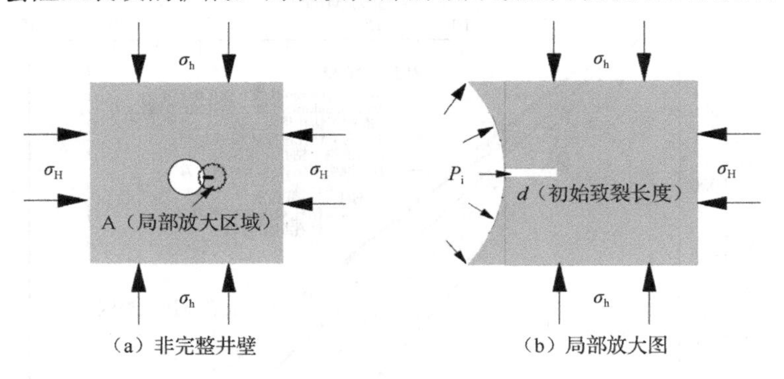

（a）非完整井壁　　（b）局部放大图

图 6.11　孔壁裂纹示意图

该问题属于典型的半平面上边裂纹的 I 型问题，对于此类问题，简化模型如图 6.12 所示，裂纹尖端的应力强度因子可以用以下计算方式获得：

$$K_{\mathrm{I}} = 1.1219q\sqrt{\pi l} \tag{6.48}$$

式中，q 表示裂纹表面的均布力；l 表示裂纹的长度。

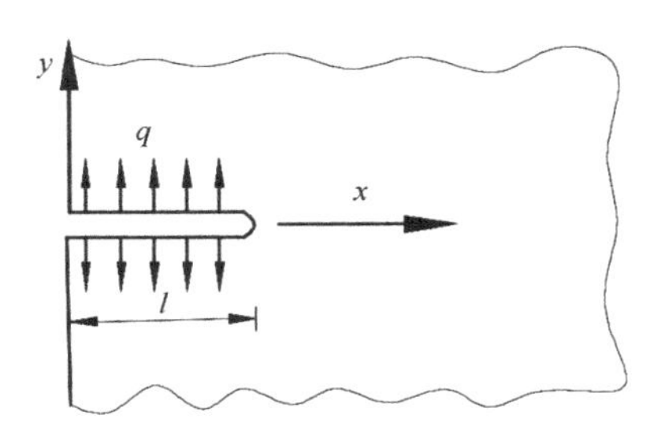

图 6.12　半平面边裂纹示意图

对于孔壁单裂纹，考虑冰层应力与钻井液压力作用，则孔壁初始长度为 d 的裂纹，其尖端的应力强度因子为

$$K_{\mathrm{I}} = 1.1219\left(P_{\mathrm{i}} - \sigma_{\mathrm{h}}\right)l \tag{6.49}$$

当裂纹尖端的 K_{I} 大于冰的断裂韧性，裂缝开始扩展，则孔壁单裂纹扩展的临界表达式为

$$K_{\mathrm{IC}} = 1.1219\left(P_f - \sigma_{\mathrm{h}}\right)\sqrt{\pi l} \tag{6.50}$$

式中，P_f 表示裂纹扩展的临界钻井液液柱压力。

（2）若孔壁存在原始裂纹，裂纹的初始方向未知。此时，考虑裂纹在地应力场与钻井液相互作用下裂纹的扩展。需要注意的是，在这个状态下，裂纹是张开的（钻井液能够完全进入裂缝内部）。假定裂纹沿着径向扩展，此时，该裂纹尖端的张应力可表示为

$$\sigma_\theta = \frac{1}{2}\left(\sigma_{\mathrm{H}} - \sigma_{\mathrm{h}}\right)\left(1 + \frac{R^2}{\left(R + l\right)^2}\right) - \frac{1}{2}\left(\sigma_{\mathrm{H}} - \sigma_{\mathrm{h}}\right)\left(1 + \frac{3R^4}{\left(R + l\right)^4}\right)\cos 2\theta - P_{\mathrm{i}} \tag{6.51}$$

在这种情况下，孔壁单裂纹扩展的临界表达式为

$$K_{\mathrm{I}} = 1.1219\sqrt{\pi l}\left[\frac{1}{2}\left(\sigma_{\mathrm{H}} - \sigma_{\mathrm{h}}\right)\left(1 + \frac{R^2}{\left(R + l\right)^2}\right) - \frac{1}{2}\left(\sigma_{\mathrm{H}} - \sigma_{\mathrm{h}}\right)\left(1 + \frac{3R^4}{\left(R + l\right)^4}\right)\cos 2\theta - P_{\mathrm{i}}\right] \tag{6.52}$$

当 $K_{\mathrm{I}} > K_{\mathrm{IC}}$ 时，孔壁裂纹扩展。随着裂纹的延伸，孔内的钻井液液面也会由于漏失而降低，进而导致缝内的压力降低，随着钻井液液柱压力的降低，裂纹尖端的应力强度因子会逐渐减小，当小于冰的断裂韧性时，冰层钻孔内的裂纹止裂。

2. 考虑孔壁多裂纹作用

当孔壁存在多条裂纹时，这种相距不远的裂纹会影响每个裂纹尖端的应力分布，从而影响裂纹的应力强度因子。本节研究纵向孔壁多裂纹情况对裂纹扩展的影响。假定如图 6.13 所示，孔壁纵向存在多条裂纹分布，裂纹的长度为 l，裂纹之间的间距为 $2w$，研究此时孔壁产生裂纹延伸的临界条件。

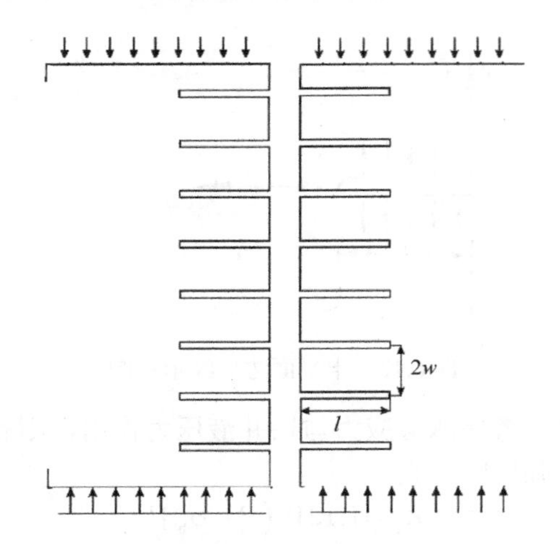

图 6.13　孔壁局部纵向多裂纹示意图

孔壁周围存在多条裂纹时，在上覆冰层压力作用下裂纹尖端的应力强度因子与裂纹的长度及各裂纹间的间距的关系如下：

$$K_{\mathrm{I}}^{1}=f\left(M\right)\sigma_{\mathrm{V}}\sqrt{\pi lM} \tag{6.53}$$

式中，σ_{V} 表示上覆冰层压力；M 为与裂纹长度及裂纹间距有关的参数且 $M=\dfrac{w}{w+l}$；$f\left(M\right)$ 是与参数 M 有关的函数，具体为

$$f\left(M\right)=\frac{1}{\sqrt{\pi}}\left(1+\frac{1}{2}M+\frac{3}{8}M^{2}+\frac{5}{16}M^{3}+\frac{35}{128}M^{4}+\frac{63}{256}M^{5}+\frac{231}{1024}M^{6}\right)+22.501M^{7}-63.502M^{8}+58.045M^{9}-17.577M^{10} \tag{6.54}$$

在钻井液压力作用下，孔壁裂纹张开，此时对应的应力强度因子可表示为

$$K_{\mathrm{I}}^{2}=1.1219P_{f}\sqrt{\pi l} \tag{6.55}$$

因此，在这种条件下，孔壁裂纹扩展的临界条件变为

$$K_{\mathrm{IC}}=K_{\mathrm{I}}^{2}-K_{\mathrm{I}}^{1}=1.1219P_{f}\sqrt{\pi l}-f\left(M\right)\sigma_{\mathrm{V}}\sqrt{\pi lM} \tag{6.56}$$

本节着重探讨并量化了孔壁存在多条裂纹纵向情况下，裂纹扩展延伸的临界条件，其前提条件是裂纹均为横向裂纹且沿着纵向均布。而对纵向裂纹在同一横截面内出现的情况将在以后的研究中进行。

6.3.2　冰孔孔壁裂纹快速扩展分析研究

为了探究基于断裂力学的孔壁裂纹快速扩展规律，本节重点讨论孔壁裂纹长度与临界孔内压力的关系及对孔壁裂纹扩展的弱化作用。

同样假定在冰层钻孔内，上覆冰层压力 $\sigma_{\mathrm{V}}=9\mathrm{kPa/m}$，最大水平主应力 $\sigma_{\mathrm{H}}=8.8\mathrm{kPa/m}$，最小水平主应力 $\sigma_{\mathrm{h}}=8.5\mathrm{kPa/m}$，取冰钻中常用的钻井液密度

923kg/m³，同时忽略钻井液密度受温度、压力的影响。

1. 孔壁单裂纹扩展分析

对于孔壁单裂纹，假设孔壁裂纹沿着最小主应力方向扩展，且冰的断裂韧性在 0.1～0.4MPa · m$^{1/2}$。由于钻井液液柱压力梯度一直大于最小水平主应力梯度，因此重点考虑孔内下部深度，本节选取 2000～3200m 段，其孔壁临界裂纹长度如图 6.14 所示。两条线将图形区域划分成 A、B、C 三个区域。A 区域表示若孔壁裂纹的长度位于这个区间，则孔壁裂纹一定不会产生快速扩展的情况；C 区域则正好相反，若裂纹长度位于此区间，则一定产生裂纹的扩展。B 区域需要结合实际情况，根据此深度处的冰的断裂韧性实际值进行判定。

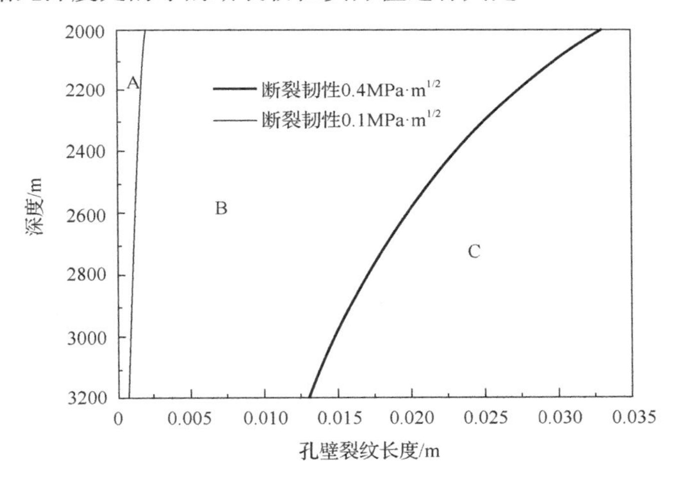

图 6.14　单裂纹作用下孔壁临界裂纹长度与深度关系

以上分析基于裂纹沿着最小主应力方向扩展。对于其他情况，由于裂纹闭合压力的增加，若同样要求孔壁产生快速率的扩展，所需求的临界裂纹长度必定相应增加。

2. 孔壁多裂纹扩展分析

对于孔壁多裂纹，需要首先讨论函数 $f(M)$ 随着 M 变化的情况。对于 $M=\dfrac{w}{w+l}$，即当多裂纹的间距非常小时，M 近似为 0；当多裂纹的间距非常大时，M 接近 1。应力强度因子系数 $f(M)$ 随着 M 的变化趋势如图 6.15 所示。

由图 6.15 可知，该系数随着多裂纹间距的增加逐渐增加，继而减小并最终接近 1.12。此时该系数与单裂纹计算公式相同，其意义为多裂纹相距过大，其影响可以忽略不计。为了直观分析多裂纹的作用，选取孔壁作为分析对象，假定孔底

3200m 处，孔壁存在多条裂纹，其间距分为 0.01m 与 0.02m 两种情况，此时孔壁裂纹尖端的应力强度因子随着裂纹长度的变化如图 6.16 所示。

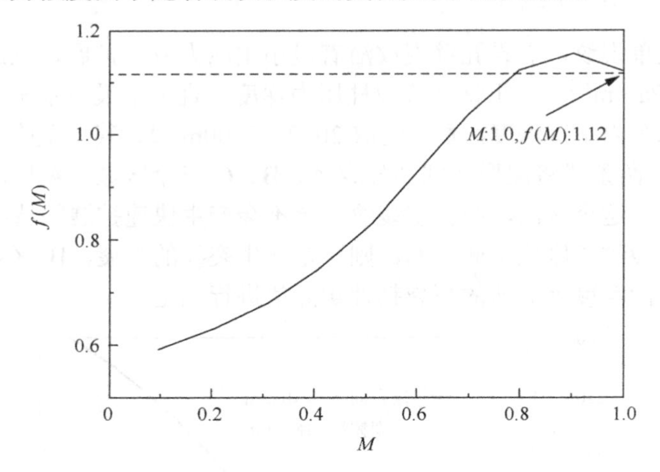

图 6.15　应力强度因子系数 $f(M)$随 M 的变化关系图

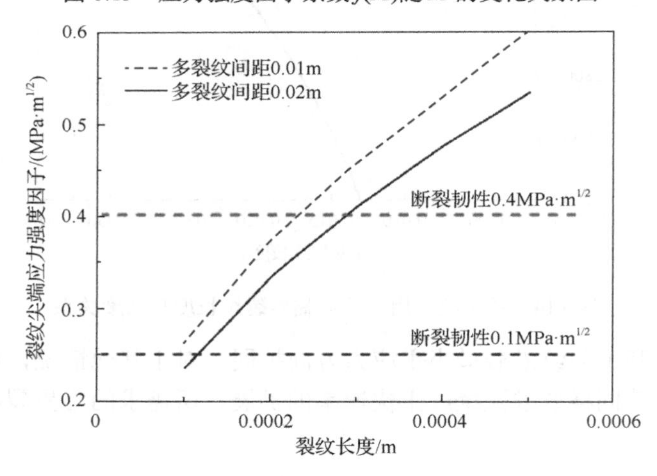

图 6.16　孔深 3200m 处多裂纹作用下裂纹长度与尖端应力强度因子变化关系图

由图 6.16 可知，当考虑多裂纹作用时，裂纹尖端应力强度因子随着裂纹长度呈非线性增加，且随着多裂纹间距的增大，裂纹尖端的应力强度因子会减小。这表明间距越密集的多裂纹越容易产生冰体的破坏。假定裂纹间距 0.02m，对比图 6.14，当考虑单裂纹作用时，若孔底的孔壁产生长度超过 0.0125m 的裂纹时，孔壁会发生裂纹的快速扩展；而当考虑多裂纹作用时，该临界裂纹的长度则为 0.0003m（0.3mm）。由此可见，密集的微裂纹同样会降低孔壁的稳定性，致使孔壁产生裂纹的快速扩展。

6.3.3　冰孔孔壁裂纹亚临界扩展

在一些材料的研究中，研究人员发现材料本身的裂纹能够在其应力强度因子远小于断裂韧性的情况下缓慢地扩展，并将其称为“准静态扩展”或“静态疲劳”过程。Weiss[44]将这一理论运用到冰山裂解现象中，由于冰具有较高的黏塑性，这种裂纹的亚临界扩展现象更加明显。依据该方法，我们将裂纹的扩展重现分成三个部分进行讨论。

（1）当应力强度因子低于 K_0 时，裂纹不会扩展。

（2）当应力强度因子在 K_0～K_{IC} 时，裂纹处于亚临界扩展状态。

（3）当应力强度因子大于 K_{IC} 时，采用线性断裂力学来判定裂纹的扩展。

1. 概述

对于亚临界扩展，裂纹的扩展速率可用以下算式得到：

$$\frac{\mathrm{d}l}{\mathrm{d}t}=BK_l^n \tag{6.57}$$

式中，l 表示裂纹的长度；B 与 n 是与亚临界扩展有关的参数。Atkinson[45]与 Gy[46]早期的研究表明，n 取值 15，B 取值 10^{17}（单位为 $\mathrm{MPa}^{-n}\cdot\mathrm{m}^{1-2/n}\cdot\mathrm{s}^{-1}$）符合材料的试验结果。

假定裂纹沿着最大主应力方向扩展，结合冰孔孔壁的受力状态，可得

$$\frac{\mathrm{d}l}{\mathrm{d}t}=B\left[1.1219\left(P_{\mathrm{i}}-\sigma_{\mathrm{h}}\right)\sqrt{\pi l}\right]^n \tag{6.58}$$

通过化简可得

$$\frac{\mathrm{d}l}{l^{n/2}}=B\left[1.1219\left(P_{\mathrm{i}}-\sigma_{\mathrm{h}}\right)\sqrt{\pi}\right]^n\mathrm{d}t \tag{6.59}$$

通过迭代，能够得出裂纹的扩展规律，即

$$l=\left\{l_0^{\frac{2-n}{2}}-\frac{n-2}{2}B\left[1.1219\left(P_{\mathrm{i}}-\sigma_{\mathrm{h}}\right)\sqrt{\pi}\right]^n t\right\}^{\frac{2}{2-n}} \tag{6.60}$$

该方程表示的裂纹长度会在某一时刻急速地增大，表现出奇异特征，我们定义产生裂纹突变的时间 t_z，可用下式计算：

$$t_z=\frac{2}{n-2}\frac{l_0^{\frac{2-n}{2}}}{B\left[1.1219\left(P_{\mathrm{i}}-\sigma_{\mathrm{h}}\right)\sqrt{\pi}\right]^n} \tag{6.61}$$

该时间点是孔壁裂纹的一个突变点。在该时间点之前，孔壁的裂纹处于一种慢速的扩展过程；当达到该时间点时，孔壁裂纹急速扩展；裂纹急速扩展之后又会产生两种不同的状态：①裂纹达到一定长度停止扩展；②裂纹无限快速扩展。

而判断后续状态的关键参数是在整个亚临界扩展过程中，裂纹尖端的应力强度因子大于达到冰的断裂韧性，具体解释为：当考虑孔壁单裂纹作用时，该裂纹尖端的应力强度因子跟裂纹的长度以及裂纹表面的受力情况有关，随着裂纹的扩展，裂纹的长度增加，但是孔内钻井液漏失进入裂纹内，会导致钻井液液柱压力的降低。两种因素的相互作用，决定裂纹尖端应力强度因子的变化规律。当在孔壁裂纹处于亚临界扩展状态中时，裂纹尖端的应力强度因子均未达到冰的断裂韧性，则孔壁的裂纹会完全处于亚临界扩展状态，达到最大长度后保持稳定，此时裂纹停止扩展；而当孔壁裂纹在亚临界扩展过程中，某一长度条件下，裂纹尖端的应力强度因子达到其断裂韧性值，此时裂纹的亚临界扩展阶段结束，转为基于断裂力学的扩展。

2. 孔壁裂纹扩展过程中应力强度因子的变化规律

首先研究钻井液液柱压力随着孔壁裂纹长度增加而逐渐变化的过程，满足以下关系：

$$P_{\mathrm{i}} = S_0 - S_1 l \tag{6.62}$$

则可知：

$$K_{\mathrm{I}} = 1.1219\left(P_{\mathrm{i}} - \sigma_{\mathrm{h}}\right)\sqrt{\pi l} = 1.1219\left(S_0 - S_1 l - \sigma_{\mathrm{h}}\right)\sqrt{\pi l} \tag{6.63}$$

设定 $X = \sqrt{l}$，化简式（6.63）可得

$$K_{\mathrm{I}} = 1.1219\left(S_0 - \sigma_{\mathrm{h}}\right)\sqrt{\pi} X - 1.1219 S_1 \sqrt{\pi} X^3 \tag{6.64}$$

冰孔裂纹的应力强度因子值随着裂纹长度 1/2 次方的值变化如图 6.17 所示。

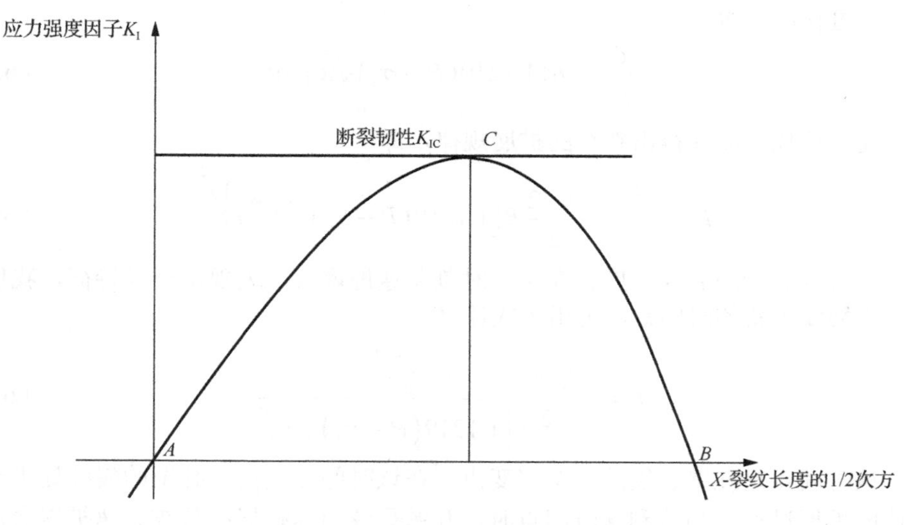

图 6.17　裂纹尖端应力强度因子值的变化规律

讨论 X 位于 A、B 两点之间的变化，应力强度因子值最高可到达 C 点位置。通过求解函数，该点的位置坐标为 $\left(\sqrt{\dfrac{S_0-\sigma_h}{3S_1}}, 0.748\sqrt{\dfrac{\pi(S_0-\sigma_h)}{3S_1}}(S_0-\sigma_h)\right)$。

结合孔壁裂纹亚临界扩展的一般分析，可得以下结论：

（1）当 $S_1 \geqslant \dfrac{0.19\pi\left(S_0-\sigma_h\right)^3}{K_{IC}^2}$ 时，应力强度因子在整个孔壁裂纹亚临界扩展过程中未超过 K_{IC} 值，则裂纹完全处于亚临界扩展阶段，整个孔壁裂纹扩展分成三个部分：裂纹缓慢扩展；到达特定时间时裂纹快速扩展；裂纹扩展至某一长度后基本保持不变。

（2）当 $S_1 < \dfrac{0.19\pi\left(S_0-\sigma_h\right)^3}{K_{IC}^2}$ 时，应力强度因子会在裂纹的某长度区间内超过冰的断裂韧性值，造成裂纹的快速扩展。裂纹在其应力强度因子首次达到断裂韧性值之前与第二次达到断裂韧性之后这两个区间内开始呈现亚临界扩展状态，而在超过断裂韧性值的裂纹长度区间内快速扩展。

3. 冰孔孔壁裂纹亚临界扩展分析

假定在冰层钻孔内，上覆冰层压力 $\sigma_V = 9\text{kPa/m}$，最大水平主应力 $\sigma_H = 8.8\text{kPa/m}$，最小水平主应力 $\sigma_h = 8.6\text{kPa/m}$，取冰钻中钻井液密度 917kg/m^3，同时忽略钻井液密度受温度、压力的影响，此状态下冰的断裂韧性取值 $0.3\text{MPa}\cdot\text{m}^{1/2}$。假定在 1500m 深度处孔壁产生初始长度 0.01m 的裂纹，裂纹沿着最大主应力方向，此时孔壁裂纹尖端的应力强度因子为

$$K_I = 1.1219\left(P_i-\sigma_h\right)\sqrt{\pi d} = 0.17\text{MPa}\cdot\text{m}^{1/2} \tag{6.65}$$

此时该裂纹处于亚临界扩展阶段。

在该条件下，钻井液初始液柱压力 $S_0 = 13.75\text{MPa}$。对于参数 S_1 无法精确确认，其临界判定值 $\dfrac{0.19\pi\left(S_0-\sigma_h\right)^3}{K_{IC}^2} = 4.07\text{MPa/m}$，该值表示该深度处，裂纹每延伸 1m 造成的压力降需要达到 4.07MPa。显而易见，在 1500m 深度处不可能产生这种现象，因此 $S_1 < \dfrac{0.19\pi\left(S_0-\sigma_h\right)^3}{K_{IC}^2}$，即对应第二种情况的亚临界扩展：裂纹首先处于亚临界扩展阶段，随着裂纹的扩展，当应力强度因子值达到冰的断裂韧性之后，快速扩展。研究应力强度因子达到冰的断裂韧性之前的亚临界扩展过程，分析如下。

假定裂纹延伸 10km 导致孔内钻井液液柱下降到 1500m 处，此时 $S_1 = 1.375\times10^{-3}\text{MPa/m}$。图 6.18 表示裂纹尖端的应力强度因子随着裂纹长度的变化规律。

由图 6.18 可知，随着裂纹长度的增加，应力强度应力先增大后减小，在裂纹长度 200m 处应力强度因子达到最大值 16MPa · $m^{1/2}$；当裂纹的长度达到 600m 左右时，该情况下的裂纹基本止裂。设定冰的断裂韧性为 0.3MPa · $m^{1/2}$，当裂纹延伸至 0.03m 时，裂纹尖端的应力强度因子开始超过冰的断裂韧性，即裂纹在 0.01～0.03m 为亚临界扩展状态。

图 6.19 表示在以上条件下，孔壁裂纹由 0.01m 扩展至 0.03m 的过程。在到达时间 B 点之前，裂纹增长缓慢。当时间过了 B 点之后，裂纹快速增长，并超过 0.03m。定义 A 点的纵坐标为 0.03m，当裂纹长度超过 0.03m 之后，裂纹尖端的应力强度因子大于假定的冰的断裂韧性，裂纹扩展直至 600m 左右。

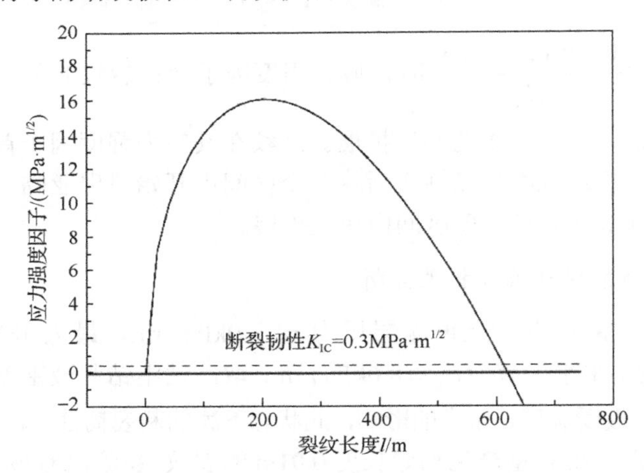

图 6.18　孔壁 1500m 深处裂纹尖端应力强度因子随裂纹长度的变化

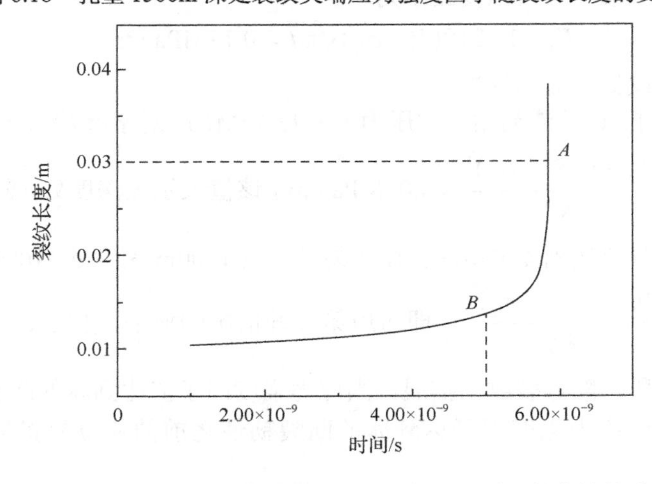

图 6.19　孔壁 1500m 深处裂纹亚临界扩展与裂纹长度的关系

孔壁裂纹在该深度处虽然表现出亚临界扩展的性质，但是由于裂纹内的钻井液压力较大，造成裂纹亚临界扩展的时间非常短暂，图 6.19 表明该过程仅仅持续约$(5.0\sim6.0)\times10^{-9}$s。

为了更加清晰地分析孔壁裂纹的亚临界扩展，此次选择孔壁 100m 处产生 0.1m 的裂纹，其他量不变。此时，$S_0 = 0.917\text{MPa}$，$S_1 = 1.375\times10^{-3}\text{MPa/m}$。同样计算$\dfrac{0.19\pi\left(S_0-\sigma_\text{h}\right)^3}{K_\text{IC}^2} = \dfrac{1.23\text{MPa}}{\text{m}} < S_1$，即在这种情况下整个裂纹的扩展都处于亚临界状态。

如图 6.20 所示在该深度处，裂纹同样由于亚临界扩展而缓慢扩展。裂纹大概在 14m 处达到最大的应力强度因子值，约为 $0.28\text{MPa}\cdot\text{m}^{1/2}$。

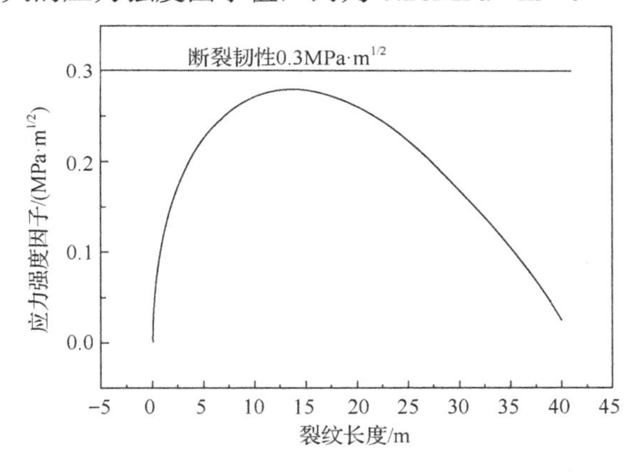

图 6.20　孔壁 100m 深处裂纹尖端应力强度因子与裂纹长度的变化图

研究该状态下孔壁裂纹的亚临界扩展过程，首先确定裂纹产生突变的时间 t_z：

$$t_z = \frac{2}{n-2}\frac{l_0^{\frac{2-n}{2}}}{B\left[1.1219\left(P_\text{i}-\sigma_\text{h}\right)\sqrt{\pi}\right]^n} = 743.07\text{s} \tag{6.66}$$

如图 6.21 所示，在此种情况下，孔壁的裂纹由 0.1m 开始缓慢扩展。当经过 C 点（700s）后，裂纹便开始快速扩展，在很短的时间内便超过裂纹的突变时间 743.07s，扩展至 D 点并保持稳定的状态。D 点对应的纵坐标约为 40m，表示裂纹扩展至 40m 之后达到稳定，裂纹保持不变。在此之后，裂纹尖端应力强度因子低于 K_0 时，裂纹不扩展。

对于亚临界扩展过程，参数 B 与 n 的变化对亚临界持续的状态有着重要的影响。当 B 值增大 10 倍，对应亚临界扩展的时间将会缩小为原来的 1/10；关于参数 n，当 n 取值 14 时（对比 n 取值 15），亚临界扩展的时间将会缩小 1/50 左右。由此可见，参数 n 对亚临界扩展过程起着决定性的作用。参数 B 与 n 的取值是根据岩石以及陶瓷等材料的测试试验所得，而关于冰体中这些参数的取值，尚未见任何报道，需要在后续的冰盖动力学研究中加以佐证。而对于裂纹，其长度及缝内压力大小直接决定着亚临界扩展的时间。总的来说，亚临界扩展为这种相对低应力作用下裂纹缓慢扩展直至突然失稳断裂现象提供了合理的依据。

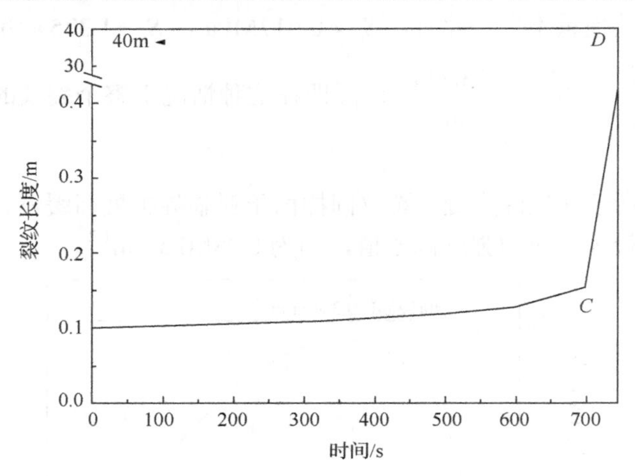

图 6.21　孔壁 100m 深处裂纹亚临界扩展与裂纹长度的关系

6.4　冰层钻探孔壁水压致裂破坏研究

6.4.1　水压致裂数值模拟研究

1. 基于有限元理论和统计损伤理论下的声发射水压致裂数值模拟

利用 RFPA-2D 渗流版软件对冰层钻探孔壁水压致裂进行数值模拟，研究不同深度条件下，裸眼起裂压力随着水平应力变化而变化的情况，结合起裂压力值、声发射效果图、孔壁附近最大剪应力图以及模型破坏情况综合评价分析破坏过程。

1）软件简介

采用大连力软出品的 RFPA（真实破裂过程分析）系列软件中的 RFPA-2D 渗流版，它是基于 RFPA 方法（即真实破裂过程分析方法）研发的模拟多种材料逐步破坏过程的数值模拟工具，它结合了有限元理论和统计损伤理论，考虑了材料性质的非均性、缺陷分布的随机性，实现了非线性、非均匀和各向异性的特点。

2）数值模拟条件

材料对象为冰，主要针对淡水冰，基本材料参数，如表 6.16 所示。

表 6.16　冰数值模拟参数表

力学及控制参数	淡水冰
均质度 m	5
弹性模量均值 E / GPa	1.000
抗压强度均值 σ / MPa	3.00
摩擦角 φ /(°)	14
压拉比 C/T（材料抗压强度与抗拉强度比值）	3.01
泊松比 v	0.3
渗透系数 K/(m/d)	0.0001

渗流压力加载初始值设为围压值对应的水柱压力，逐步加载至冰完全压裂失效，边界渗流压力设为 0MPa，液体密度 1000kg/m^3。

边界条件为：围压大小自行设定，且值相等；渗流边界压力水头和增量均设为零。

求解控制和结果判定：求解控制信息中步数根据单步渗流压力增量确定，最大渗流压力可适当调节。对于判断何时发生起裂，主要依据凯塞（Kaiser）效应，即声发射规模突然急剧增长时表明发生起裂，据此来判断起裂压力值。

长期研究表明，材料在外载作用下发生变形和内部破坏时，会发出一系列声脉冲，这种声信号是材料颗粒相对位移、原生裂隙发育和应力释放等过程释放出来的，即所谓的声发射。在 RFPA 软件中，声发射信号由声发射圆表示，圆的大小由能量大小决定。其中白色圆圈代表剪切破坏发出的声发射信号，红色圆圈代表拉伸破坏发出的声发射信号，而黑色圆圈代表声发射能量总和。对于冰层钻探孔壁冰的压裂，它是随液柱压力增大导致孔壁由压应变转为拉应变，超过其拉应变极限发生压裂，故声发射信号以红色声发射圆为主。

3）不同深度破裂压力数值模拟

考虑围压加载的精确度和可行性，分别选取围压值 1MPa、2MPa、4MPa、6MPa、8MPa、10MPa，它们分别对应了特定的深度，分别模拟其水压致裂的发生和起裂压力值的变化，并获取各项后处理信息，包括了声发射场图、应力加载曲线、最大剪应力场图、钻孔内液柱压力场图、应变-加载曲线图等，为数值模拟综合分析提供依据。

（1）模型建立与条件设置。

模型尺寸 300mm×300mm，划分单位规模 300×300，按结构化生成模型，如图 6.22 所示。按试验真实钻孔大小在模型中央开孔设内直径 14mm，材料主要属性按表 6.16 设置，冰的均质度较岩石等其他材料更高设为 5，摩擦角根据-20℃摩擦系数值 0.08 换算成 14°，抗压抗拉强度比值 3∶1。

现针对水平应力，即围压力 2MPa，设置围压初始值和终值-2MPa（拉正压负），单步增量 0；渗流边界压力四个边设置 0，渗流空洞压力即钻孔内液柱压力从围压值开始加载，初始值水头 200m，单步增加 10m，即初始压力 2MPa，步增 0.1MPa。求解计算为 20 步，即最大渗流空洞压力 4MPa。

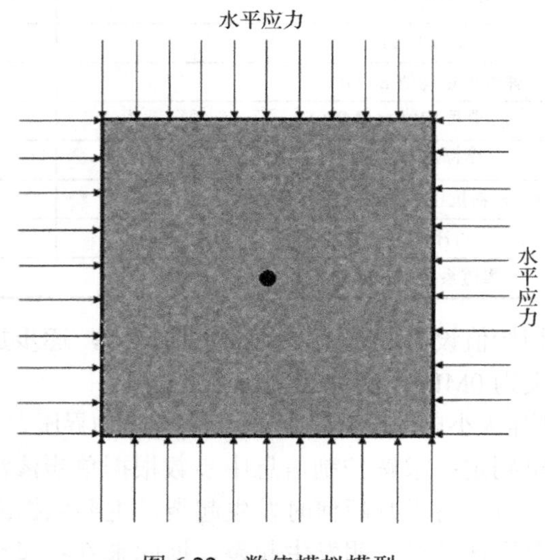

图 6.22　数值模拟模型

计算求解后，分析声发射场图，根据声发射骤增时发生压裂，分别选取对应加压步的后处理信息。

根据钻孔内液柱压力图（图 6.23）可得最大压力值 3.234MPa，即为模拟的起裂压力值。此时的声发射场图和最大剪应力图如图 6.24 所示，声发射场图在三个区域急剧增大，且声发射圆非常密集，可见位移、破坏发生数量较多。

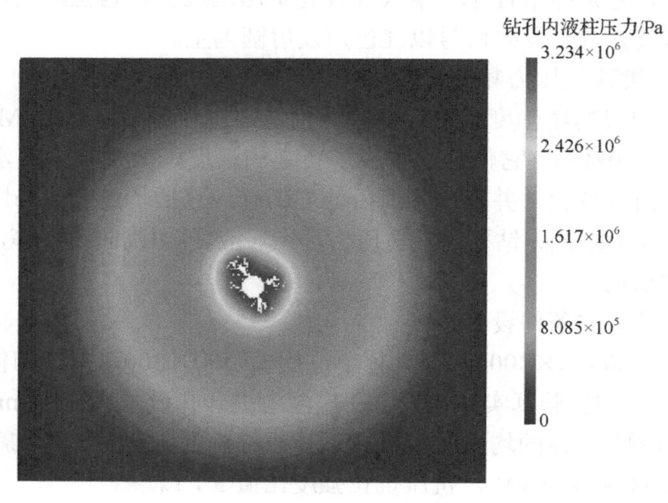

图 6.23　钻孔内液柱压力图
（扫封底二维码查看彩图）

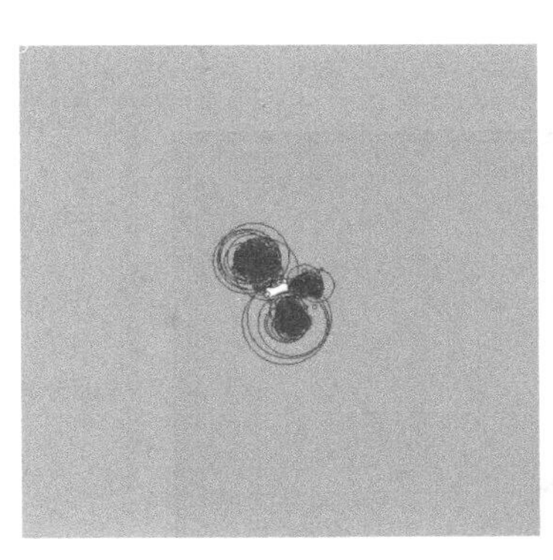

（a）声发射场图

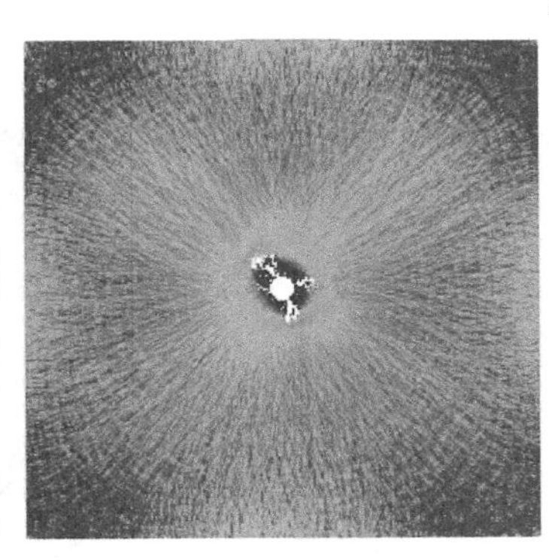

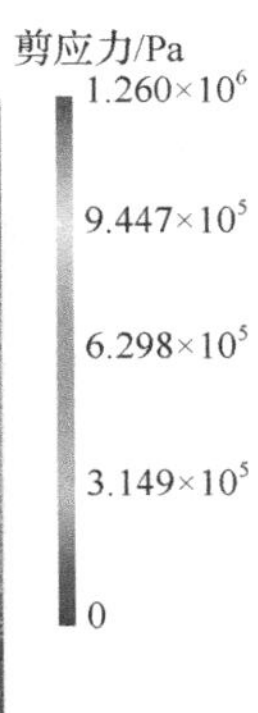

（b）最大剪应力图

图 6.24　声发射场图和最大剪应力图

（扫封底二维码查看彩图）

（2）起裂压力随深度的变化。

针对起裂压力变化的影响因素，结合冰层的特点，主要为了研究起裂压力随深度变化的规律。根据深度-围压关系式，给出不同深度的围压值 P_x，模拟出对应的起裂压力 P_a。分别给定 P_x 值为 1MPa、2MPa、4MPa、6MPa、8MPa、10MPa，得到的水压力场图如图 6.25 所示，其中可知最大钻孔内液柱压力值，分别为 1.862MPa、3.234MPa、5.880MPa、8.428MPa、11.170MPa、13.720MPa。

根据模拟情况，分别计算对应深度，列出相关数据表如表 6.17 所示。

表 6.17　各围压模拟数据对照表

序号	围压/MPa	对应深度/m	液柱压力加载步	破裂压力/MPa
1	1	283.5	100m+10m/步	1.862
2	2	537	200m+10m/步	3.234
3	4	1044	400m+20m/步	5.880
4	6	1551	600m+20m/步	8.428
5	8	2058	800m+20m/步	11.170
6	10	2565	1000m+25m/步	13.720

表 6.17 中，液柱压力加载步代表水头高度所对应的水柱压力值，初始值为围压值，每步加载量结合了求解控制总步数不超过 20 步，且使极限压力出现在 15 步左右而不是最后一步，更具说服力；同时各步长可达 10 步，即最小精度值为 0.01～0.02MPa，完全满足需要。

根据表 6.17 中数据绘制破裂压力-深度散点图并做出趋势线和趋势拟合函数，如图 6.26 所示。

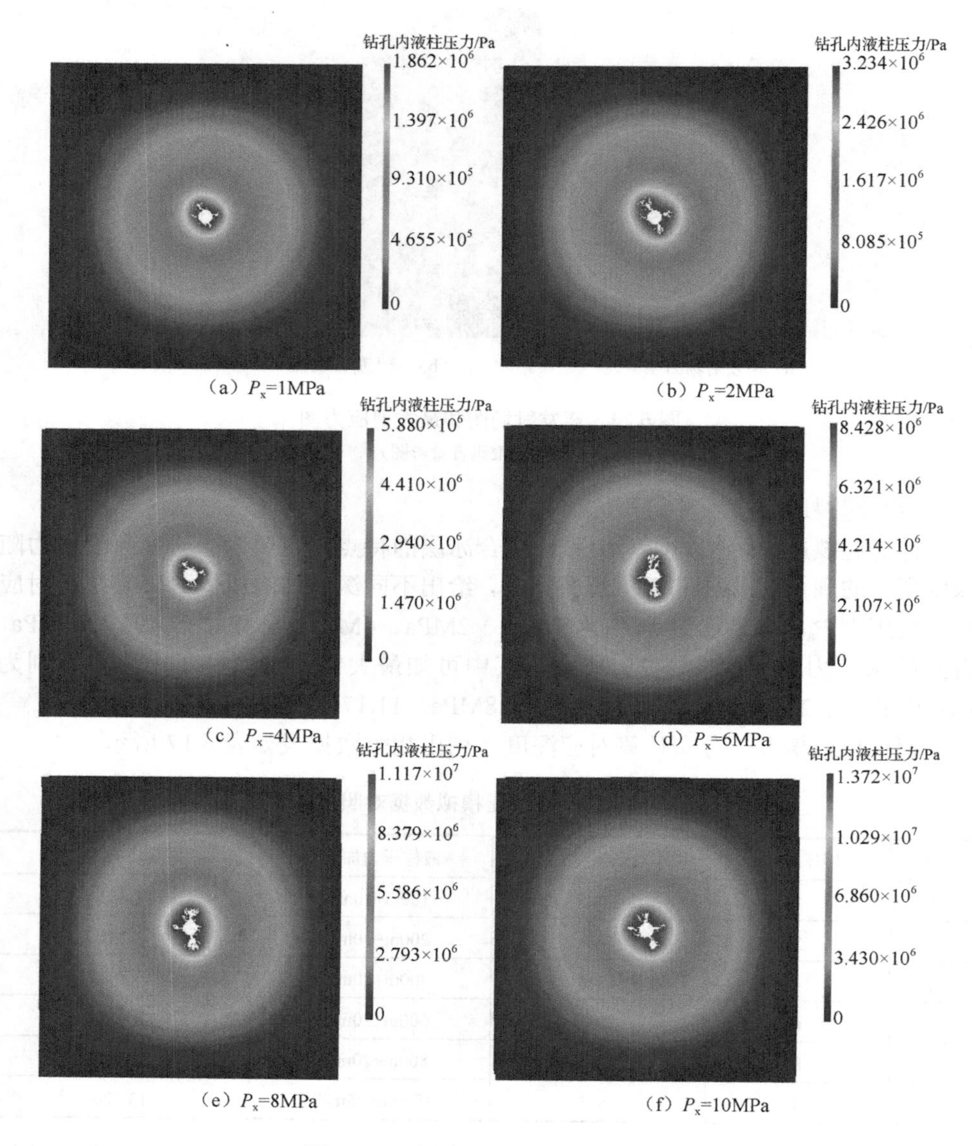

图 6.25　不同深度位置起裂压力图

（扫封底二维码查看彩图）

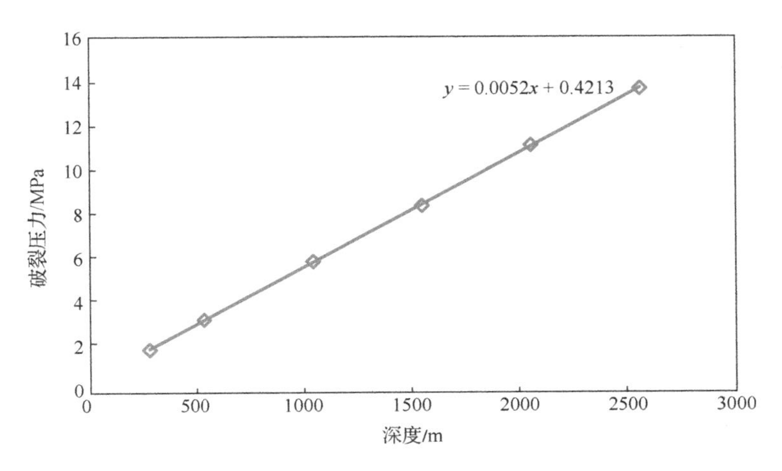

图 6.26　数值模拟破裂压力-深度趋势线

从图 6.26 中可以看出，破裂压力和深度的线性趋势拟合度非常高，只有一点点误差，最大 ΔP_{a}（后五点）的误差约为（2.742−2.548）/[(2.556+2.548+2.742+2.550)/4]=7.46%。

根据理论计算式：

$$P_{\mathrm{a}} = p = \frac{v}{1-v} q_0 - \frac{1}{1+v} R_{\mathrm{t}}$$

$$q_0 = \rho_{冰} g \left(H - H_1 \right) \tag{6.67}$$

式中，v 为冰的泊松比；R_{t} 为冰体的抗拉强度；H 为钻孔的实际深度；H_1 为冰盖上部冰雪层厚度。可得

$$P_{\mathrm{a}} = \frac{\mu}{1-\mu} \rho_{冰} gH - \frac{\mu}{1-\mu} \rho_{冰} gH_1 + \frac{1}{1+\mu} R_t \tag{6.68}$$

代入对应的参数，得

$$P_{\mathrm{a}} = 0.0039H + 0.6507 \tag{6.69}$$

式（6.69）与图 6.26 中拟合的趋势线比较吻合，计算千米误差 β_{1000}：

$$\beta_{1000} = \frac{5.6213 - 4.5509}{5.6213} = 19.04\%$$

相对误差达到 19.04%，故尚需做一定的修正，并结合试验数值来配合分析。

（3）裂纹产生与趋势分析。

数值模拟提供的围压状态是等压状态，与石油、煤等岩石地层压裂模拟状态不同，缺乏最大水平地应力、最小水平地应力的研究，对裂纹的产生和发展具有较大的影响，这种影响主要体现在裂缝产生的方向和主裂缝扩展的方向，从裂缝形态图上可以简单分析这些特点。而在声发射场图中，声发射圆的数量密度和大小规模是对裂缝的产生和发展形式的内在体现。

如图 6.27 所示，最大主应力场图展示的裂缝形态中，两向水平应力值相等时，从裂缝产生的角度看，起裂之初，裂隙在四个方向均有产生，跟极坐标的角度值

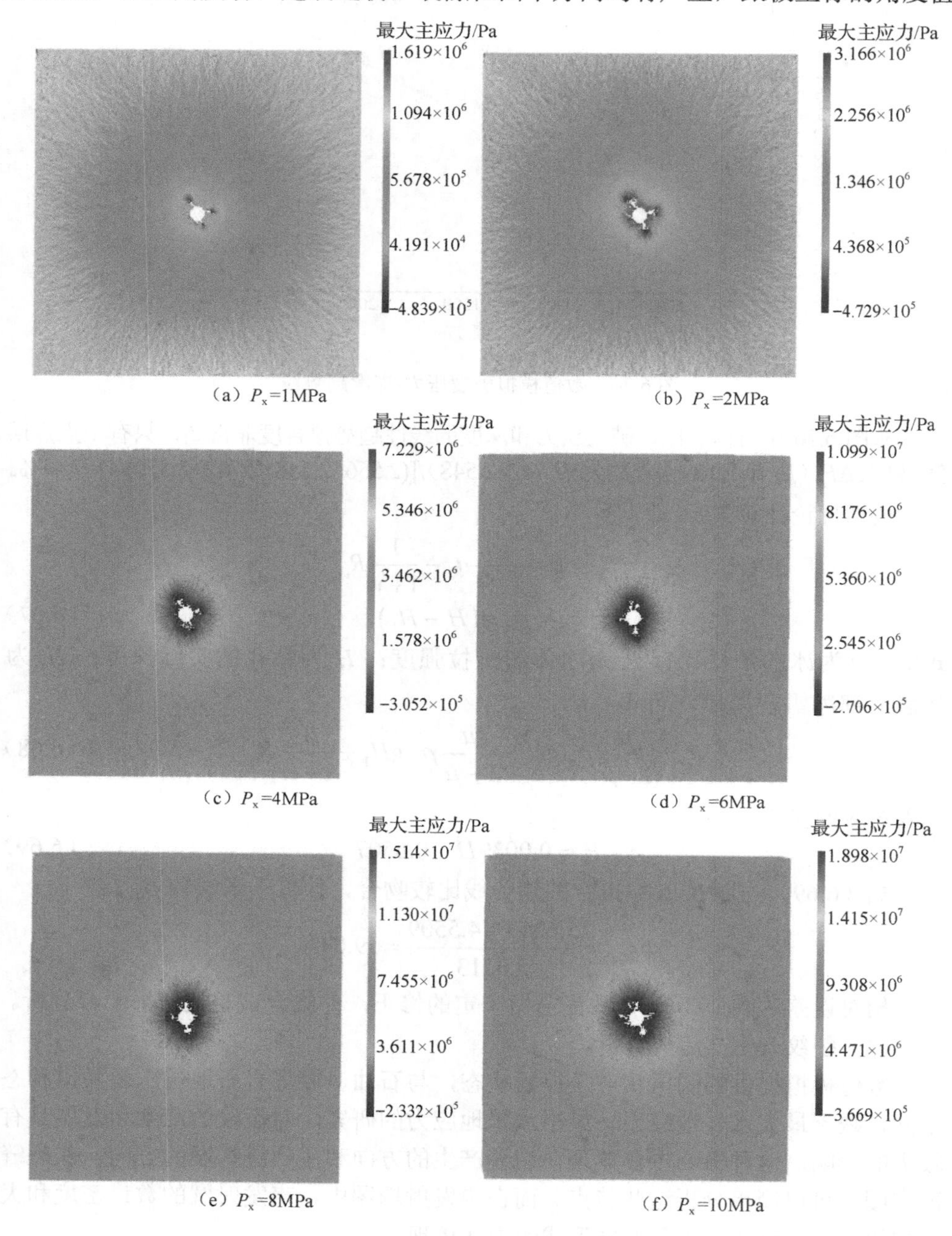

（a）P_x=1MPa　（b）P_x=2MPa

（c）P_x=4MPa　（d）P_x=6MPa

（e）P_x=8MPa　（f）P_x=10MPa

图 6.27　各围压条件压裂后最大主应力场图

（扫封底二维码查看彩图）

无关，而随后的扩展却往往集中在 3～5 个主缝方向，图 6.27 依次按围压值递增排列，随着围压值的规律增加，集中扩展的方向有增多的趋势，从 3 条主缝变成 4 条再变成 5 条，同时主缝的方向在圆周上的分布渐趋均匀。

对于声发射场图，主要针对围压不变条件下，压裂发生前后的声发射场图变化来进行分析。

图 6.28 显示了 P_x=2MPa 时，裂缝产生前后声发射场的变化。裂缝开始产生时孔壁附近的声发射能量小，且沿圆周方向分布均匀；然后图 6.28（b）这些声发射能量逐渐变大，由均匀向某些方向集中，其中图 6.28（c）中高能量声发射较多的区域便是水压致裂发生时的主缝发展方向，最后声发射在该区域迅速增多，但能量都不再增大，体现了压裂已经发生，声发射集中在水压致裂主缝的扩展。

图 6.28 中几乎全部是声发射圆，只在水压致裂发生后的主缝顶部出现零星白色声发射圆，这说明水压致裂之前及其瞬间的应力状态中，几乎没有较大应力集中现象，未发生明显的剪切破坏，而是均匀地拉伸扩展破坏过程，最后主缝顶部出现较大应力集中，才形成剪切破坏。

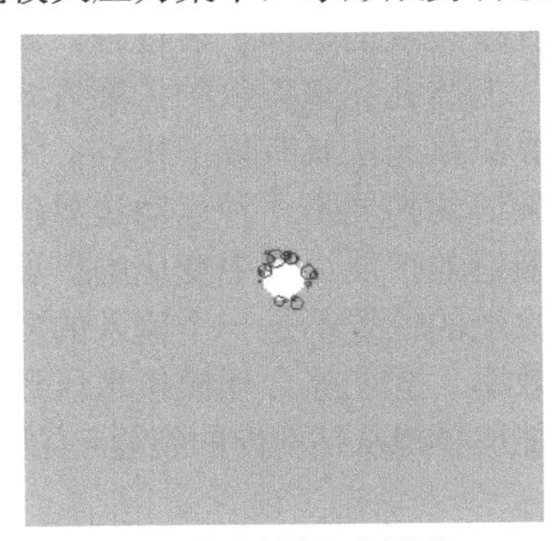

（a）水压致裂未开始阶段

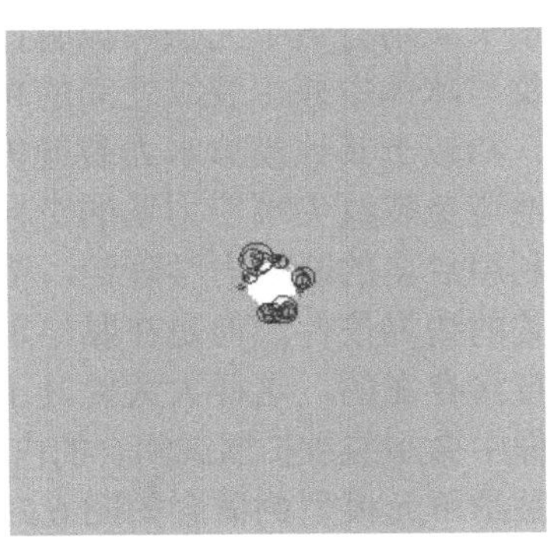

（b）水压致裂开始阶段

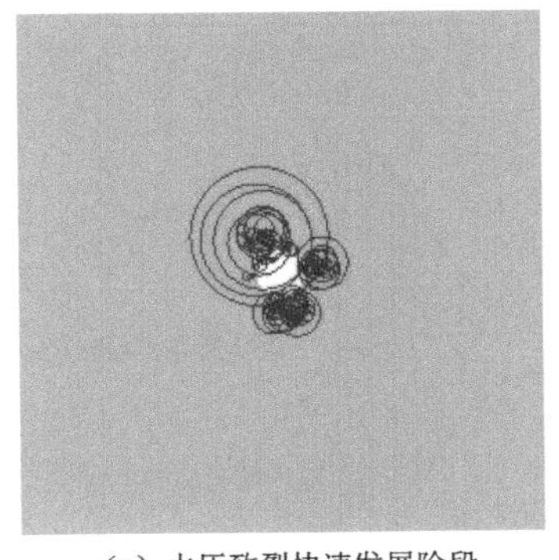

（c）水压致裂快速发展阶段

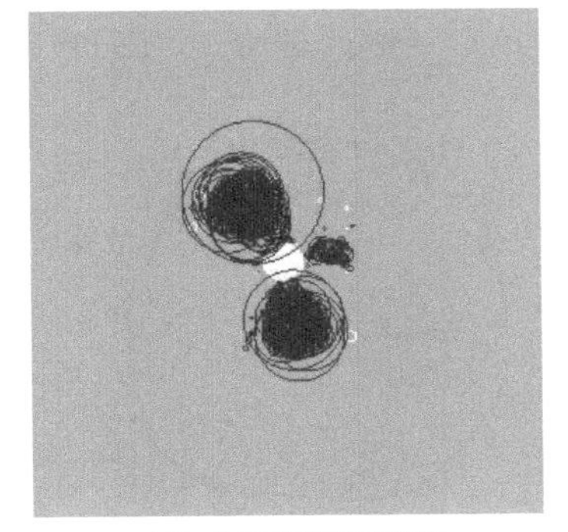

（d）水压致裂结束阶段

图 6.28　围压 2MPa 时水压致裂前后声发射场图

2. 基于黏接单元法的应力渗流损伤场耦合作用下的水压致裂数值模拟

1）软件介绍

ABAQUS 是一款适用性强、功能丰富的有限元分析模拟软件，它除了能够分析基本的力学及多物理场模型之外，对于高度复杂的结构力学系统及高度非线性的问题也具有较好的适用性。在大多数模拟过程中，ABAQUS 给用户提供丰富的单元库与材料模型库，其可以对多数工程材料组成的几乎任意几何形状的模型进行模拟分析，材料库内包含了极其丰富的常用材料数据。用户可以在提供结构的几何形状、调用合适材料的特性、施加相应的边界条件及载荷工况之后，对模型进行快速求解，与此同时，ABAQUS 内部自动的载荷增量和收敛准则能够在运行的过程中不断进行调整适应，以确保结果的精确性[47,48]。ABAQUS 可解决的问题包括：静态应力/位移分析问题，动态响应分析问题，非线性动态/位移分析问题，热传导问题，准静态分析问题，多物理场耦合问题，疲劳分析问题，工程结构屈服断裂问题及冲击载荷及设计敏感分析问题等。

2）黏结单元模型介绍

本节采用黏结单元法模拟脆性行为下冰孔孔壁裂纹的延伸扩展过程，研究孔壁裂纹与冰体中原生裂纹之间的相互作用关系，为冰孔孔壁裂纹的扩展方式提供借鉴。相较于其他模拟水力裂缝扩展的方法，黏结单元法具有以下优点：①能够有效地避免裂纹尖端应力场的奇异性。②水力裂缝的扩展是一种运动边界值的问题，利用经典的断裂力学理论，需要不断处理裂缝的扩展过程中变化的扩展方向及相关的边界条件。但是在黏结单元中，裂纹尖端的位置不是一个输入的参数，而是直接存在的，这样大大提升了模拟的求解效率。③能够合理模拟水压致裂破坏过程中微观裂纹扩展或闭合的内部机理，同时能够模拟从钻孔内的裂缝起始[49-51]。裂缝黏结单元模型的概念如图 6.29 所示。

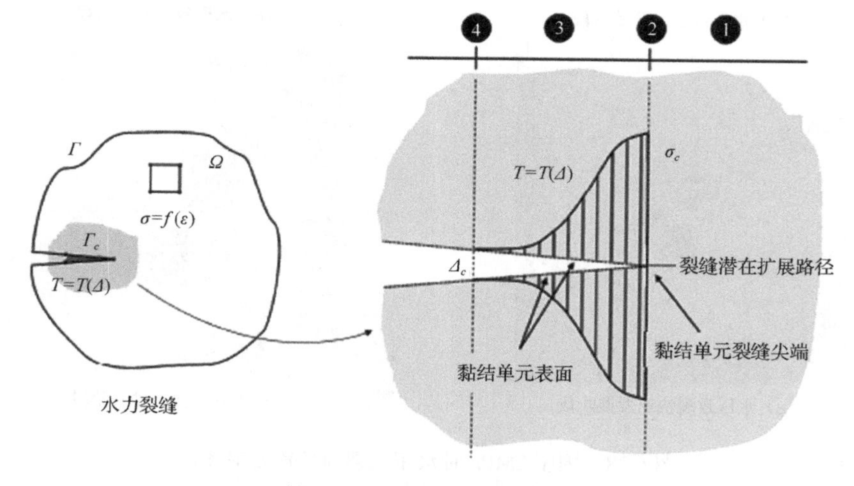

图 6.29　裂缝黏结单元模型

这里定义一个黏结单元模型（cohesive zone model，CZM）：当裂缝内部的压力强度 T 达到黏结单元的强度 σ_c 时，裂纹起裂并扩展，此时对应图中的区域分割线 2；区域 1 内包含了裂缝的潜在扩展路径，该路径的远端应力对应 T 为 0，而近端（裂缝尖端）应力 T 达到 σ_c；区域 3 内，黏结单元表面收到的应力向左逐渐减小并最终减为 0，此时对应区域分割线 4。其中非常重要的一个设定参数为：黏结单元表面应力与裂纹张开位移之间的关系，即牵引-分离准则。不同材料对应不同的牵引-分离准则，可分为基于位移与能量两种形式，模拟得出的结果也不相同。典型的基于位移的牵引-分离准则包括：双线性牵引-分离准则与三轴相关牵引-分离准则，如图 6.30 所示。其中三轴相关牵引-分离准则中的 I 部分表示材料的线性变化区，Ⅱ部分表示塑性变形硬化区，Ⅲ部分表示软化区域。各个牵引-分离准则图像的面积即表示该种情况下的断裂能。

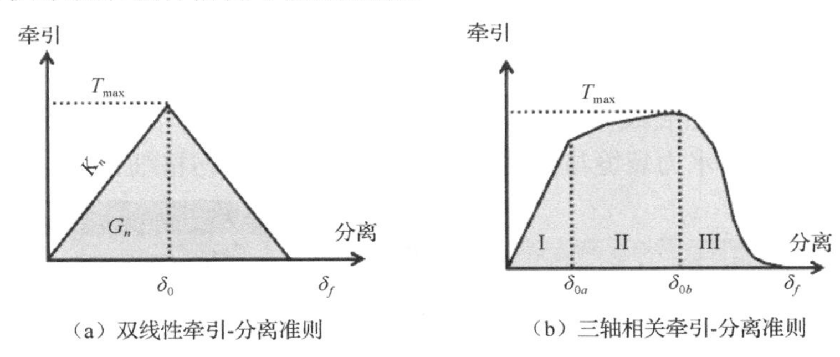

（a）双线性牵引-分离准则　　（b）三轴相关牵引-分离准则

图 6.30　不同牵引-分离准则

利用虚功原理，则能得到：

$$\int_{\Omega} \sigma : \varepsilon^* \mathrm{d}\Omega - \int_{\Gamma_c} T\Delta_n^* \mathrm{d}\Gamma_c - \int_{\Gamma} PU^* \mathrm{d}\Gamma = 0 \tag{6.70}$$

式中，ε^* 表示在 Ω 区域内的与虚拟位移 U^* 有关的虚拟应变量；Δ_n^* 表示虚拟裂缝面沿黏结单元裂缝 Γ_c 的法向位移量；T 表示黏结单元的牵引力矢量；P 表示区域外部的牵引力矢量。利用有限元分析的方法将式（6.70）进行转换，即

$$\left(\int_{\Omega} B^{\mathrm{T}} EB \mathrm{d}\Omega - \int_{\Gamma_c} N_c^{\mathrm{T}} \frac{\partial T}{\partial \Delta_n} N_c \Gamma_c \right) d = \int_{\Gamma} N^{\mathrm{T}} P \mathrm{d}\Gamma \tag{6.71}$$

式中，N 与 N_c 分别表示体积与黏结单元的形函数矩阵；B 为 N 对应的偏量；d 表示节点的位移量；E 表示体积切向刚度矩阵；$\dfrac{\partial T}{\partial \Delta_n}$ 为对应的雅可比（Jacobian）刚度矩阵。由此利用上述迭代方法，能够实现基于黏结单元的冰体内部裂纹的扩展。

3）基于 CZM 的冰孔孔壁裂纹扩展模拟研究

（1）模拟的建立及参数选择。

本节讨论冰孔孔壁产生裂纹后，在内部钻井液液柱压力的作用下，裂纹的扩展延伸过程，重点探究不同应力状态及天然裂缝影响下冰体裂纹扩展过程及最终形成的形态。假定在较小厚度的情况下冰体各向同性，关于模拟过程中涉及的冰体材料取值如表 6.18 所示。

表 6.18　冰体模拟参数取值表

参数	单位	取值
弹性模量 E	GPa	9
剪切模量 G	GPa	3.5
抗拉强度 σ_t	MPa	冰体为 1.0，裂纹为 0.5
泊松比	—	0.33
冰体断裂能 G_I	N/m	500
孔隙比	—	0.01

沿着横切面的方向建立冰孔孔壁裂纹扩展的模型，假定裂纹扩展一定距离后逼近冰体内的天然裂纹（相交的角度为α），如图 6.31 所示。模型的尺寸为 50m×50m，重点对水力裂缝与天然裂缝交叉的位置进行网格细化。

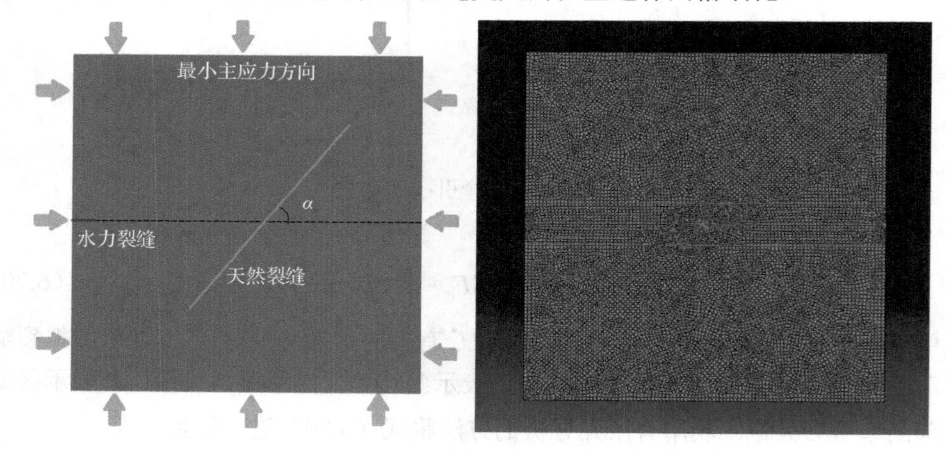

图 6.31　冰体水压致裂模型示意图及网格划分

（2）模拟结果分析讨论。

A. 不同相交角度α对裂缝相互作用的影响。

此次模拟不同相交角度α对裂缝相互作用的影响。假定钻孔内钻井液的黏度为 0.002Pa·s，孔内钻井液向裂缝的渗入量为 0.001m^3/s，对于常规的冰层钻孔，冰体内部的三向应力相差不大，选取应力组合：$\sigma_V = 5\text{MPa}$，$\sigma_H = 5\text{MPa}$，$\sigma_h = 4\text{MPa}$ 分别对$\alpha = 45^\circ, 75^\circ, 90^\circ$进行模拟分析。

图 6.32 为不同扩展时刻对应的裂纹张开量与内部应力云图。图中中心位置较

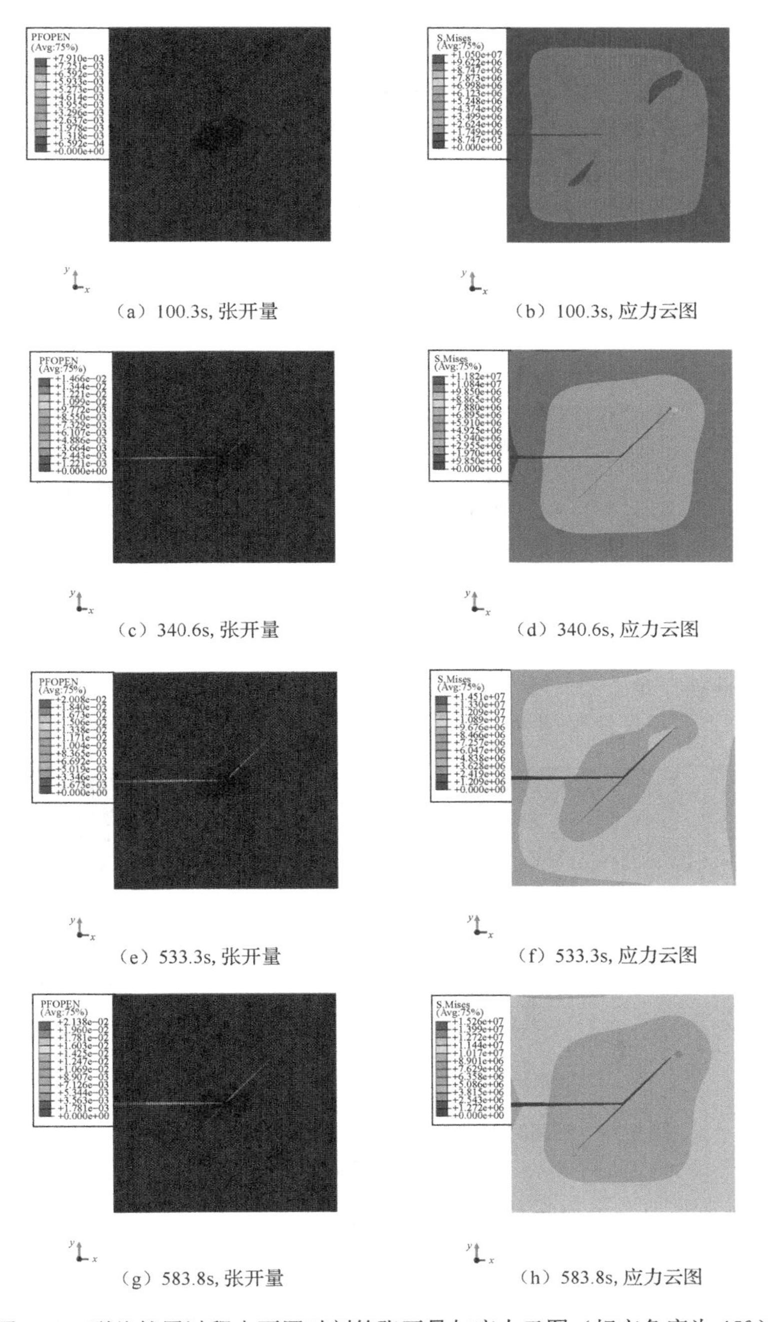

（a）100.3s, 张开量　　（b）100.3s, 应力云图

（c）340.6s, 张开量　　（d）340.6s, 应力云图

（e）533.3s, 张开量　　（f）533.3s, 应力云图

（g）583.8s, 张开量　　（h）583.8s, 应力云图

图 6.32　裂纹扩展过程中不同时刻的张开量与应力云图（相交角度为 45°）

注：PFOPEN 表示裂纹张开量，S 表示应力

（扫封底二维码查看彩图）

密集的部分是网格细化的结果，结果表明，在整个扩展过程中，裂缝的张开量不断增大且最大位置位于模拟的起始点，张开量由外向里逐渐减小，与此同时，由最大的张开量与时间的关系可知，初始位置的张开量随着时间的推移呈线性增长的趋势。应力云图表明，在扩展过程中，最大的应力出现在上部裂纹的尖端，随着裂纹张开，尖端的应力逐渐分散，比较均匀地分散包围在水力裂缝与天然裂缝区域周边。

图 6.33 为不同时刻时水力裂缝与天然裂缝相互影响结果图。天然裂缝基本对裂纹张开及应力场无影响，应力主要还是集中在水力裂缝的前端并呈“剪刀”状分散。

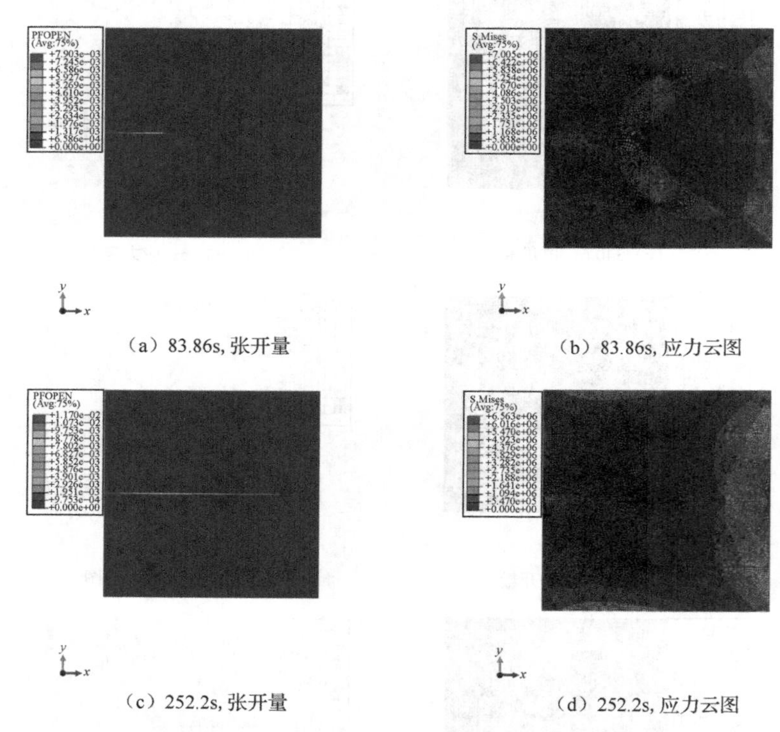

（a）83.86s, 张开量　　（b）83.86s, 应力云图

（c）252.2s, 张开量　　（d）252.2s, 应力云图

图 6.33　不同时刻水力裂缝与天然裂缝相互影响结果图

（扫封底二维码查看彩图）

同样，模拟也对水力裂缝与天然裂缝相交角度 75° 的情况进行了模拟，如图 6.34 所示。在该应力条件下，冰体中的水力裂缝无法穿过天然裂缝，钻井液首先打开上部裂缝，继而贯通下部。此过程裂缝的相互作用关系及裂缝的张开形式均与相交 45° 的情况相似，但整个交汇区域的裂缝受力情况却有较大的不同：当相交角为 45° 时，交汇区域的应力基本相同，没有出现明显的差异性；但当相交角为 75° 时，交汇区域应力分布不均匀，且由向着裂缝原始扩展方向对称发展的趋势（对

比图 6.34 中的 117.4s 与 322.5s），这种趋势表明裂缝打开天然裂缝之后有继续沿着最大主应力方向继续扩展的趋势，但在这种三向应力的限制下未能实现。相比于相交 45°，可以预测当钻井液完全填充裂缝后，随着缝内压力的增加，裂缝会在交叉处重新产生，并继续沿着最大主应力方向扩展。

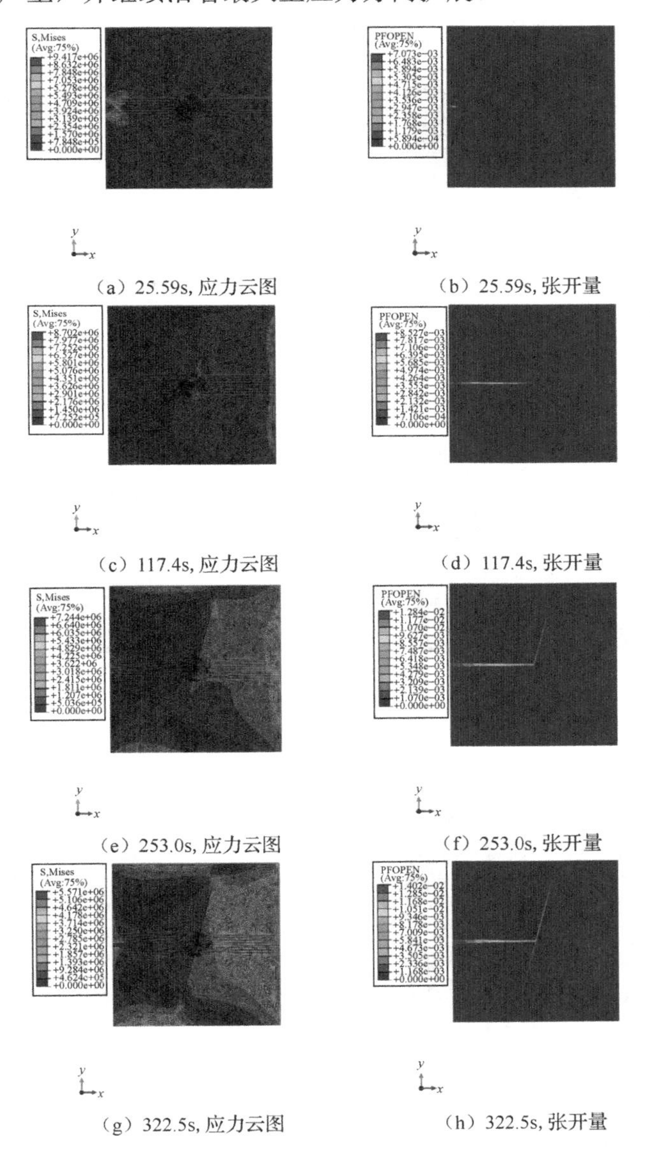

（a）25.59s, 应力云图　（b）25.59s, 张开量

（c）117.4s, 应力云图　（d）117.4s, 张开量

（e）253.0s, 应力云图　（f）253.0s, 张开量

（g）322.5s, 应力云图　（h）322.5s, 张开量

图 6.34　裂缝扩展过程中不同时刻的应力云图与张开量（相交角度为 75°）

（扫封底二维码查看彩图）

B. 不同应力状态对裂缝相互作用的影响。

基于上述分析，选取相交角为 75° 的情况，重点分析不同应力状态下（a：$\sigma_V = 5\text{MPa}$，$\sigma_H = 5\text{MPa}$，$\sigma_h = 2\text{MPa}$。b：$\sigma_V = 5\text{MPa}$，$\sigma_H = 5\text{MPa}$，$\sigma_h = 3\text{MPa}$。c：$\sigma_V = 5\text{MPa}$，$\sigma_H = 5\text{MPa}$，$\sigma_h = 4\text{MPa}$）水力裂缝与天然裂缝的相互作用，提取裂缝开始扩展时的位移云图与最终形成的裂缝形态图，如图 6.35 所示。

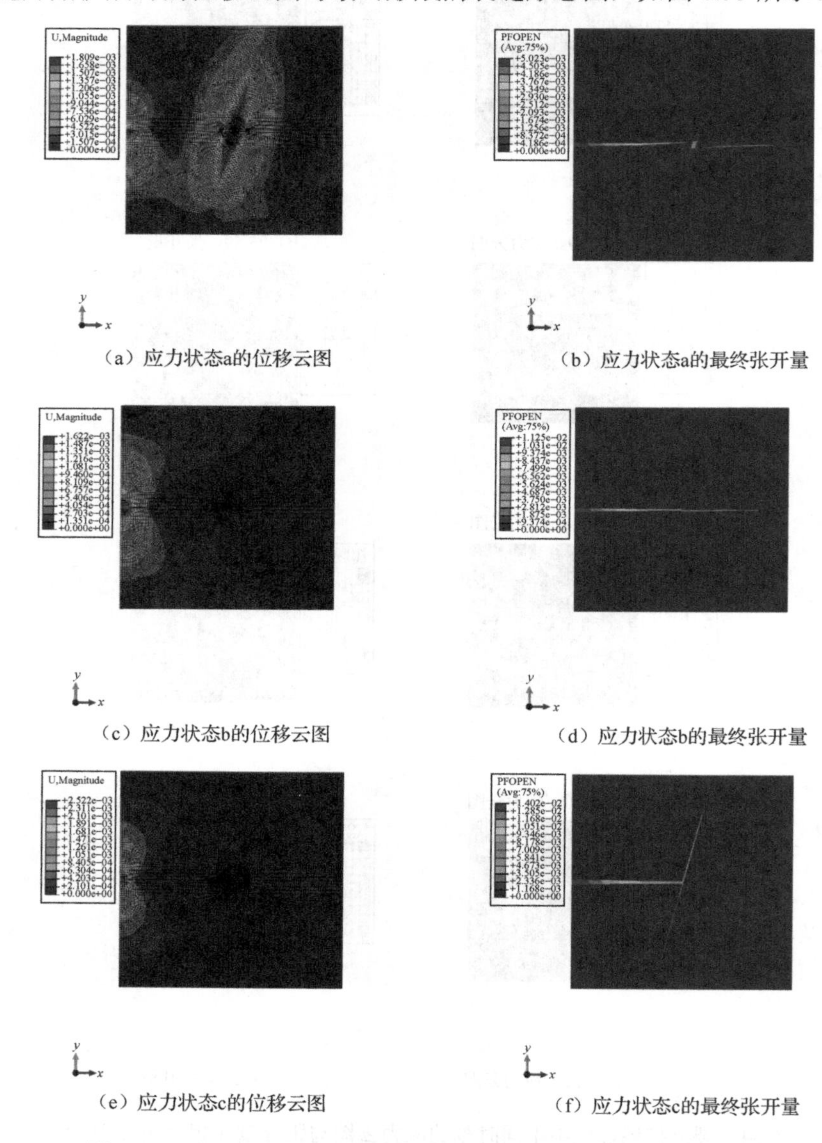

（a）应力状态a的位移云图　（b）应力状态a的最终张开量

（c）应力状态b的位移云图　（d）应力状态b的最终张开量

（e）应力状态c的位移云图　（f）应力状态c的最终张开量

图 6.35　不同应力状态下裂缝的初始扩展位移云图及最终张开量

（扫封底二维码查看彩图）

最终的张开量表明在 a、b 应力状态下，水力裂缝均穿过天然裂缝并向前扩展且高应力差会导致交汇处裂缝张开量的增大，但是 a 状态同样也会部分打开冰体内部的天然裂缝面，最终形成交叉的贯通区域。当对比三个应力状态下裂缝初始扩展的位移云图，可明显看出，高的应力差会导致裂缝交汇处的位移量增大，这种变化的位移量有助于水力裂缝顺利贯穿天然裂缝，同时也是最终形成交叉贯通区的原因。同样也对上述三种应力状态下，相交角分别为 45° 和 60° 的情况进行模拟分析，水力裂缝均会打开并转入天然裂缝方向，未见裂缝贯穿的情况。

C. 钻井液不同渗入量及黏度对裂缝相互作用的影响。

研究相交角为 75°，应力状态 $\sigma_{\mathrm{V}}=5\mathrm{MPa}$，$\sigma_{\mathrm{H}}=5\mathrm{MPa}$，$\sigma_{\mathrm{h}}=3\mathrm{MPa}$，渗入量为 0.002m^3/s 时不同黏度（0.001m^3/s，0.0015m^3/s，0.002m^3/s）对缝内压力及最终裂缝形态的影响。图 6.36 为不同黏度下缝内压力变化曲线，可知，此时缝内压力曲线变化一致，三条曲线仅仅 A 部分（压降区）出现的时间不同。

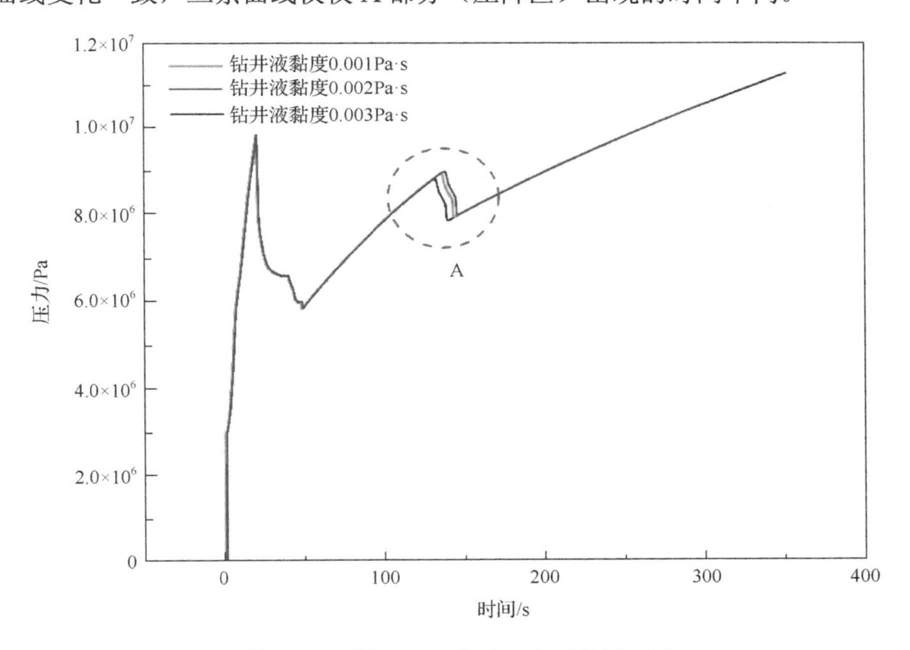

图 6.36　不同黏度下缝内压力变化示意图

与此同时，水力裂缝均能够穿过天然裂缝，裂缝张开量的变化趋势也趋于一致（图 6.37）：随着裂缝向前扩展，张开量缓慢增大；裂缝延伸至相交处停滞，裂缝张开量增大；水力裂缝穿过天然裂缝面，继续向前扩展，裂缝的最大张开量增长缓慢。

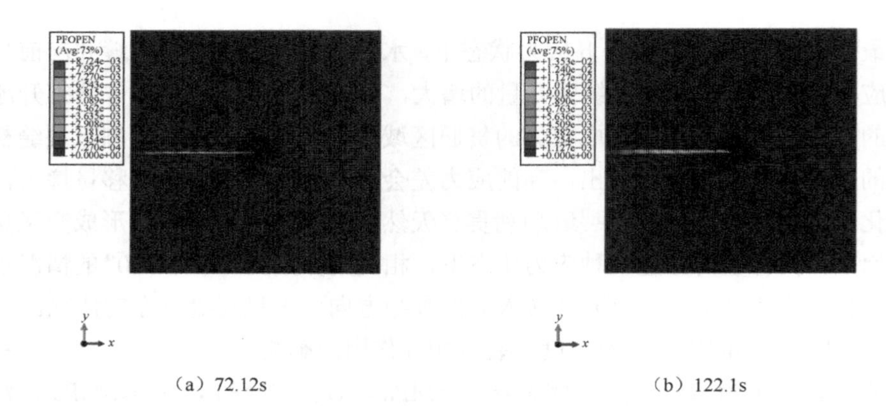

（a）72.12s　　（b）122.1s

图 6.37　裂缝相交时扩展停滞-张开量增大过程图
（扫封底二维码查看彩图）

6.4.2　水压致裂破坏试验研究

极区深部冰层钻探过程中，冰孔孔壁脆性行为下的状态直接影响着钻探的周期。本节提出利用真三轴水压致裂破坏试验系统对冰孔孔壁产生的水压致裂破坏现象进行试验研究，以期获得冰孔孔壁不同状态下产生脆性破坏的临界条件。与前面提出的理论进行对比分析，探究孔壁脆性破坏的临界条件及后续破坏过程，为极区冰层钻进提供相应理论依据。

本节通过安装建立的试验系统进行冰样的水压致裂破坏试验，试验的主要内容包括完整及非完整孔壁水压致裂破坏试验研究，重点探究不同孔壁状态下，孔内产生脆性破坏及裂纹扩展的临界条件，同时观察试验后样品内部的裂纹分布状况。本节试验获取的规律，结合本节的理论研究，将为深部冰孔的水压致裂破坏现象提供明确的证据，同时为调控冰孔内钻井液密度、维持孔壁稳定提供重要的理论依据。整个试验过程中，由于冰样的压裂过程较短，因此对于环境温度的要求并不高，而每次试验的钻井液温度均需与冰样的温度保持一致以避免由于温差作用导致的误差。

1. 完整孔壁水压致裂破坏试验研究

1）冰样密度与气泡含量

在制作试验样品的同时在相同条件下制得额外冰样，以获得试验冰样的密度及气泡含量，如表 6.19 所示。

由表 6.19 可知，本次试验制得冰样的密度大致位于 0.85～0.91 g/cm^3，样品中所含的气泡含量较少，冰样满足试验要求。同时，通过对比注意到，随着温度的降低，样品的平均气泡含量呈增加的趋势，其原因在于冻结速率过快，溶解于水内的空气无法及时溢出，从而形成气泡。由于是空气浴降温，冰晶体由四周向内部生长，所得的冰样气泡多位于样品中间内部。

表 6.19　不同温度下冰样的密度及气泡含量

温度/°C	冰样体积/ml	冰样质量/g	冰样密度/(g/cm^3)	冰样孔隙度/%
−5	407	367.18	0.902	1.618
	402	367.02	0.913	0.438
	410	370.95	0.905	1.335
−10	420	383.22	0.912	0.499
	388	346.61	0.893	2.582
	397	357.46	0.900	1.810
−15	400	357.64	0.894	2.497
	554	503.07	0.908	0.974
	518	470.21	0.908	1.010
−20	505	451.63	0.894	2.474
	480	410.68	0.855	6.698
	320	289.52	0.905	1.336
−25	420	369.45	0.880	4.074
	383	347.04	0.906	1.188
	370	334.87	0.905	1.303

2）完整孔壁水压致裂破坏冰样制作

为了制作满足试验条件的模拟完整孔壁试样，需进行以下步骤。

（1）首先将蒸馏水加热至沸腾状态进行一次性冻结以降低试样内部冰样的气泡含量。

（2）将水装入事先准备的内部空间略大于 200mm×200mm×200mm 的方形塑料箱中，利用塑性架子将压裂管架置正中间。然后将整体放入设定好温度的低温恒温箱内进行冻结。

（3）由于冻胀作用，冰样的上表面会局部隆起。此时，在冰样上部加入少量蒸馏水冻结以便找平。整个样品冻结之后，待其稍微融化之后从塑料箱中取出并置于恒温箱内保存 24h。

（4）试验之前，将压裂管内一起冻结的预制棒拔出，制造出模拟孔，即试验过程中的压裂液注入通道。

完整孔壁模拟试样的制作流程及制作后各部分尺寸如图 6.38 所示，制得 200mm×200mm×200mm 的方形冰样，其中试样内的压裂孔总长 100mm，裸眼段长 15mm，预制棒的直径为 8mm，即形成的裸眼段直径为 8mm。

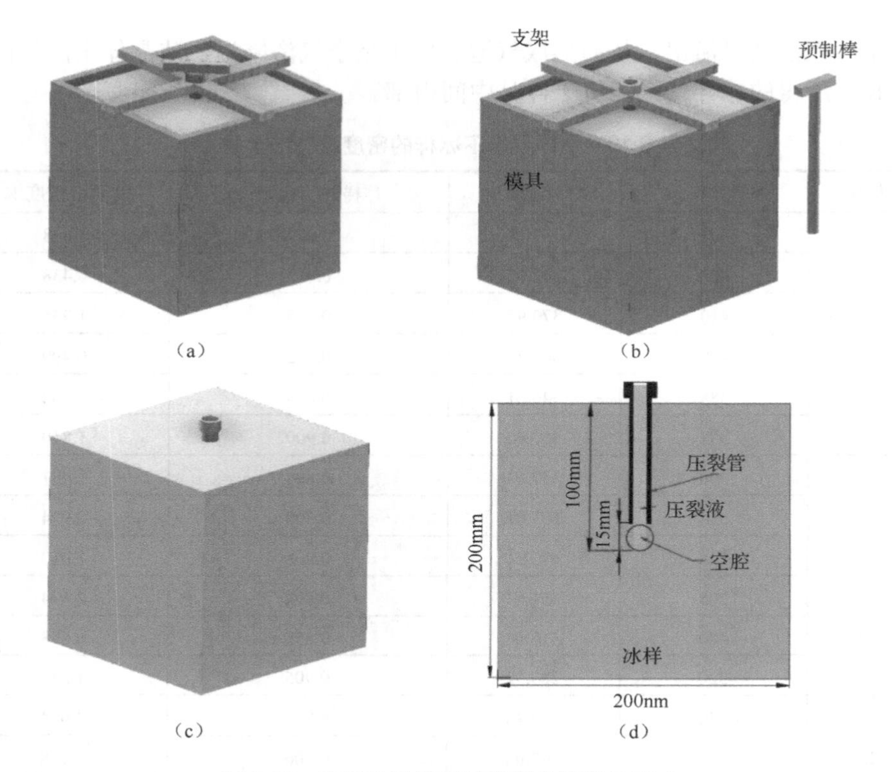

(a)　(b)　(c)　(d)

图 6.38　完整孔壁模拟试样制作流程及尺寸

制得的一定温度下的完整孔壁模拟冰样如图 6.39 所示。

(a)　(b)

图 6.39　一定温度下的完整孔壁模拟冰样

3）不同温度无围压条件下完整孔壁水压致裂破坏试验

（1）试验设计。

该试验的主要目的是确定不同温度冻结的样品对孔壁裂纹产生及扩展的影响，同时也为后续一定温度下的有围压水压致裂破坏试验提供可参考的裂纹扩展压力值。按照上述方法分别冻制-5℃、-10℃、-15℃、-20℃、-25℃的冰样，每个温度进行两组无围压的水压致裂破坏试验，每组钻井液的温度需控制与冰样温度相同，以避免由于温差导致的试验误差。

图 6.40　-15℃冰样无围压水压致裂破坏图

本次共计进行 10 组试验，6.2 节的研究表明孔壁应变速率对于产生破坏的泵压有一定的影响。为了尽可能满足孔壁产生水压致裂破坏时的慢应变速率，试验设定 2ml/min 的泵注速率，模拟孔的直径为 8mm，通过换算可得在该情况下孔壁的应变速率达到 $8.3\times10^{-2}s^{-1}$，图 6.40 为-15℃冰样无围压水压致裂破坏图。

（2）试验结果及分析。

通过试验设备中的数据模块来监测泵压的变化。选取温度-20℃与-25℃样品水压致裂破坏过程中的泵压变化，如图 6.41 所示。

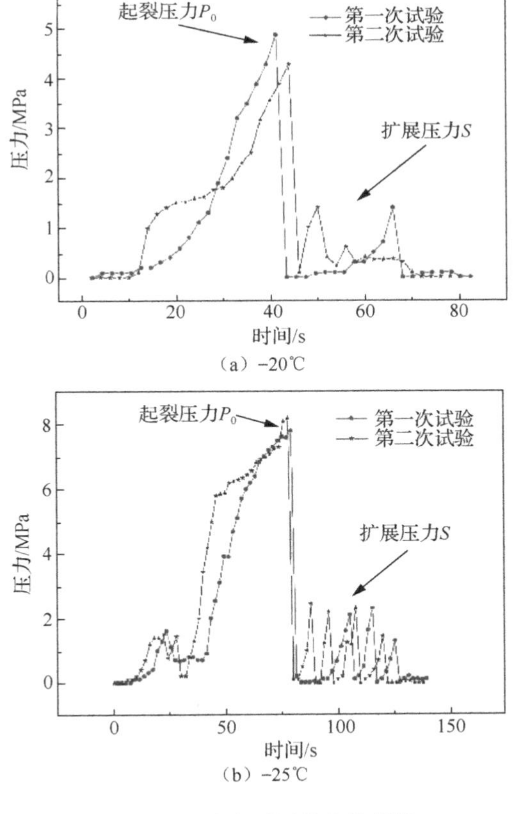

图 6.41　孔内泵压的变化规律

由图 6.41 泵压变化曲线可知，在整个试验过程中，孔内泵压一开始持续增大，到达最大值后急速下降至 0 左右，紧接着有所升高并发生反复的小幅度波动。该泵压的变化对应着试验中的现象为：当泵压升高至最高时，孔壁产生破裂，形成较大裂纹，紧接着泵压降低，液体进入形成的裂隙内部；随着液体的不断进入，新的小裂纹不断形成，冰体内裂纹不断扩展直至冰样完全破裂，压裂液溢出。根据泵压变化曲线，我们定义泵压最大值为 P_0，表示起裂压力，定义主裂纹形成后泵压的最大值为 S_t，表示裂纹扩展压力。10 组无围压的冰样水压致裂破坏试验起裂压力与裂纹扩展压力变化如表 6.20 所示。

表 6.20　无围压条件下冰样的起裂压力及裂纹扩展压力

温度/℃	P_0/MPa	S_t/MPa
−5	2.90	0.82
	3.32	0.92
−10	4.11	1.01
	4.08	1.18
−15	4.25	1.21
	4.51	1.28
−20	4.90	1.40
	4.35	1.40
−25	7.81	2.30
	8.20	2.30

由表 6.20 可知，不同温度下冻结形成的冰样起裂压力及裂纹扩展压力有较大差异：随着温度的降低，两种压力均呈现上升的趋势，即冰的内部强度更大。本节利用厚壁圆筒理论定量分析起裂压力与扩展压力之间的关系。

厚壁圆筒理论讨论不可压缩弹塑性材料在只受内压作用下的情况。当内部载荷持续增大直至整个冰样到达一个临界点时产生破坏，丧失材料对应的能力。对于该极限状态，有以下定义[52,53]：

$$P_s = \frac{2\sigma_s}{\sqrt{3}} \ln \frac{b}{a} \tag{6.72}$$

式中，P_s 为极限状态下的内部压力；σ_s 为材料简单拉伸屈服强度；a 为厚壁圆筒内部孔的直径；b 为厚壁圆筒外部直径。通过试验获得的内部极限压力及厚壁圆筒理论，本节推倒得出对应的 σ_s，并将其与冰的抗拉强度、扩展压力进行对比分析，研究它们之间的内部关系。如图 6.42 所示。

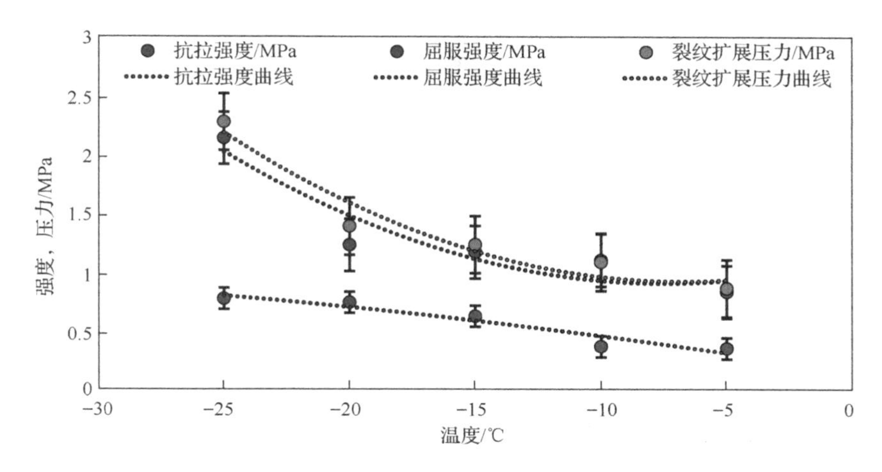

图 6.42　试验冰样的抗拉强度、屈服强度及裂纹扩展压力关系曲线图
（扫封底二维码查看彩图）

由图 6.42 可知，通过理论与试验结合测定的屈服强度值明显大于冰的抗拉强度，这并不符合预期。正常来说，对于快应变速率下冰体呈现的脆性行为，其屈服强度应近似等于抗拉强度。本节认为，这可能是由于巴西圆盘测定的劈裂抗拉强度要小于存在围压条件下冰体的真实抗拉强度值，因此造成了该误差。当比较屈服强度与冰样裂纹扩展时的扩展压力时，可发现这两个量较为接近且变化趋势一致，因此可推测利用厚壁圆筒理论能够很好地解释完整孔壁水压致裂压力与裂纹扩展压力之间的内在关系。

4）不同围压条件下完整孔壁水压致裂破坏试验

（1）试验设计。

该试验的目的是获取不同围压条件下完整孔壁的水压致裂破坏起裂及裂纹扩展过程，同时观察孔壁产生裂纹的形态。依据试验获得的规律推测在实际冰钻过程中产生孔壁破裂的临界条件及后续裂纹扩展的途径及形态等。此次试验中，试验样品按照上述完整孔壁水压致裂破坏冰样制作，为了忽略温度对样品的影响，冰样均在−15℃的环境中冻制完成。

Hooke[42]重点研究了冰盖内部应力的分布情况，根据其理论，冰盖处于流动的状态且内部的三向应力差不大，很小的应力差是导致冰层缓慢流动的主要因素。据此，我们设计最大最小水平主应力差$\Delta\sigma(\sigma_H-\sigma_h)$为 0～2MPa 的 9 组试验，其中模拟垂直方向上的应力 10MPa 保持不变，最大水平主应力从 10MPa 降至 8MPa，最小水平主应力从 10MPa 降至 6MPa。该试验的主要目的是探究水压致裂破坏起裂及扩展压力σ_H、σ_h及$\Delta\sigma$之间的关系并根据试验观察裂纹的最终形态等。设计的试验参数如表 6.21 所示。

表 6.21　完整孔壁不同围压作用下冰样水压致裂破坏试验设计表

试验编号	σ_z /MPa	σ_H /MPa	σ_h /MPa	$\Delta\sigma$ /MPa
1-1	10	10	10	0
1-2	10	10	9	1
1-3	10	10	8	2
2-1	10	9	9	0
2-2	10	9	8	1
2-3	10	9	7	2
3-1	10	8	8	0
3-2	10	8	7	1
3-3	10	8	6	2

（2）试验结果及分析。

试验 2-1 为完整孔壁水压致裂破坏试验，冰孔内压力的变化如图 6.43 所示。随着钻井液的泵入，孔内压力逐渐升高，达到最高点，紧接着冰体内部产生破坏，压力降低。后续压力较平稳，冰体内的裂纹逐步扩展。该试验过程与无围压的试样破坏过程相差不大，最大的差别是有围压完整孔壁水压起裂时产生的初始裂纹长度大，后续的扩展裂纹增长较缓慢。

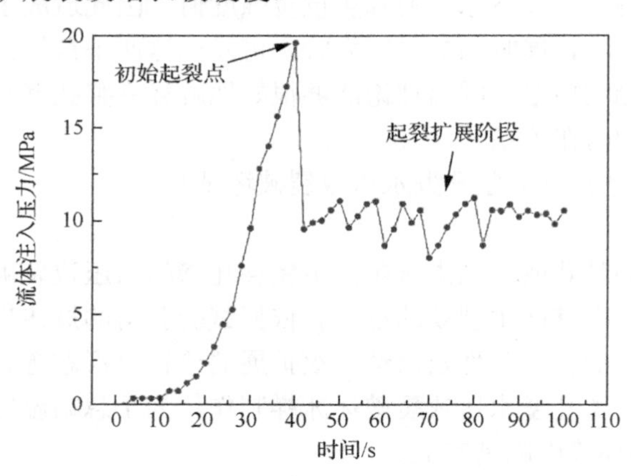

图 6.43　试验 2-1 的模拟冰孔内压力变化曲线图

整个试验记录冰样产生水压致裂破坏的起裂及扩展压力，将其与理论计算值进行对比研究。对于起裂压力理论计算值，我们采用 6.2 节提出的 D-A 准则（该准则考虑了温度及应变速率的问题，此次试验中认定更加合理），对比分析该理论值对于完整孔壁水压致裂压力的适用性。对于裂纹扩展压力，不少文献中指出当水压致裂产生后裂纹只需克服最小主应力及材料有裂纹附加项的闭合作用，即可持续扩展，因此试验研究冰孔扩展压力与上述两应力之间的关系。

对于完整孔壁水压致裂破坏起裂，本节利用 D-A 准则计算不同参数 n 所对应的理论起裂压力值，通过与试验值进行比较，验证 D-A 准则对于孔壁稳定性的适用性。理论与试验获取的起裂压力值如表 6.22 所示。

表 6.22　理论与试验起裂压力值对比表

试验编号	$D=3\sigma_h - \sigma_H$ /MPa	D-A 准则中的待定参数			试验起裂压力值/MPa
		n=2.6	n=2.5	n=2.4	
1-1	20	20.10	21.72	23.78	22.56
1-2	17	17.32	18.74	20.55	18.82
1-3	14	14.26	15.44	16.94	16.25
2-1	18	18.42	19.93	21.86	19.8
2-2	15	15.48	16.78	18.43	16.92
2-3	12	12.12	13.16	14.48	14.06
3-1	16	16.63	18.04	19.82	17.98
3-2	13	13.46	14.64	16.12	15.01
3-3	10	9.64	10.53	11.63	12.32

D-A 准则中指出参数 n 是试验待定参数。不同的文献中对于该参数的取值不同，本节通过完整孔壁水压致裂破坏试验研究给出了在此种情况下造成冰体破坏的参数 n 合理取值。将 D（$3\sigma_h - \sigma_H$）作为横坐标，各个理论与试验获得的起裂压力值作为纵坐标绘制相应的趋势图，如图 6.44 所示。

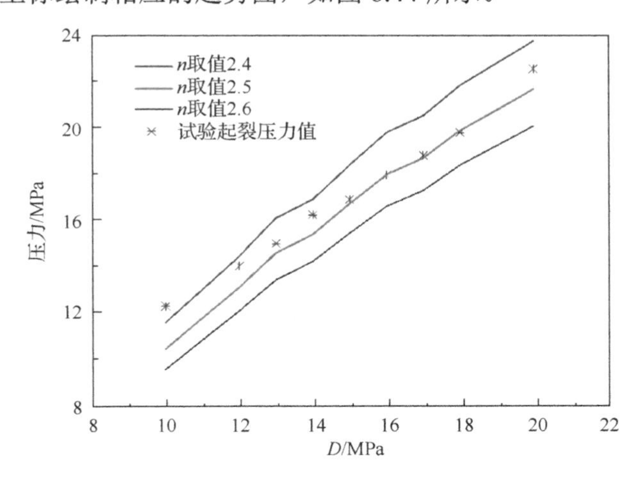

图 6.44　完整孔壁水压致裂破坏理论与试验起裂压力对比图
（扫封底二维码查看彩图）

由图 6.44 可知，对于此应变速率下（$8.3\times10^{-2}s^{-1}$）孔壁的水压致裂压力值，理论与试验均表明数值随着 D 的增大而增大。图中的试验值基本处于当 n 取值

2.4～2.6 的理论计算值所确定的区间内，且变化取值一致。当 D 值较小时，试验起裂压力值相较于 n 取值 2.5 的理论起裂压力基本偏大，随着 D 的增加，试验值与该取值下的理论值基本相同。完整孔壁的水压致裂破坏起裂试验表明了 D-A 准则对于冰体破坏判定的准确性，且在内部受钻井液压力作用下的孔壁破裂计算时，n 的建议取值为 2.4～2.6。

《石油工程岩石力学》[54]中提及，对于孔壁产生裂纹后，裂纹后续的扩展压力由最小水平主应力及附加应力两项组成，附加应力与孔壁产生裂纹后的扩展阻力有关。对于−15℃的样品该扩展压力通过无围压的冰样水压致裂破坏试验获取，由表 6.23 可知，取该温度下平均值 1.245MPa，各组冰样的扩展压力如表 6.23 所示。

表 6.23　理论与试验扩展压力值对比表

试验编号	σ_h /MPa	试验扩展压力 P_{ie}/MPa	理论扩展压力/MPa
1-1	10	12.10	11.245
1-2	9	10.34	10.245
1-3	8	9.65	9.245
2-1	9	10.53	10.245
2-2	8	9.36	9.245
2-3	7	8.95	8.245
3-1	8	9.45	9.245
3-2	7	8.96	8.245
3-3	6	7.69	7.245

根据理论与试验数值表，以最小水平主应力为横坐标，以压力为纵坐标，得出理论与试验趋势图，如图 6.45 所示。

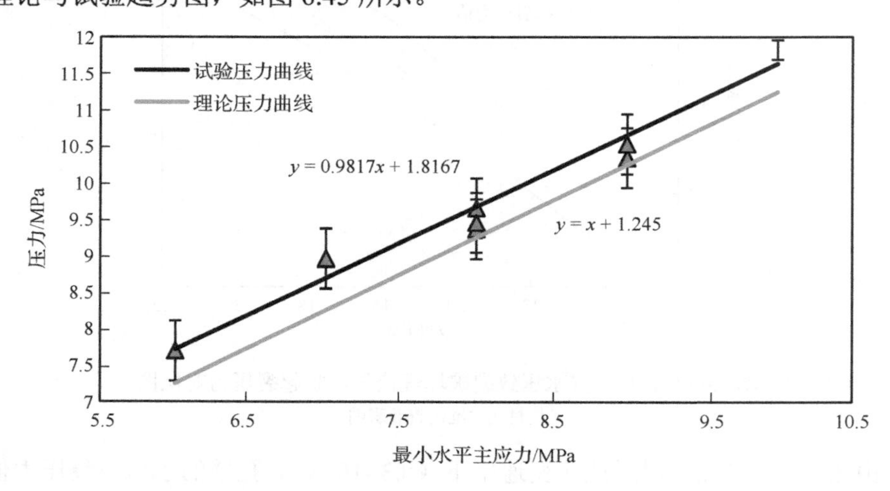

图 6.45　完整孔壁水压致裂破坏理论与试验扩展压力对比图

由图 6.45 可知，试验的扩展压力随着最小水平主应力的增大而呈线性增长的趋势，理论试验变化趋势一致。对比试验拟合的曲线可知，试验得出的值相较于理论值偏大。冰样的尺寸以及钻井液的泵入速率可能是产生该现象的主要原因。总体来说，试验结果较可靠。在实际冰层钻进过程中，为了避免当冰孔内产生初始裂纹后裂纹的后续扩展，可按照该理论进行孔内钻井液液面的调控。

对于完整孔壁的水压致裂破坏试验，从孔壁产生裂纹直至样品完整压裂的整个过程中，裂纹均没有出现强烈的转向，且都沿着最小水平主应力的方向扩展。水压致裂破坏之后形成的裂纹均为平行于钻孔轴线的垂向裂纹。冰样压裂之后的形态如图 6.46 所示。

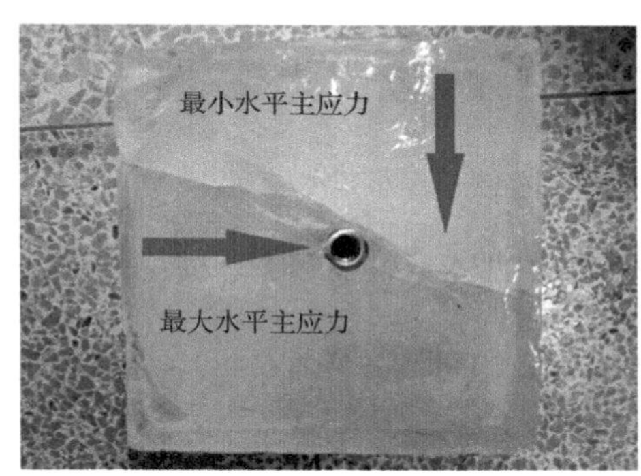

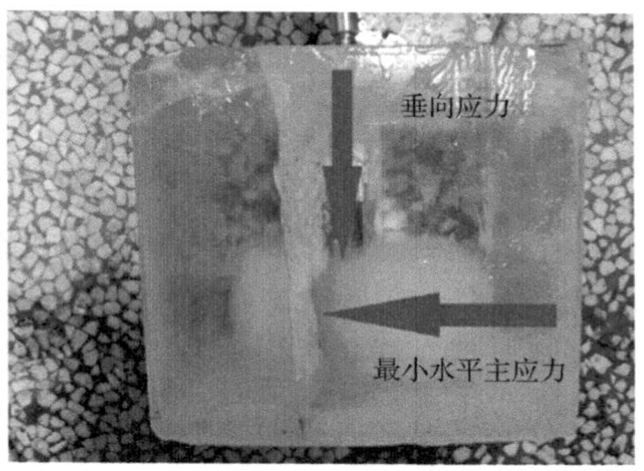

图 6.46　完整孔壁水压致裂破坏冰样破坏后的裂纹形态图

2. 非完整孔壁水压致裂破坏试验研究

1）非完整孔壁水压致裂破坏试验样品制作

非完整孔壁的水压致裂破坏试验的主要目的是探究当孔壁存在不完整结构时，相较于完整孔壁，其产生持续性破坏所需的孔内临界钻井液压力变化趋势。如何制作合适的试验样品是取得研究规律的关键所在，本节利用以下方式获取此次模拟试验所需样品。

（1）与完整孔壁样品制作相似，将蒸馏水加热至沸腾状态以降低试样内部冰样的气泡含量。

（2）采用分层冻结的方式冻制相应的样品。向样品箱内加入蒸馏水至裸眼段深度，当样品完全冻结之后继续向样品箱内注满水进行二次冻结。这样形成的冰样在两次冻结之间会形成较为明显的分界，将这种弱化的胶结作用视为非完整孔壁的一种形成方式。

（3）冰样形成之后温度较低，若置于较热的环境温度内，自身会产生随机分布的裂纹，该裂纹无法控制，但同样可以视为非完整孔壁的另一种方式。

样品制作完成并取出之后置于恒温箱内保持一定的温度，等待后续的水压致裂破坏试验。制得的样品如图 6.47 所示。

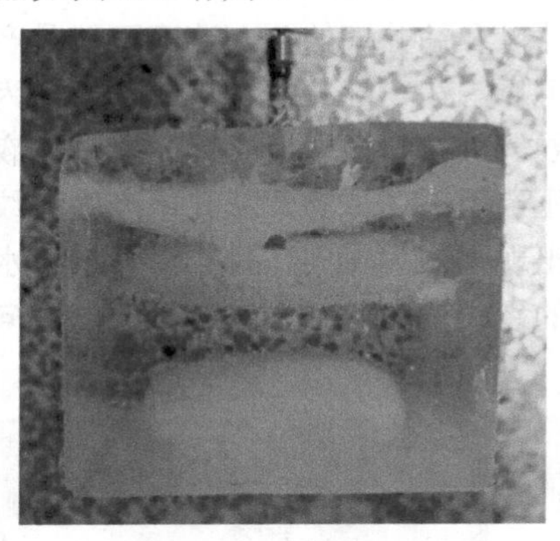

图 6.47　一定温度下分层冻制的非完整孔壁模拟冰样

由于冻制方式的限制，对比完整孔壁试验样品，此次试验样品除了底部密布白色气泡之外，在两次冻结处出现了明显的分层现象（图 6.47）；而将样品置于外部较高温度后在样品的内部及上部可见较为明显的裂缝面（图 6.48），这些裂缝面随机分布，由内部某处向外延伸。

图 6.48　一定温度下冷热作用形成的非完整孔壁模拟冰样

2）不同温度无围压条件下完整孔壁水压致裂破坏试验

（1）试验设计。

该试验的主要目的是探究在无围压的条件下，采用以上两种不同方式制得的非完整孔壁模拟样品水压致裂破坏的孔内压力变化规律。对于温度较高的冰样，无法有效地利用冷热作用产生内部裂纹，因此本节采用−15℃、−20℃、−25℃三种温度制得所需冰样，每组温度下进行两组无围压的水压致裂破坏试验，共计 6 组。其余试验参数设置同完整孔壁水压致裂破坏试验。

（2）试验结果及分析。

非完整孔壁水压致裂破坏试验孔内钻井液压力的变化与完整孔壁相比，有较大的不同。对于分层冻制及冷热作用导致的非完整孔壁模拟冰样，在整个试验过程中破坏较快，起裂压力略高于后续扩展压力，且试验得出的压力值要明显小于完整孔壁无围压条件下的压力。孔内的压力增长缓慢且连续波动，最终从冰样的分层及裂纹处渗出。

如图 6.49 所示，对比两种非完整孔壁模拟样品试验过程中的最大压力可知，冷热作用导致的冰样，其内部产生破裂及后续的扩展所需的压力较小。记录每组试验获取的最大压力及延伸扩展平均压力，如表 6.24 所示。

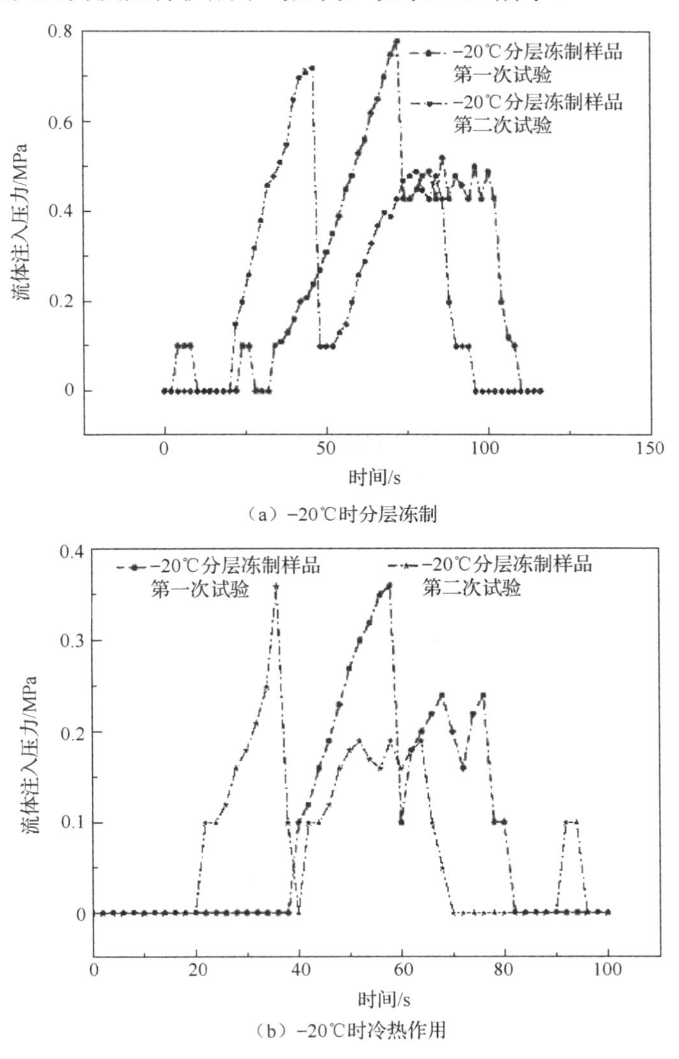

（a）−20℃时分层冻制

（b）−20℃时冷热作用

图 6.49　冰样水压致裂破坏试验孔内压力变化图

表 6.24　无围压条件下非完整孔壁水压致裂破坏试验起裂及扩展压力表

温度/℃	分层冻制		冷热处理	
	P_0/MPa	S_t/MPa	P_0/MPa	S_t/MPa
−15	0.68	0.41	0.33	0.14
	0.73	0.45	0.35	0.15
−20	0.76	0.49	0.36	0.22
	0.72	0.48	0.35	0.18
−25	0.78	0.46	0.34	0.19
	0.73	0.49	0.37	0.12

由表 6.24 可知，在这种情况下，温度对于钻孔的起裂及扩展影响不是很大。同种制样方式时，各个温度下非完整孔壁水压致裂破坏试验起裂及扩展压力近似相同，起裂压力与扩展压力之间的差值也不大，没有明显的波动。这表明，在整个试验过程中，样品中没有出现快速的破坏，更多的是样品中原始裂纹之间的相互沟通直至样品的破坏。因此能够得出，对于非完整孔壁，冰样本身的性质对于裂纹的产生及扩展影响不大，样品内部的裂纹形态对于孔壁的起裂及扩展影响较大。试验结束后，分层冻制冰样水压致裂破坏试验形成的裂纹分布如图 6.50 所示。

图 6.50　分层冻制的非完整孔壁模拟冰样裂纹示意图

由图 6.50 可知，此时形成横向裂缝，钻孔内部的液体沿着分层冻制的间隙渗出，样品产生横向破坏。与完整孔壁试验结果对比可知，当孔壁存在不完整结构时，这些区域能够降低孔内的起裂压力，减小孔壁的稳定性，裂纹沿着孔壁的不完整结构延伸扩展。

对于冷热作用形成的样品，其试验过后的裂纹分布如图 6.51 所示。

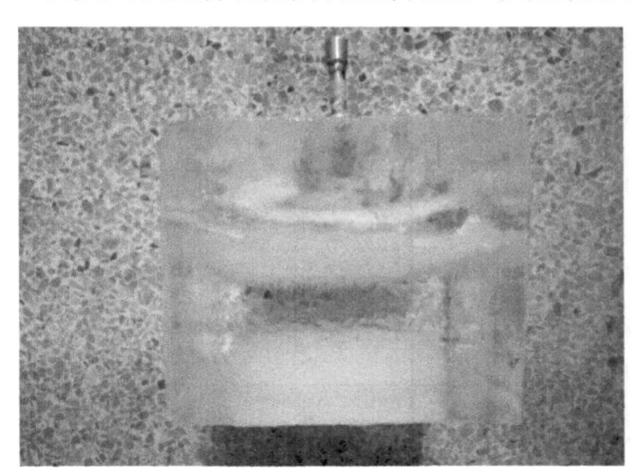

图 6.51　冷热作用的非完整孔壁模拟冰样裂纹示意图

相较于图 6.50，可以明显看出，孔壁从分层冻结处产生裂纹后，孔内压裂液更多地沟通了冰体内的原生裂纹，压裂液沿着这些裂纹逐渐延伸扩展直至从样品中渗出。

3）不同围压条件下非完整孔壁水压致裂破坏试验

（1）试验设计。

该试验的目的是获取不同围压条件下非完整孔壁的水压致裂破坏现象，重点关注样品在不同围压条件下整个破坏过程中孔内的压力变化以及最后形成的裂纹形态，结合实际情况，探索在实际钻探过程中，当孔壁处于非完整状态时，能够避免产生孔壁裂纹扩展的临界条件。

此次试验样品同样采用上述方式制备两种含有不同内部结构的冰样，同时为了忽略温度对样品的影响，样品均在-15℃的环境中冻制完成。

考虑到样品本身的非完整性，为保证试验的成功率，在保证最大最小水平主应力差 $\Delta\sigma$（$\sigma_H-\sigma_h$）为 0～2MPa 的前提下，减小了三轴围压的大小。探究不同围压条件下非完整孔壁水压致裂破坏起裂及扩展压力与 σ_H、σ_h 及 $\Delta\sigma$ 之间的关系并观察裂纹的最终形态。设计的试验参数如表 6.25 所示。

表 6.25　非完整孔壁不同围压作用下冰样水压致裂破坏试验设计表

处理方式	试验编号	σ_z /MPa	σ_H /MPa	σ_h /MPa	$\Delta\sigma$ /MPa
分层冻制	4-1	5	5	5	0
	4-2	5	5	4	1
	4-3	5	5	3	2
	5-1	5	4	4	0

续表

处理方式	试验编号	σ_z /MPa	σ_H /MPa	σ_h /MPa	$\Delta\sigma$ /MPa
分层冻制	5-2	5	4	3	1
	5-3	5	4	2	2
	6-1	5	3	3	0
	6-2	5	3	2	1
	6-3	5	3	1	2
冷热处理	7-1	5	5	5	0
	7-2	5	5	4	1
	7-3	5	5	3	2
	8-1	5	4	4	0
	8-2	5	4	3	1
	8-3	5	4	2	2

（2）试验结果及分析。

分层冻制的冰样水压致裂破坏试验过程中，孔内的压力变化趋势基本一致：随着压裂液的持续注入，孔内压力逐渐增大，达到最大值后压力值快速减小；随着压裂液的继续注入，孔内压力又会出现增长的情况，缓慢达到一个相对稳定的波动范围之内并基本保持不变直至最后样品被完全破坏。

对于分层冻制的冰样，其压裂之后的裂纹呈现两种不同的情况：①试验 4-1、4-2、4-3、5-1、5-2 及 6-1 最后冰样是沿着分层冻制的交界面起裂并贯穿整个样品；②试验 5-3、6-2 及 6-3 中，裂纹并未从交界面裂开并延伸，而是与有围压条件下完整孔壁水压致裂破坏试验结果一致，样品产生竖向裂纹，裂纹穿过分层冻制的交界面，最终形成的裂纹与图 6.52 一致，垂直于最小水平主应力方向。分析认为，试验 4-1、4-2、4-3、5-1、5-2 及 6-1 中，由于三向加载压力差值不大，样品内部产生水压致裂破坏后裂纹的取向还是受到分层冻制交界面之间弱化的主导，因此裂纹依旧从交界面处产生并扩展；而随着 $\Delta\sigma$ 的增大，在试验 5-3、6-2 及 6-3 中，相较于克服胶结作用及更大的垂向应力，样品更易沿着垂直于最小水平主应力的方向产生裂纹并扩展。

三个方向的主应力相互作用是导致冰样产生不同形式水压致裂破坏现象的根本原因，定义 $k=(\sigma_z-\sigma_h)/\sigma_H$，上述试验结果分布如图 6.53 所示。

由图 6.53 可知，圆点表示冰样水压致裂破坏后沿着分层冻制的交界面起裂延伸，而三角点表示裂纹直接沿着垂直于最小主应力方向延伸扩展并贯穿分层冻制的交界面。试验结果表明，当 K 值小于 0.75 时，孔壁裂纹的扩展受到分层冻制弱胶结面的影响。

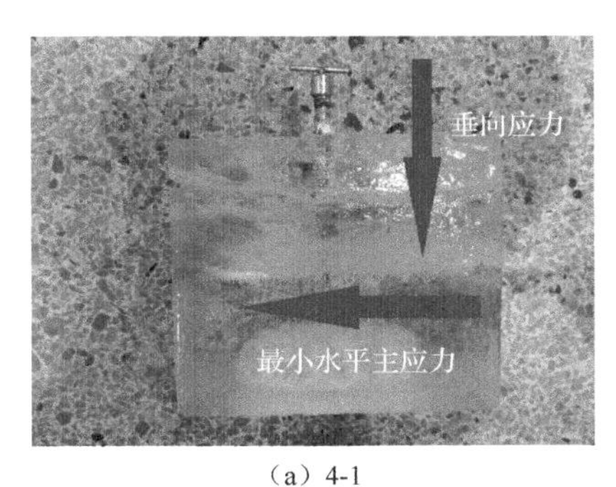

（a）4-1

（b）5-3

图 6.52　试验 4-1 与 5-3 最终形成的裂纹形态

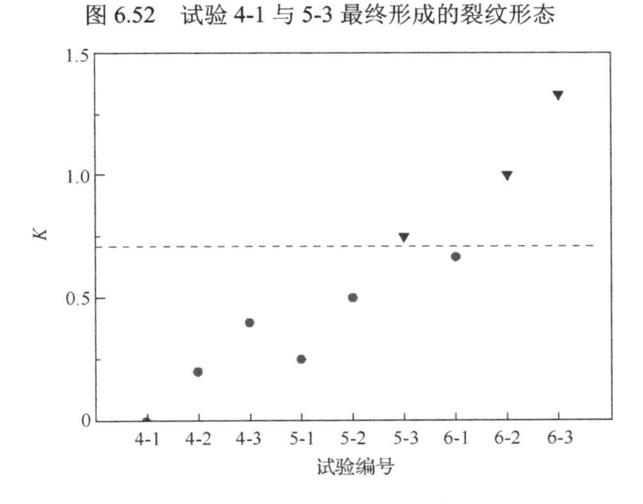

图 6.53　不同试验条件下 K 值分布

除了裂纹的最终形态，非完整孔壁的水压致裂破坏临界压力也是本节重点研究的内容之一，试验获得的起裂压力及扩展压力如图 6.54 所示。由图 6.54 可知，对于水压致裂破坏裂纹直接贯穿分层交界面的情况，获得的起裂及扩展压力均小于垂向压力 5MPa，而沿着分层交界面扩展的冰样对应的水压致裂破坏起裂及扩展压力均大于垂向压力（均略高于 5MPa）。

对于冷热作用形成的冰样，相较于分层冻制冰样的试验结果，该非完整孔壁模拟试验，水压致裂破坏裂纹扩展的途径大致相同：均产生于分层交界面且沿着垂向应力的方向来回贯穿多数竖向裂纹，试验后样品破碎度较大。在这种情况下，孔内的压力值增加至一定程度后基本处于稳定状态直至压裂液从样品中溢出，冰样的水压致裂破坏没有明显的起裂压力（图 6.55）。

获取试验 7-1、7-2、7-3、8-1、8-2 及 8-3 稳定扩展时的压力并将其与最小主应力作对比，如图 6.56 所示。

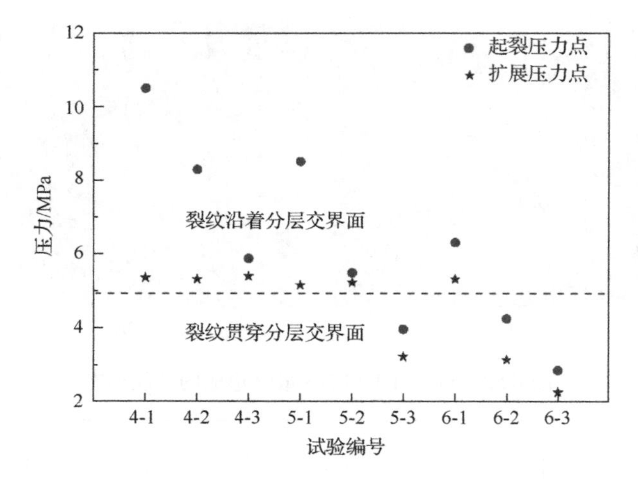

图 6.54　不同试验条件下分层冻制冰样水压致裂破坏起裂及扩展压力图

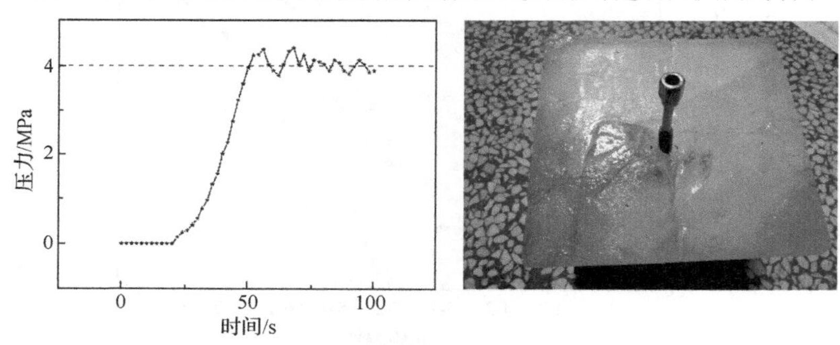

图 6.55　试验 8-1 孔内压力变化及形成的裂纹形态

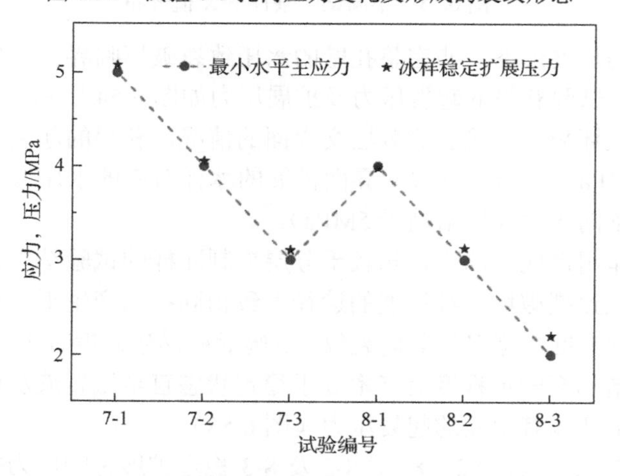

图 6.56　不同试验条件下冷热处理冰样水压致裂破坏扩展压力图

由图6.56可以清晰看出，该情况下的冰样水压致裂破坏并不会出现较高的起裂压力，整个扩展过程较稳定，扩展压力近似等于最小水平主应力。这是因为冰样裸眼段及内部存在多裂纹，钻井液非常容易进入孔壁裂纹中，直接打开并贯穿各个裂纹。该试验表明了孔壁的非完整状态能够极大降低孔壁破裂所需的起裂压力，与此同时孔内钻井液压力仅仅达到最小水平主应力便可造成孔壁裂纹的延伸扩展。

参考文献

[1] Westergaard H M. Plastic state of stress around a deep well[J]. Elasticity, 1940, 27: 387-391.

[2] Biot M A. General theory of three-dimensional consolidation[J]. Journal of Applied Physics, 1941, 12(2): 155-164.

[3] Biot M A. Theory of elasticity and consolidation for a porous anisotropic solid[J]. Journal of Applied Physics, 1955, 26:182-188.

[4] Biot M A. Theory of stress-strain relations in anisotropic viscoelasticity and relaxation phenomena[J]. Journal of Applied Physics, 1954, 25(11):1385-1391.

[5] Terzaghi K T. Theoretical soil mechanics[M]. New York: Wiley and Sons, 1943.

[6] Fuh G F, Whitfill D L, Schuh P R. Use of borehole stability analysis for successful drilling of high-angle hole[C]// SPE/IADC Drilling Conference, 1988.

[7] Aadnoy B S, Froitland T S. Stability of adjacent boreholes[J]. Journal of Petroleum Science & Engineering, 1991, 6(1): 37-43.

[8] Al-Ajmi A M, Zimmerman R W. Stability analysis of vertical boreholes using the Mogi-Coulomb failure criterion[J]. International Journal of Rock Mechanics & Mining Sciences, 2006, 43(8): 1200-1211.

[9] Hashemi S S, Taheri A, Melkoumian N. Shear failure analysis of a shallow depth unsupported borehole drilled through poorly cemented granular rock[J]. Engineering Geology, 2014, 183(8): 39-52.

[10] 何世明, 陈俞霖, 马德新, 等. 井壁稳定多场耦合分析研究进展[J]. 西南石油大学学报(自然科学版), 2017, 39(2): 81-92.

[11] Chen X, Tan C P, Detournay C. The impact of mud infiltration on wellbore stability in fractured rock masses[J]. Journal of Petroleum Science & Engineering, 2003, 38(3):145-154.

[12] Lee H, Ong S H, Azeemuddin M, et al. A wellbore stability model for formations with anisotropic rock strengths[J]. Journal of Petroleum Science & Engineering, 2012, 96-97(19):109-119.

[13] 刘志远, 陈勉, 金衍, 等. 裂缝性储层裸眼井壁失稳影响因素分析[J]. 石油钻采工艺, 2013 (2): 39-43.

[14] 丁立钦. 考虑弱面影响的井壁稳定模型及其应用研究 [D]. 北京: 中国地质大学, 2017.

[15] Kudryashov B B, Vasiliev N I, Vostretsov R N, et al. Deep ice coring at Vostok Station (East Antarctica) by an electromechanical drill [J]. Memoirs of National Institute of Polar Research Special, 2002(56): 91-102.

[16] Talalay P G, Gundestrup N S. Hydrostatic pressure and fluid density profile in deep ice bore-holes[J]. Memoirs of National Institute of Polar Research Special, 2002(56): 171-180.

[17] Talalay P G, Hooke R L. Closure of deep boreholes in ice sheets: A discussion [J]. Annals of Glaciology, 2007, 47(1): 125-133.

[18] Talalay P, Fan X, Xu H, et al. Drilling fluid technology in ice sheets: Hydrostatic pressure and borehole closure considerations[J]. Cold Regions Science and Technology, 2014, 98:47-54.

[19] Vasilev N I， Dmitriev A N, Podoliak A V, et al. Maintaining differential pressure in boreholes drilled in ice and the effect of ice hydrofracturing[J]. International Journal of Applied Engineering Research, 2016, 19: 9740-9747.

[20] 洪建俊. 冰层钻探孔壁水力压裂数值模拟与实验研究[D]. 长春: 吉林大学, 2016.

[21] Nye J F. The distribution of stress and velocity in glaciers and ice-sheets[J]. Proceedings of the Royal Society A: Mathematical, Physical and Engineering Sciences, 1957, 239(1216): 113-133.

[22] Weertman J. General theory of water flow at the base of a glacier or ice sheet[J]. Reviews of Geophysics, 1972, 10(1): 287-333.

[23] Smith R A. The application of fracture mechanics to the problem of crevasse penetration[J]. Journal of Glaciology, 1976, 17(76):223-228.

[24] Rist M A, Sammonds P R, Murrell S A F, et al. Experimental fracture and mechanical properties of Antarctic ice: preliminary results[J]. Annals of Glaciology, 1996, 23:284-292.

[25] van der Veen C J. Fracture mechanics approach to penetration of surface crevasses on glaciers[J]. Cold Regions Science & Technology, 1998, 27(1): 31-47.

[26] Pralong A, Funk M. Dynamic damage model of crevasse opening and application to glacier calving[J]. Journal of Geophysical Research: Solid Earth, 2005, 110(B1): 1-12.

[27] Duddu R, Waisman H. A nonlocal continuum damage mechanics approach to simulation of creep fracture in ice sheets[J]. Computational Mechanics, 2013, 51(6):961-974.

[28] Krug J, Weiss J, Gagliardini O, et al. Combining damage and fracture mechanics to model calving[J]. The Cryosphere Discussions, 2014, 8(2): 2101-2117.

[29] Humbert A, Steinhage D, Helm V, et al. On the link between surface and basal structures of the Jelbart Ice Shelf, Antarctica[J]. Journal of Glaciology, 2015, 61(229):975-986.

[30] Mobasher M E, Duddu R, Bassis J N, et al. Modeling hydraulic fracture of glaciers using continuum damage mechanics[J]. Journal of Glaciology, 2016, 62(234):794-804.

[31] 郑贵. 井壁稳定问题的断裂损伤力学机理的研究[D]. 哈尔滨: 哈尔滨工程大学, 2005.

[32] Gammon P H, Kiefte H, Clouter M J. Elastic constants of ice samples by Brillouin spectroscopy[J]. Journal of Glaciology, 1983, 29(103):433-460.

[33] 单仁亮, 白瑶, 黄鹏程. 三向受力条件下淡水冰破坏准则研究[J]. 力学学报, 2017(2): 467-477.

[34] Kennedy F E, Jones D E, The schulson E M. The friction of ice on ice at low sliding velocities[J]. Philosophical Magazine A, 2000, 80(5): 1093-1110.

[35] Montagnat M, Schulson E M. On friction and surface cracking during sliding of ice on ice[J]. Journal of Glaciology, 2003, 49(166), 391-396.

[36] Butkovich T R. Recommended standards for small-scale ice strength tests[M]. Hanover, New Hampshire: US Army Material Command, Snow, Ice and Perma-frost Research Establishment, Corps of Engineers(SIPRE), 1958.

[37] Carter D. Lois et mechanismes de l'apparente fracture fragile de la glace de rivière et de lac[D]. Quebec: University of Laval.

[38] Orowan E. Dislocations and mechanical properties[J]. Dislocations in metals, 1954: 69-188.

[39] Hall E O.The deformation and ageing of mild steel. 3: Discussion of results[J]. Proc Phys Soc Lond B, 1951, 64: 747-753.

[40] Petch N J.The cleavage strength of polycrystals[J]. J Iron Steel Inst, 1953, 174: 25-28.

[41] Schulson E M, Duval P . Creep and fracture of ice[M]. Cambridge: Cambridge University Press, 2009.

[42] Hooke R L. Principles of glacier mechanice[M]. Cambridge: Cambridge University Press, 2005.

[43] van der Veen C J. Fracture propagation as means of rapidly transferring surface meltwater to the base of glaciers[J]. Geophysical Research Letters, 2007, 34(1): 374-375.

[44] Weiss J. Subcritical crack propagation as a mechanism of crevasse formation and iceberg calving[J]. Journal of Glaciology, 2004, 50(168):109-115.

[45] Atkinson B K. A fracture mechanics study of subcritical tensile cracking of quartz in wet environments[J]. Pure & Applied Geophysics, 1979, 117(5): 1011-1024.

[46] Gy R. Stress corrosion of glass[M].Dordrecht: Springer Netherlands, 2001: 305-320.

[47] 杨硕. 页岩气储层水力压裂原理与数值模拟研究[D]. 上海: 上海工程技术大学, 2016.

[48] 付泽文. 三维地应力状态下钻孔岩石压裂方位及扩展研究[D]. 燕山: 燕山大学, 2016.

[49] Chen Z, Bunger A P, Zhang X, et al. Cohesive zone finite element-based modeling of hydraulic fractures[J]. Acta Mechanica Solida Sinica, 2009, 22(5):443-452.

[50] Alfano M, Furgiuele F, Leonardi A, et al. Cohesive zone modeling of mode I fracture in adhesive bonded joints[J]. Key Engineering Materials, 2007, 348-349:13-16.

[51] Cleary M P, Wong S K. Numerical simulation of unsteady fluid flow and propagation of a circular hydraulic fracture[J]. International Journal for Numerical & Analytical Methods in Geomechanics, 2010, 9(1):1-14.

[52] de G Allen D N, Sopwith D G. The stresses and strains in a partly plastic thick tube under internal pressure and end-load[J]. Proceedings of the Royal Society A: Mathematical, Physical and Engineering Sciences, 1951, 205(1080): 69-83.

[53] Tabesh M, Liu B, Boyd J G, et al. Analytical solution for the pseudo elastic response of a shape memory alloy thick-walled cylinder under internal pressure[J]. Smart Materials & Structures, 2012, 22(9):223-236.

[54] 陈勉, 金衍, 张广清. 石油工程岩石力学[M]. 北京: 科学出版社, 2008.